UG NX12 中文版
完全自学手册

叶国华 刘昌丽 编著

U0234068

人民邮电出版社
北京

图书在版编目（CIP）数据

UG NX12中文版完全自学手册 / 叶国华，刘昌丽编著
. -- 北京：人民邮电出版社，2019.9
ISBN 978-7-115-50562-0

Ⅰ．①U… Ⅱ．①叶… ②刘… Ⅲ．①计算机辅助设计
－应用软件－手册 Ⅳ．①TP391.72-62

中国版本图书馆CIP数据核字(2019)第000805号

内 容 提 要

本书以 UG NX12 版本为演示平台，系统地讲解了 UG NX12 的知识模块。全书共 6 篇，分为 25 章，第 1 篇介绍 UG NX12 的基础知识和操作技巧；第 2 篇结合一系列实践案例介绍实体建模；第 3 篇介绍曲面造型的设计与实现；第 4 篇介绍工程图的设计方法与技巧；第 5 篇介绍钣金设计中的相关知识和操作步骤；第 6 篇介绍高级分析中用到的各种核心技能。在讲解的过程中，作者根据自己多年的经验，给出了全面的总结和相关提示，以帮助读者快捷地掌握所学知识。全书内容翔实、图文并茂、语言简洁、思路清晰。

为了方便广大读者更加形象直观地学习此书，随书配赠丰富的数字资源，其中包含了全书所有实例的源文件和演示操作过程的视频文件。

本书既可作为 UG NX 初学者的入门教程，也可作为工程技术人员的参考工具书。

- ◆ 编　著　　叶国华　刘昌丽
  责任编辑　俞　彬
  责任印制　马振武
- ◆ 人民邮电出版社出版发行　　北京市丰台区成寿寺路 11 号
  邮编　100164　　电子邮件　315@ptpress.com.cn
  网址　http://www.ptpress.com.cn
  三河市中晟雅豪印务有限公司印刷
- ◆ 开本：787×1092　1/16
  印张：45　　　　　　　　2019 年 9 月第 1 版
  字数：1 289 千字　　　　2025 年 4 月河北第 28 次印刷

定价：108.00 元

读者服务热线：(010)81055410　印装质量热线：(010)81055316
反盗版热线：(010)81055315

　　UG 是目前市场上功能非常全面的工业产品设计工具，它不但拥有现今 CAD/CAM 软件中功能十分强大的 Parasolid 实体建模核心技术，而且提供了高效的曲面构建能力，能够完成复杂的造型设计。UG 提供了工业标准的人机界面，不但易学易用，而且有无限次数的 undo 功能，具有方便好用的弹出窗口、快速图像操作说明及中文操作界面，并且拥有一个强大的转换工具，能转换各种不同的 CAD 应用软件图纸，以重复使用已有资料。

　　从概念设计到生产产品，UG 广泛运用在汽车、航天、模具加工及设计等领域。运用 UG 功能强大的复合式建模工具，设计者可依工作的需求选择最合适的建模方式；使用具有关联性的单一资料库，使大量零件的处理更加稳定。除此之外，组织功能、2D 出图功能、模具加工功能及与 PDM 之间的紧密结合，使得 UG 在工业界成为一套高级的 CAD/CAM/CAE 系统。

　　本书以最新的 UG NX12 版本为演示平台，全面讲解 UG NX12 的知识模块。全书共 6 篇，分为 25 章。

　　1．基础知识篇

　　第 1 章主要讲解 UG NX12 入门基础知识。

　　第 2 章主要讲解基本操作。

　　第 3 章主要讲解测量、分析和查询。

　　2．实体建模篇

　　第 4 章主要讲解草图设计。

　　第 5 章主要讲解特征建模。

　　第 6 章主要讲解特征操作。

　　第 7 章主要讲解同步建模和 GC 工具箱。

　　第 8 章主要讲解特征编辑。

　　第 9 章主要讲解装配建模。

　　第 10 章主要讲解手压阀设计综合实例。

　　3．曲面造型篇

　　第 11 章主要讲解曲线功能。

　　第 12 章主要讲解曲面功能。

　　第 13 章主要讲解曲面操作和编辑。

　　第 14 章主要讲解飞机造型综合实例。

　　4．工程图设计篇

　　第 15 章主要讲解工程图。

　　第 16 章主要讲解工程图尺寸标注。

　　第 17 章主要讲解手压阀工程图综合实例。

　　5．钣金设计篇

　　第 18 章主要讲解钣金基本特征。

第 19 章主要讲解钣金高级特征。

第 20 章主要讲解计算机机箱设计综合实例。

6．高级分析篇

第 21 章主要讲解建立有限元模型。

第 22 章主要讲解模型编辑与后处理。

第 23 章主要讲解机构分析基础。

第 24 章主要讲解模型准备与运动分析。

第 25 章主要讲解运动分析实例。

本书除了利用传统的纸面讲解外，还随书附赠了丰富的数字资源，扫描"资源下载"二维码即可获得下载方式。资源包含全书所有实例的操作过程及配音录屏 AVI 文件。本书所有实例操作需要的原始文件和结果文件都在随书附赠资源的"yuanwenjian"目录下，读者可以将其复制到计算机硬盘中以供参考和使用。

资源下载

为了方便读者学习，本书以二维码的形式提供了全书视频教程，扫描"云课"二维码即可播放全书视频，也可扫描正文中的二维码观看对应章节的视频。

云课

本书由昆明理工大学国土资源工程学院叶国华和石家庄三维书屋文化传播有限公司刘昌丽主编，其中叶国华编写第 1 章～第 20 章，刘昌丽编写第 21 章～第 25 章。石家庄三维书屋文化传播有限公司胡仁喜博士对全书进行了审校。

由于编者水平有限，书中不足之处在所难免，读者可以发送邮件到本书责任编辑邮箱 renruichi@ptpress.com.cn 交流讨论，编者将不胜感激。

编者

2019 年 1 月

目　录
CONTENTS

第1篇　基础知识

第 2 篇　实体建模

第 4 章　草图设计 ·· 61

第6章　特征操作 ···················· 132

第 3 篇   曲面造型

第 11 章　曲线功能 ··303

第4篇 工程图设计

第16章　尺寸标注 ·· 475

第 5 篇 钣金设计

第 **1** 篇

基础知识

- 第 1 章　UG NX12 入门
- 第 2 章　基本操作
- 第 3 章　测量、分析和查询

第 1 章
UG NX12 入门

UG（Unigraphics）是 Unigraphics Solutions 公司推出的集 CAD、CAM、CAE 为一体的三维机械设计平台，也是当今最流行的计算机辅助设计、分析和制造软件之一，广泛应用于汽车、航空航天、机械、消费产品、医疗器械和造船等行业。它为制造行业产品开发的全过程提供解决方案，功能包括概念设计、工程设计、性能分析和制造。本章主要讲解 UG 软件的工作环境、功能区的定制和文件的基本操作。

/ 重点与难点

- ➲ UG NX12 的启动
- ➲ 工作环境
- ➲ 功能区的定制
- ➲ 文件的基本操作

1.1 UG NX12 的启动

扫码看视频

启动 UG NX12 中文版，有下面 4 种方法。

（1）双击桌面上的 UG NX12 的快捷方式图标，即可启动 UG NX12 中文版。

（2）单击桌面左下方的"开始"按钮，在弹出的菜单中选择"程序"→"UG NX12"→"NX 12"选项，即可启动 UG NX12 中文版。

（3）将 UG NX12 的快捷方式图标拖到桌面下方的快速启动栏中，只需单击快速启动栏中 UG NX12 的快捷方式图标，即可启动 UG NX12 中文版。

（4）直接在 UG NX12 的安装目录的 UGII 子目录下双击"ugraf.exe"文件，就可启动 UG NX12 中文版。

UG NX12 中文版的启动界面如图 1-1 所示。

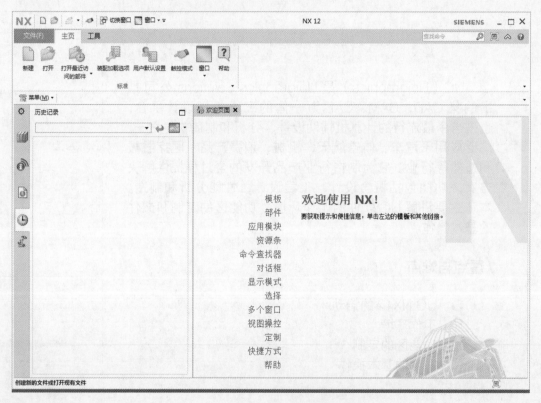

图 1-1　UG NX12 中文版的启动界面

1.2 工作环境

扫码看视频

本节讲解 UG 的主要工作界面及各部分功能，只有了解各部分的位置和功能之后才可以进行有效的工作设计。UG NX12 的工作窗口如图 1-2 所示，其中包括标题栏、菜单、快速访问工具栏、功能区、坐标系、资源条、全屏按钮和状态栏等部分。

图 1-2　工作窗口

1.2.1　标题栏

标题栏用来显示软件版本、当前的模块和文件名等信息。

1.2.2　菜单

菜单包含了本软件的主要功能，系统的所有命令和设置选项都归属到菜单下，它们分别是"文件"菜单、"编辑"菜单、"视图"菜单、"插入"菜单、"格式"菜单、"工具"菜单、"装配"菜单、"信息"菜单、"分析"菜单、"首选项"菜单、"应用模块"菜单、"窗口"菜单、"GC 工具箱"菜单和"帮助"菜单。

当单击菜单时，在下拉菜单中就会显示所有与该功能有关的命令选项。图 1-3 所示为"工具"菜单的命令选项，其中包含如下组成部分。

快捷字母：打开菜单后，按命令后的快捷字母键，即可执行相应的命令。例如，在"工具"菜单中按 X 键，即可执行"表达式"命令。

功能命令：是实现软件各个功能所要执行的命令，单

图 1-3　"工具"菜单

击它会调出相应功能。

提示按钮：是指菜单命令中右方的三角按钮，表示该命令含有子菜单。

快捷键：有的命令右方显示了快捷键，在工作过程中直接按快捷键即可执行该命令。

1.2.3　快速访问工具栏

快速访问工具栏包含文件系统的基本操作命令，如图1-4所示。

图1-4　快速访问工具栏

1.2.4　功能区

功能区中的命令以按钮的方式显示，所有功能区的按钮都可以在菜单中找到相应的命令，这样可以减少用户在菜单中查找命令的步骤，方便操作。

功能区由"主页""装配""曲线""视图""应用模块"等选项卡组成，常用的选项卡如下。

1. "视图"选项卡

"视图"选项卡用于对图形窗口的物体进行显示操作，如图1-5所示。

图1-5　"视图"选项卡

2. "应用模块"选项卡

"应用模块"选项卡用于各个模块之间的相互切换，如图1-6所示。

图1-6　"应用模块"选项卡

3. "曲线"选项卡

"曲线"选项卡提供建立各种曲线和修改曲线形状与参数的工具，如图1-7所示。

图1-7　"曲线"选项卡

4."主页"选项卡

"主页"选项卡提供建立参数化特征实体模型的大部分工具,主要用于建立规则和不太复杂的模型,以及建立一些形状规则但较复杂的实体特征,也可用于修改特征形状、位置及其显示状态等,如图1-8所示。

图1-8　"主页"选项卡

5."曲面"选项卡

"曲面"选项卡提供了构建各种曲面和用于修改曲面形状及参数的工具,如图1-9所示。

图1-9　"曲面"选项卡

1.2.5　上边框条

上边框条提供了选择对象和捕捉点的各种工具,如图1-10所示。

图1-10　上边框条

1.2.6　工作区

工作区是绘图的主区域,用于创建、显示和修改部件。

1.2.7　坐标系

UG中的坐标系分为工作坐标系(WCS)和绝对坐标系(ACS),其中工作坐标系是用户在建模时直接应用的坐标系。

1.2.8　资源条

资源条包括装配导航器、部件导航器、Web浏览器、历史记录、重用库等,如图1-11所示。

单击资源条上方的"资源条选项"按钮ϕ,弹出如图1-12所示的"资源条选项"菜单,勾选或取消"销住"选项,可以在固定和滑移状态之间切换页面。

图 1-11　资源条　　　　　　　　图 1-12　"资源条选项"菜单

单击"Web 浏览器"按钮，可以显示 UG NX12 的在线帮助网页，或其他任何网站和网页。可以选择"菜单"→"首选项"→"用户界面"命令，在弹出的"用户界面首选项"对话框中配置浏览器主页，如图 1-13 所示。

单击"历史记录"按钮，可访问打开过的零件列表，可以预览零件及其他相关信息，如图 1-14 所示。

图 1-13　配置浏览器主页　　　　　　　　图 1-14　历史记录

1.2.9　状态栏

状态栏用来提示用户如何操作。执行每个命令时，系统都会在状态栏中显示下一步操作提示。对于不熟悉的命令，用户利用状态栏的帮助，一般都可以顺利完成操作。

1.2.10　全屏按钮

单击窗口右下方的按钮，可以在标准显示和全屏显示之间切换。在标准显示界面中单击此按钮，可以切换到全屏显示界面，如图 1-15 所示。

图 1-15　全屏显示界面

1.3　鼠标 + 键盘

扫码看视频

1. 鼠标

鼠标左键：可以单击菜单或对话框中的选项来选择命令及选项，也可以单击对象，在图形窗口中选择对象。

Shift+ 鼠标左键：在列表框中选择连续的多项。

Ctrl+ 鼠标左键：选择或取消选择列表中的多个非连续项。

双击鼠标左键：对某个对象启动默认操作。

鼠标中键：编辑过程中的"确定"功能，以及旋转实体或缩放视图显示区域。

Alt+ 鼠标中键：取消对话框。

鼠标右键：显示特定对象的快捷菜单。

Ctrl+ 鼠标右键：单击图形窗口中的任意位置，弹出视图菜单。

2. 键盘

Home 键：在正三轴测视图中定向几何体。

End 键：在正等测图中定向几何体。

Ctrl+F 组合键：使几何体的显示适合图形窗口。

Alt+Enter 组合键：在标准显示和全屏显示之间切换。

F1 键：查看关联的帮助。

F4 键：查看信息窗口。

1.4　功能区的定制

扫码看视频

UG 中的功能区可以为用户工作提供方便，但是进入应用模块之后，UG 只会显示默认的功能区设置，用户可以根据自己的习惯定制独特风格的功能区。本节讲解功能区的设置。

【执行方式】

- 菜单：选择"菜单"→"工具"→"定制"命令，如图 1-16 所示。
- 快捷菜单：在快速访问工具栏空白处的任意位置单击鼠标右键，在弹出的快捷菜单中选择"定制"命令，如图 1-17 所示。

图 1-16 "工具"→"定制"命令

图 1-17 快捷菜单

【操作步骤】

（1）执行上述命令后，打开"定制"对话框，如图 1-18 所示。

（2）对话框中有 4 个功能标签，即"命令""选项卡/条""快捷方式"和"图标/工具提示"。单击相应的标签后，对话框会随之显示对应的选项卡，即可进行界面的定制。

（3）完成设置后，单击"关闭"按钮退出对话框。

【选项说明】

1. "命令"选项卡

"命令"选项卡用于设置显示或隐藏功能区中的某些按钮命令，如图 1-18 所示。

在"类别"栏下找到需添加命令的选项卡/组，然后在"项"栏下找到待添加的命令，将该命令拖至工作窗口的相应选项卡/组中即可。对于选项卡上不需要的命令按钮，直接拖出后释放鼠标即可。用同样方法，也可以将命令拖动到菜单栏的下拉菜单中。

2. "选项卡/条"选项卡

"选项卡/条"选项卡用于设置显示或隐藏某些选项卡/条、新建选项卡，也可以单击"重置"按钮来恢复软件默认的选项卡/条设置，如图 1-19 所示。

图1-18　"命令"选项卡

图1-19　"选项卡/条"选项卡

3. "快捷方式"选项卡

在"类型"列表中选择相应的类型，显示对应的快捷菜单，也可以在图形窗口或导航器中选择对象以定制其快捷菜单或圆盘工具条，如图1-20所示。

4. "图标/工具提示"选项卡

"图标/工具提示"选项卡用于设置是否显示完全的下拉菜单列表，设置恢复默认菜单，以及设置功能区和菜单按钮的大小，如图1-21所示。

图1-20　"快捷方式"选项卡

图1-21　"图标/工具提示"选项卡

（1）图标大小：指定功能区、上/下边框条、左/右边框条、快捷工具条/圆盘工具条、菜单、资源条选项卡和对话框的大小。

（2）工具提示。

① 在功能区和菜单上显示工具提示：将光标移到菜单命令或工具条按钮上方时，会显示工具提示。

② 在对话框选项上显示工具提示：在某些对话框中为需要更多信息的选项显示工具提示。将光标移到标签或按钮上时会出现提示。

1.5 文件操作

本节将讲解文件的操作方法和相关设置，包括新建文件、打开和关闭文件、保存文件、导入文件等。

1.5.1 新建文件

扫码看视频

【执行方式】

- 菜单：选择"菜单"→"文件"→"新建"命令。
- 工具栏：单击快速访问工具栏中的"新建"按钮 📄。
- 功能区：单击"主页"选项卡中的"新建"按钮 📄。
- 快捷键：Ctrl+N。

【操作步骤】

（1）执行上述操作后，打开如图 1-22 所示的"新建"对话框。

图 1-22 "新建"对话框

（2）在对话框的"模板"列表中选择适当的模板。

（3）在"文件夹"文本框中确定新建文件的保存路径，在"名称"文本框中输入文件名，设置完后单击"确定"按钮。

【选项说明】

（1）"模板"列表。

① 单位：针对某一给定单位类型显示可用的模板。

② 模板列表框：显示选定选项卡的可用模板。

（2）预览：显示模板或图解的预览，有助于了解选定的模板可以创建哪些部件文件。

（3）属性：显示有关模板的信息。

（4）"新文件名"选项组。

① 名称：指定新文件的名称。默认名称是在用户默认设置中定义的，也可输入新名称。

② 文件夹：指定新文件所在的目录。单击"浏览"按钮 ，打开"选择目录"对话框，选择目录。

（5）要引用的部件：用于引用不同的部件文件。

名称：指定要引用的文件的名称。

1.5.2　打开文件

扫码看视频

【执行方式】

- 菜单：选择"菜单"→"文件"→"打开"命令。
- 工具栏：单击快速访问工具栏上的"打开"按钮 。
- 功能区：单击"主页"选项卡中的"打开"按钮 。
- 快捷键：Ctrl+O。

【操作步骤】

执行上述操作后，打开如图 1-23 所示的"打开"对话框，对话框中会列出当前目录下的所有有效文件以供选择，这里所指的有效文件是根据用户在"文件类型"下拉列表中的设置来决定的。若勾选"仅加载结构"复选框，则当打开一个装配零件的时候，不会调用其中的组件。

图 1-23　"打开"对话框

另外，可以选择"文件"菜单下的"最近打开的部件"命令，来有选择性地打开最近打开过的文件。

1.5.3　保存文件

【执行方式】

- 菜单：选择"菜单"→"文件"→"保存"命令。
- 工具栏：单击快速访问工具栏上的"保存"按钮 。
- 快捷键：Ctrl+S。

【操作步骤】

（1）执行上述操作后，打开如图 1-24 所示的"命名部件"对话框。若在如图 1-22 所示的"新建"对话框中输入了文件名称和路径，则直接保存文件，不弹出"命名部件"对话框。

图 1-24　"命名部件"对话框

（2）输入文件名称并选择要保存的位置。
（3）单击"确定"按钮，保存文件。

1.5.4　另存文件

【执行方式】

- 菜单：选择"菜单"→"文件"→"另存为"命令。
- 工具栏：单击快速访问工具栏上的"另存为"按钮 。
- 快捷键：Ctrl+Shift+A。

【操作步骤】

（1）执行上述操作后，打开"另存为"对话框，如图 1-25 所示。
（2）输入文件名称并选择要保存的位置。
（3）单击"OK"按钮，保存文件。

图 1-25　"另存为"对话框

1.5.5　关闭部件文件

扫码看视频

【执行方式】

- 菜单：选择"菜单"→"文件"→"关闭"→"选定的部件"命令。

【操作步骤】

（1）执行上述操作后，打开如图 1-26 所示的"关闭部件"对话框。

（2）选取要关闭的文件，单击"确定"按钮。

【选项说明】

（1）顶层装配部件：该选项用于在文件列表中只列出顶层装配文件，而不列出装配中包含的组件。

（2）会话中的所有部件：该选项用于在文件列表中列出当前进程中所有载入的文件。

（3）仅部件：仅关闭所选择的文件。

（4）部件和组件：该选项的功能在于，如果所选择的文件是装配文件，则会一同关闭所有属于该装配文件的组件文件。

（5）关闭所有打开的部件：单击该按钮可以关闭所有文件，但系

图 1-26　"关闭部件"对话框

统会弹出警示对话框，如图 1-27 所示，提示用户部分已做修改的文件尚未保存，给出选项让用户进一步确定。

关闭文件可以通过选择"菜单"→"文件"→"关闭"子菜单中的命令来完成，如图 1-28 所示。"关闭"子菜单中的其他命令与"选定的部件"命令功能相似，一般只是关闭之前再保存一下，此处不再详述。

图 1-27 "关闭所有文件"对话框　　　　　　图 1-28 "关闭"子菜单

1.5.6 导入部件文件

UG 系统提供将已存在的零件文件导入到目前打开的零件文件或新文件中的功能，此外还可以导入 CAM 对象。

扫码看视频

【执行方式】

● 菜单：选择"菜单"→"文件"→"导入"→"部件"命令。

【操作步骤】

执行上述操作后，打开如图 1-29 所示的"导入部件"对话框。

【选项说明】

（1）比例：该选项用于设置导入零件的大小比例。如果导入的零件含有自由曲面，系统将限制比例值为 1。

（2）创建命名的组：选中该复选框后，系统会为导入的零件中的所有对象建立群组，该群组的名称即是该零件文件的原始名称，并且该零件文件的属性将转换为导入的所有对象的属性。

图 1-29 "导入部件"对话框

（3）导入视图和摄像机：选中该复选框后，导入的零件中若包含用户自定义布局和查看方式，则系统会将其相关参数和对象一同导入。

（4）导入 CAM 对象：选中该复选框后，若零件中含有 CAM 对象，则将一同导入。

（5）"图层"选项组。

① 工作的：选中该选项后，则导入零件的所有对象将属于当前的工作图层。

② 原始的：选中该选项后，则导入的所有对象还是属于原来的图层。

（6）"目标坐标系"选项组。

① WCS：选择该选项后，在导入对象时以工作坐标系为定位基准。

② 指定：选中该选项后，系统将在导入对象后显示坐标子菜单，使用用户自定义的定位基准，定义之后，系统将以该坐标系作为导入对象的定位基准。

另外，可以选择"文件"菜单下的"导入"子菜单中的命令来导入其他类型文件。选择"文件"→"导入"命令后，系统会打开如图 1-30 所示的子菜单，提供了 UG 与其他应用程序文件格式的接口，除了可以导入部件文件外，还可以导入 Parasolid、CGM、DXF/DWG 等格式的文件。

图 1-30　"导入"子菜单

（1）Parasolid：单击该命令后，允许用户导入含有适当文字格式文件的实体（parasolid），该文字格式文件含有用以说明该实体的数据。导入的实体密度保持不变，除透明度外，表面属性（颜色、反射参数等）保持不变。

（2）CGM：单击该命令可导入 CGM（Computer Graphic Metafile）文件，即标准的 ANSI 格式的计算机图形中继文件。

（3）IGES：单击该命令可以导入 IGES 格式文件。IGES（Initial Graphics Exchange Specification）是可在一般 CAD/ CAM 应用软件间转换的常用格式，可供各 CAD/CAM 相关应用程序转换点、线和曲面等对象。

（4）AutoCAD DXF/DWG：单击该命令后，可将其他 CAD/CAM 应用程序导出的 DXF/DWG 文件导入 UG 中。

1.5.7　装配加载选项

【执行方式】

● 菜单：选择"菜单"→"文件"→"选项"→"装配加载选项"命令。

扫码看视频

【操作步骤】

执行上述操作后，打开如图 1-31 所示的"装配加载选项"对话框。

【选项说明】

（1）加载：指定组件加载的起始位置，其中有 3 个选项。

① 按照保存的：从组件的保存目录中加载组件。

② 从文件夹：从父装配所在的目录加载组件。

③ 从搜索文件夹：加载在搜索目录层次结构列表中找到的第一个组件。

（2）加载：该选项用于设置零件的载入方式，共有 5 个选项。

（3）选项：选择"完全加载"选项时，系统会加载所有文件数据；选择"部分加载"选项时，系统只加载活动引用集中的几何体。

图 1-31 "装配加载选项"对话框

（4）允许替换：选中该复选框，当组件文件载入零件时，即使该零件不属于该组件文件，系统也允许用户打开该零件。

（5）失败时取消加载：该复选框用于控制当系统载入发生错误时，是否终止载入文件。

1.5.8 保存选项

扫码看视频

【执行方式】

● 菜单：选择"菜单"→"文件"→"选项"→"保存选项"命令。

【操作步骤】

执行上述操作后，打开如图 1-32 所示的"保存选项"对话框，在该对话框中可以进行相关参数设置。

【选项说明】

（1）保存时压缩部件：选中该复选框后，保存时系统会自动压缩零件文件，压缩文件需要花费较长时间，所以一般用于大型组件文件或复杂文件。

（2）生成重量数据：该复选框用于更新元件的重量及质量特性，并将其信息与元件一同保存。

（3）保存图样数据：该选项组用于设置保存零件文件时，是否保存图样数据。

① 否：不保存图样数据。

图 1-32 "保存选项"对话框

② 仅图样数据：仅保存图样数据，而不保存着色数据。

③ 图样和着色数据：图样数据和着色数据全部保存。

第 **2** 章
基本操作

本章主要讲解 UG 应用中的一些基本操作及经常使用的工具，从而使用户更熟悉 UG 的建模环境。要很好地掌握建模中常用的工具或命令，还是要多练多用才行。对 UG 所提供的建模工具的整体了解也是必不可少的，只有全局了解才会知道对同一模型可以有多种建模和修改的思路，以便对更为复杂或特殊的模型的建立游刃有余。

/ 重点与难点

- 对象操作
- 坐标系操作
- 视图与布局
- 图层操作

2.1 选择对象的方法

选择对象是一个最常用的操作。在很多操作中，特别是对对象进行编辑操作时，都需要选择对象。选择对象操作通常是通过单击鼠标左键、"类选择"对话框、上边框条、"快速选取"对话框或部件导航器来完成的。

2.1.1 "类选择"对话框

【操作步骤】

在执行某些操作时，打开如图 2-1 所示的"类选择"对话框，一次可选择一个或多个对象。"类选择"对话框提供了多种选择方法及对象类型过滤方法，使用非常方便。

【选项说明】

（1）对象：有"选择对象""全选"和"反选"三种方式。

① 选择对象：用于选取对象。

② 全选：用于选取所有的对象。

③ 反选：用于选取在绘图工作区中未被用户选中的对象。

图 2-1 "类选择"对话框

（2）其他选择方法：有"按名称选择""选择链"和"向上一级"三种方式。

① 按名称选择：用于输入预选取对象的名称，可使用通配符"？"或"*"。

② 选择链：用于选择首尾相接的多个对象。选择方法是先单击对象链中的第一个对象，然后单击最后一个对象，使所选对象呈高亮显示，最后确定，以结束选择对象的操作。

③ 向上一级：用于选择上一级的对象。当选择了含有群组的对象时，该按钮才被激活，单击该按钮，系统自动选取群组中当前对象的上一级对象。

（3）过滤器：用于限制要选择对象的范围，有"类型""图层""颜色""属性"和"重置"5种方式。

① 类型过滤器 ✛：单击此按钮，打开如图 2-2 所示的"按类型选择"对话框，在该对话框中，可设置在对象选择中需要包括或排除的对象类型。当选取"基准""曲线""面""尺寸""符号"等对象类型时，单击"细节过滤"按钮，还可以做进一步限制，如图 2-3 所示。

图 2-2 "按类型选择"对话框

图 2-3 "基准"对话框

② 图层过滤器 ：单击此按钮，打开如图 2-4 所示的"按图层选择"对话框，在该对话框中，可以设置在选择对象时需包括或排除的对象所在的层。

③ 颜色过滤器 ：单击此按钮，打开如图 2-5 所示的"颜色"对话框，在该对话框中，通过指定的颜色来限制选择对象的范围。

④ 属性过滤器 ：单击此按钮，打开如图 2-6 所示的"按属性选择"对话框，在该对话框中，可按对象线型、线宽或其他自定义属性进行过滤。

⑤ 重置过滤器 ：单击此按钮，可以恢复成默认的过滤方式。

图 2-4　"按图层选择"对话框

图 2-5　"颜色"对话框

图 2-6　"按属性选择"对话框

2.1.2　上边框条

上边框条固定在功能区的下方，如图 2-7 所示，可利用上边框条中的各个命令来实现对象的选择。

图 2-7　上边框条

2.1.3　"快速选取"对话框

 【执行方式】

● 快捷菜单：在零件上的任意位置单击鼠标右键，在打开的快捷菜单中，如图 2-8 所示，选择"从列表中选择"选项。

 【操作步骤】

执行上述操作后，打开如图 2-9 所示的"快速选取"对话框，在该对话框中用户可以设置所要选取对象的限制范围，如面、边和组件等。

2.1.4　部件导航器

在资源条中单击![]按钮，打开如图 2-10 所示的部件导航器从中确定要选择的对象。

图2-8　快捷菜单

图2-9　"快速选取"对话框

图2-10　部件导航器

2.2　对象操作

UG 建模过程中的点、线、面、图层和实体等被称为对象，三维实体的创建和编辑操作过程实质上也可以看作对对象的操作过程。本小节将讲解对象的操作过程。

2.2.1　观察对象

观察对象一般采用以下几种方式。

扫码看视频

【执行方式】

- 菜单：选择"菜单"→"视图"→"操作"子菜单中的命令，如图 2-11 所示。
- 功能区：选择"视图"选项卡中的命令，如图2-12 所示。

图 2-11　操作子菜单

图 2-12 "视图"选项卡

● 快捷菜单：在视图中单击鼠标右键，选择快捷菜单中的命令，如图
2-13 所示。

【选项说明】

（1）刷新：用于更新窗口显示，包括更新 WCS 显示，更新由线段逼近
的曲线和边缘显示，更新草图和相对定位尺寸/自由度指示符、基准平面
和平面显示。

（2）适合窗口：用于拟合视图，即调整视图中心和比例，使整合部件
拟合在视图的边界内。也可以通过快捷键 Ctrl+F 实现。

（3）缩放：用于实时缩放视图，该命令可以通过按住鼠标中键（对于
三键鼠标而言）不放来拖动鼠标实现；将鼠标置于图形界面中，滚动鼠标
滚轮就可以对视图进行缩放；也可在按住鼠标滚轮的同时按住 Ctrl 键，然
后上下移动鼠标对视图进行缩放。

图 2-13　快捷菜单

（4）平移：用于移动视图，该命令可以通过同时按住鼠标右键和中键
（对于三键鼠标而言）来拖动鼠标实现；在按住鼠标滚轮的同时按住 Shift 键，然后向各个方向移动
鼠标，也可以对视图进行移动。

（5）旋转：用于旋转视图，该命令可以通过按住鼠标中键（对于三键鼠标而言）来拖动鼠标实现。

（6）渲染样式：用于更换视图的显示模式，可以在线框、着色、局部着色、面分析、艺术外观
等 8 种对象的显示模式间切换。

（7）定向视图：用于改变对象观察点的位置。

（8）设置旋转参考：该命令可以使用鼠标在工作区选择合适的旋转点，再通过"旋转"命令观
察对象。

2.2.2　隐藏对象

当工作区域内图形太多，不便
于操作时，需要暂时将不需要的对
象隐藏，如模型中的草图、基准面、曲线、尺
寸、坐标、平面等。

扫码看视频

【执行方式】

● 菜单：选择"菜单"→"编辑"→"显
示和隐藏"子菜单中的命令，如图 2-14
所示。
● 功能区：单击"视图"选项卡"可见性"
面板中的按钮。

图 2-14 "显示和隐藏"子菜单

【选项说明】

（1）显示和隐藏：单击该命令，打开如图2-15所示的"显示和隐藏"对话框，可控制窗口中对象的可见性。可以通过暂时隐藏其他对象来关注选定的对象。

（2）立即隐藏：隐藏选定的对象。

（3）隐藏：选择该命令或按Ctrl+B快捷键，打开"类选择"对话框，通过类型选择需要隐藏的对象或是直接选取需要隐藏的对象。

（4）显示：将所选的隐藏对象重新显示出来。执行此命令，将打开"类选择"对话框，此时工作区中会显示所有已经隐藏的对象，用户可以在其中选择需要重新显示的对象。

（5）显示所有此类型对象：重新显示某类型的所有隐藏对象。执行该命令，将打开"选择方法"对话框，如图2-16所示，通过"类型""图层""其他""重置"和"颜色"5个按钮或选项来确定对象类别。

图2-15 "显示和隐藏"对话框

图2-16 "选择方法"对话框

（6）全部显示：选择该命令或按Shift+Ctrl+U快捷键，可以重新显示所有在可选层上的隐藏对象。

（7）按名称显示：显示具有指定名称的所有对象。

（8）反转显示和隐藏：该命令用于反转当前所有对象的显示或隐藏状态，即显示的对象将会全部隐藏，而隐藏的对象将会全部显示。

2.2.3　编辑对象显示方式

【执行方式】

扫码看视频

● 菜单：选择"菜单"→"编辑"→"对象显示"命令。
● 功能区：单击"视图"选项卡"可视化"面板上的"编辑对象显示"按钮。
● 快捷键：Ctrl+J。

【操作步骤】

（1）执行上述操作后，打开"类选择"对话框。

（2）选择要改变的对象后，打开如图 2-17 所示的"编辑对象显示"对话框。

（3）编辑所选择对象的图层、颜色、网格数、透明度或着色状态等参数。

（4）单击"确定"按钮完成编辑并退出对话框。

图 2-17　"编辑对象显示"对话框

 【选项说明】

1. "常规"选项卡

（1）"基本符号"选项组。

① 图层：用于指定选择对象放置的图层。系统规定的图层为 1 ～ 256 层。

② 颜色：用于改变所选对象的颜色，可以调出"颜色"对话框。

③ 线型：用于修改所选对象的线型（不包括文本）。

④ 宽度：用于修改所选对象的线宽。

（2）"着色显示"选项组。

① 透明度：控制穿过所选对象的光线数量。

② 局部着色：给所选择的体或面设置局部着色属性。

③ 面分析：将"面分析"属性更改为开或关。

（3）"线框显示"选项组。

① 显示极点：显示选定样条或曲面的控制多边形。

② 显示结点：显示选定样条的结点或选定曲面的结点线。

（4）"小平面体"选项组。

① 显示：修改选定小平面体的显示，替换小平面体多边形线的符号。

② 显示示例：可以为显示的样例数量输入一个值。

2. "分析"选项卡

（1）曲面连续性显示：指定选定的曲面连续性分析对象的可见性、颜色和线型。

（2）截面分析显示：为选定的截面分析对象指定可见性、颜色和线型。

（3）曲线分析显示：为选定的曲线分析对象指定可见性、颜色和线型。

（4）曲线相交显示：为选定的相交曲线指定可见性、颜色和线型。

（5）偏差度量显示：为选定的偏差度量分析对象指定可见性、颜色和线型。

（6）高亮线显示：为选定的高亮线分析对象指定颜色和线型。

（7）继承：单击此按钮，选择需要从哪个对象上继承设置，并应用到之后的所选对象上。

（8）重新高亮显示对象：单击此按钮，重新高亮显示所选对象。

（9）选择新对象：单击此按钮，打开"类选择"对话框，重新选择对象。

2.2.4 对象变换

扫码看视频

【执行方式】

● 菜单：选择"菜单"→"编辑"→"变换"命令。

【操作步骤】

（1）执行上述操作后，打开"类选择"对话框。

（2）选择要变换的对象，打开如图 2-18 所示的"变换"对话框。

（3）选择变换方式后，进行相关操作，打开如图 2-19 所示的变换结果对话框。

图 2-18 "变换"对话框

图 2-19 变换结果对话框

【选项说明】

图 2-18 所示的对象"变换"对话框选项说明如下。

（1）比例：该选项用于将选取的对象，相对于指定参考点成比例地缩放尺寸。选取的对象在参考点处不移动。选中该选项后，在系统打开的"点"对话框选择一参考点后，系统会打开如图 2-20 所示的变换比例对话框。

① 比例：该文本框用于设置均匀缩放比例。

② 非均匀比例：单击此按钮，打开如图 2-21 所示的非均匀比例设置对话框，设置 XC- 比例、YC- 比例、ZC- 比例方向上的缩放比例。

图 2-20 变换比例对话框   图 2-21 非均匀比例设置对话框

（2）通过一直线镜像：该选项用于将选取的对象，相对于指定的参考直线做镜像，即在参考线的相反侧建立源对象的一个镜像。单击此按钮，打开如图 2-22 所示的设置参考线对话框。

① 两点：用于指定两点，两点的连线即为参考线。

② 现有的直线：选择一条已有的直线（或实体边缘线）作为参考线。

③ 点和矢量：该选项用点构造器指定一点，其后在矢量构造器中指定一个矢量，通过指定点的矢量作为参考直线。

（3）矩形阵列：该选项用于将选取的对象，从指定的阵列原点开始，沿坐标系 XC 和 YC 方向（或指定的方位）建立一个等间距的矩形阵列。系统先将源对象从指定的参考点移动或复制到目标点（阵列原点），然后沿 XC、YC 方向建立阵列。单击此按钮，系统将打开如图 2-23 所示的矩形阵列设置对话框。

图 2-22 设置参考线对话框   图 2-23 矩形阵列设置对话框

① DXC：该选项表示 XC 方向间距。

② DYC：该选项表示 YC 方向间距。

③ 阵列角度：指定阵列角度。

④ 列（X）：指定阵列列数。

⑤ 行（Y）：指定阵列行数。

（4）圆形阵列：该选项用于将选取的对象，从指定的阵列原点开始，绕目标点（阵列中心）建立一个等角间距的圆形阵列。单击此按钮，系统打开如图 2-24 所示的圆形阵列设置对话框。

① 半径：用于设置圆形阵列的半径值，该值也等于目标对象上的参考点到目标点之间的距离。

② 起始角：定位圆形阵列的起始角（与 XC 正向平行为零）。

（5）通过一平面镜像：该选项用于将选取的对象，相对于指定参考平面做镜像，即在参考平面的相反侧建立源对象的一个镜像。

（6）点拟合：该选项用于将选取的对象，从指定的参考点集缩放、重定位或修剪到目标点集上。单击此按钮，系统打开如图2-25所示的点拟合对话框。

图 2-24　圆形阵列设置对话框

图 2-25　点拟合对话框

① 3- 点拟合：允许用户通过 3 个参考点和 3 个目标点来缩放和重定位对象。

② 4- 点拟合：允许用户通过 4 个参考点和 4 个目标点来缩放和重定位对象。

图 2-19 所示的变换结果对话框选项说明如下。

（1）重新选择对象：该选项用于重新选择对象，通过"类选择"对话框来选择新的变换对象，而保持原变换方法不变。

（2）变换类型 – 比例：该选项用于修改变换方法，即在不重新选择变换对象的情况下，修改变换方法，当前选择的变换方法以简写的形式显示在"–"符号后面。

（3）目标图层 – 原始的：该选项用于指定目标图层，即在变换完成后，指定新建立的对象所在的图层。单击该选项后，会有以下 3 种选项。

① 工作的：变换后的对象放在当前的工作图层中。

② 原先的：变换后的对象保持在源对象所在的图层中。

③ 指定的：变换后的对象被移动到指定的图层中。

（4）跟踪状态 – 关：该选项是一个开关选项，用于设置跟踪变换过程。

（5）细分 –1：该选项用于等分变换距离，即把变换距离（或角度）分割成几个相等的部分，实际变换距离（或角度）是其等分值。

（6）移动：该选项用于移动对象，即变换后，将源对象从原来的位置移动到由变换参数所指定的新位置。

（7）复制：该选项用于复制对象，即变换后，将源对象从原来的位置复制到由变换参数所指定的新位置。对于依赖其他父对象而建立的对象，复制后的新对象中数据关联信息将会丢失，使之不再依赖于任何对象而独立存在。

（8）多个副本 – 可用：该选项用于复制多个对象。按指定的变换参数和复制个数在新位置复制源对象，相当于一次执行了多个"复制"命令操作。

（9）撤销上一个 – 不可用：该选项用于撤销最近一次的变换操作，但源对象依旧处于选中状态。

2.2.5　移动对象

【执行方式】

扫码看视频

● 菜单：选择"菜单"→"编辑"→"移动对象"命令。

● 功能区：单击"工具"选项卡"实用工具"面板上的"移动对象"按钮 。

快捷键：Ctrl+T。

【操作步骤】

执行上述操作后，打开如图 2-26 所示的"移动对象"对话框。

【选项说明】

（1）运动：包括距离、角度、点之间的距离、径向距离、点到点、根据三点旋转、将轴与矢量对齐、坐标系到坐标系、动态和增量 *XYZ* 等选项。

① 距离：没指定矢量的线性距离移动对象。

② 点到点：用户可以选择参考点和目标点，则这两个点之间的距离和由参考点指向目标点的方向将决定对象的平移方向和距离。

③ 根据三点旋转：提供 3 个位于同一个平面内且垂直于矢量轴的参考点，让对象围绕旋转中心，按照这 3 个点同旋转中心连线形成的角度逆时针旋转。

④ 将轴与矢量对齐：将对象绕参考点从一个轴向另外一个轴

图 2-26　"移动对象"对话框

旋转一定的角度。选择起始轴，然后确定终止轴，这两个轴决定了旋转角度的方向。此时用户可以清楚地看到两个矢量的箭头，而且这两个箭头首先出现在选择轴上，当单击"确定"按钮以后，该箭头就平移到参考点。

⑤ 动态：用于将选取的对象，相对于参考坐标系中的位置和方位移动（或复制）到目标坐标系中，使建立的新对象的位置和方位相对于目标坐标系保持不变。

（2）"结果"选项组。

① 移动原先的：该选项用于移动对象，即变换后，将源对象从其原来的位置移动到由变换参数所指定的新位置。

② 复制原先的：该选项用于复制对象，即变换后，将源对象从其原来的位置复制到由变换参数所指定的新位置。对于依赖其他父对象而建立的对象，复制后的新对象中数据关联信息将会丢失，使之不再依赖于任何对象而独立存在。

③ 非关联副本数：用于复制多个对象，按指定的变换参数和复制的个数在新位置复制源对象。选择"复制原先的"单选按钮后，将出现该选项。

2.3　坐标系

扫码看视频

UG 系统中共包括 3 种坐标系统，分别是绝对坐标系（Absolute Coordinate System，ACS）、工作坐标系（Work Coordinate System，WCS）和机械坐标系（Machine Coordinate System，MCS），它们都是符合右手法则的。

ACS 是系统默认的坐标系，其原点位置永远不变，在用户新建文件时就产生了。

WCS 是 UG 系统提供给用户的坐标系，用户可以根据需要任意移动它的位置，也可以设置属于自己的 WCS 坐标系。

MCS 一般用于模具设计、加工、配线等向导操作中。

设置 WCS 的方法如下。

【执行方式】

● 菜单：选择"菜单"→"格式"→"WCS"子菜单中的命令，如图 2-27 所示。

 【选项说明】

（1）动态：该命令能通过步进的方式移动或旋转当前的 WCS，用户可以在绘图工作区中移动坐标系到指定位置，也可以设置步进参数使坐标系逐步移动到指定的位置，如图 2-28 所示。

（2）原点：该命令通过定义当前 WCS 的原点来移动坐标系的位置。该命令仅移动坐标系的位置，而不会改变坐标轴的方向。

（3）旋转：使用该命令将打开如图 2-29 所示的"旋转 WCS 绕"对话框，通过当前的 WCS 绕其某一坐标轴旋转一定角度，来定义一个新的 WCS。

图 2-27 "WCS"子菜单

图 2-28 "动态移动"示意图

图 2-29 "旋转 WCS 绕"对话框

用户通过该对话框可以选择坐标系绕哪个轴旋转，同时指定从一个轴转向另一个轴，在"角度"文本框中输入需要旋转的角度。角度可以为负值。

> **提示** 直接双击坐标系可以使坐标系激活，处于动态移动状态，用鼠标拖动原点处的方块，可以沿 X、Y、Z 方向任意移动，也可以绕任意坐标轴旋转。

（4）更改 XC 方向：执行此命令，系统打开"点"对话框，在该对话框中选择点，系统以原坐标系的原点和该点在 XC-YC 平面上的投影点的连线方向作为新坐标系的 XC 方向，而原坐标系的 ZC 轴方向不变。

（5）更改 YC 方向：执行此命令，系统打开"点"对话框，在该对话框中选择点，系统以原坐标系的原点和该点在 XC-YC 平面上的投影点的连线方向作为新坐标系的 YC 方向，而原坐标系的 ZC 轴方向不变。

（6）显示：在图形窗口中开启和关闭 WCS 的显示。

（7）保存：系统会保存当前设置的工作坐标系，以便在日后的工作中调用。

2.4 布局

在绘图工作区中，将多个视图按一定排列规则显示出来，就成为一个布局，每一个布局都有一个名称。UG 预先定义了 6 种布局，称为标准布局，如图 2-30 所示。

图 2-30 系统标准布局

同一布局中，只有一个视图是工作视图，其他视图都是非工作视图。各种操作都默认为针对工作视图，用户可以随便改变工作视图。工作视图在其视图中都会显示"WORK"字样。

布局的主要作用是在绘图工作区同时显示多个视角的视图，便于用户更好地观察和操作模型。用户可以定义系统默认的布局，也可以生成自定义的布局。

【执行方式】

● 菜单：选择"菜单"→"视图"→"布局"子菜单中的命令，如图 2-31 所示。

【选项说明】

（1）新建：选择该命令后，打开如图 2-32 所示的"新建布局"对话框，用户可以在其中设置视图布局的形式和各视图的视角。

建议用户在自定义布局时输入自己的布局名称。默认情况下，UG 会按照先后顺序给每个布局命名为 LAY1、LAY2 等。

（2）打开：选择该命令后，打开如图 2-33 所示的"打开布局"对话框，在当前文件的布局名称列表中选择要打开的某个布局，系统会按该布局的方式来显示图形。勾选"适合所有视图"复选框，系统会自动调整布局中的所有视图。

图 2-31 "布局"子菜单

图 2-32 "新建布局"对话框

（3）适合所有视图：该功能用于调整当前布局中所有视图的中心和比例，使实体模型最大程度地拟合在每个视图边界内。

（4）更新显示：当对实体进行修改后，选择该命令就会对所有视图的模型进行实时更新显示。

（5）重新生成：该功能用于重新生成布局中的每一个视图。

（6）替换视图：选择该命令后，打开如图 2-34 所示的"视图替换为"对话框，该对话框用于替换布局中的某个视图。

图 2-33 "打开布局"对话框

图 2-34 "视图替换为"对话框

（7）删除：选择该命令后，打开如图 2-35 所示的"删除布局"对话框，该对话框用于从列表框中选择要删除的视图布局，执行操作后系统就会删除该视图布局。

（8）保存：系统用当前的视图布局名称保存修改后的布局。

（9）另存为：选择该命令后，打开如图 2-36 所示的"另存布局"对话框，在列表框中选择要更换名称进行保存的布局，在"名称"文本框中输入一个新的布局名称，系统就会用新的名称保存修改过的布局。

图 2-35 "删除布局"对话框

图 2-36 "另存布局"对话框

2.5　图层操作

所谓的图层，就是在空间中使用不同的层次来放置几何体。UG 中的图层功能类似于设计工程师在透明覆盖层上建立模型的方法，一个图层类似于一个透明的覆盖层。图层的最主要功能是在复杂建模的时候可以控制对象的显示、编辑和状态。

一个 UG 文件中最多可以有 256 个图层，每层上可以含任意数量的对象。因此一个图层可以含有部件上的所有对象，一个对象上的部件也可以分布在很多图层上。但需要注意的是，只有一个图层是当前工作图层，所有的操作只能在工作图层上进行，其他图层可以通过可见性、可选择性等的设置进行辅助工作。

2.5.1 图层的分类

对图层进行分类管理，可以很方便地通过层类来实现对其中各层的操作，以提高操作效率。例如，可以设置 model、draft、sketch 等图层种类，model 包括 1 ~ 10 层，draft 包括 11 ~ 20 层，sketch 包括 21 ~ 30 层等。用户可以根据自身需要来制定图层的类别。

扫码看视频

【执行方式】

- 菜单：选择"菜单"→"格式"→"图层类别"命令。
- 功能区：单击"视图"选项卡中"可见性"面板上"更多"库下的"图层类别"按钮 ▧。

【操作步骤】

执行上述操作后，打开如图 2-37 所示的"图层类别"对话框，可以对图层进行分类设置。

【选项说明】

（1）过滤：该文本框用于输入已存在的图层种类的名称来进行筛选，当输入"*"时则会显示所有的图层种类。用户可以直接在列表框中选取需要编辑的图层种类。

（2）图层类列表框：用于显示满足过滤条件的所有图层类条目。

（3）类别：该文本框用于输入图层种类的名称，来新建图层或对已存在的图层种类进行编辑。

图 2-37 "图层类别"对话框

（4）创建 / 编辑：单击该按钮，可创建或编辑图层。若"类别"文本框中输入的名字已存在，则进行编辑；若不存在，则进行创建。

（5）删除 / 重命名：单击该按钮，可对选中的图层种类进行删除或重命名操作。

（6）描述：该文本框用于输入某类图层相应的描述文字，即用于解释该图层种类含义的文字，当输入的描述文字超出规定长度时，系统会自动进行长度匹配。

（7）加入描述：新建图层类时，若在"描述"文本框中输入了该图层类的描述信息，则需单击该按钮才能使描述信息有效。

2.5.2 图层的设置

用户可以在任何一个或一组图层中设置该图层是否显示和是否变换工作图层等。

扫码看视频

- 菜单：选择"菜单"→"格式"→"图层设置"命令。
- 功能区：单击"视图"选项卡中"可见性"面板上的"图层设置"按钮 。
- 快捷键：Ctrl+L。

执行上述操作后，打开如图 2-38 所示的"图层设置"对话框，利用该对话框可以对组件中所有图层或任意一个图层进行工作层、可选取性、可见性等设置，并且可以查询图层的信息，同时也可以对图层所属种类进行编辑。

（1）工作层：用于输入需要设置为当前工作层的图层号。当输入图层号后，系统会自动将其设置为工作图层。

（2）按范围/类别选择图层：用于输入范围或图层种类的名称进行筛选操作。在该文本框中输入种类名称并确定后，系统会自动将所有属于该种类的图层选取，并改变其状态。

（3）类别过滤器：在文本框中输入"*"，则表示接受所有图层种类。

（4）名称："图层设置"对话框能够显示此零件文件所有图层和所属种类的相关信息，如图层编号、状态和图层种类等，也可显示图层的状态、所属图层的种类和对象数目等。利用 Ctrl+Shift 快捷键可以进行多项选择。此外，在列表框中双击需要更改状态的图层，系统会自动切换其显示状态。

图 2-38 "图层设置"对话框

（5）仅可见：该选项用于将指定的图层设置为仅可见状态。当图层处于仅可见状态时，该图层的所有对象仅可见但不能被选取和编辑。

（6）显示：用于控制在图层状态列表框中图层的显示情况。该下拉列表中包括"所有图层""含有对象的图层""所有可选图层"和"所有可见图层"4 个选项。

（7）显示前全部适合：该选项用于在更新显示前吻合所有的视图，使对象充满显示区域，或在工作区域利用 Ctrl+F 快捷键实现该功能。

2.5.3　图层的其他操作

1. 图层的可见性设置

选择"菜单"→"格式"→"视图中可见图层"命令，打开如图 2-39 所示的"视图中可见图层"对话框。

扫码看视频

在如图 2-39（a）所示的对话框中选择要操作的视图，之后在如图 2-39（b）所示的列表框中选择可见性图层，然后设置可见/不可见选项。

2. 图层中对象的移动

选择"菜单"→"格式"→"移动至图层"命令，确定要移动的对象后，打开如图 2-40 所示的"图层移动"对话框。

在"图层"列表框中直接选中目标层，系统就会将所选对象放置在目的层中。

（a）　　　　　　　　　　（b）

图 2-39 "视图中可见图层"选择对话框

图 2-40 "图层移动"对话框

3. 图层中对象的复制

选择"菜单"→"格式"→"复制至图层"命令，确定要复制的对象后，打开"图层复制"对话框，操作过程与图层中对象的移动基本相同，此处不再详述。

2.6 常用工具

在建模时经常需要创建点、创建平面和创建轴等，下面讲解点工具、平面工具、矢量工具和坐标系工具的使用方法。

2.6.1 点工具

【执行方式】

● 菜单：选择"菜单"→"插入"→"基准 / 点"→"点"命令。
● 功能区：单击"主页"选项卡中"特征"面板上的"点"按钮十。

○ 对话框：在相关对话框中单击"点对话框"按钮 。

【操作步骤】

执行上述操作后，系统打开如图 2-41 所示的"点"对话框。

【选项说明】

（1）类型：指定点的创建方法。

① 自动判断的点：根据光标所指的位置指定各种点之中离光标最近的点。

② 光标位置：直接单击鼠标左键，在此位置建立点。

③ 现有点：根据已经存在的点，在该点位置上再创建一个点。

④ 端点：根据鼠标选择位置，在靠近鼠标选择位置的端点处建立点。如果选择的特征为完整的圆，那么端点为零象限点。

图 2-41 "点"对话框

⑤ 控制点：在曲线的控制点上构造一个点或规定新点的位置。控制点与曲线的类型有关，可以是直线的中点或端点、二次曲线的端点或样条曲线的定义点及控制点等。

⑥ 交点：在两段曲线的交点上、曲线与平面或曲面的交点上创建一个点或规定新点的位置。

⑦ 圆弧/椭圆上的角度：在与 X 轴正向成一定角度（沿逆时针方向）的圆弧/椭圆弧上创建一个点或规定新点的位置，在如图 2-42 所示的对话框中输入曲线上的角度。

⑧ 圆弧中心/椭圆中心/球心：在所选圆弧、椭圆或球的中心建立点。

⑨ 象限点：在圆弧或椭圆弧的四分点处创建一个点或规定新点的位置。

⑩ 曲线/边上的点：在如图 2-43 所示的对话框中设置参数值，即可在选择的特征上建立点。

图 2-42 圆弧/椭圆上的角度

图 2-43 曲线/边上的点

⑪ 面上的点：在如图 2-44 所示的对话框中设置"*U* 向参数"和"*V* 向参数"的值，即可在面上建立点。

⑫ 两点之间：在如图 2-45 所示的对话框中设置点的位置，即可在两点之间建立点。

图 2-44　设置 *U* 向参数和 *V* 向参数

图 2-45　设置点的位置

⑬ 样条极点：在样条曲线的极点处建立点。

⑭ 按表达式：根据选择的表达式创建点，或单击"创建表达式"按钮 ，在弹出的"表达式"对话框中创建表达式。

（2）参考：指定在创建点时所使用的坐标系。

① WCS：定义相对于工作坐标系的点。

② 绝对坐标系 - 工作部件：输入的坐标值是相对于工作部件的。

③ 绝对坐标系 - 显示部件：定义相对于显示部件的绝对坐标系的点。

（3）偏置：用于指定与参考点相关的点。

2.6.2　平面工具

扫码看视频

【执行方式】

- 菜单：选择"菜单"→"插入"→"基准 / 点"→"基准平面"命令。
- 功能区：单击"主页"选项卡中"特征"面板上的"基准平面"按钮 。
- 对话框：在相关对话框中单击"平面对话框"按钮 。

【操作步骤】

执行上述操作后，系统打开如图 2-46 所示的"基准平面"对

图 2-46　"基准平面"对话框

话框。

【选项说明】

（1）类型：指定平面的创建方法。

① 自动判断：系统根据所选对象自行创建基准平面。

② 点和方向：通过选择一个参考点和一个参考矢量来创建基准平面，如图 2-47 所示。

③ 曲线上：通过已存在的曲线，创建在该曲线某点处和该曲线垂直的基准平面，如图 2-48 所示。

图 2-47 "点和方向"示意图　　　图 2-48 "曲线上"示意图

④ 按某一距离：通过和已存在的参考平面或基准面进行偏置得到新的基准平面，如图 2-49 所示。

⑤ 成一角度：通过与一个平面或基准面成指定角度来创建基准平面，如图 2-50 所示。

图 2-49 "按某一距离"示意图　　　图 2-50 "成一角度"示意图

⑥ 二等分：在两个相互平行的平面或基准平面的对称中心处创建基准平面，如图 2-51 所示。

⑦ 曲线和点：通过选择曲线和点来创建基准平面，如图 2-52 所示。

图 2-51 "二等分"示意图　　　图 2-52 "曲线和点"示意图

⑧ 两直线：通过选择两条直线来创建基准平面。若两条直线在同一平面内，则以这两条直线所在平面为基准平面；若两条直线不在同一平面内，那么基准平面通过一条直线且和另一条直线平行，如图 2-53 所示。

⑨ 相切：通过和一曲面相切，且通过该曲面上的点、线或平面来创建基准平面，如图 2-54 所示。

⑩ 通过对象：以对象平面为基准平面，如图 2-55 所示。

图 2-53　"两直线"示意图　　图 2-54　"相切"示意图　　图 2-55　"通过对象"示意图

系统还提供了 YC-ZC 平面、 XC-ZC 平面、 XC-YC 平面和 按系数 4 种方法。

（2）反向：使平面法向反向。

（3）偏置：勾选此复选框，可以按指定的方向和距离创建与所定义平面偏置的基准平面。

2.6.3　矢量工具

扫码看视频

【执行方式】

● 菜单：选择"菜单"→"插入"→"基准 / 点"→"基准轴"命令。

● 功能区：单击"主页"选项卡中"特征"面板上的"基准轴"按钮 。

● 对话框：在相关对话框中单击"矢量对话框"按钮 。

【操作步骤】

执行上述操作后，系统打开"矢量"对话框或如图 2-56 所示的"基准轴"对话框。

【选项说明】

（1） 自动判断：将按照选中的矢量关系来构造新矢量。

（2） 点和方向：通过选择一个点和方向矢量创建基准轴。

（3） 两点：通过选择两个点来创建基准轴。

（4） 曲线上矢量：通过选择曲线和该曲线上的点创建基准轴。

图 2-56　"基准轴"对话框

（5） 曲面 / 面轴：通过选择曲面和曲面上的轴创建基准轴。

（6） 交点：通过选择两相交对象的交点来创建基准轴。

（7） ：可以分别选择和 *XC* 轴、*YC* 轴、*ZC* 轴相平行的方向构造矢量。

2.6.4　坐标系工具

扫码看视频

【执行方式】

● 菜单：选择"菜单"→"插入"→"基准 / 点"→"基准坐标系"命令。

● 功能区：单击"主页"选项卡中"特征"面板上的"基准坐标系"按钮。

【操作步骤】

执行上述操作后，打开如图2-57所示的"基准坐标系"对话框。该对话框用于创建基准坐标系，和坐标系不同的是，基准坐标系一次可建立 XY、YZ、ZX 共3个基准面和 X、Y、Z 共3个基准轴。

【选项说明】

（1）自动判断：通过选择的对象或输入沿 X、Y 和 Z 坐标轴方向的偏置值来定义一个坐标系。

（2）动态：可以手动移动坐标系到任何想要的位置或方向。

图2-57 "基准坐标系"对话框

（3）原点，X 点，Y 点：该方法利用点创建功能，先后指定3个点来定义一个坐标系。这3点应分别是原点、X 轴上的点和 Y 轴上的点。定义的第一点为原点，第一点指向第二点的方向为 X 轴的正向，从第二点到第三点按右手定则来确定 Z 轴正向。

（4）平面，X 轴，点：该方法利用指定 Z 轴平面、平面上的 X 轴和点定义一个坐标系。

（5）三平面：该方法通过先后选择3个平面来定义一个坐标系。3个平面的交点为坐标系的原点，第一个面的法向为 X 轴，第一个面与第二个面的交线方向为 Z 轴。

（6）X 轴，Y 轴，原点：该方法先指定一个点作为坐标系原点，再先后选择或定义两个矢量来创建基准坐标系。坐标系 X 轴的正向平行于第一矢量的方向，XOY 平面平行于第一矢量及第二矢量所在的平面，Z 轴正向由从第一矢量在 XOY 平面上的投影矢量至第二矢量在 XOY 平面上的投影矢量按右手定则确定。

（7）绝对坐标系：在绝对坐标系的（0，0，0）点处定义一个新的坐标系。

（8）当前视图的坐标系：用当前视图定义一个新的坐标系。XOY 平面为当前视图的所在平面。

（9）偏置坐标系：该方法通过输入沿 X、Y 和 Z 坐标轴方向相对于选择坐标系的偏距来定义一个新的坐标系。

2.7　表达式

表达式（Expression）是 UG 的一个工具，可用在多个模块中。通过算术和条件表达式，用户可以控制部件的特性，如控制部件中特征或对象的尺寸。表达式是参数化设计的重要工具，通过表达式不但可以控制部件中特征与特征之间、对象与对象之间、特征与对象之间的相互尺寸与位置关系，而且可以控制装配中的部件与部件之间的尺寸与位置关系。

扫码看视频

表达式是可以用来控制部件特性的算术或条件语句。它可以定义和控制模型的许多尺寸，如特征或草图的尺寸。表达式在参数化设计中是十分有意义的，它可以用来控制同一个零件上的不同特征之间的关系或一个装配中不同的零件关系。举一个最简单的例子，如果一个立方体的高度可以用它与长度的关系来表达，那么当立方体的长度变化时，则其高度也随之自动更新。

表达式是定义关系的语句。所有的表达式都有一个赋给表达式左侧的值（一个可能有，也可能没有小数部分的数）。表达式关系式包括表达式等式的左侧和右侧部分（即 $a = b + c$ 形式）。要得出该值，系统就计算表达式的右侧，它可以是算术语句或条件语句。表达式的左侧必须是一个单个的变量。

在表达式关系式的左侧，"a"是 $a = b + c$ 中的表达式变量。表达式的左侧也是此表达式的名称。在表达式的右侧，"$b + c$"是 $a = b + c$ 中的表达式字符串，如图 2-58 所示。

图 2-58　表达式关系式示意图

在创建表达式时必须注意以下几点。

（1）表达式左侧必须是一个简单变量，等式右侧是一个数学语句或条件语句。

（2）所有表达式均有一个值（实数或整数），该值被赋给表达式的左侧变量。

（3）表达式等式的右侧可以是含有变量、数字、运算符和符号的组合或常数。

【执行方式】

- 菜单：选择"菜单"→"工具"→"表达式"命令。
- 功能区：单击"工具"选项卡中"实用工具"面板上的"表达式"按钮 ══。

【操作步骤】

执行上述操作后，打开如图 2-59 所示的"表达式"对话框。该对话框提供一个当前部件中表达式的列表、编辑表达式的各种选项和控制与其他部件中表达式链接的选项。

图 2-59　"表达式"对话框

【选项说明】

（1）显示：用户可以从该下拉列表中选择一种方式列出表达式，如图 2-60 所示，有下列可以选择的方式。

① 用户定义的表达式：列出用户创建的表达式。

② 命名的表达式：列出用户创建和那些没有创建只是重命名的表达式，包括了系统自动生成的表达式，如 p0 或 p5。

③ 未用的表达式：列出没有被任何特征或其他表达式引用的表达式。

④ 特征表达式：列出在图形窗口或部件导航中选定的某一特征的表达式。

⑤ 测量表达式：列出部件文件中的所有测量表达式。

⑥ 属性表达式：列出部件文件中存在的所有部件和对象的属性表达式。

⑦ 部件间表达式：列出部件文件之间存在的表达式。

⑧ 所有表达式：列出部件文件中的所有表达式。

图 2-60 "显示"下拉列表

（2）"操作"选项组。

① 新建表达式：新建一个表达式。

② 创建 / 编辑部件间表达式：列出作业中可用的单个部件，一旦选择了部件以后，便列出了该部件中的所有表达式。

③ 创建多个部件间表达式：列出作业中可用的多个部件。

④ 编辑多个部件间表达式：控制从一个部件文件到其他部件中的表达式的外部参考。选择该选项将显示包含所有部件列表的对话框，这些部件包含工作部件涉及的表达式。

⑤ 替换表达式：允许使用另一个字符串替换当前工作部件中某个表达式的公式字符串的所有实例。

⑥ 打开被引用的部件：单击该按钮，可以打开任何作业中部分载入的部件，常用于进行大规模加工操作。

⑦ 更新以获取外部更改：更新可能在外部电子表格中的表达式值。

（3）表达式列表框。

① 名称：可以给一个新的表达式命名，也可以重新命名一个已经存在的表达式。

② 公式：可以编辑在表达式列表框中选中的表达式，也可给新的表达式输入公式，还可给部件间的表达式创建引用。

③ 量纲：指定一个新表达式的量纲，但不可以改变已经存在的表达式的量纲，如图 2-61 所示。

④ 单位：对于选定的量纲，指定相应的单位，如图 2-62 所示。

图 2-61　表达式列表框中的量纲　　　　图 2-62　表达式列表框中的单位

2.8　布尔运算

零件模型通常由单个实体组成，但在建模过程中，实体通常是由多个实体或特征组合而成的，于是要求把多个实体或特征组合成一个实体，这个操作称为布尔运算（或布尔操作）。

布尔运算在实际建模过程中用得比较多，一般情况下是系统自动完成或自动提示用户选择合适的布尔运算。布尔运算也可独立操作。

2.8.1　合并

扫码看视频

【执行方式】

- 菜单：选择"菜单"→"插入"→"组合"→"合并"命令。
- 功能区：单击"主页"选项卡中"特征"面板上的"合并"按钮 。

【操作步骤】

执行上述操作后，系统打开如图 2-63 所示的"合并"对话框。该对话框用于将两个或多个实体组合在一起构成单个实体，其公共部分完全合并到一起。

图 2-63　"合并"对话框

【选项说明】

（1）目标：进行布尔"求和"时，第一个选择的实体对象的运算结果将加在目标体上，并修改目标体。同一次布尔运算中，目标体只能有一个。布尔运算的结果体类型与目标体的类型一致。

（2）工具：进行布尔运算时第二个以后选择的实体对象，这些对象将加在目标体上，并构成目标体的一部分。同一次布尔运算中，工具体可有多个。

需要注意的是：可以将实体和实体进行求和运算，也可以将片体和片体进行求和运算（具有近似公共边缘线），但不能将片体和实体、实体和片体进行求和运算。

2.8.2 求差

扫码看视频

【执行方式】

- 菜单：选择"菜单"→"插入"→"组合"→"减去"命令。
- 功能区：单击"主页"选项卡中"特征"面板上的"减去"按钮 。

【操作步骤】

执行上述操作后，系统将打开如图 2-64 所示的"求差"对话框。该对话框用于从目标体中减去一个或多个工具体，即将目标体中与工具体公共的部分去掉。

求差去处需要注意以下几点。

（1）若目标体和工具体不相交或相接，则运算结果保持为目标体不变。

（2）实体与实体、片体与实体、实体与片体之间都可进行求差运算，但片体与片体之间不能进行求差运算。实体与片体的差，其结果为非参数化实体。

图 2-64 "求差"对话框

（3）布尔"求差"运算时，若目标体进行求差运算后的结果为两个或多个实体，则目标体将丢失数据。也不能将一个片体变成两个或多个片体。

（4）求差运算的结果不允许产生 0 厚度，即不允许目标体和工具体的表面刚好相切。

2.8.3 相交

扫码看视频

【执行方式】

- 菜单：选择"菜单"→"插入"→"组合"→"相交"命令。
- 功能区：单击"主页"选项卡中"特征"面板上的"相交"按钮 。

【操作步骤】

执行上述操作后，系统打开如图 2-65 所示的"相交"对话框。该对话框用于将两个或多个实体合并成单个实体，运算结果取其公共部分体积构成单个实体。

图 2-65 "相交"对话框

第 **3** 章
测量、分析和查询

在 UG 建模过程中，点和线的质量直接影响构建实体的质量，从而影响产品的质量。所以在建模结束后，需要分析实体的质量来确定曲线是否符合设计要求，这样才能保证生产出合格的产品。本章将简要讲解如何对特征点和曲线的分布进行查询和分析。

/ 重点与难点

- ⊙ 测量
- ⊙ 偏差
- ⊙ 几何对象检查
- ⊙ 曲线分析
- ⊙ 曲面分析
- ⊙ 信息查询

3.1　测量

在使用 UG 进行设计与分析的过程中，需要经常性地获取当前对象的几何信息。测量、分析和查询功能可以对距离、角度、偏差和弧长等多种情况进行分析，详细指导用户的设计工作。

3.1.1　测量距离

"测量距离"功能可以计算两个对象之间的距离、曲线长度以及圆弧、圆周边或圆柱面的半径。用户可以选择的对象有点、线、面、体和边等，需要注意的是，如果在曲线或曲面上有多个点与另一个对象存在最短距离，那么应该指定一个起始点加以区分。

【执行方式】

- 菜单：选择"菜单"→"分析"→"测量距离"命令。
- 功能区：单击"分析"选项卡中"测量"面板上的"测量距离"按钮 ⬌。

【操作步骤】

（1）执行上述操作后，打开如图 3-1 所示的"测量距离"对话框。

（2）选择要测量距离的两个点，显示测量距离。

（3）勾选"显示信息窗口"复选框，打开如图 3-2 所示的"信息"对话框，将会显示的信息包括：两个对象间的三维距离，两个对象上相近点的绝对坐标和相对坐标，以及在绝对坐标和相对坐标中两点之间的轴向坐标增量。

图 3-1　"测量距离"对话框

图 3-2　"信息"对话框

【选项说明】

1. 类型

（1）距离：测量两个对象或点之间的距离。

（2）对象集之间：测量两个对象集之间的距离。

（3）投影距离：测量两个对象之间的投影距离。

（4）对象集之间的投影距离：测量两个对象集之间的投影距离。

（5）屏幕距离：测量屏幕上对象的距离。

（6）长度：测量选定曲线的真实长度。

（7）半径：测量指定曲线的半径。

（8）直径：测量指定曲线的直径。

（9）点在曲线上：测量一组相连曲线上的两点间的最短距离。

2. 距离

（1）目标点：计算选定起点和终点之间沿指定的矢量方向的距离。

（2）最小值：计算选定对象之间沿指定的矢量方向的最小距离。

（3）最小值（局部）：计算两个指定对象或屏幕上的对象之间的最小距离。

（4）最大值：计算选定对象之间沿指定的矢量方向的最大距离。

3. 结果显示

（1）显示信息窗口：勾选此复选框，在打开的"信息"对话框中显示测量结果。

（2）显示尺寸：在图形窗口中显示尺寸。

（3）创建输出几何体：创建关联几何体作为距离测量特征的输出。

3.1.2 测量角度

用户在绘图工作区中选择几何对象后，利用"测量角度"功能可以计算两个对象之间（如曲线之间、两平面间、直线和平面间）的角度，包括两个选择对象的相应矢量在工作平面上的投影矢量间的夹角和在三维空间中两个矢量的实际角度。

 【执行方式】

- 菜单：选择"菜单"→"分析"→"测量角度"命令。
- 功能区：单击"分析"选项卡中"测量"面板上的"测量角度"按钮。

【操作步骤】

执行上述操作后，打开"测量角度"对话框，如图 3-3 所示。

当两个选择对象均为曲线时，若两者相交，则系统会确定两者的交点，并计算在交点处两曲线的切向矢量的夹角；否则，系统会确定两者相距最近的点，并计算这两点在各自所处曲线上的切向矢量间的夹角。切向矢量的方向取决于曲线的选择点与两曲线相距最近点的相对方位，其方向为由曲线相距最近点指向选择点的一方。

图 3-3 "测量角度"对话框

当选择对象均为平面时，计算结果是两平面的法向矢量间的最小夹角。

 【选项说明】

（1）类型：用于选择测量方法，包括按对象、按 3 点和按屏幕点。

（2）参考类型：用于设置选择对象的方法，包括对象、特征和矢量。

（3）"测量"选项组。

① 评估平面：用于选择测量角度，包括 3D 角度、WCS X-Y 平面中的角度、真实角度。

② 方向：用于选择测量类型，有外角和内角两种类型。

3.1.3　测量长度

该功能用于测量曲线的圆弧长或直线的长度。

 【执行方式】

- 菜单：选择"菜单"→"分析"→"测量长度"命令。
- 功能区：单击"分析"选项卡中"测量"面板"更多"库下的"测量长度"按钮 ）。

 【操作步骤】

（1）执行上述操作后，打开如图 3-4 所示的"测量长度"对话框。

（2）以任意顺序选择直线、圆弧、二次曲线或样条。

（3）选择对话框上的其他选项。

（4）单击"确定"按钮，测量长度。

 【选项说明】

（1）选择曲线：用于选择要测量的曲线。

（2）关联：启用测量的关联需求。

（3）"需求"下拉列表。

① 无：无需求检查与测量相关联。

② 新的：启用指定需求选项。

③ 现有的：启用选择需求选项。

图 3-4　"测量长度"对话框

3.1.4　测量面

该功能用于计算实体的面积和周长值，可以用不同的分析单元执行计算。当保存面测量结果时，系统将创建多个有关面积和周长的表达式。

 【执行方式】

- 菜单：选择"菜单"→"分析"→"测量面"命令。
- 功能区：单击"分析"选项卡中"测量"面板"更多"库下的"测量面"按钮 。

図 3-5　"测量面"对话框

【操作步骤】

（1）执行上述操作后，打开如图 3-5 所示的"测量面"对话框。

（2）在部件中的任何体上选择一个或多个面。

（3）选择对话框上的其他选项。

（4）单击"确定"按钮，测量面。

3.1.5　测量体

该功能可以计算选定体的面积、质量、表面积、回转中心和重量。

【执行方式】

- 菜单：选择"菜单"→"分析"→"测量体"命令。
- 功能区：单击"分析"选项卡中"测量"面板"更多"库下的"测量体"按钮 。

图 3-6　"测量体"对话框

【操作步骤】

（1）执行上述操作后，打开如图 3-6 所示的"测量体"对话框。

（2）以任意顺序选择体。

（3）选择对话框上的其他选项。

（4）单击"确定"按钮，测量体。

3.2　偏差

3.2.1　偏差检查

可以根据过某点斜率连续的原则，即将第一条曲线、边缘或表面上的检查点与第二条曲线上的对应点进行比较，检查所选对象是否相接、相切以及边界是否对齐等，并得到所选对象的距离偏移值和角度偏移值。

【执行方式】

- 菜单：选择"菜单"→"分析"→"偏差"→"检查"命令。
- 功能区：单击"分析"选项卡中"更多"库下的"偏差检查"按钮 。

图 3-7　"偏差检查"对话框

【操作步骤】

（1）执行上述操作后，打开如图 3-7 所示的"偏差检查"对话框。

（2）选择一种检查对象类型后，选取要检查的两个对象，在对话框中设置用户所需的数值。

（3）单击"检查"按钮，打开"信息"对话框，其中包括分析点的个数，对象间的最小距离、最大距离以及各分析点的对应数据等信息。

 【选项说明】

（1）曲线到曲线：用于测量两条曲线之间的距离偏差以及曲线上一系列检查点的切向角度偏差。

（2）线 - 面：系统依据过点斜率的连续性，检查曲线是否真位于表面上。

（3）边 - 面：用于检查一个面上的边和另一个面之间的偏差。

（4）面 - 面：系统依据过某点法向对齐原则，检查两个面的偏差。

（5）边 - 边：用于检查两条实体边或片体边的偏差。

3.2.2 相邻边偏差

该功能用于检查多个面的公共边的偏差。

 【执行方式】

● 菜单：选择"菜单"→"分析"→"偏差"→"相邻边"命令。

● 功能区：单击"分析"选项卡中"更多"库下的"相邻边偏差"按钮。

 【操作步骤】

（1）执行上述操作后，打开如图 3-8 所示的"相邻边"对话框。

（2）选择一种"检查点"的方式，有"等参数"和"弦差"两种检查方式可供选择。

（3）在图形工作区选择具有公共边的多个面后，单击"确定"按钮。

（4）打开如图 3-9 所示的"报告"对话框和"信息"对话框，在该对话框中可选择在信息窗口中要指定列出的信息。

图 3-8 "相邻边"对话框

图 3-9 "报告"对话框和"信息"对话框

3.2.3　偏差度量

该功能用于在第一组几何对象（曲线或曲面）和第二组几何对象（可以是曲线、曲面、点、平面、定义点等对象）之间度量偏差。

【执行方式】

- 菜单：选择"菜单"→"分析"→"偏差"→"度量"命令。
- 功能区：单击"逆向工程"选项卡"分析"面板上的"偏差度量"按钮 。

【操作步骤】

执行上述操作后，打开如图 3-10 所示的"偏差度量"对话框。

【选项说明】

（1）测量定义：在该选项组中选择用户所需的测量方法。
（2）最大检查距离：用于设置最大的检查距离。
（3）标记：用于设置输出针叶的数目，可直接输入数值。
（4）标签：用于设置输出标签的类型，是否插入中间物，若插入中间物，要在"间隔"文本框中设置间隔几个针叶插入中间物。
（5）彩色图：用于设置偏差矢量起始处的图形样式。

3.3　几何对象检查

该功能用于计算分析各种类型的几何体对象，找出错误的或无效的几何体，也可以分析面和边等几何对象，找出其中无用的几何对象和错误的数据结构。

【执行方式】

- 菜单：选择"菜单"→"分析"→"检查几何体"命令。

【操作步骤】

执行上述操作后，打开如图 3-11 所示的"检查几何体"对话框。

【选项说明】

（1）对象检查/检查后状态：该选项组用于设置对象的检查功能，其中包括"微小"和"未对齐"两个选项。
① 微小：用于在所选几何对象中查找所有微小的实体、面、曲线和边。

图 3-10　"偏差度量"对话框

图 3-11　"检查几何体"对话框

② 未对齐：用于检查所有几何对象和坐标轴的对齐情况。

（2）体检查 / 检查后状态：该选项组用于设置实体的检查功能，包括以下 4 个选项。

① 数据结构：用于检查每个选择实体中的数据结构有无问题。

② 一致性：用于检查每个所选实体的内部是否有冲突。

③ 面相交：用于检查每个所选实体的表面是否相互交叉。

④ 片体边界：用于查找所选片体的所有边界。

（3）面检查 / 检查后状态：该选项组用于设置表面的检查功能，包括以下 3 个选项。

① 光顺性：用于检查 B 表面的平滑过渡情况。

② 自相交：用于检查所有表面是否有自相交情况。

③ 锐刺 / 切口：用于检查表面是否被分割情况。

（4）边检查 / 检查后状态：该选项组用于设置边缘的检查功能，包括以下 2 个选项。

① 光顺性：用于检查所有与表面连接但不光滑的边。

② 公差：用于在所选择的边组中查找超出距离误差的边。

（5）检查准则：该选项组用于设置临界公差值的大小，包括"距离"和"角度"两个选项，分别用来设置距离和角度的最大公差值大小。

依据几何对象的类型和要检查的项目，在对话框中选择相应的选项并确定所选择的对象后，在"信息"对话框中会列出相应的检查结果，并弹出高亮显示对象对话框。根据用户需要，在对话框中选择了需要高亮显示的对象之后，即可在绘图工作区中看到存在问题的几何对象。

运用检查几何对象功能只能找出存在问题的几何对象，而不能自动纠正这些问题。通过高亮显示找到有问题的几何对象后，可以利用相关命令对该模型作修改，以免影响到后续操作。

3.4　曲线分析

【执行方式】

● 菜单：选择"菜单"→"分析"→"曲线"→"曲线分析"命令。

● 功能区：单击"分析"选项卡"曲线形状"面板上的"曲线分析"按钮 。

【操作步骤】

执行上述操作后，打开如图 3-12 所示的"曲线分析"对话框。

【选项说明】

1. 投影

该选项组允许指定分析曲线在其上进行投影的平面。可以选择下面某个选项。

（1）无：指定不使用投影平面，表明在原来选中的曲线上进行曲率分析。

（2）曲线平面：根据选中曲线的形状计算一个平面（称为"曲

图 3-12　"曲线分析"对话框

线的平面")。例如，一个平面曲线的曲线平面是该曲线所在的平面。3D 曲线的曲线平面是由前两个主长度构成的平面。

（3）矢量：指定投影平面与矢量正交。

（4）视图：指定投影平面为当前的"工作视图"。

（5）WCS：指定投影方向为 *XC/YC/ZC* 矢量。

2. 分析显示

（1）显示曲率梳：勾选该复选框，显示已选中曲线、样条或边的曲率梳。

（2）建议比例因子：勾选该复选框，可将比例因子自动设置为最合适的大小。

（3）针比例：该选项允许通过拖动比例滑块控制梳状线的长度或比例。比例的数值表示梳状线上齿的长度（该值与曲率值的乘积为梳状线的长度）。

（4）针数：该选项允许控制梳状线中显示的总齿数。齿数对应于需要在曲线上采样的检查点的数量（在 *u* 起点和 *u* 最大值指定的范围内）。此数字不能小于 2，默认值为 50。

（5）最大长度：该复选框允许指定梳状线元素的最大允许长度。如果为梳状线绘制的线比此处指定的临界值大，则将其修剪至最大允许长度。在线的末端绘制星号（*）表明这些线已被修剪。

3. 点

（1）创建峰值点：该选项用于显示选中曲线、样条或边的峰值点，即局部曲率半径（或曲率的绝对值）达到局部最大值的地方。

（2）创建拐点：该选项用于显示选中曲线、样条或边上的拐点，即曲率矢量从曲线一侧翻转到另一侧的地方，清楚地表示出曲率符号发生改变的任何点。

3.5　曲面分析

UG 提供了半径、反射、斜率和距离 4 种曲面分析方式，下面就主要菜单命令进行讲解。

3.5.1　半径分析

该功能用于分析曲面的曲率半径变化情况，并且可以用各种方法显示和生成。

【执行方式】

- 菜单：选择"菜单"→"分析"→"形状"→"半径"命令。
- 功能区：单击"分析"选项卡中"更多"库下的"半径"按钮 。

【操作步骤】

执行上述操作后，打开如图 3-13 所示的"半径分析"对

图 3-13　"半径分析"对话框

话框。

【选项说明】

（1）类型：用于指定欲分析的曲率半径类型，该下拉列表中包括 8 种半径类型。

（2）分析显示：用于指定分析结果的显示类型，"模态"下拉列表中包括 3 种显示类型。图形区的右边将显示一个"色谱表"，分析结果与"色谱表"比较，就可以由"色谱表"上的半径数值了解表面的曲率半径，如图 3-14 所示。

（3）编辑限制：勾选该复选框，可以输入最大值、最小值来扩大或缩小"色谱表"的量程；

图 3-14　刺猬梳显示分析结果及色谱表

也可以通过拖动滑块来改变中间值，使量程上移或下移。去掉勾选，"色谱表"的量程恢复默认值，此时只能通过拖动滑块来改变中间值，使量程上移或下移，最大值或最小值不能通过输入改变。需要注意的是，因为"色谱表"的量程可以改变，所以一种颜色并不固定地表示一种半径值，但是"色谱表"的数值始终反映的是表面上对应颜色区的实际曲率半径值。

（4）比例因子：拖动滑块通过改变比例因子扩大或缩小"色谱表"的量程。

（5）重置数据范围：恢复"色谱表"的默认量程。

（6）面的法向：通过以下两种方法之一来改变被分析表面的法线方向。"指定内部位置"是通过在表面的一侧指定一个点来指示表面的内侧，从而决定法线方向；"使面法向反向"是通过选取表面，使被分析表面的法线方向反转。

（7）颜色图例："圆角"表示表面的色谱逐渐过渡；"尖锐"表示表面的色谱无过渡色。

（8）显示分辨率：用于指定分析公差，其公差越小，分析精度越高，分析速度也就越慢。在该下拉列表中包括 7 种公差类型。

（9）显示小平面的边：选中该复选框，显示由曲率分辨率决定的小平面的边。显示曲率分辨率越高，小平面越小。

3.5.2　反射分析

该功能用于分析曲面的连续性，这是在飞机、汽车设计中最常用的曲面分析功能，它可以很好地表现一些严格曲面的表面质量。

【执行方式】

● 菜单：选择"菜单"→"分析"→"形状"→"反射"命令。
● 功能区：单击"分析"选项卡中"面形状"面板上的"反射"按钮 。

【操作步骤】

执行上述操作后，打开如图 3-15 所示的"反射分析"对话框。

图 3-15　"反射分析"对话框

【选项说明】

（1）类型：该选项用于选择使用哪种方式的图像来表现图片的质量。可以选择软件推荐的图片，也可以使用自己的图片。UG 将把这些图片贴合在目标表面上，从而对曲面进行分析。

（2）图像：对应每一种类型，可以选用不同的图片。最常使用的是第二种，即斑马纹分析，可以详细设置其中的条纹数目等。

①　线的数量：通过下拉列表指定黑色条纹或彩色条纹的数量。

②　线的方向：通过下拉列表指定条纹的方向。

③　线的宽度：通过下拉列表指定黑色条纹的粗细。

（3）图像方位：通过滑块，可以移动图片在曲面上的反光位置。

（4）面的法向：通过两种方法之一来改变被分析表面的法线方向。"指定内部位置"是通过在表面的一侧指定一个点来指示表面的内侧，从而决定法线方向；"使面法向反向"是通过选取表面，使被分析表面的法线方向反转。

（5）面反射率：该选项用于调整面的反光效果，以便更好地观察。

（6）图像大小：该选项用于指定用来反射的图像的大小。

（7）显示分辨率：该选项用于指定分辨率的大小。

3.5.3　斜率分析

该功能可以用来分析曲面的斜率变化。在模具设计中，曲面斜率为正代表此处可以直接拔模，因此这是模具设计最常用的分析功能。

图 3-16　"斜率分析"对话框

【执行方式】

- 菜单：选择"菜单"→"分析"→"形状"→"斜率"命令。
- 功能区：单击"分析"选项卡中"更多"库下的"斜率"按钮🖱。

【操作步骤】

执行上述操作后，打开如图 3-16 所示的"斜率分析"对话框。

【选项说明】

该对话框中的选项功能与前述"半径分析"对话框类似，在这里就不再详细讲解。

3.6　信息查询

在设计过程中或对已完成的设计模型，经常需要从文件中提取各种几何对象和特征的信息。UG 针对操作的不同需求，提供了大量的信息命令，用户可以通过这些命令来详细地查找需要的几何、物理和数学信息。

3.6.1　对象信息

【执行方式】

● 菜单：选择"菜单"→"信息"→"对象"命令。

【操作步骤】

（1）执行上述操作后，打开"类选择"对话框，选择要查询的对象。

（2）打开"信息"对话框，系统会列出该对象所有的相关信息。一般的对象都具有一些共同的信息，如创建日期、创建者、当前工作部件、图层、线宽和单位等。

① 点：当选取点时，系统除了列出一些共同信息之外，还会列出点的坐标值。

② 直线：当选取直线时，系统除了列出一些共同信息之外，还会列出直线的长度、角度、起点坐标和终点坐标等信息。

③ 样条曲线：当选取样条曲线时，系统除列出一些共同信息之外，还会列出样条曲线的闭合状态、阶数、控制点数目、段数、有理状态、定义数据、近似 rho 等信息，如图 3-17 所示。获取完信息后，对工作区的图像可按 F5 键或选择"刷新"命令来刷新屏幕。

图 3-17　样条曲线的"信息"对话框

3.6.2　点信息

【执行方式】

● 菜单：选择"菜单"→"信息"→"点"命令。

【操作步骤】

（1）执行上述操作后，打开"点"对话框。

（2）选择查询点后，打开"信息"对话框。

在"信息"对话框中会列出该点的坐标值及单位，其中的坐标值包括绝对坐标值和 WCS 坐标值，如图 3-18 所示。

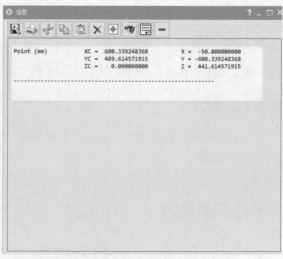

图 3-18　点的"信息"对话框

3.6.3　样条分析

【执行方式】

　　● 菜单：选择"菜单"→"信息"→"样条"命令。

【操作步骤】

　　执行上述操作后，打开如图 3-19 所示的"样条分析"对话框。
对话框上部包括"显示结点""显示极点""显示定义点"3 个复
选框，设置需要显示的信息后，相应的信息就会显示出来。

【选项说明】

图 3-19　"样条分析"对话框

　　（1）无：表示"信息"对话框不输出任何信息。
　　（2）简短：表示向"信息"对话框中输出样条曲线的次数、极
点数、段数、结点数、有理状态、定义数据、逼近 rho 等简短信息。

　　（3）完整：表示除了向"信息"对话框中输出样条曲线的简短信息外，还包括每个节点的坐标及
其连续性（即 G^0、G^1、G^2），每个极点的坐标及其权重，每个定义点的坐标、最小二乘权重等全部信息。

3.6.4　B 曲面分析

　　该功能用于查询 B 曲面的有关信息，包括列出 B 曲面在 U、V 方向的阶数，U、V 方向的补片
数、法面数和连续性等信息。

【执行方式】

　　● 菜单：选择"菜单"→"信息"→"B 曲面"命令。

【操作步骤】

　　执行上述操作后，打开如图 3-20 所示的"B 曲面分析"对话框。

【选项说明】

图 3-20　"B 曲面分析"对话框

　　（1）显示补片边界：用于控制是否显示 B 曲面的补片信息。
　　（2）显示极点：用于控制是否显示 B 曲面的极点信息。
　　（3）输出至列表窗口：控制是否输出信息到窗口显示。

3.6.5　表达式信息

【执行方式】

　　● 菜单：选择"菜单"→"信息"→"表达式"子菜单中的命令，如图 3-21 所示。

【选项说明】

　　（1）全部列出：在"信息"对话框中列出当前工作部件中的所有表达式信息。

（2）列出装配中的所有表达式：在"信息"对话框中列出当前显示装配件的每一组件中的表达式信息。

（3）列出会话中的全部：在"信息"对话框中列出当前操作中的每一部件的表达式信息。

（4）按草图列出表达式：在"信息"对话框中列出所选草图中的所有表达式信息。

（5）列出装配约束：如果当前部件为装配件，则在"信息"对话框中列出其匹配的约束条件信息。

（6）按引用全部列出：在"信息"对话框中列出当前工作部件中包括特征、草图、匹配约束条件、用户定义的表达式信息等。

（7）列出所有测量：在"信息"对话框中列出工作部件中所有表达式及相关信息。

3.6.6　其他信息

【执行方式】

● 菜单：选择"菜单"→"信息"→"其他"子菜单中的命令，如图 3-22 所示。

图 3-21　"表达式"子菜单

图 3-22　"其他"信息查询子菜单

【选项说明】

（1）图层：在"信息"对话框中列出当前每一个图层的状态。

（2）电子表格：在"信息"对话框中列出相关电子表格信息。

（3）视图：在"信息"对话框中列出一个或多个工程图或模型视图的信息。

（4）布局：在"信息"对话框中列出当前文件中视图布局数据信息。

（5）图纸：在"信息"对话框中列出当前文件中工程图的相关信息。

（6）组：在"信息"对话框中列出当前文件中群组的相关信息。

（7）草图（V13.0 之前的版本）：在"信息"对话框中列出 13.0 版本之前所做的草图几何约束和相关约束是否通过检测的信息。

（8）对象特定：在"信息"对话框中列出当前文件中特定对象的信息。

（9）NX：在"信息"对话框中列出当前文件中用户所用的 Parasolid 版本、计划文件目录、其他文件目录和日志信息。

（10）图形驱动程序：在"信息"对话框中列出有关图形驱动的特定信息。

第**2**篇

实体建模

第 **4** 章
草图设计

草图是 UG 建模中建立参数化模型的一个重要工具。通常情况下，用户的三维设计应该从草图设计开始，通过 UG 中提供的草图功能创建各种基本曲线，对曲线进行几何约束和尺寸约束，然后对二维草图进行拉伸、旋转或扫略，就可以很方便地生成三维实体。此后，在相应的草图中完成对模型的编辑修改后，即可更新模型。

/ 重点与难点

- ➲ 草图基础知识
- ➲ 草图的绘制
- ➲ 草图编辑
- ➲ 草图约束

4.1 进入草图环境

扫码看视频

草图是位于指定平面上的曲线和点所组成的一个图形，其默认特征名为
SKETCH。草图由草图平面、草图坐标系、草图曲线和草
图约束等组成；草图平面是草图曲线所在的平面，草图坐
标系的 *XY* 平面即为草图平面，草图坐标系由用户在建立
草图时确定。一个模型中可以包含多个草图，每一个草图
都有一个名称，系统通过草图名称对草图及其对象进行
引用。

在"建模"模块中选择"菜单"→"插入"→"在任
务环境中绘制草图"命令或单击"曲线"选项卡中的"在
任务环境中绘制草图"按钮，打开如图 4-1 所示的"创
建草图"对话框。

选择现有平面或创建新平面，单击"确定"按钮，进
入草图环境，如图 4-2 所示。

图 4-1 "创建草图"对话框

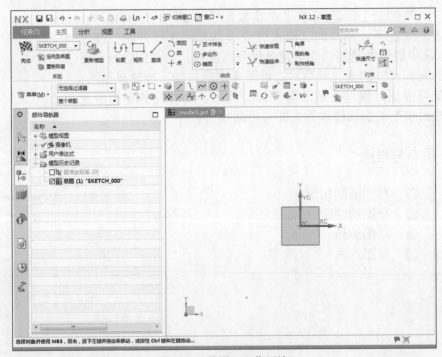

图 4-2 "草图"工作环境

使用草图可以实现对曲线的参数化控制，可以很方便地进行模型的修改。草图可以用于以下
几个方面。

（1）需要对图形进行参数化时。

（2）用草图来创建通过标准成型特征无法实现的形状。

（3）将草图作为自由形状特征的控制线。

（4）如果形状可以用拉伸、旋转或沿导引线扫描的方法创建，可将草图作为模型的基础特征。

4.2　草图绘制

4.2.1　轮廓

扫码看视频

使用"轮廓"命令可以绘制单一或连续的直线和圆弧。

 【执行方式】

● 菜单：选择"菜单"→"插入"→"曲线"→"轮廓"命令。
● 功能区：单击"主页"选项卡的"曲线"面板中的"轮廓"按钮 ⤺。

 【操作步骤】

（1）执行上述操作后，打开如图 4-3 所示的"轮廓"对话框。
（2）在适当的位置单击或直接输入坐标，确定直线的第一个点。
（3）移动鼠标在适当位置单击或直接输入坐标，完成第一条直线的绘制。
（4）继续绘制其他直线或曲线，直到完成所需轮廓的绘制。

图 4-3　"轮廓"对话框

 【选项说明】

1．对象类型
（1）直线 ╱：在视图区选择两点绘制直线。
（2）圆弧 ⌒：在视图区选择一点，输入半径，然后在视图区选择另一点，或根据相应约束和扫描角度绘制圆弧。当从直线连接圆弧时，将创建一个两点圆弧。如果在线串模式下绘制的第一个对象是圆弧，则可以创建一个三点圆弧。

2．输入模式
（1）坐标模式 XY：使用 X 和 Y 坐标值创建曲线点。
（2）参数模式 凸：使用与直线或圆弧曲线类型对应的参数创建曲线点。

4.2.2　直线

扫码看视频

【执行方式】

● 菜单：选择"菜单"→"插入"→"曲线"→"直线"命令。
● 功能区：单击"主页"选项卡上"曲线"面板中的"直线"按钮 ╱。

【操作步骤】

（1）执行上述操作后，打开如图 4-4 所示的"直线"对话框。
（2）在适当的位置单击或直接输入坐标，确定直线的第一个点。
（3）移动鼠标在适当位置单击或直接输入坐标，完成第一条直线的绘制。
（4）重复步骤（2）和步骤（3），绘制其他直线。

图 4-4　"直线"对话框

【选项说明】

（1）坐标模式 XY：使用 *XC* 和 *YC* 坐标创建直线的起点或终点。

（2）参数模式：使用长度和角度参数创建直线的起点或终点。

4.2.3　圆弧

扫码看视频

【执行方式】

- 菜单：选择"菜单"→"插入"→"曲线"→"圆弧"命令。
- 功能区：单击"主页"选项卡上"曲线"面板中的"圆弧"按钮 ⌒。

【操作步骤】

（1）执行上述操作后，打开如图 4-5 所示的"圆弧"对话框。

（2）在适当的位置单击或直接输入坐标，确定圆弧的第一个点。

（3）在适当的位置单击，确定圆弧的第二个点。

（4）在适当的位置单击，确定圆弧的第三个点，创建圆弧曲线。

图 4-5　"圆弧"对话框

【选项说明】

1．圆弧方法

（1）三点定圆弧 ⌒：创建一条经过三个点的圆弧。

（2）中心和端点定圆弧：通过定义中心、起点和终点来创建圆弧。

2．输入模式

（1）坐标模式 XY：使用 *X*，*Y* 坐标值来指定圆弧的点。

（2）参数模式：指定三点定圆弧的半径参数。

4.2.4　圆

扫码看视频

【执行方式】

- 菜单：选择"菜单"→"插入"→"曲线"→"圆"命令。
- 功能区：单击"主页"选项卡上"曲线"面板中的"圆"按钮 ○。

【操作步骤】

（1）执行上述操作后，打开如图 4-6 所示的"圆"对话框。

（2）在适当的位置单击或直接输入坐标确定圆心。

（3）输入直径数值或拖动鼠标到适当位置单击，确定直径。

图 4-6　"圆"对话框

【选项说明】

1．圆方法

（1）圆心和直径定圆 ⊙：通过指定圆心和直径绘制圆。

（2）三点定圆 ◯：通过指定三点绘制圆。

2. 输入模式

（1）坐标模式 XY：允许使用 *X* 和 *Y* 坐标值来指定圆的点。

（2）参数模式 ◠：用于指定圆的直径参数。

4.2.5 圆角

扫码看视频

使用此命令可以在两条或三条曲线之间创建一个圆角。

【执行方式】

- 菜单：选择"菜单"→"插入"→"曲线"→"圆角"命令。
- 功能区：单击"主页"选项卡上"曲线"面板中的"角焊"按钮 ⌐。

【操作步骤】

（1）执行上述操作后，打开如图 4-7 所示的"圆角"对话框。

（2）选择要创建圆角的曲线。

（3）移动鼠标确定圆角的大小和位置，也可以输入半径值。

（4）单击鼠标左键创建圆角，示意图如图 4-8 所示。

图 4-7 "圆角"对话框

（a）选择"修剪"方法

（b）选择"取消修剪"方法

图 4-8 创建圆角示意图

【选项说明】

1. 圆角方法

（1）修剪 ⌐：修剪输入曲线。

（2）取消修剪 ⌐：使输入曲线保持取消修剪状态。

2. 选项

（1）删除第三条曲线 ⤬：删除选定的第三条曲线。

（2）创建备选圆角 ↻：预览互补的圆角。

4.2.6 倒斜角

使用此命令可斜接两条草图直线之间的尖角。

扫码看视频

【执行方式】

- 菜单：选择"菜单"→"插入"→"曲线"→"倒斜角"命令。
- 功能区：单击"主页"选项卡上"曲线"面板中的"倒斜角"按钮 。

【操作步骤】

（1）执行上述操作后，打开如图 4-9 所示的"倒斜角"对话框。

（2）选择倒斜角的横截面方式。

（3）选择要创建倒斜角的曲线，或选择交点。

（4）移动鼠标确定倒斜角的位置，也可以直接输入参数。

（5）单击鼠标左键创建倒斜角，如图 4-10 所示。

图 4-9　"倒斜角"对话框

图 4-10　倒斜角

【选项说明】

（1）"要倒斜角的曲线"选项组。

① 选择直线：通过在相交直线上方拖动光标以选择多条直线，或按照一次选择一条直线的方法选择多条直线。

② 修剪输入曲线：勾选此复选框，修剪倒斜角的曲线。

（2）"偏置"选项组。

①"倒斜角"下拉列表。

a. 对称：指定倒斜角与交点有一定距离，且垂直于等分线。

b. 非对称：指定沿选定的两条直线分别测量的距离值。

c. 偏置和角度：指定倒斜角的角度和距离值。

② 距离：指定从交点到第一条直线的倒斜角的距离。

③ 距离 1/ 距离 2：设置从交点到第一条 / 第二条直线的倒斜角的距离。

④ 角度：设置从第一条直线到倒斜角的角度。

（3）指定点：指定倒斜角的位置。

4.2.7 矩形

扫码看视频

使用此命令可通过 3 种方法来创建矩形。

【执行方式】

- ● 菜单：选择"菜单"→"插入"→"曲线"→"矩形"命令。
- ● 功能区：单击"主页"选项卡"曲线"面板中的"矩形"按钮□。

【操作步骤】

执行上述操作后，打开如图 4-11 所示的"矩形"对话框。

1. 按 2 点创建矩形

（1）在对话框中选择按 2 点创建矩形的方法。

（2）在适当的位置单击或直接输入坐标，确定矩形的第一个点。

图 4-11 "矩形"对话框

（3）移动鼠标到适当位置单击或直接输入宽度和高度，确定矩形的第二个点。

（4）单击鼠标左键，创建矩形。

2. 按 3 点创建矩形

（1）在对话框中选择按 3 点创建矩形的方法。

（2）在适当的位置单击或直接输入坐标，确定矩形的第一个点。

（3）在适当的位置单击或直接输入宽度、高度和角度，确定矩形的第二个点。

（4）在适当的位置单击或直接输入宽度、高度和角度，确定矩形的第三个点。

（5）单击鼠标左键，创建矩形。

3. 从中心创建矩形

（1）在对话框中选择从中心创建矩形的方法。

（2）在适当的位置单击或直接输入坐标确定矩形的中心点。

（3）在适当的位置单击或直接输入宽度、高度和角度确定矩形的宽度。

（4）在适当的位置单击或直接输入宽度、高度和角度确定矩形的高度。

（5）单击鼠标左键，创建矩形。

【选项说明】

1. 矩形方法

（1）按 2 点□：根据对角点上的两点创建矩形，如图 4-12 所示。

（2）按 3 点◇：根据起点、确定宽度和角度的第二点以及确定高度的第三点来创建矩形，如图 4-13 所示。

（3）从中心◇：从中心点、确定角度和宽度的第二点以及确定高度的第三点来创建矩形，如图 4-14 所示。

2. 输入模式

（1）坐标模式 XY：用 *XC*、*YC* 坐标为矩形指定点。

（2）参数模式 □：用相关参数值为矩形指定点。

| 图 4-12　按 2 点 | 图 4-13　按 3 点 | 图 4-14　从中心 |

4.2.8　多边形

扫码看视频

【执行方式】

- 菜单：选择"菜单"→"插入"→"曲线"→"多边形"命令。
- 功能区：单击"主页"选项卡上"曲线"面板中的"多边形"按钮 ⬡。

【操作步骤】

（1）执行上述操作后，打开如图 4-15 所示的"多边形"对话框。
（2）在适当的位置单击或直接输入坐标，确定多边形的中心。
（3）输入多边形的边数。
（4）选择创建多边形的方式，并设置相应的参数。
（5）单击鼠标左键，创建多边形，如图 4-16 所示。

图 4-15　"多边形"对话框

图 4-16　创建多边形

【选项说明】

（1）中心点：在适当的位置单击或通过"点"对话框确定中心点。
（2）边：输入多边形的边数。

（3）"大小"选项组。

① 指定点：选择点或者通过"点"对话框定义多边形的半径。

②"大小"下拉列表。

a. 内切圆半径：指定从中心点到多边形边的中心的距离。

b. 外接圆半径：指定从中心点到多边形拐角的距离。

c. 边长：指定多边形的长度。

③ 半径：设置多边形内切圆或外接圆半径的大小。

④ 旋转：设置从草图水平轴开始测量的旋转角度。

⑤ 长度：设置多边形边长的长度。

4.2.9　椭圆

扫码看视频

【执行方式】

- 菜单：选择"菜单"→"插入"→"曲线"→"椭圆"命令。
- 功能区：单击"主页"选项卡上"曲线"面板中的"椭圆"按钮 ⊕ 。

【操作步骤】

（1）执行上述操作后，打开如图 4-17 所示的"椭圆"对话框。

（2）在适当的位置单击或直接输入坐标，确定椭圆的中心。

（3）确定椭圆的长半轴、短半轴和旋转角度。

（4）单击"确定"按钮，创建椭圆，如图 4-18 所示。

【选项说明】

（1）中心：在适当的位置单击或通过"点"对话框确定椭圆中心点。

（2）大半径：直接输入长半轴长度，也可以通过"点"对话框来确定长半轴长度。

（3）小半径：直接输入短半轴长度，也可以通过"点"对话框来确定短半轴长度。

（4）封闭：勾选此复选框，创建整个椭圆。若取消此复选框的勾选，则输入起始角和终止角创建椭圆弧。

（5）角度：椭圆的旋转角度是主轴相对于 *XC* 轴沿逆时针方向倾斜的角度。

图 4-17　"椭圆"对话框

图 4-18　"椭圆"示意图

4.2.10　拟合曲线

该命令可通过将曲线拟合到指定的数据点来创建样条、直线、圆或椭圆。

扫码看视频

【执行方式】

- 菜单：选择"菜单"→"插入"→"曲线"→"拟合曲线"命令。
- 功能区：单击"主页"选项卡上"曲线"面板中的"拟合曲线"按钮。

图 4-19 "拟合曲线"对话框

【操作步骤】

（1）执行上述操作后，打开如图 4-19 所示的"拟合曲线"对话框。

（2）指定与部件相应的拟合类型。

（3）指定新的拟合样条的阶次和段。

（4）选择第一个和最后一个目标点。

（5）设置端约束。

（6）单击"确定"按钮，创建拟合样条曲线。

【选项说明】

拟合曲线类型分为拟合样条、拟合直线、拟合圆和拟合椭圆 4 种。其中拟合直线、拟合圆和拟合椭圆创建类型下的各个操作选项基本相同，如选择点的方式有自动判断、指定的点和成链的点 3 种，创建出来的曲线也可以通过"结果"选项组来查看误差。与其他 3 种不同的是拟合样条，其可选的操作对象有自动判断、指定的点、成链的点、曲线、面和小片面体 6 种。

4.2.11　艺术样条

该命令用于在工作窗口定义曲线的各点来生成艺术样条曲线。

扫码看视频

图 4-20 "艺术样条"对话框

【执行方式】

- 菜单：选择"菜单"→"插入"→"曲线"→"艺术样条"命令。
- 功能区：单击"主页"选项卡上"曲线"面板中的"艺术样条"按钮。

【操作步骤】

（1）执行上述操作后，打开如图 4-20 所示的"艺术样条"对话框。

（2）在"类型"下拉列表中选择创建艺术样条的类型。

（3）选择现有的点或在适当位置创建点。

（4）设置相关参数。

（5）单击"确定"按钮，创建艺术样条曲线，如图 4-21 所示。

图 4-21 创建艺术样条曲线

 【选项说明】

（1）"类型"下拉列表

① 通过点：用于通过延伸曲线使其穿过定义点来创建样条。

② 根据极点：用于通过构造和操控样条极点来创建样条。

（2）点位置 / 极点位置：定义样条点或极点位置。

（3）"参数化"选项组。

① 次数：指定样条的阶次。样条的极点数不得少于次数。

② 匹配的结点位置：勾选此复选框，在定义点所在的位置放置结点。

③ 封闭：勾选此复选框，用于指定样条的起点和终点在同一个点，形成闭环。

（4）移动：在指定的方向上或沿指定的平面移动样条点和极点。

① WCS：在工作坐标系的指定 X、Y 或 Z 方向上或沿 WCS 的一个主平面移动点或极点。

② 视图：相对于视图平面移动极点或点。

③ 矢量：用于定义所选极点或多段线的移动方向。

④ 平面：选择一个基准平面、基准坐标系或使用指定平面来定义一个平面，以在其中移动选定的极点或多段线。

⑤ 法向：沿曲线的法向移动点或极点。

（5）"延伸"选项组。

① 对称：勾选此复选框，在所选样条的指定的开始和结束位置上展开对称延伸。

② 起点 / 终点。

a. 无：不创建延伸。

b. 按值：用于指定延伸的值。

c. 按点：用于定义延伸的延展位置。

（6）"设置"选项组。

① "自动判断的类型"下拉列表。

a. 等参数：将约束限制为曲面的 U 和 V 向。

b. 截面：允许约束同任何方向对齐。

c. 法向：根据曲线或曲面的正常法向自动判断约束。

d. 垂直于曲线或边：从点附着对象的父级自动判断 G^1、G^2 或 G^3 约束。

② 固定相切方位：勾选此复选框，与邻近点相对的约束点的移动就不会影响方位，并且方向保留为静态。

（7）"微定位"选项组。

① 比率：拖动点或极点的手柄时，设置它们的相对移动量。

② 步长值：用于指定所选点或极点的移动增量值。

4.2.12 二次曲线

 【执行方式】

● 菜单：选择"菜单"→"插入"→"曲线"→"二次曲线"命令。

扫码看视频

● 功能区：单击"主页"选项卡上"曲线"面板中的"二次曲线"按钮⌒。

【操作步骤】

（1）执行上述操作后，打开如图 4-22 所示的"二次曲线"对话框。

（2）定义 3 个点，输入用户所需的"Rho"值。

（3）单击"确定"按钮，创建二次曲线，如图 4-23 所示。

图 4-22　"二次曲线"对话框　　　　图 4-23　创建二次曲线

【选项说明】

（1）"限制"选项组。

① 指定起点：在视图中直接选取或通过"点"对话框确定二次曲线的起点。

② 指定终点：在视图中直接选取或通过"点"对话框确定二次曲线的终点。

（2）指定控制点：在视图中直接选取或通过"点"对话框确定二次曲线的控制点。

（3）Rho：表示曲线的锐度，双击二次曲线，可编辑"Rho"值。

4.3　草图编辑

建立草图之后，可以对草图进行很多编辑操作，包括修剪镜像、偏置、阵列等，以下进行讲解。

4.3.1　快速修剪

该命令可以将曲线修剪至任何方向的最近的实际交点或虚拟交点。

扫码看视频

【执行方式】

● 菜单：选择"菜单"→"编辑"→"曲线"→"快速修剪"命令。

● 功能区：单击"主页"选项卡上"曲线"面板中的"快速修剪"按钮✂。

【操作步骤】

（1）执行上述操作后，打开如图 4-24 所示的"快速修剪"对话框。

（2）在单条曲线上修剪多余部分，或拖动光标划过曲线，划过的曲线都被修剪。

（3）单击"关闭"按钮，结束修剪。

图 4-24　"快速修剪"对话框

【选项说明】

（1）边界曲线：选择位于当前草图中或出现在该草图前面的曲线、边、基本平面等。

（2）要修剪的曲线：选择一条或多条要修剪的曲线。

（3）修剪至延伸线：指定是否修剪至一条或多条边界曲线的虚拟延伸线。

4.3.2　快速延伸

该命令可以将曲线延伸至它与另一条曲线的实际交点或虚拟交点。

扫码看视频

【执行方式】

● 菜单：选择"菜单"→"编辑"→"曲线"→"快速延伸"命令。

● 功能区：单击"主页"选项卡上"曲线"面板中的"快速延伸"按钮 ✓。

【操作步骤】

（1）执行上述操作后，打开如图 4-25 所示的"快速延伸"对话框。

（2）在视图区中选择要延伸的曲线，然后选择边界曲线，要延伸的曲线会自动延伸到边界曲线。

（3）单击"关闭"按钮，结束延伸。

图 4-25　"快速延伸"对话框

【选项说明】

（1）边界曲线：选择位于当前草图中或出现在该草图前面的任何曲线、边、基本平面等。

（2）要延伸的曲线：选择要延伸的曲线。

（3）延伸至延伸线：指定是否延伸到边界曲线的虚拟延伸线。

4.3.3　镜像曲线

该命令可以通过草图中现有的任意一条直线来镜像草图几何体。

扫码看视频

【执行方式】

● 菜单：选择"菜单"→"插入"→"来自曲线集的曲线"→"镜像曲线"命令。

● 功能区：单击"主页"选项卡上"曲线"面板中的"镜像曲线"按钮 ๓。

【操作步骤】

（1）执行上述操作后，打开如图 4-26 所示的"镜像曲线"对话框。

（2）选择要进行镜像的曲线。

（3）选择镜像的中心线。

（4）单击"确定"按钮镜像曲线，如图 4-27 所示。

图 4-26 "镜像曲线"对话框

图 4-27 镜像曲线示意图

【选项说明】

（1）要镜像的曲线：指定一条或多条要进行镜像的草图曲线。

（2）中心线：选择一条已有直线作为镜像操作的中心线（在镜像操作过程中，该直线将成为参考直线）。

（3）"设置"选项组。

① 中心线转换为参考：将活动中心线转换为参考。

② 显示终点：显示端点约束以便移除和添加端点。如果移除端点约束，然后编辑原先的曲线，则未约束的镜像曲线将不会更新。

4.3.4 偏置曲线

该命令可以将选择的曲线链、投影曲线或曲线进行偏置。

扫码看视频

【执行方式】

● 菜单：选择"菜单"→"插入"→"来自曲线集的曲线"→"偏置曲线"命令。

● 功能区：单击"主页"选项卡上"曲线"面板中的"偏置曲线"按钮⬜。

【操作步骤】

（1）执行上述操作后，打开如图 4-28 所示的"偏置曲线"对话框。

（2）选择要偏置的曲线。

（3）输入偏移距离，更改偏置方向。

（4）输入副本数，复制多份，单击"确定"按钮偏置曲线，如图 4-29 所示。

图 4-28　"偏置曲线"对话框

图 4-29　偏置曲线示意图

 【选项说明】

1. 要偏置的曲线

（1）选择曲线：选择要偏置的曲线或曲线链。曲线链可以是开放的、封闭的或一段开放一段封闭的。

（2）添加新集：在当前的偏置链中创建一个新的链。

2. 偏置

（1）距离：指定偏置距离。

（2）反向：使偏置链的方向反向。

（3）创建尺寸：勾选此复选框，在创建偏置曲线的同时标注尺寸。

（4）对称偏置：勾选此复选框，在基本链的两端各创建一个偏置链。

（5）副本数：指定要生成的偏置链的副本数。

（6）"端盖选项"下拉列表。

① 延伸端盖：通过沿着曲线的自然方向将其延伸到实际交点来封闭偏置链。

② 圆弧帽形体：通过为偏置链曲线创建圆角来封闭偏置链。

3. 链连续性和终点约束

（1）显示拐角：勾选此复选框，在链的每个角上都显示角的手柄。

（2）显示终点：勾选此复选框，在链的每一端都显示一个端约束手柄。

4. 设置

（1）输入曲线转换为参考：将输入曲线转换为参考曲线。

（2）次数：在偏置艺术样条时指定阶次。

4.3.5　阵列曲线

利用此命令可将草图曲线进行阵列。

扫码看视频

【执行方式】

● 菜单：选择"菜单"→"插入"→"来自曲线集的曲线"→"阵列曲线"命令。
● 功能区：单击"主页"选项卡上"曲线"面板中的"阵列曲线"按钮。

【操作步骤】

执行上述操作后，打开如图 4-30 所示的"阵列曲线"对话框。

1. 线性阵列曲线

（1）在对话框中选择"线性"布局。

（2）选择要阵列的曲线。

（3）选择线性方向 1，设置数量和节距。

（4）勾选"使用方向 2"复选框，可以选择线性方向 2，输入数量和节距。

（5）单击"确定"按钮，创建线性阵列。

2. 圆形阵列曲线

（1）在对话框中选择"圆形"布局。

（2）选择要阵列的曲线。

（3）捕捉旋转点。

（4）输入数量和节距角。

（5）单击"确定"按钮，创建圆形阵列。

图 4-30 "阵列曲线"对话框

【选项说明】

（1）线性：使用一个或两个方向定义布局，如图 4-31 所示。

图 4-31 线性阵列示意图

（2）圆形：使用旋转点和可选径向间距参数定义布局，如图 4-32 所示。

（3）常规：使用一个或多个目标点或坐标系定义的位置来定义布局，如图 4-33 所示。

图 4-32 圆形阵列示意图　　　图 4-33 常规阵列示意图

4.3.6　交点

使用此命令在指定几何体通过草图平面的位置创建一个关联点和基准轴。

【执行方式】

- 菜单：选择"菜单"→"插入"→"来自曲线集的曲线"→"交点"命令。
- 功能区：单击"主页"选项卡上"曲线"面板中的"交点"按钮 。

【操作步骤】

（1）执行上述操作后，打开如图 4-34 所示的"交点"对话框。

（2）选择要相交的曲线。

（3）单击"确定"按钮，创建交点。

【选项说明】

（1）选择曲线：选择要在上面创建交点的曲线。

（2）循环解：当路径与草图平面有一个以上的交点或路径为开环、不与草图平面相交时，循环浏览备选解。

图 4-34　"交点"对话框

4.3.7　派生直线

使用此命令选择一条或几条直线后，系统将自动生成其平行线、中线或角平分线。

扫码看视频

【执行方式】

- 菜单：选择"菜单"→"插入"→"来自曲线集的曲线"→"派生直线"命令。
- 功能区：单击"主页"选项卡上"曲线"面板中的"派生直线"按钮 。

【操作步骤】

（1）执行上述操作后，选择要偏置的直线。

（2）在适当位置单击或输入偏置距离，创建派生直线。如图 4-35 所示。

图 4-35　派生直线

4.3.8　添加现有曲线

【执行方式】

扫码看视频

- 菜单：选择"菜单"→"插入"→"来自曲线集的曲线"→"现有曲线"命令。

功能区：单击"主页"选项卡上"曲线"面板中的"添加现有曲线"按钮 。

【操作步骤】

该命令用于将绝大多数已有的曲线和点，以及椭圆、抛物线和双曲线等二次曲线添加到当前草图。该命令只是简单地将曲线添加到草图，而不会将约束应用于添加的曲线，几何体之间的间隙没有闭合。要使系统应用某些几何约束，可使用"自动约束"功能。

4.3.9 投影曲线

该命令用于将选中的对象沿草图平面的法向投影到草图的平面上。通过选择草图外部的对象，可以生成抽取的曲线或线串。能够抽取的对象包括曲线（关联或非关联的）、边、面、其他草图或草图内的曲线、点。

扫码看视频

【执行方式】

- 菜单：选择"菜单"→"插入"→"配方曲线"→"投影曲线"命令。
- 功能区：单击"主页"选项卡上"曲线"面板中的"投影曲线"按钮 。

【操作步骤】

（1）执行上述操作后，打开如图 4-36 所示的"投影曲线"对话框。
（2）选择要投影的曲线和点。
（3）设置相关参数。
（4）单击"确定"按钮，创建投影曲线。

【选项说明】

（1）要投影的对象：选择要投影的曲线或点。
（2）关联：勾选此复选框，如果原始几何体发生更改，则投影曲线也发生改变。
（3）"输出曲线类型"下拉列表。
① 原先：使用其原始几何体类型创建抽取曲线。
② 样条段：使用单个样条表示抽取曲线。

图 4-36 "投影曲线"对话框

4.3.10 相交曲线

该命令用于创建一个平滑的曲线链，其中的一组切向连续面与草图平面相交。

扫码看视频

【执行方式】

- 菜单：选择"菜单"→"插入"→"配方曲线"→"相交曲线"命令。
- 功能区：单击"主页"选项卡上"曲线"面板中的"相交曲线"按钮 。

【操作步骤】

（1）执行上述操作后，打开如图 4-37 所示的"相交曲线"对话框。

（2）选择一个与目标面相交的平面。

（3）单击"确定"按钮，创建相交曲线。

【选项说明】

（1）要相交的面：选择要在其上创建相交曲线的面。

（2）忽略孔：勾选此复选框，在该面中创建通过任意修剪孔的相交曲线。

（3）连结曲线：勾选此复选框，将多个面上的曲线合并成单个样条曲线。

图 4-37 "相交曲线"
对话框

4.4 草图约束

约束能够用于精确控制草图中的对象。草图约束有两种类型：尺寸约束（也称为草图尺寸）和几何约束。

尺寸约束建立起草图对象的大小（如直线的长度、圆弧的半径等）或两个对象之间的关系（如两点之间的距离）。尺寸约束看上去更像是图纸上的尺寸。

几何约束建立起草图对象的几何特性（如要求某一直线具有固定长度）、两个或更多草图对象的关系类型（如要求两条直线垂直或平行，或者几个弧具有相同的半径）。在图形区无法看到几何约束，但是用户可以使用"显示草图约束"命令显示有关信息，并显示代表这些约束的直观标记。

4.4.1 建立尺寸约束

建立尺寸约束是限制草图几何对象的大小和形状，也就是在草图上标注草图尺寸，并设置尺寸标注线，与此同时再建立相应的表达式，以便在后续的编辑工作中实现尺寸的参数化驱动。

扫码看视频

【执行方式】

- 菜单栏：选择"菜单"→"插入"→"尺寸"子菜单中的命令。
- 功能区：单击"主页"选项卡上"约束"面板的尺寸下拉列表中的命令，如图 4-38 所示。

图 4-38 尺寸
下拉列表

【操作步骤】

（1）执行上述操作，选择一种尺寸命令，打开相应的尺寸对话框。

（2）选择要标注的对象，将尺寸放置到适当位置。

【选项说明】

（1） 快速尺寸：执行该命令，打开"快速尺寸"对话框，如图 4-39 所示，在选择几何体后，由系统自动根据所选择的对象搜寻合适的尺寸类型进行匹配。

（2） 线性尺寸：执行该命令，打开"线性尺寸"对话框，用于约束两对象或两点间的距离，线性尺寸标注如图 4-40 所示。

图 4-39 "快速尺寸"对话框

图 4-40 "线性尺寸"标注示意图

（3）角度尺寸：执行该命令，打开"角度尺寸"对话框，用于指定两条线之间的角度尺寸。相对于工作坐标系按照逆时针方向测量角度，角度尺寸标注如图 4-41 所示。

（4）径向尺寸：执行该命令，打开"径向尺寸"对话框，用于为草图的弧 / 圆指定直径或半径尺寸，如图 4-42 所示。

（5）周长尺寸：该命令用于将所选的草图轮廓曲线的总长度限制为一个需要的值，可以选择周长约束的曲线是直线或弧。执行该命令后，打开如图 4-43 所示的"周长尺寸"对话框，选择曲线后，该曲线的周长尺寸将显示在"距离"文本框中。

图 4-41 "角度尺寸"标注示意图　　图 4-42 "径向尺寸"标注示意图　　图 4-43 "周长尺寸"对话框

4.4.2　建立几何约束

使用几何约束可以指定草图对象必须遵守的条件，或草图对象之间必须维持的关系。

扫码看视频

【执行方式】

- 菜单：选择"菜单"→"插入"→"几何约束"命令。
- 功能区：单击"主页"选项卡上"约束"面板中的"几何约束"按钮 。

图 4-44　"几何约束"对话框

【操作步骤】

（1）执行上述操作后，系统会打开如图 4-44 所示的"几何约束"对话框。

（2）在该对话框中选择约束选项。

（3）在视图中选择要约束的对象，然后在对话框中单击"选择要约束到的对象"选项，再在视图中选择要约束到的对象。

（4）单击"关闭"按钮，添加几何约束。

4.4.3　建立自动约束

使用"自动约束"命令，在可行的地方可以自动应用草图的几何约束类型（如水平、竖直、平行、垂直、相切、点在曲线上、等长、等半径、重合和同心）。

扫码看视频

【执行方式】

- 菜单：选择"菜单"→"工具"→"约束"→"自动约束"命令。
- 功能区：单击"主页"选项卡上"约束"面板中的"自动约束"按钮 。

【操作步骤】

（1）执行上述操作后，系统打开如图 4-45 所示的"自动约束"对话框。

（2）选择要约束的曲线。

（3）选择要应用的约束，单击"确定"按钮，创建约束。

【选项说明】

（1）全部设置：选中所有约束类型。

（2）全部清除：清除所有约束类型。

（3）距离公差：用于控制对象端点为了重合而必须达到的接近程度。

（4）角度公差：用于控制系统要应用水平、竖直、平行或垂直约束时，直线必须达到的接近程度。

图 4-45　"自动约束"对话框

4.4.4　动画演示尺寸

该命令用于在一个指定的范围中，动态显示给定尺寸发生变化的效果。受这一选

扫码看视频

定尺寸影响的任何一个几何体也将以动画显示。

 【执行方式】

- 菜单：选择"菜单"→"工具"→"约束"→"动画演示尺寸"命令。
- 功能区：单击"主页"选项卡上"约束"面板中的"动画演示尺寸"按钮 。

 【操作步骤】

（1）执行上述操作后，打开如图 4-46 所示的"动画演示尺寸"对话框。

（2）选择要进行动画演示的尺寸，可以从对话框中选择名称。

（3）输入上限和下限，并输入循环步数。

（4）单击"确定"按钮，创建动画尺寸。

 【选项说明】

（1）尺寸列表框：列出可以动画演示的尺寸。

（2）值：当前所选尺寸的值（动画演示过程中不会发生变化）。

（3）下限：动画演示过程中该尺寸的最小值。

（4）上限：动画演示过程中该尺寸的最大值。

图 4-46 "动画演示尺寸"对话框

（5）步数 / 循环：当尺寸值由上限移动到下限（反之亦然）时所变化（等于大小 / 增量）的次数。

（6）显示尺寸：勾选该复选框，在动画演示过程中显示原先的草图尺寸。

4.4.5 转换至 / 自参考对象

在给草图添加几何约束和尺寸约束的过程中，有时会引起约束冲突，一种解决方法是删除多余的几何约束和尺寸约束，另一种解决方法是将草图几何对象或尺寸对象转换为参考对象。

扫码看视频

"转换至 / 自参考对象"命令能够将草图曲线（但不是点）或草图尺寸由激活状态转换为参考状态，或由参考状态转换回激活状态。参考尺寸显示在用户的草图中，虽然其值被更新，但是它不能控制草图几何体。草图中虽然显示参考曲线，但它的显示已变灰，并且采用双点画线线型。在拉伸或回转草图对象时，没有用到它的参考曲线。

 【执行方式】

- 菜单：选择"菜单"→"工具"→"约束"→"转换至 / 自参考对象"命令。
- 功能区：单击"主页"选项卡上"约束"面板中的"转换至 / 自参考对象"按钮 。

 【操作步骤】

（1）执行上述操作后，打开如图 4-47 所示的"转换至 / 自参考对象"对话框。

（2）选择要转换的草图曲线或草图尺寸。

图 4-47 "转换至 / 自参考对象"
对话框

（3）单击"确定"按钮，转换曲线或尺寸。

【选项说明】

1．要转换的对象

（1）选择对象：选择要转换的草图曲线或草图尺寸。

（2）选择投影曲线：转换草图曲线投影的所有输出曲线。

2．转换为

（1）参考曲线或尺寸：该选项用于将激活对象转换为参考状态。

（2）活动曲线或驱动尺寸：该选项用于将参考对象转换为激活状态。

4.5　综合实例——拨叉草图

制作思路

　　本例绘制拨叉草图，如图 4-48 所示，首先绘制构造线，然后绘制大概轮廓并修剪曲线和倒圆角，最后标注尺寸，完成草图的绘制。

图 4-48　拨叉草图

扫码看视频

绘制步骤

1．创建新文件

　　选择"菜单"→"文件"→"新建"命令或单击快速访问工具栏中的"新建"按钮，打开"新建"对话框。在"模板"列表中选择"模型"，输入名称为"bacha"，单击"确定"按钮，进入建模环境。

2．草图首选项

（1）选择"菜单"→"首选项"→"草图"命令，打开如图 4-49 所示的"草图首选项"对话框。

（2）在"尺寸标签"下拉列表中选择"值"选项，勾选"屏幕上固定文本高度"和"创建自动判断约束"复选框。单击"确定"按钮，草图预设置完毕。

3．进入草图环境

（1）选择"菜单"→"插入"→"在任务环境中绘制草图"命令，打开"创建草图"对话框。

（2）选择 *XC-YC* 平面作为工作平面，单击"确定"按钮，进入草图环境。

4．绘制构造线

（1）选择"菜单"→"插入"→"曲线"→"直线"命令，或单击"主页"选项卡上"曲线"

面板中的"直线"按钮 ╱，打开"直线"对话框，如图 4-50 所示。

（2）选择"坐标模式 XY"绘制直线，在"XC"和"YC"文本框中分别输入 −15 和 0。在"长度"和"角度"文本框中分别输入 110 和 0，结果如图 4-51 所示。

（3）同理，按照 XC、YC、长度和角度的顺序，分别绘制 0，80，100，270；76，80，100，270 的两条直线。

5. 绘制基准点

（1）选择"菜单"→"插入"→"基准/点"→"点"命令，打开"草图点"对话框，如图 4-52 所示。

图 4-49 "草图首选项"对话框

图 4-50 "直线"对话框

图 4-51 绘制直线

图 4-52 "草图点"对话框

（2）单击"点对话框"按钮 ⬚，打开如图 4-53 所示的"点"对话框，输入点坐标为 40，20，0，单击"确定"按钮，完成基准点的创建。

6. 创建直线

（1）选择"菜单"→"插入"→"曲线"→"直线"命令，或单击"主页"选项卡上"曲线"面板中的"直线"按钮 ╱，打开"直线"对话框。

（2）绘制通过基准点且与水平直线成 60° 的直线，并将直线延伸到水平线上，如图 4-54 所示。

7. 创建约束

（1）选择"菜单"→"插入"→"几何约束"命令，或单击"主页"选项卡上"约束"面板中的"几何约束"按钮 ╱⊥，打开"几何约束"对话框。

图 4-53 "点"对话框

（2）选择适当的约束，对如图 4-54 所示的草图中的所有直线添加约束，结果如图 4-55 所示。

图 4-54　绘制其他直线　　　　　　　　　　　图 4-55　添加约束

8．更改对象显示

（1）依次选择所有的草图对象。把光标放在其中一个草图对象上，单击鼠标右键，打开如图 4-56 所示的快捷菜单。在快捷菜单中单击"编辑显示"按钮，打开如图 4-57 所示的"编辑对象显示"对话框。

图 4-56　快捷菜单　　　　　　　　　　　　　图 4-57　"编辑对象显示"对话框

（2）在该对话框的"线型"下拉列表中选择"中心线"，在"宽度"下拉列表中选择"0.13mm"。单击"确定"按钮，则所选草图对象发生变化，如图 4-58 所示。

9．绘制圆

（1）选择"菜单"→"插入"→"曲线"→"圆"命令，或单击"主页"选项卡上"曲线"面板中的"圆"按钮◯，打开"圆"对话框。

（2）单击⊙图标，选择"圆心和直径定圆"方式绘制圆。在上边框条选中"相交"╋图标。分别捕捉两条竖直直线和水平直线的交点为圆心，绘制直径为 12 的圆，如图 4-59 所示。

图 4-58　更改直线线型和线宽

图 4-59　绘制圆

10. 绘制圆弧

（1）选择"菜单"→"插入"→"曲线"→"圆弧"命令，或单击"主页"选项卡上"曲线"面板中的"圆弧"按钮⌐，打开"圆弧"对话框。

（2）按照圆心、半径和扫掠角度的顺序，分别创建以上步所绘的圆心为圆心、半径为 14、扫掠角度为 180°的两圆弧，如图 4-60 所示。

11. 派生直线

（1）选择"菜单"→"插入"→"来自曲线集的曲线"→"派生直线"命令，或单击"主页"选项卡上"曲线"面板中的"派生直线"按钮╲。

（2）将斜中心线分别向左右各偏移 6，结果如图 4-61 所示。

图 4-60　绘制圆弧

图 4-61　绘制派生的直线

12. 绘制圆

（1）选择"菜单"→"插入"→"曲线"→"圆"命令，或单击"主页"选项卡上"曲线"面板中的"圆"按钮〇，打开"圆"对话框。

（2）以先前创建的基准点为圆心，绘制直径为 12 的圆，然后在适当的位置绘制直径为 12 和 28 的同心圆。

13. 绘制直线

（1）选择"菜单"→"插入"→"曲线"→"直线"命令，打开"直线"对话框。

（2）分别绘制直径为 28 的圆的切线，如图 4-62 所示。

14. 草图约束

选择"菜单"→"插入"→"几何约束"命令，或单击"主页"选项卡上"约束"面板中的"几何约束"按钮 ，创建所需的约束，结果如图 4-63 所示。

图 4-62　绘制切线

15. 标注尺寸

单击"主页"选项卡上"约束"面板中的"快速尺寸"按钮 ，对两小圆之间的距离进行尺寸修改，使两圆之间的距离为 40，如图 4-64 所示。

图 4-63　创建所需约束后的草图

图 4-64　标注尺寸

16. 修剪曲线

选择"菜单"→"编辑"→"曲线"→"快速修剪"命令，或单击"主页"选项卡上"曲线"面板上的"快速修剪"按钮 ，修剪不需要的曲线。修剪后的草图如图 4-65 所示。

17. 创建圆角

（1）选择"菜单"→"插入"→"曲线"→"圆角"命令，或单击"主页"选项卡上"曲线"面板上的"角焊"按钮 。

（2）对左边的斜直线和直线进行倒圆角，圆角半径为 10，然后对右边的斜直线和直线进行倒圆角，圆角半径为 5，结果如图 4-66 所示。

图 4-65　修剪草图

图 4-66　倒圆角

18. 标注尺寸

单击"主页"选项卡上"约束"面板中的"快速尺寸"按钮，对图中的各个尺寸进行标注，如图 4-67 所示。

图 4-67　标注尺寸后的草图

第 5 章
特征建模

相对于单纯的实体建模和参数化建模，UG 采用的是复合建模方法。该方法是基于特征的实体建模方法，是在参数化建模方法的基础上采用了一种所谓"变量化技术"的设计建模方法，对参数化建模技术进行了改进。

本章主要讲解 UG NX12 中基础三维建模工具的用法。

/ 重点与难点

- 通过草图创建特征
- 创建简单特征
- 创建设计特征

5.1 通过草图创建特征

5.1.1 拉伸

扫码看视频

该命令通过在指定方向上将截面曲线扫掠一段线性距离来生成体。

 【执行方式】

- 菜单：选择"菜单"→"插入"→"设计特征"→"拉伸"命令。
- 功能区：单击"主页"选项卡中"特征"面板上的"拉伸"按钮 📖。

 【操作步骤】

（1）执行上述操作后，打开如图 5-1 所示的"拉伸"对话框。

（2）选择封闭曲线串或边为截面。

（3）直接拖动起点手柄来更改拉伸特征的大小，也可以选择
开始 / 结束方式，然后确定拉伸大小。

（4）单击"确定"按钮，创建拉伸体。

【选项说明】

1. 表区域驱动

（1）选择曲线 📐：用于选择被拉伸的曲线，如果选择的是
面，则自动进入草图绘制模式。

（2）绘制截面 📷：用户可以通过该选项首先绘制拉伸的轮
廓，然后进行拉伸。

2. 方向

（1）指定矢量：通过该按钮选择拉伸的矢量方向，也可以在
旁边的下拉列表中选择矢量方向。

（2）反向 ✕：如果在生成拉伸体之后，更改了作为方向轴
的几何体，拉伸也会相应地更新，以实现匹配。显示的默认方向
矢量指向选中几何体平面的法向。如果选择了面或片体，默认方
向是沿着选中面端点的面法向。如果选中曲线构成了封闭环，在
选中曲线的中心处显示方向矢量。如果选中曲线没有构成封闭
环，开放环的端点将以系统颜色显示为星号。

图 5-1 "拉伸"对话框

3. 限制

开始 / 结束：用于沿着方向矢量输入生成几何体的起始位置和结束位置，可以通过动态箭
头来调整。其中有 6 个选项。

（1）值：由用户输入拉伸的起始距离和结束距离的数值，如图 5-2 所示。

（2）对称值：用于约束生成的几何体关于选取的对象对称，如图 5-3 所示。

（3）直至下一个：沿矢量方向拉伸至下一个对象，如图 5-4 所示。

（4）直至选定：拉伸至选定的表面、基准面或实体，如图 5-5 所示。

图 5-2 开始条件为"值"

图 5-3 开始条件为"对称值"

图 5-4 开始条件为"直至下一个"

图 5-5 开始条件为"直至选定"

（5）直至延伸部分：允许用户裁剪拉伸体至一选中表面，如图 5-6 所示。

（6）贯通：允许用户沿拉伸矢量完全通过所有可选实体生成拉伸体，如图 5-7 所示。

图 5-6 开始条件为"直至延伸部分"

图 5-7 开始条件为"贯通"

4. 布尔

该选项用于指定生成的几何体与其他对象的布尔运算，包括无、相交、合并、减去和自动判断几种方式。

（1）无：创建独立的拉伸实体。

（2）合并：将拉伸体与目标体合并为单个实体。

（3）减去：从目标体移除拉伸体。

（4）相交：创建包含拉伸特征和与它相交的现有体共享的实体。

（5）自动判断：根据拉伸的方向矢量及正在拉伸的对象位置来确定概率最高的布尔运算。

5. 拔模

该选项用于对面进行拔模。正角使得特征的侧面向内拔模（朝向选中曲线的中心），负角使得特征的侧面向外拔模（背离选中曲线的中心）。

（1）从起始限制：允许用户从起始点至结束点创建拔模。

（2）从截面：允许用户从起始点至结束点创建的锥角与截面对齐。

（3）从截面 - 不对称角：允许用户沿截面至起始点和结束点创建不对称锥角。

（4）从截面 - 对称角：允许用户沿截面至起始点和结束点创建对称锥角。

（5）从截面匹配的终止处：允许用户沿轮廓线至起始点和结束点创建的锥角，与梁端面处的锥面保持一致。

6. 偏置

该选项用于生成特征，该特征由曲线或边的基本设置偏置一个常数值。

（1）单侧：用于生成单侧偏置实体。

（2）两侧：用于生成两侧偏置实体。

（3）对称：用于生成对称偏置实体。

5.1.2　实例——连杆 1

 制作思路

本例绘制连杆 1，如图 5-8 所示。首先绘制连杆轮廓草图，然后通过拉伸创建连杆。

扫码看视频

图 5-8　连杆 1

 绘制步骤

1. 创建新文件

选择"菜单"→"文件"→"新建"命令或单击快速访问工具栏中的"新建"按钮，打开"新建"对话框。在"模板"列表中选择"模型"，输入名称"link01"，单击"确定"按钮，进入建模环境。

2. 绘制草图

（1）选择"菜单"→"插入"→"草图"命令，或单击"主页"选项卡中"直接草图"面板上的"草图"按钮，打开如图 5-9 所示的"创建草图"对话框。

（2）选择 *XC-YC* 平面为草图绘制平面，单击"确定"按钮，进入草图绘制界面。

（3）绘制如图 5-10 所示的草图。

图 5-9　"创建草图"对话框

图 5-10　绘制草图

3. 拉伸操作

（1）选择"菜单"→"插入"→"设计特征"→"拉伸"命令，或单击"主页"选项卡中"特征"面板上的"拉伸"按钮，打开"拉伸"对话框。

（2）选择上一步绘制的草图为拉伸曲线。

（3）在"指定矢量"下拉列表中选择"ZC 轴"为拉伸方向。

（4）在"开始距离"和"结束距离"数值栏中分别输入 0 和 5，如图 5-11 所示。单击"确定"按钮，结果如图 5-12 所示。

5.1.3　旋转

扫码看视频

该命令通过绕给定的轴以非零角度旋转截面曲线来生成一个特征，因此可以从基本横截面开始生成圆或部分圆的特征。

【执行方式】

● 菜单：选择"菜单"→"插入"→"设计特征"→"旋转"命令。

● 功能区：单击"主页"选项卡中"特征"面板上的"旋转"按钮。

【操作步骤】

（1）执行上述操作后，打开如图 5-13 所示的"旋转"对话框。

图 5-11　"拉伸"对话框

图 5-12　创建拉伸体

图 5-13　"旋转"对话框

（2）选择曲线、边、草图或面来定义截面。

（3）指定旋转轴和旋转点。

（4）设置旋转角度。

（5）单击"确定"按钮，创建旋转体。

【选项说明】

1. 表区域驱动

（1）选择曲线：用于选择旋转的曲线，如果选择面，则自动进入草图绘制模式。

（2）绘制截面：用户可以通过该选项首先绘制回转的轮廓，然后进行旋转操作。

2. 轴

（1）指定矢量：指定旋转轴的矢量方向，也可以通过下拉列表调出矢量构成选项。

（2）指定点：通过指定旋转轴上的一点，来确定旋转轴的具体位置。

（3）反向：反转轴与旋转的方向。

3. 限制

开始 / 结束：指定旋转的开始 / 结束角度。总数量不能超过 360°。若结束角度大于开始角度，旋转方向为正方向；否则为反方向。

其中的"直至选定"选项表示把截面集合体旋转到目标实体上的选定面或基准平面。

4. 布尔

该选项用于指定生成的几何体与其他对象的布尔运算，包括无、相交、合并、减去几种方式。

5. 偏置

该选项让用户指定偏置形式，分为"无"和"两侧"两种方式。

（1）无：直接以截面曲线生成旋转特征，如图 5-14 所示。

（2）两侧：指在截面曲线两侧生成旋转特征，以结束值和开始值之差为实体的厚度，如图 5-15 所示。

图 5-14 "无"偏置 　　　　　图 5-15 "两侧"偏置

5.1.4 沿引导线扫掠

该命令通过沿着由一个（条）或一系列曲线、边或面构成的引导线串（路径）拉伸开放的或封闭的边界草图、曲线、边或面来生成单个体。

扫码看视频

【执行方式】

● 菜单：选择"菜单"→"插入"→"扫掠"→"沿引导线扫掠"命令。

【操作步骤】

（1）执行上述操作后，打开如图 5-16 所示的"沿引导线扫掠"对话框。

（2）选择截面曲线。

（3）选择引导曲线。

（4）输入偏置值。

（5）单击"确定"按钮，创建引导扫掠体。

【选项说明】

（1）截面：选择曲线、边、曲线链或截面的边。

（2）引导：选择曲线、边、曲线链或引导线的边。引导线串中的所有曲线都必须是连续的。

（3）"偏置"选项组。

① 第一偏置：增加扫掠特征的厚度。

② 第二偏置：使扫掠特征的基础偏离截面线串。

图 5-16　"沿引导线扫掠"对话框

注意

（1）如果截面对象有多个环，则引导线串必须由线 / 圆弧构成。

（2）如果沿着具有封闭的、尖锐拐角的引导线串扫掠，建议把截面线串放置到远离尖锐拐角的位置。

（3）如果引导路径上两条相邻的线以锐角相交，或如果引导路径中的圆弧半径对于截面曲线来说太小，则不会发生扫掠面操作。换言之，路径必须是光滑的、切向连续的。

5.1.5　管

该命令通过沿着由一条或一系列曲线构成的引导线串（路径）扫掠出简单的管对象。

扫码看视频

【执行方式】

● 菜单：选择"菜单"→"插入"→"扫掠"→"管"命令。

【操作步骤】

（1）执行上述操作后，打开如图 5-17 所示的"管"对话框。

（2）选择管道中心线路径。

（3）指定管道的外径和内径。

（4）单击"确定"按钮，创建管。

【选项说明】

（1）路径：指定管道的中心线路径。可以选择多条曲线或边，但必须是光滑并切向连续的。

图 5-17　"管"对话框

（2）"横截面"选项组。

① 外径：用于输入管的外直径的值，其中外径不能为零。

② 内径：用于输入管的内直径的值。

（3）"输出"下拉列表。

① 单段：只具有一个或两个侧面，此侧面为 B 曲面，如图 5-18 所示。如果内径是零，那么管具有一个侧面。

② 多段：沿着引导线串扫掠成一系列侧面，这些侧面可以是柱面或环面，如图 5-19 所示。

图 5-18　单段管　　　　　　　　　　　　图 5-19　多段管

5.2　创建简单特征

5.2.1　长方体

 【执行方式】

- 菜单：选择"菜单"→"插入"→"设计特征"→"长方体"命令。
- 功能区：单击"主页"选项卡中"特征"面板上的"长方体"按钮 。

扫码看视频

 【操作步骤】

执行上述操作后，打开如图 5-20 所示的"长方体"对话框。

图 5-20　"长方体"对话框

1．用原点和边长创建长方体

（1）在对话框中选择"原点和边长"类型。

（2）选择或创建一个点为原点。

（3）输入长方体的长、宽、高尺寸值。

（4）单击"确定"按钮，创建长方体。

2. 用两点和高度创建长方体

（1）在对话框中选择"两点和高度"类型。

（2）选择或创建一个点为原点。

（3）选择或创建另一个点为对角点。

（4）输入长方体的高度值。

（5）单击"确定"按钮，创建长方体。

3. 用两个对角点创建长方体

（1）在对话框中选择"两个对角点"类型。

（2）指定一个点为原点。

（3）选择或创建与第一个点相对的对角点。

（4）单击"确定"按钮，创建长方体。

 【选项说明】

1. 原点和边长

该方式允许用户通过原点和三边长度来创建长方体，如图 5-21 所示。

（1）原点：通过捕捉点选项或"点"对话框来定义长方体的原点。

（2）"尺寸"选项组。

① 长度：指定长方体长度的值。

② 宽度：指定长方体宽度的值。

③ 高度：指定长方体高度的值。

（3）"布尔"下拉列表。

① 无：新建与任何现有实体无关的长方体。

② 合并：将新建的长方体与目标体进行合并操作。

③ 减去：将新建的长方体从目标体中减去。

④ 相交：通过长方体与相交目标体共用的体积创建新块。

（4）关联原点：勾选此复选框，使长方体原点和任何偏置点与定位几何体相关联。

2. 两点和高度

该方式允许用户通过高度和底面的两对角点来创建长方体，如图 5-22 所示。

从原点出发的点 XC，YC：用于将基于原点的相对拐角指定为长方体的第二点。

3. 两个对角点

该方式允许用户通过两个对角顶点来创建长方体，如图 5-23 所示。

图 5-21　"原点和边长"示意图　　图 5-22　"两点和高度"示意图　　图 5-23　"两个对角点"示意图

从原点出发的点 XC，YC，ZC：用于指定长方体的 3D 对角相对点。

5.2.2 圆柱

【执行方式】

- 菜单：选择"菜单"→"插入"→"设计特征"→"圆柱"命令。
- 功能区：单击"主页"选项卡中"特征"面板上的"圆柱"按钮 。

【操作步骤】

执行上述操作后，打开如图 5-24 所示的"圆柱"对话框。

1. 使用轴、直径和高度创建圆柱

（1）在对话框中选择"轴、直径和高度"类型。

（2）选择一个对象来自动判断矢量或通过"矢量"对话框来指定矢量。

（3）选择或新建点来作为圆柱的底面圆心。

（4）输入圆柱的直径和高度值。

（5）单击"确定"按钮，创建圆柱。

2. 使用圆弧和高度创建圆柱

（1）在对话框中选择"圆弧和高度"类型。

（2）选择已创建好的圆弧。

（3）输入圆柱的高度值。

（4）单击"确定"按钮，创建圆柱。

图 5-24 "圆柱"对话框

【选项说明】

1. 轴、直径和高度

该方式允许用户通过定义直径和圆柱的高度值以及底面圆心来创建圆柱，如图 5-25 所示。

（1）"轴"选项组。

① 指定矢量：在"指定矢量"下拉列表或"矢量"对话框中指定圆柱轴的矢量。

② 指定点：用于指定圆柱的原点。

（2）"尺寸"选项组。

① 直径：指定圆柱的直径。

② 高度：指定圆柱的高度。

（3）"布尔"下拉列表。

① 无：新建与任何现有实体无关的圆柱。

② 合并：组合新圆柱与相交目标体的体积。

③ 减去：将新圆柱的体积从相交目标体中减去。

④ 相交：通过圆柱与相交目标体共用的体积创建新实体。

（4）关联轴：使圆柱轴原点及其方向与定位几何体相关联。

2．圆弧和高度

该方式允许用户通过定义圆柱高度值，选择一段已有的圆弧并定义创建方向来创建圆柱。用户选取的圆弧不一定需要是完整的圆，且生成圆柱与弧不关联，圆柱方向可以选择是否反向，如图5-26 所示。

选择圆弧：选择圆弧或圆。圆柱的轴垂直于圆弧的平面，且穿过圆弧中心。

图 5-25　"轴、直径和高度"示意图　　　　图 5-26　"圆弧和高度"示意图

5.2.3　实例——滑块

👉 **制作思路**

本例绘制滑块，如图 5-27 所示。首先利用"长方体"命令创建滑块基体，然后利用"圆柱"命令创建凸台。

图 5-27　滑块

扫码看视频

🖥 **绘制步骤**

1．创建新文件

选择"菜单"→"文件"→"新建"命令或单击快速访问工具栏中的"新建"按钮 📄，打开"新建"对话框。在"模板"列表中选择"模型"，输入名称为"huakuai"，单击"确定"按钮，进入建模环境。

2．创建长方体

（1）选择"菜单"→"插入"→"设计特征"→"长方体"命令，或单击"主页"选项卡中"特征"面板上的"长方体"按钮 🔳，打开"长方体"对话框。

（2）在对话框的"类型"下拉列表中选择"原点和边长"类型。

（3）单击"点对话框"按钮 ，打开"点"对话框，输入原点坐标为（-10,-10,0），单击"确定"按钮，返回"长方体"对话框。

（4）在"长度""宽度"和"高度"文本框中分别输入 20、20 和 15，如图 5-28 所示。单击"确定"按钮，生成长方体，如图 5-29 所示。

3. 创建凸台

（1）选择"菜单"→"插入"→"设计特征"→"圆柱"命令，或单击"主页"选项卡中"特征"面板上的"圆柱"按钮 ，打开"圆柱"对话框。

（2）在对话框的"类型"下拉列表中选择"轴、直径和高度"类型。

（3）在"指定矢量"下拉列表中选择"ZC 轴"为圆柱体方向。单击"点对话框"按钮 ，打开"点"对话框，输入原点坐标为（0,0,15），如图 5-30 所示。单击"确定"按钮，返回"圆柱"对话框。

图 5-28 "长方体"对话框

图 5-29 创建长方体

图 5-30 "点"对话框

（4）在"直径"和"高度"文本框中分别输入 10、10，如图 5-31 所示。单击"确定"按钮，生成模型，如图 5-32 所示。

图 5-31 "圆柱"对话框

图 5-32 创建圆柱体

5.2.4　圆锥

扫码看视频

【执行方式】

- 菜单：选择"菜单"→"插入"→"设计特征"→"圆锥"命令。
- 功能区：单击"主页"选项卡中"特征"面板上的"圆锥"按钮 ⏶。

【操作步骤】

执行上述操作后，打开如图 5-33 所示的"圆锥"对话框。

图 5-33　"圆锥"对话框

1. 使用直径、高度和半角创建圆锥

（1）在对话框的"类型"下拉列表中选择前 4 种类型中的任意一种。

（2）在"指定矢量"下拉列表或"矢量"对话框中指定矢量。

（3）在"指定点"下拉列表或"点"对话框中指定圆锥体的原点。

（4）在"尺寸"选项组中输入相应的值。

（5）单击"确定"按钮，创建圆锥体。

2. 选择两个共轴的圆弧创建圆锥

（1）在对话框的"类型"下拉列表中选择"两个共轴的圆弧"类型。

（2）选择圆锥的底部圆弧。

（3）选择圆锥的顶部圆弧。

（4）单击"确定"按钮，创建圆锥体。

 【选项说明】

1. 直径和高度

该方式通过定义底部直径、顶部直径和高度值生成圆锥体，如图 5-34 所示。

（1）"轴"选项组。

① 指定矢量：在"指定矢量"下拉列表或"矢量"对话框中指定圆锥的轴。

② 指定点：在"指定点"下拉列表或"点"对话框中指定圆锥的原点。

（2）"尺寸"选项组。

① 顶部直径：设置圆锥顶面圆弧直径的值。

② 高度：设置圆锥高度的值。

③ 底部直径：设置圆锥底面圆弧直径的值。

2. 直径和半角

该方式通过定义底部直径、顶部直径和半角值生成圆锥。

半角：设置在圆锥轴顶点与其边之间测量的半角值。

3. 底部直径、高度和半角

该方式通过定义底部直径、高度和半顶角值生成圆锥。

4. 顶部直径、高度和半角

该方式通过定义顶部直径、高度和半顶角值生成圆锥。在生成圆锥的过程中，有一个经过原点的圆形平表面，其直径由顶部直径值给出。底部直径值必须大于顶部直径值。

5. 两个共轴的圆弧

该方式通过选择两条圆弧生成圆锥特征。两条圆弧不一定是平行的，如图 5-35 所示。

图 5-34 "直径和高度"示意图

图 5-35 "两个共轴的圆弧"示意图

（1）基圆弧：选择一个现有圆弧为底部圆弧。

（2）顶圆弧：选择一个现有圆弧为顶部圆弧。

选择了基圆弧和顶圆弧之后，就会生成完整的圆锥。所定义的圆锥轴位于圆弧的中心，并且处于基圆弧的法向上。圆锥的底部直径和顶部直径取自两个圆弧。圆锥的高度是顶圆弧的中心与基圆弧的平面之间的距离。

如果选中的圆弧不是共轴的，系统会将第二条选中的圆弧（顶圆弧）平行投影到由基圆弧形成的平面上，直到两个圆弧共轴为止。另外，圆锥不与圆弧相关联。

5.2.5　球

 【执行方式】

- 菜单：选择"菜单"→"插入"→"设计特征"→"球"命令。
- 功能区：单击"主页"选项卡中"特征"面板上的"球"按钮 。

扫码看视频

 【操作步骤】

执行上述操作后，打开如图 5-36 所示的"球"对话框。

图 5-36　"球"对话框

1. 使用中心点和直径创建球

（1）在对话框的"类型"下拉列表中选择"中心点和直径"类型。

（2）选择现有点或新建点作为球的中心点。

（3）输入球的直径值。

（4）单击"确定"按钮，创建球体。

2. 选择圆弧创建球

（1）在对话框的"类型"下拉列表中选择"圆弧"类型。

（2）选择一段圆弧。

（3）单击"确定"按钮，创建球体。

 【选项说明】

1. 中心点和直径

该方式通过定义直径值和中心生成球体。

（1）指定点：在"指定点"下拉列表或"点"对话框中指定点为球的中心点。

（2）直径：输入球的直径值。

2. 圆弧

该方式通过选择圆弧来生成球体，如图 5-37 所示。所选的圆弧不必为完整的圆弧，系统基于任何圆弧对象生成完整的球体。选定的圆弧定义球体的中心和直径。另外，球体不与圆弧相关联，这意味着如果编辑圆弧的大小，球体不会更新以匹配圆弧的改变。

图 5-37 "圆弧"方式示意图

5.2.6 实例——球摆

制作思路

本例绘制球摆，如图 5-38 所示。首先选择"圆柱"命令，绘制球摆的杆，然后选择"球"命令，创建下方的球，再利用"长方体"命令和"圆柱"命令，创建上方的孔。

扫码看视频

图 5-38 球摆

绘制步骤

1. 创建新文件

选择"菜单"→"文件"→"新建"命令或单击快速访问工具栏中的"新建"按钮 ，打开"新建"对话框。在"模板"列表中选择"模型"，输入名称为"bai"，单击"确定"按钮，进入建模环境。

2. 创建圆柱体

（1）选择"菜单"→"插入"→"设计特征"→"圆柱"命令，或单击"主页"选项卡中"特征"面板上的"圆柱"按钮 ，打开"圆柱"对话框。

（2）在对话框的"类型"下拉列表中选择"轴、直径和高度"类型。

（3）在"指定矢量"下拉列表中选择"–ZC 轴"为圆柱体方向。单击"点对话框"按钮 ，打开"点"对话框，输入原点坐标为（0,0,0），单击"确定"按钮，返回"圆柱"对话框。

（4）在"直径"和"高度"文本框中分别输入 20 和 500，如图 5-39 所示。单击"确定"按钮，生成圆柱体，如图 5-40 所示。

图 5-39　"圆柱"对话框　　　　图 5-40　创建圆柱体

3. 创建球

（1）选择"菜单"→"插入"→"设计特征"→"球"命令，或单击"主页"选项卡中"特征"面板上的"球"按钮，打开"球"对话框。

（2）在对话框的"类型"下拉列表中选择"中心点和直径"类型。

（3）单击"点对话框"按钮，在打开的"点"对话框中输入坐标为（0，0，-500），单击"确定"按钮，返回"球"对话框。

（4）在"直径"文本框中输入 150，在"布尔"下拉列表中选择"合并"选项，如图 5-41 所示。单击"确定"按钮，创建球，如图 5-42 所示。

图 5-41　"球"对话框　　　　图 5-42　创建球

4. 创建长方体

（1）选择"菜单"→"插入"→"设计特征"→"长方体"命令，或单击"主页"选项卡中"特征"面板上的"长方体"按钮，打开"长方体"对话框。

（2）在对话框的"类型"下拉列表中选择"原点和边长"类型。

（3）单击"点对话框"按钮，打开"点"对话框，输入原点坐标为（-4，-9，0），单击"确定"按钮，返回"长方体"对话框。

（4）在"长度""宽度"和"高度"文本框中分别输入 8、18 和 25，在"布尔"下拉列表中选择"合并"选项，如图 5-43 所示。单击"确定"按钮，创建长方体，如图 5-44 所示。

图 5-43　"长方体"对话框　　　　图 5-44　创建长方体

5. 创建圆柱体

（1）选择"菜单"→"插入"→"设计特征"→"圆柱"命令，或单击"主页"选项卡中"特征"面板上的"圆柱"按钮，打开"圆柱"对话框。

（2）在对话框的"类型"下拉列表选择"轴、直径和高度"类型。

（3）在"指定矢量"下拉列表中选择"XC轴"为圆柱体方向。单击"点对话框"按钮，打开"点"对话框，输入原点坐标为（-10,0,12.5），单击"确定"按钮，返回"圆柱"对话框。

（4）在"直径"和"高度"文本框中分别输入 15 和 20，在"布尔"下拉列表中选择"减去"选项，如图 5-45 所示。单击"确定"按钮，生成孔，如图 5-46 所示。

图 5-45　"圆柱"对话框　　　　图 5-46　创建孔

5.3 创建设计特征

5.3.1 孔

 【执行方式】

- 菜单：选择"菜单"→"插入"→"设计特征"→"孔"命令。
- 功能区：单击"主页"选项卡中"特征"面板上的"孔"按钮。

 【操作步骤】

执行上述操作后，打开如图 5-47 所示的"孔"对话框。

图 5-47 "孔"对话框

1. 创建常规孔
（1）在"类型"下拉列表中选择"常规孔"类型。
（2）创建点或捕捉现有点为孔位置。
（3）选择形状，并输入相应参数。
（4）单击"确定"按钮，创建孔。

2. 创建钻形孔、螺钉间隙孔、螺纹孔
（1）在"类型"下拉列表中选择相应的孔类型。
（2）创建点或捕捉现有点为孔位置。
（3）为形状和尺寸设置参数。
（4）单击"确定"按钮，创建相应的孔。

3. 创建孔系列
（1）在"类型"下拉列表中选择"孔系列"类型。

（2）创建点或捕捉现有点为孔位置。

（3）在"规格"选项组中，指定起始孔、中间孔和终止孔尺寸的值。

（4）单击"确定"按钮，创建孔系列。

 【选项说明】

1. 常规孔

该方式用于创建指定尺寸的简单孔、沉头孔、埋头孔或锥孔特征。

（1）位置：选择现有点或创建草图点来指定孔的中心。

（2）方向：指定孔方向。

① 垂直于面：沿着与公差范围内每个指定点最近的面法向的反向定义孔的方向。

② 沿矢量：沿指定的矢量定义孔方向。

（3）"形状和尺寸"选项组。

① 成形：指定孔特征的形状。

a. 简单孔：创建具有指定直径、深度和尖端顶锥角的简单孔，如图 5-48 所示。

b. 沉头：创建具有指定直径、深度、顶锥角、沉头直径和沉头深度的沉头孔，如图 5-49 所示。

图 5-48 "简单孔"示意图

图 5-49 "沉头"示意图

c. 埋头：创建具有指定直径、深度、顶锥角、埋头直径和埋头角度的埋头孔，如图 5-50 所示。

d. 锥孔：创建具有指定锥角和直径的锥孔。

② 尺寸：设置相关参数。

2. 钻形孔

该方式使用 ANSI 或 ISO 标准创建简单钻形孔特征。

（1）大小：用于指定钻形孔特征的钻孔尺寸。

（2）等尺寸配对：指定孔所需的等尺寸配对。

图 5-50 "埋头"示意图

（3）起始倒斜角：将起始倒斜角添加到孔特征。

（4）终止倒斜角：将终止倒斜角添加到孔特征。

3. 螺钉间隙孔

该方式用于创建简单、沉头或埋头通孔，它们是为具体应用而设计的，如螺钉的间隙孔。

（1）螺钉类型："螺钉类型"列表中可用的选项取决于将形状设置为简单孔、沉头孔还是埋头孔。

（2）螺丝规格：为用于创建螺钉间隙孔特征的选定螺钉类型指定螺丝规格。

（3）等尺寸配对：指定孔所需的等尺寸配对。

4. 螺纹孔

该方式用于创建螺纹孔，其尺寸标注由标准、螺纹尺寸和径向进刀定义。

（1）大小：指定螺纹尺寸的大小。

（2）径向进刀：选择径向进刀百分比，用于计算丝锥直径值的近似百分比。

（3）攻丝直径：指定丝锥的直径。

（4）旋向：指定螺纹为右旋（顺时针方向）或左旋（逆时针方向）。

5. 孔系列

该方式用于创建起始、中间和结束孔尺寸一致的多形状、多目标体的对齐孔。

（1）"起始"选项卡：指定起始孔参数。起始孔是在指定中心处开始的，具有简单、沉头或埋头孔形状的螺钉间隙通孔。

（2）"中间"选项卡：指定中间孔参数。中间孔是与起始孔对齐的螺钉间隙通孔。

（3）"端点"选项卡：指定终止孔参数。结束孔可以是螺钉间隙孔或螺纹孔。

5.3.2　实例——法兰盘

 制作思路

本节创建法兰盘，如图 5-51 所示。首先绘制长方体作为基体，然后创建中间的简单孔，最后创建沉头孔。

扫码看视频

图 5-51　法兰盘

绘制步骤

1. 创建新文件

选择"菜单"→"文件"→"新建"命令或单击快速访问工具栏中的"新建"按钮 ，打开"新建"对话框。在"模板"列表中选择"模型"，输入名称为"falanpan"，单击"确定"按钮，进入建模环境。

2. 创建长方体

（1）选择"菜单"→"插入"→"设计特征"→"长方体"命令，或单击"主页"选项卡中"特征"面板上的"长方体"按钮 ，打开"长方体"对话框。

（2）在"长度""宽度"和"高度"文本框中分别输入 30、30、6，如图 5-52 所示。单击"点对话框"按钮 ，打开"点"对话框，输入坐标点为（0，0，0），单击"确定"按钮，返回"长方体"对话框。单击"确定"按钮，创建长方体，如图 5-53 所示。

图 5-52 "长方体"对话框

图 5-53 创建长方体

3. 创建简单孔

（1）选择"菜单"→"插入"→"设计特征"→"孔"命令，或单击"主页"选项卡中"特征"面板上的"孔"按钮，打开"孔"对话框。

（2）在"类型"下拉列表中选择"常规孔"选项，在"成形"下拉列表中选择"简单孔"选项，在"直径""深度"和"顶锥角"文本框中分别输入 20、6、0，如图 5-54 所示。

（3）单击"绘制截面"按钮，打开"创建草图"对话框，选择长方体的上表面为孔放置面，进入草图绘制环境。打开"草图点"对话框，创建点。单击"完成"按钮，草图绘制完毕，如图 5-55 所示。

（4）返回"孔"对话框，单击"确定"按钮，完成简单孔的创建，如图 5-56 所示。

图 5-54 "孔"对话框

图 5-55 绘制草图

图 5-56 创建简单孔

4. 创建沉头孔

（1）选择"菜单"→"插入"→"设计特征"→"孔"命令，或者单击"主页"选项卡中"特征"面板上的"孔"按钮🔩，打开"孔"对话框。

（2）在"类型"下拉列表中选择"常规孔"选项，在"成形"下拉列表中选择"沉头"选项，在"沉头直径""沉头深度""直径""深度"和"顶锥角"文本框中分别输入 5、2、3、4、0，如图 5-57 所示。

（3）单击"绘制截面"按钮🖼，打开"创建草图"对话框，选择长方体的上表面为孔放置面，进入草图绘制环境。打开"草图点"对话框，创建点。单击"完成"按钮🏁，草图绘制完毕，如图 5-58 所示。

（4）返回"孔"对话框，捕捉绘制的 4 个点，单击"确定"按钮，完成沉头孔的创建，如图 5-59 所示。

图 5-58　绘制草图

图 5-57　"孔"对话框

图 5-59　创建沉头孔

5.3.3　凸台

该命令用于在平面或基准面上生成一个简单的凸台。

扫码看视频

【执行方式】

● 菜单：选择"菜单"→"插入"→"设计特征"→"凸台（原有）"命令。

【操作步骤】

（1）执行上述操作后，打开如图 5-60 所示的"支管"对话框。

（2）选择要定位凸台的平放置面或基准平面。

（3）输入各参数值。

（4）单击"确定"按钮，使用"定位"对话框来精确定位凸台。创建的凸台如图 5-61 所示。

图 5-60 "支管"对话框

图 5-61 "凸台"示意图

 【选项说明】

（1）选择步骤-放置面：用于指定一个平的面或基准平面，以在其上定位凸台。

（2）过滤：通过限制可用的对象类型以帮助选择需要的对象，其中的选项包括"任意""面"和"基准平面"。

（3）直径：输入凸台直径的值。

（4）高度：输入凸台高度的值。

（5）锥角：输入凸台的柱面壁向内倾斜的角度。该值可正可负，零值产生没有锥度的垂直圆柱壁。

（6）反侧：如果选择了基准面作为放置平面，则此按钮可用。单击此按钮，使当前方向矢量反向，同时重新生成凸台的预览。

5.3.4 实例——支架

 制作思路

本例绘制支架，如图 5-62 所示。首先绘制支架主体草图，然后通过"拉伸"命令创建支架主体；再绘制草图，通过"拉伸"命令切除多余部分；最后利用"凸台（原有）"命令创建凸台。

扫码看视频

图 5-62 支架

 绘制步骤

1. 创建新文件

选择"菜单"→"文件"→"新建"命令或单击快速访问工具栏中的"新建"按钮，打开"新建"对话框。在"模板"列表中选择"模型"，输入名称为"zhijia"，单击"确定"按钮，进入建模环境。

2. 绘制草图

（1）选择"菜单"→"插入"→"草图"命令，或单击"主页"选项卡中"直接草图"面板上的"草图"按钮，打开"创建草图"对话框。

（2）选择 *XC-YC* 平面为草图绘制平面，单击"确定"按钮，进入草图绘制界面。

（3）绘制如图 5-63 所示的草图。

图 5-63　绘制草图

3. 拉伸操作

（1）选择"菜单"→"插入"→"设计特征"→"拉伸"命令，或单击"主页"选项卡中"特征"面板上的"拉伸"按钮，打开"拉伸"对话框。

（2）选择上步绘制的草图为拉伸曲线。

（3）在"指定矢量"下拉列表中选择"*ZC* 轴"为拉伸方向。

（4）在"开始距离"和"结束距离"数值栏中输入 0 和 25，如图 5-64 所示。单击"确定"按钮，结果如图 5-65 所示。

图 5-65　拉伸实体

图 5-64　"拉伸"对话框

图 5-66　"基准平面"对话框

4. 创建基准面

（1）选择"菜单"→"插入"→"基准 / 点"→"基准平面"命令，或单击"主页"选项卡中"特征"面板上的"基准平面"按钮，打开"基准平面"对话框。

（2）在"类型"下拉列表中选择"*XC-YC* 平面"，在"距离"文本框中输入 5，如图 5-66 所示。单击"确定"按钮，创建基准平面 1。

5. 绘制草图

（1）选择"菜单"→"插入"→"草图"命令，或单击"主页"选项卡中"直接草图"面板上的"草图"按钮，打开"创建草图"对话框。

（2）选择上步创建的基准平面1为草图绘制平面，单击"确定"按钮，进入草图绘制界面。

（3）绘制如图5-67所示的草图。

图5-67 绘制草图

6. 拉伸操作

（1）选择"菜单"→"插入"→"设计特征"→"拉伸"命令，或单击"主页"选项卡中"特征"面板上的"拉伸"按钮，打开"拉伸"对话框。

（2）选择上步绘制的草图为拉伸曲线。

（3）在"指定矢量"下拉列表中选择"ZC轴"为拉伸方向。

（4）在"开始距离"和"结束距离"数值栏中输入0和15，在"布尔"下拉列表中选择"减去"选项，如图5-68所示。单击"确定"按钮，结果如图5-69所示。

图5-68 "拉伸"对话框

图5-69 拉伸切除

图5-70 选择放置面

7. 创建凸台

（1）选择"菜单"→"插入"→"设计特征"→"凸台（原有）"命令，打开"支管"对话框。

（2）选择如图5-70所示拉伸体的上表面为凸台放置面。

（3）在对话框中输入直径和高度分别为10和15，如图5-71所示，单击"应用"按钮。

（4）打开如图5-72所示的"定位"对话框，选择"垂直"定位方式，选择如图5-73所示的定位边，在对话框的表达式中输入距离为12，单击"应用"按钮。

（5）选择如图5-74所示的定位边，在对话框的表达式中输入距离为12，单击"应用"按钮，创建凸台，结果如图5-75所示。

图 5-71　"支管"对话框

图 5-72　"定位"对话框

图 5-73　选择定位边 1

图 5-74　选择定位边 2

图 5-75　创建凸台

5.3.5　腔

【执行方式】

● 菜单：选择"菜单"→"插入"→"设计特征"→"腔（原有）"命令。

扫码看视频

【操作步骤】

执行上述操作后，打开如图 5-76 所示的"腔"对话框。

1．创建圆柱形腔

（1）在对话框中单击"圆柱形"按钮，选择一个平的曲面或基准平面为放置面。

图 5-76　"腔"对话框

（2）指定腔的各个参数。

（3）使用"定位"对话框来精确定位腔。

2．创建矩形腔

（1）在对话框中单击"矩形"按钮，选择一个平的曲面或基准平面为放置面。

（2）指定腔的各个参数。

（3）使用"定位"对话框来精确定位腔。

3．创建常规腔

（1）在对话框中单击"常规"按钮，选择一个平的曲面或基准平面为放置面。

（2）单击中键（三键式鼠标）或单击"放置面轮廓"按钮，选择放置面轮廓曲线。

（3）单击中键或单击"底面"按钮，选择底面。

（4）单击中键或选择"偏置"选项，并输入偏置距离。

（5）单击中键或单击"底面轮廓曲线"按钮，选择底面轮廓。

（6）单击"确定"按钮，创建常规腔体。

【选项说明】

1.圆柱形

单击该按钮，在选定放置平面后，打开如图 5-77 所示的"圆柱腔"对话框，用户可以定义一个有一定的深度，有或没有圆角的底面，具有直面或斜面的圆柱形的腔体，如图 5-78 所示。

图 5-77 "圆柱腔"对话框

图 5-78 "圆柱形腔体"示意图

（1）腔直径：输入腔体的直径。

（2）深度：沿指定方向矢量从原点测量的腔体深度。

（3）底面半径：输入腔体底边的圆形半径。此值必须等于或大于零。

（4）锥角：应用到腔壁的拔模角。此值必须等于或大于零。

需要注意的是：深度值必须大于底面半径。

2.矩形

单击该按钮，在选定放置平面及水平参考面后，系统会自动打开如图 5-79 所示的"矩形腔"对话框。用户可以定义一个具有指定的长度、宽度和深度，具有拐角处和底面上的指定的半径，具有直边或锥边的矩形腔体，如图 5-80 所示。

图 5-79 "矩形腔"对话框

图 5-80 "矩形腔体"示意图

（1）长度/宽度/深度：输入腔体的长度/宽度/深度值。

（2）角半径：腔体竖直边的圆半径（大于或等于零）。

（3）底面半径：腔体底边的圆半径（大于或等于零）。

（4）锥角：腔体的四壁以这个角度向内倾斜。该值不能为负，零值形成竖直的壁。

需要注意的是：拐角半径必须大于或等于底面半径。

3.常规

该方式所定义的腔体具有更大的灵活性。单击"常规"按钮后，打开"常规腔"对话框，如图

5-81 所示。

（1）"选择步骤"选项组。

① 放置面　：用于选择腔的放置面。腔体的顶面会遵循放置面的轮廓。必要的话，将放置面轮廓曲线投影到放置面上。如果没有指定可选的目标体，第一个选中的面或相关的基准平面会标识出要放置腔体的实体或片体。（如果选择了固定的基准平面，则必须指定目标体。）面的其余部分可以来自于部件中的任何体。

② 放置面轮廓　：该选项是在放置面上构成腔体顶部轮廓的曲线。放置面轮廓曲线必须是连续的（即端到端相连）。

③ 底面　：选择一个或多个面，也可是单个平面或基准平面，用于确定腔体的底部。选择底面的步骤是可选的，腔体的底部可以由放置面偏置而来。

④ 底面轮廓曲线　：用于选择底面上腔体底部的轮廓线。与放置面轮廓一样，底面轮廓线中的曲线（或边）必须是连续的。

⑤ 目标体　：如果希望腔体所在的体与第一个选中放置面所属的体不同，则选择"目标体"。这是一个可选的选项，如果没有选择目标体，则将由放置面进行定义。

图 5-81　"常规腔"对话框

⑥ 放置面轮廓线投影矢量　：如果放置面轮廓曲线已经不在放置面上，则该选项用于指定如何将它们投影到放置面上。

⑦ 底面平移矢量　：该选项指定了放置面或选中底面将平移的方向。

⑧ 底面轮廓曲线投影矢量　：如果底部轮廓曲线已经不在底面上，则底面轮廓曲线投影矢量指定如何将它们投影到底面上。

⑨ 放置面上的对齐点：该选项用于在放置面轮廓曲线上选择对齐点。

⑩ 底面对齐点：该选项用于在底面轮廓曲线上选择对齐点。

（2）轮廓对齐方法：如果选择了放置面轮廓和底面轮廓，则可以指定对齐放置面轮廓曲线和底面轮廓曲线的方式。

（3）放置面半径：该选项定义放置面（腔体顶部）与腔体侧面之间的圆角半径。

① 恒定：为放置面半径指定恒定值。

② 规律控制：通过为底部轮廓定义规律来控制放置面半径。

（4）底面半径：该选项定义腔体底面（腔体底部）与侧面之间的圆角半径。

（5）角半径：该选项定义放置在腔体拐角处的圆角半径。拐角位于两条轮廓曲线 / 边之间的运动副处，这两条曲线 / 边的切线偏差的变化范围要大于角度公差。

（6）附着腔：该选项将腔体缝合到目标片体，或由目标实体减去腔体。如果没有选择该选项，则生成的腔体将成为独立的实体。

5.3.6　垫块

【执行方式】

扫码看视频

● 菜单：选择"菜单"→"插入"→"设计特征"→"垫块（原有）"命令。

【操作步骤】

执行上述操作后，打开如图 5-82 所示的"垫块"对话框。

1. 创建矩形垫块

（1）在对话框中单击"矩形"按钮。

（2）选择一个平的放置面。

（3）从目标体选择水平参考。

（4）输入特征参数的值。

（5）利用"定位"对话框定位垫块。

图 5-82 "垫块"对话框

2. 创建常规垫块

（1）在对话框中单击"常规"按钮。

（2）指定放置面。

（3）指定放置面轮廓。

（4）指定放置面轮廓投影矢量。

（5）指定顶面。

（6）指定顶部轮廓曲线。

（7）指定顶部轮廓投影矢量。

（8）指定轮廓对齐方法。

（9）指定垫块放置面、顶部或拐角处的半径。

（10）指定可选的目标体。

（11）单击"确定"按钮，创建垫块。

【选项说明】

1. 矩形

单击该按钮，在选定放置平面及水平参考面后，打开如图 5-83 所示的"矩形垫块"对话框。用户可以定义一个有指定长度、宽度和高度，在拐角处有指定半径，具有直面或斜面的垫块。

（1）长度：输入垫块的长度。

（2）宽度：输入垫块的宽度。

（3）高度：输入垫块的高度。

（4）角半径：输入垫块竖直边的圆角半径。

（5）锥角：输入垫块的四壁向里倾斜的角度。

2. 常规

单击该按钮，打开如图 5-84 所示的"常规垫块"对话框。与矩形垫块相比，该方式所定义的垫块具有更大的灵活性。该对话框中各选项功能与"常规腔"对话框类似。

图 5-83 "矩形垫块"对话框

5.3.7 键槽

该命令可以生成一个直槽的通道，通过实体或通到实体里面。在当前目标实体上自动执行减去操作。所有

扫码看视频

图 5-84 "常规垫块"对话框

键槽类型的深度值按垂直于平面放置面的方向测量。

 【执行方式】

○ 菜单：选择"菜单"→"插入"→"设计特征"→"键槽（原有）"命令。

 【操作步骤】

（1）执行上述操作后，打开如图 5-85 所示的"槽"对话框。

（2）选择要创建的键槽类型。

（3）选择放置平面。

（4）选择水平参考面。

（5）输入特征参数值。

（6）使用"定位"对话框精确定位键槽。

图 5-85　"槽"对话框

 【选项说明】

（1）矩形槽：选中该选项，在选定放置平面及水平参考面后，打开如图 5-86 所示的"矩形槽"对话框。该方式沿着底边生成带有尖锐边缘的槽，如图 5-87 所示。

图 5-86　"矩形槽"对话框

图 5-87　"矩形槽"示意图

① 长度：槽的长度，按照平行于水平参考面的方向测量，此值必须是正的。

② 宽度：槽的宽度。

③ 深度：槽的深度，按照和槽的轴相反的方向测量，是从原点到槽底面的距离，此值必须是正的。

（2）球形端槽：选中该选项，在选定放置平面及水平参考面后，打开如图 5-88 所示的"球形槽"对话框。该方式生成一个有完整半径底面和拐角的槽，如图 5-89 所示。

图 5-88　"球形槽"对话框

图 5-89　"球形槽"示意图

（3）U 形槽：选中该选项，在选定放置平面及水平参考面后，打开如图 5-90 所示的"U 形键槽"对话框。此方式生成"U"形的槽，这种槽留下圆的转角和底面半径，如图 5-91 所示。

图 5-90 "U 形键槽"对话框

图 5-91 "U 形键槽"示意图

① 宽度：槽的宽度（即切削工具的直径）。

② 深度：槽的深度，在槽轴的反方向测量，也即从原点到槽底的距离，这个值必须为正。

③ 角半径：槽的底面半径（即切削工具边半径）。

④ 长度：槽的长度，在平行于水平参考面的方向上测量，这个值必须为正。

（4）T 形槽：选中该选项，在选定放置平面及水平参考面后，打开如图 5-92 所示的"T 形槽"对话框。此方式能够生成横截面为倒 T 形的槽，如图 5-93 所示。

图 5-92 "T 形槽"对话框

图 5-93 "T 形槽"示意图

① 顶部宽度：槽的较窄的上部宽度。

② 顶部深度：槽顶部的深度，在槽轴的反方向上测量，即从槽原点到底部深度值顶端的距离。

③ 底部宽度：槽的较宽的下部宽度。

④ 底部深度：槽底部的深度，在槽轴的反方向上测量，即从顶部深度值的底部到槽底的距离。

⑤ 长度：槽的长度，在平行于水平参考面的方向上测量，这个值必须为正。

注意　　　槽的底部宽度要大于顶部宽度。

（5）燕尾槽：选中该选项，在选定放置平面及水平参考面后，打开如图 5-94 所示的"燕尾槽"对话框。该方式生成"燕尾"形的槽，这种槽留下尖锐的角和有角度的壁，如图 5-95 所示。

① 宽度：实体表面上槽的开口宽度，在垂直于槽路径的方向上测量，以槽的原点为中心。

② 深度：槽的深度，在槽轴的反方向测量，也就是从原点到槽底的距离。

图 5-94　"燕尾槽"对话框

图 5-95　"燕尾槽"示意图

③ 角度：槽底面与侧壁的夹角。

④ 长度：槽的长度，在平行于水平参考面的方向上测量，这个值必须为正。

（6）通槽：该复选框让用户生成一个完全通过两个选定面的槽，如图 5-96 所示。有时，如果在生成特殊的槽时碰到麻烦，尝试按相反的顺序选择通过面。槽可能会多次通过选定的面，这取决于选定面的形状。

图 5-96　"通槽"示意图

5.3.8　槽

扫码看视频

该命令用于在实体上生成一个槽，就好像一个成形刀具在旋转部件上向内（从外部定位面）或向外（从内部定位面）移动，如同车削操作。

【执行方式】

- 菜单：选择"菜单"→"插入"→"设计特征"→"槽"命令。
- 功能区：单击"主页"选项卡中"特征"面板上的"槽"按钮 。

【操作步骤】

（1）执行上述操作后，打开如图 5-97 所示的"槽"对话框。

（2）选择槽类型。

（3）选择圆柱形或圆锥形面为放置面。

（4）输入参数值。

（5）选择目标边，选择工具边，并输入所选边之间的距离。

（6）单击"确定"按钮，创建槽。

图 5-97　"槽"对话框

【选项说明】

1. 矩形

单击该按钮，在选定放置平面后，系统会打开如图 5-98 所示的"矩形槽"对话框。该方式用于生成一个周围为尖角的槽，如图 5-99 所示。

（1）槽直径：生成外部槽时，指定槽的内径，而当生成内部槽时，指定槽的外径。

（2）宽度：槽的宽度，沿选定面的轴向测量。

2. 球形端槽

单击该按钮，在选定放置平面后，系统会打开如图 5-100 所示的"球形端槽"对话框。该方式用于生成底部有完整半径的槽，如图 5-101 所示。

图 5-98 "矩形槽"对话框

图 5-99 "矩形槽"示意图

图 5-100 "球形端槽"对话框

图 5-101 "球形端槽"示意图

（1）槽直径：生成外部槽时，指定槽的内径，而当生成内部槽时，指定槽的外径。

（2）球直径：槽的宽度。

3. U 形槽

单击该按钮，在选定放置平面后，系统打开如图 5-102 所示的"U 形槽"对话框。该方式用于生成在拐角有半径的槽，如图 5-103 所示。

（1）槽直径：生成外部槽时，指定槽的内部直径，而当生成内部槽时，指定槽的外部直径。

（2）宽度：槽的宽度，沿选择面的轴向测量。

（3）角半径：槽的内部圆角半径。

图 5-102 "U 形槽"对话框

图 5-103 "U 形槽"示意图

5.3.9 实例——顶杆帽

制作思路

本例绘制顶杆帽，如图 5-104 所示。顶杆帽分三步完成，首先头部由草图曲线回转生成，其次使用凸台和孔操作创建杆部，最后创建杆部的开槽部分。

图 5-104 顶杆帽

扫码看视频

1. 创建新文件

选择"菜单"→"文件"→"新建"命令或单击快速访问工具栏中的"新建"按钮 ，打开"新建"对话框。在"模板"列表中选择"模型"，输入名称为"dingganmao"，单击"确定"按钮，进入建模环境。

2. 绘制草图

（1）选择"菜单"→"插入"→"草图"命令，或单击"主页"选项卡中"直接草图"面板上的"草图"按钮 ，在打开的"创建草图"对话框中设置 *XC-YC* 平面为草图绘制平面，单击"确定"按钮，进入草图绘制界面。

（2）绘制如图 5-105 所示的草图。

图 5-105 绘制草图

3. 创建旋转体

（1）选择"菜单"→"插入"→"设计特征"→"旋转"命令，或单击"主页"选项卡中"特征"面板上的"旋转"按钮 ，打开"旋转"对话框。

（2）选择上步绘制的草图为旋转截面。

（3）在"指定矢量"下拉列表中单击 图标，在视图区选择原点为基准点，或单击"点对话框"按钮 ，打开"点"对话框，输入坐标点为（0,0,0），单击"确定"按钮，返回"旋转"对话框。

（4）在"旋转"对话框中，设置"限制"的"开始"选项为"值"，在其"角度"文本框中输入 0。同样设置"结束"选项为"值"，在其"角度"文本框中输入 360，如图 5-106 所示，单击"确定"按钮，创建旋转体，如图 5-107 所示。

4. 绘制草图

（1）选择"菜单"→"插入"→"草图"命令，或单击"主页"选项卡中"直接草图"面板上的"草图"按钮 ，打开"创建草图"对话框，选择旋转体的底面为草图绘制平面，单击"确定"按钮，进入草图绘制界面。

（2）绘制如图 5-108 所示的草图。

5. 创建拉伸特征

（1）选择"菜单"→"插入"→"设计特征"→"拉伸"命令，或单击"主页"选项卡中"特征"面板上的"拉伸"按钮 ，打开"拉伸"对话框。选择如图 5-108 所示的草图作为拉伸截面，在"指定矢量"下拉列表中选择"*YC* 轴"为拉伸方向。

（2）在"开始距离"和"结束距离"数值栏分别输入 0 和 30，在"布尔"下拉列表中选择"减去"选项，如图 5-109 所示，系统将自动选择视图中的实体。

（3）单击"确定"按钮，创建拉伸特征，如图 5-110 所示。

6. 创建凸台

（1）选择"菜单"→"插入"→"设计特征"→"凸台（原有）"命令，打开"支管"对话框。

图 5-106 "旋转"对话框

图 5-107 创建旋转体

图 5-108 绘制草图

（2）选择旋转体的底面为凸台放置面，在"直径""高度"和"锥角"文本框中分别输入 19、80、0，如图 5-111 所示。单击"确定"按钮，打开"定位"对话框，如图 5-112 所示，单击"点落在点上"按钮 ，打开"点落在点上"对话框，如图 5-113 所示。

图 5-109 "拉伸"对话框

图 5-110 创建拉伸特征

图 5-111 "支管"对话框

图 5-112　"定位"对话框

图 5-113　"点落在点上"对话框

（3）选择旋转体的圆弧边为目标对象，打开"设置圆弧的位置"对话框，如图 5-114 所示。单击"圆弧中心"按钮，生成的凸台定位于旋转体顶面圆弧中心，如图 5-115 所示。

图 5-114　"设置圆弧的位置"对话框

图 5-115　创建凸台

7. 创建简单孔

（1）选择"菜单"→"插入"→"设计特征"→"孔"命令，或单击"主页"选项卡中"特征"面板上的"孔"按钮 🔲，打开"孔"对话框。

（2）在"类型"下拉列表中选择"常规孔"类型，在"形状和尺寸"选项组的"成形"下拉列表中选择"简单孔"选项。

（3）单击"点"按钮 ⁺₊，拾取凸台的边线，捕捉圆心为孔位置。

（4）在"孔"对话框中输入孔的直径、深度和顶锥角分别为 10、77、120，如图 5-116 所示。单击"确定"按钮，完成简单孔的创建，如图 5-117 所示。

8. 创建基准平面

（1）选择"菜单"→"插入"→"基准／点"→"基准平面"命令，或单击"主页"选项卡中"特征"面板上的"基准平面"按钮 🔲，打开"基准平面"对话框。

（2）在"类型"下拉列表中选择"YC-ZC"类型，单击"应用"按钮，创建基准平面 1。

（3）在"类型"下拉列表中选择"XC-YC"类型，单击"应用"按钮，创建基准平面 2。

（4）在"类型"下拉列表中选择"XC-ZC"类型，单击"应用"按钮，创建基准平面 3。

图 5-116　"孔"对话框

（5）在"类型"下拉列表中选择"YC-ZC"类型，输入距离为 9.5，单击"确定"按钮，创建基准平面 4，如图 5-118 所示。

9. 创建简单孔

（1）选择"菜单"→"插入"→"设计特征"→"孔"命令，或单击"主页"选项卡中"特征"

面板上的"孔"按钮，打开"孔"对话框。

（2）在"类型"下拉列表中选择"常规孔"类型，在"形状和尺寸"选项组的"成形"下拉列表中选择"简单孔"选项。

（3）单击"绘制截面"按钮，选择上步创建的基准平面4为草图绘制面，绘制基准点，如图5-119所示。单击"完成"按钮，草图绘制完毕。

图 5-117　创建孔 1　　　　　　　图 5-118　创建基准平面　　　　　　图 5-119　绘制草图

（4）在"孔"对话框中输入孔的直径、深度和顶锥角分别为4、20、0，单击"确定"按钮，完成简单孔的创建，如图5-120所示。

10. 创建键槽

（1）选择"菜单"→"插入"→"设计特征"→"键槽（原有）"命令，打开"槽"对话框。

（2）在"槽"对话框中，选中"矩形槽"单选按钮，不勾选"通槽"复选框。

（3）在"槽"对话框中，单击"确定"按钮，打开放置面选择对话框。

（4）选择基本平面4为键槽放置面，打开矩形键槽深度方向选择对话框。

（5）选择单击"接受默认边"按钮或直接单击"确定"按钮，打开"水平参考"对话框。

（6）在实体中选择圆柱面为水平参考，打开"矩形槽"对话框。在"长度""宽度"和"深度"文本框中分别输入14、5.5和20，如图5-121所示。

（7）单击"确定"按钮，打开"定位"对话框。

（8）选择"垂直"定位方式，选择"XC-YC"基准平面和矩形槽长中心线距离为0。选择"XC-ZC"基准平面和矩形槽短中心线距离为–28。

（9）单击"确定"按钮，完成垂直定位并完成矩形键槽1的创建。

（10）同以上步骤参数相同，创建矩形槽短中心线距离"XC-ZC"基准平面为–54的矩形键槽2，如图5-122所示。

图 5-120　创建孔 2　　　　　　　图 5-121　"矩形槽"对话框　　　　　　图 5-122　创建键槽

11. 创建槽 1

（1）选择"菜单"→"插入"→"设计特征"→"槽"命令，或单击"主页"选项卡中"特征"面板上的"槽"按钮，打开"槽"对话框，如图5-123所示。

（2）在"槽"对话框中，单击"矩形"按钮，打开"矩形槽"放置面选择对话框。

（3）在视图区选择圆柱面为槽的放置面，打开"矩形槽"参数输入对话框。

（4）在"槽直径"和"宽度"文本框中分别输入 18、2，如图 5-124 所示。

图 5-123　"槽"对话框

图 5-124　"矩形槽"参数输入对话框

（5）单击"确定"按钮，打开"定位槽"对话框。

（6）在视图区依次选择弧 1 和弧 2 为定位边缘，如图 5-125 所示。打开"创建表达式"对话框。

（7）在"创建表达式"对话框的文本框中输入 0，单击"确定"按钮，创建矩形槽，如图 5-126 所示。

图 5-125　选择弧 1 和弧 2

图 5-126　创建槽 1

12. 创建槽 2

（1）选择"菜单"→"插入"→"设计特征"→"槽"命令，或单击"主页"选项卡中"特征"面板上的"槽"按钮 ，打开"槽"对话框。

（2）在"槽"对话框中，单击"矩形"按钮，打开"矩形槽"放置面选择对话框。

（3）在视图区选择第一孔表面为槽的放置面，打开"矩形槽"参数输入对话框。

（4）在"槽直径"和"宽度"文本框中分别输入 11、2，如图 5-127 所示。

（5）单击"确定"按钮，打开"定位槽"对话框。

（6）在视图区依次选择弧 1 和弧 2 为定位边缘，如图 5-128 所示。打开"创建表达式"对话框。

（7）在"创建表达式"对话框的文本框中输入 62，单击"确定"按钮，创建矩形槽，如图 5-129 所示。

图 5-127 "矩形槽"参数输入对话框

图 5-128 选择弧 1 和弧 2

图 5-129 创建槽 2

5.3.10 三角形加强筋

扫码看视频

该命令用于沿着两个相交面的交线创建一个三角形加强筋特征。

 【执行方式】

● 菜单：选择"菜单"→"插入"→"设计特征"→"三角形加强筋（原有）"命令。

 【操作步骤】

（1）执行上述操作后，打开如图 5-130 所示的"三角形加强筋"对话框。

（2）选择定位三角形加强筋的第一组面。

（3）单击"第二组"按钮，选择定位三角形加强筋的第二组面。

（4）选择定位三角形加强筋的方法。

（5）指定所需三角形加强筋的尺寸。

（6）单击"确定"按钮，创建三角形加强筋特征。

图 5-130 "三角形加强筋"对话框

 【选项说明】

1. 选择步骤

（1）第一组 ：单击该按钮，在视图区选择三角形加强筋的第一组放置面。

（2）第二组 ：单击该按钮，在视图区选择三角形加强筋的第二组放置面，如图 5-131 所示。

（3）位置曲线 ：在第二组放置面的选择超过两个曲面时，该按钮被激活，用于选择两组面多条交线中的一条交线作为三角形加强筋的位置曲线。

（4）位置平面 ：单击该按钮，用于指定与工作坐标系或绝对坐标系相关的平行平面或在视图区指定一个已存在的平面位置来定位三角形加强筋。

（5）方位平面 ：单击该按钮，用于指定三角形加强筋倾斜方向的平面。方向平面可以是已存在的平面或基准平面，默认的方向平面是已选两组平面的法向平面。

2. 方法

该选项组用于设置三角形加强筋的定位方法，包括"沿曲线"和"位置"两种定位方法。

（1）沿曲线：用于通过两组面交线的位置来定位。可通过指定"弧长"或"弧长百分比"值来定位。

（2）位置：选择该选项，对话框的变化如图 5-132 所示，此时可单击"位置平面"按钮 来选择定位方式。

图 5-131　三角形加强筋示意图

图 5-132　位置选项

（3）弧长：用于为相交曲线上的基点输入参数值或表达式。

（4）弧长百分比：用于对相交处的点前后切换参数，即从弧长切换到弧长百分比。

（5）角度 / 深度 / 半径：指定三角形加强筋特征的尺寸。

5.3.11　螺纹

扫码看视频

【执行方式】

- 菜单栏：选择"菜单"→"插入"→"设计特征"→"螺纹"命令。
- 功能区：单击"主页"选项卡中"特征"面板上的"螺纹刀"按钮 。

【操作步骤】

（1）执行上述操作后，打开如图 5-133 所示的"螺纹切削"对话框。

图 5-133　"螺纹切削"对话框

（2）选择螺纹类型。

（3）选择一个或多个圆柱为螺纹放置面。

（4）根据需要修改参数。

（5）确定螺纹的旋转方向。

（6）选择一个平的面或基准平面为起始平面。

（7）单击"确定"按钮，创建螺纹。

 【选项说明】

（1）螺纹类型。

① 符号：该类型螺纹以虚线圆的形式显示在要攻螺纹的一个或几个面上，如图 5-134 所示。符号螺纹使用外部螺纹表文件（可以根据特殊螺纹要求来定制这些文件），以确定默认参数。符号螺纹一旦生成就不能复制或阵列，但在生成时可以生成多个复制和可阵列复制。

② 详细：该类型螺纹看起来更实际，如图 5-135 所示，但由于其几何形状及显示的复杂性，生成和更新都需要长得多的时间。详细螺纹使用内嵌的默认参数表，可以在生成后复制或引用。详细螺纹是完全关联的，如果特征被修改，螺纹也相应更新。

图 5-134 "符号螺纹"示意图

图 5-135 "详细螺纹"示意图

（2）大径：螺纹的最大直径。对于符号螺纹，提供默认值的是查找表。对于符号螺纹，这个直径必须大于圆柱面直径。只有当选中"手工输入"复选框时，才能在这个字段中为符号螺纹输入值。

（3）小径：螺纹的最小直径。

（4）螺距：从螺纹上某一点到下一螺纹的相应点之间的距离，且平行于轴测量。

（5）角度：螺纹的两个面之间的夹角，在通过螺纹轴的平面内测量。

（6）标注：引用为符号螺纹提供默认值的螺纹表条目。当"螺纹类型"是"详细"，或对于符号螺纹而言选中"手工输入"复选框时，该选项不出现。

（7）螺纹钻尺寸：轴尺寸出现于外部符号螺纹；丝锥尺寸出现于内部符号螺纹。

（8）方法：该选项用于定义螺纹加工方法，如轧制、切削、研磨和铣削。可以由用户在用户默认值中定义，也可以不同于这些例子。该选项只出现于"符号"螺纹类型。

（9）螺纹头数：该选项用于指定是要生成单头螺纹还是多头螺纹。

（10）锥孔：勾选此复选框，则符号螺纹带锥度。

（11）完整螺纹：勾选此复选框，则当圆柱面的长度改变时，符号螺纹将更新。

（12）长度：从选中的起始面到螺纹终端的距离，平行于轴测量。对于符号螺纹，提供默认值的是查找表。

（13）手工输入：勾选此复选框，可以为某些选项输入值，否则这些值要由查找表提供。勾选此复选框，"从表中选择"选项不能用。

（14）从表中选择：对于符号螺纹，该选项可以从查找表中选择标准螺纹表条目。

（15）旋转：用于指定螺纹应该是"右旋"的（顺时针）还是"左旋"的（逆时针），示意图如图 5-136 所示。

（16）选择起始：该选项通过选择实体上的一个平面或基准面来为符号螺纹或详细螺纹指定新的起始位置，如图 5-137 所示。单击此按钮，打开如图 5-138 所示的"螺纹切削"选择对话框，在视图中选择起始面，打开如图 5-139 所示的"螺纹切削"对话框。

（a）右旋　　　　（b）左旋

图 5-136　"旋转"示意图

图 5-137　选择起始面

图 5-138　"螺纹切削"选择对话框

图 5-139　"螺纹切削"对话框

① 螺纹轴反向：能指定相对于起始面螺纹的方向。

② 延伸通过起点：使系统生成详细螺纹直至起始面以外。

③ 不延伸：使系统从起始面起生成螺纹。

第 6 章
特征操作

特征操作是在特征建模基础上的进一步细化。其中大部分命令可以在菜单中找到，只是 UG NX12 已将其分散在很多子菜单中。

/ 重点与难点

- 偏置 / 缩放特征
- 细节特征
- 关联复制特征
- 修剪

6.1 偏置 / 缩放特征

6.1.1 抽壳

扫码看视频

使用此命令进行抽壳来挖空实体或在实体周围建立薄壳。

 【执行方式】

- ● 菜单：选择"菜单"→"插入"→"偏置 / 缩放"→"抽壳"命令。
- ● 功能区：单击"主页"选项卡中"特征"面板上的"抽壳"按钮 ◀ 。

 【操作步骤】

（1）执行上述操作后，系统打开"抽壳"对话框，如图 6-1 所示。

（2）若需要的话，选择要抽壳的实体。

（3）选择要抽壳的表面。

（4）若各表面的厚度值不同，设置各表面厚度。

（5）设置其他相应的参数。

（6）单击"确定"按钮，创建抽壳特征。

 【选项说明】

（1）"类型"下拉列表。

① 移除面，然后抽壳：选择该方法后，所选目标面在抽壳操作后将被移除，如图 6-2 所示。

图 6-1 "抽壳"对话框

抽壳前

等厚度

不等厚度

图 6-2 "移除面，然后抽壳"示意图

② 对所有面抽壳：选择该方法后，需要选择一个实体，系统将按照设置的厚度进行抽壳，抽壳后原实体变成一个空心实体，如图 6-3 所示。

（2）要穿透的面：从要抽壳的实体中选择一个或多个面移除。

（3）要抽壳的体：选择要抽壳的实体。

（4）厚度：设置壁的厚度。

备选厚度面

抽壳前

等厚度

不等厚度

图 6-3 "对所有面抽壳"示意图

6.1.2 实例——漏斗

 制作思路

本例绘制漏斗，如图 6-4 所示。先通过拉伸操作形成拉伸体，再创建孔和大小两个圆台，然后通过抽壳操作完成漏斗的创建。

扫码看视频

图 6-4 漏斗

绘制步骤

1. 创建新文件

选择"菜单"→"文件"→"新建"命令或单击快速访问工具栏中的"新建"按钮，打开"新建"对话框。在"模板"列表中选择"模型"，输入名称为"loudou"，单击"确定"按钮，进入建模环境。

2. 绘制草图

（1）选择"菜单"→"插入"→"草图"命令，或单击"主页"选项卡中"直接草图"面板上的"草图"按钮，打开"创建草图"对话框。

（2）选择 XC-YC 平面为草图绘制平面，单击"确定"按钮，进入草图绘制界面。

（3）绘制如图 6-5 所示的草图。

图 6-5 绘制草图

3. 拉伸操作

（1）选择"菜单"→"插入"→"设计特征"→"拉伸"命令，或单击"主页"选项卡中"特征"面板上的"拉伸"按钮 ，打开"拉伸"对话框。

（2）选择上步绘制的草图为拉伸曲线。

（3）在"指定矢量"下拉列表中选择"ZC 轴"为拉伸方向。

（4）在"开始距离"和"结束距离"数值栏中输入 0、3，如图 6-6 所示。单击"确定"按钮，结果如图 6-7 所示。

图 6-6 "拉伸"对话框

图 6-7 创建拉伸体

4. 创建孔

（1）选择"菜单"→"插入"→"设计特征"→"孔"命令，或单击"主页"选项卡中"特征"面板上的"孔"按钮 ，打开"孔"对话框。

（2）在"类型"下拉列表中选择"常规孔"类型，在"成形"下拉列表中选择"简单孔"选项，在"直径""深度"和"顶锥角"文本框中分别输入 1.5、3、0，如图 6-8 所示。

（3）捕捉如图 6-9 所示的圆弧中心为孔放置位置。单击"确定"按钮，完成孔的创建，如图 6-10 所示。

5. 创建圆台

（1）选择"菜单"→"插入"→"设计特征"→"圆锥"命令，或单击"主页"选项卡中"特征"面板上的"圆锥"按钮 ，打开"圆锥"对话框。

（2）选择"直径和高度"类型，在"指定矢量"下拉列表中选择"–ZC 轴"为创建方向。

（3）单击"点对话框"按钮 ，在打开的"点"对话框中输入圆锥原点为（0，0，0），单击"确定"按钮。

（4）返回"圆锥"对话框，在"底部直径""顶部直径"和"高度"文本框中分别输入 20.5、3 和 10，如图 6-11 所示。单击"应用"按钮，创建圆台 1，如图 6-12 所示。

（5）同上操作，在坐标点（0，0，-10）处创建底部直径、顶部直径和高度分别为 3、2.5、15 的圆台 2，如图 6-13 所示。

图 6-8　"孔"对话框

图 6-9　捕捉圆弧中心

图 6-10　创建简单孔

图 6-11　"圆锥"对话框

图 6-12　创建圆台 1

图 6-13　创建圆台 2

6. 抽壳处理

（1）选择"菜单"→"插入"→"偏置 / 缩放"→"抽壳"命令，或单击"主页"选项卡中"特征"面板上的"抽壳"按钮🔲，打开"抽壳"对话框。

（2）选择"移除面，然后抽壳"类型，分别选择如图 6-14 所示的大圆台顶面和小圆台底面为移除面。

（3）输入厚度为 0.3，如图 6-15 所示。单击"确定"按钮，抽壳完成，如图 6-16 所示。

图 6-14　选择移除面

图 6-15　"抽壳"对话框

图 6-16　抽壳处理

7. 隐藏操作

（1）选择"菜单"→"编辑"→"显示和隐藏"→"隐藏"命令，打开"类选择"对话框。

（2）单击"类型过滤器"按钮 ，打开"按类型选择"对话框，选择"草图"和"基准"选项，如图 6-17 所示。

（3）单击"确定"按钮，返回"类选择"对话框，单击"全选"按钮 ，单击"确定"按钮，完成隐藏草图和基准操作。

图 6-17　"按类型选择"对话框

6.1.3　偏置面

使用此命令可沿面的法向偏置一个或多个面。

扫码看视频

【执行方式】

● 菜单：选择"菜单"→"插入"→"偏置／缩放"→"偏置面"命令。

● 功能区：单击"主页"选项卡中"特征"面板上"更多"库下的"偏置面"按钮 。

【操作步骤】

（1）执行上述操作后，系统打开如图 6-18 所示的"偏置面"对话框。

（2）选择要偏置的一个或多个面。

（3）输入偏置距离。

（4）单击"确定"按钮，创建偏置面特征，如图 6-19 所示。

【选项说明】

（1）要偏置的面：选择要偏置的面。

（2）偏置：输入偏置距离。

图 6-18 "偏置面"对话框

图 6-19 "偏置面"示意图

6.1.4 缩放体

该命令按比例缩放实体和片体,可以使用均匀、轴对称或不均匀的比例方式,此操作完全关联。需要注意的是:比例操作应用于几何体,而不用于组成该体的独立特征。

 【执行方式】

- 菜单:选择"菜单"→"插入"→"偏置/缩放"→"缩放体"命令。
- 功能区:单击"主页"选项卡中"特征"面板上"更多"库下的"缩放体"按钮。

扫码看视频

 【操作步骤】

(1)执行上述操作后,打开如图 6-20 所示的"缩放体"对话框。

图 6-20 "缩放体"对话框

(2)选择要缩放的实体。

（3）选择一个参考点。

（4）输入比例因子。

（5）单击"确定"按钮，创建缩放体。

【选项说明】

（1）均匀：在所有方向上均匀地按比例缩放。

① 要缩放的体：该选项为比例操作选择一个或多个实体或片体。

② 缩放点：该选项指定一个参考点，比例操作以它为中心。默认的参考点是当前工作坐标系的原点，可以通过"点"对话框指定另一个参考点。该选项只在"均匀"和"轴对称"类型中可用。

③ 比例因子：让用户指定比例因子（乘数），通过它来改变当前实体的大小。

均匀缩放如图 6-21 所示。

（a）缩放前

（b）缩放 1.5 倍

图 6-21　均匀缩放示意图

（2）轴对称：以指定的比例因子沿指定的轴对称缩放。这包括沿指定的轴指定一个比例因子，并指定另一个比例因子用在另外两个轴方向。

缩放轴：该选项为比例操作指定一个参考轴，只可用在"轴对称"类型中。默认值是工作坐标系的 Z 轴，可以通过"指定矢量"下拉列表来改变它。

轴对称缩放如图 6-22 所示。

（a）缩放前

（b）沿 Y 轴缩放 0.5，其他不变

图 6-22　轴对称缩放示意图

（3）不均匀：在所有的 X、Y、Z 三个方向上以不同的比例因子缩放。

缩放坐标系：让用户指定一个参考坐标系。可以单击"坐标系对话框"按钮，打开"坐标系"对话框，在其中指定一个参考坐标系。

不均匀缩放如图 6-23 所示。

（a）缩放前　　　　　　　　　　　（b）沿 *X*、*Y* 向缩放 0.8，*Z* 向不变

图 6-23　不均匀缩放示意图

6.2　细节特征

6.2.1　边倒圆

扫码看视频

该命令用于在实体沿边缘去除材料或添加材料，使实体上的尖锐边缘变成圆滑表面（圆角面）。可以沿一条边或多条边同时进行倒圆操作。沿边的长度方向，倒圆半径可以不变，也可以是变化的。

【执行方式】

- 菜单：选择"菜单"→"插入"→"细节特征"→"边倒圆"命令。
- 功能区：单击"主页"选项卡中"特征"面板上的"边倒圆"按钮 。

【操作步骤】

执行上述操作后，打开如图 6-24 所示的"边倒圆"对话框，"边倒圆"示意图如图 6-25 所示。

1．创建恒定半径倒圆

（1）选择倒圆边。

（2）指定倒圆半径。

（3）设置其他相应的选项。

（4）单击"确定"按钮，创建恒定半径倒圆。

2．创建变半径倒圆

（1）选择倒圆边。

（2）指定半径点。

（3）在倒圆边上定义各点的倒圆半径。

（4）设置其他相应的选项。

（5）单击"确定"按钮，创建变半径倒圆。

图 6-24 "边倒圆"对话框

图 6-25 "边倒圆"示意图

 【选项说明】

1. "边"选项组

（1）选择边：用于为边倒圆集选择边。

（2）"连续性"下拉列表。

① 相切：生成的圆角与选定的面切线斜率连续。

② 曲率：生成的圆角与选定的面曲率连续。

（3）形状：用于指定圆角横截面的基础形状。

① 圆形：创建圆形倒圆。在半径中输入半径值。

② 二次曲线：控制对称边界边半径、中心半径和 Rho 值的组合，创建二次曲线倒圆。

（4）二次曲线法：允许使用高级方法控制圆角形状，创建对称二次曲线倒圆。

① 边界和中心：指定边界半径和中心半径来定义二次曲线倒圆截面。

② 边界和 Rho：指定对称边界半径和 Rho 值来定义二次曲线倒圆截面。

③ 中心和 Rho：指定中心半径和 Rho 值来定义二次曲线倒圆截面。

2. "变半径"选项组

"变半径"选项组，如图 6-26 所示，通过沿着选中的边缘指定多个点并输入每一个点上的半径，可以生成一个半径沿着其边缘变化的圆角，如图 6-27 所示。

图 6-26 "变半径"选项组

图 6-27 "变半径"示意图

（1）指定半径点：通过"点"对话框或"点"下拉列表来添加新的点。

（2）V 半径 1：指定选定点的半径值。

（3）"位置"下拉列表。

① 弧长：设置弧长的指定值。

② 弧长百分比：将可变半径点设置为边的总弧长的百分比。

③ 通过点：指定可变半径点。

3."拐角倒角"选项组

该选项组用于生成一个拐角圆角，业内称为球状圆角。通过指定所有圆角的偏置值（这些圆角一起形成拐角），从而能控制拐角的形状。"拐角倒角"选项组如图 6-28 所示。

图 6-28 "拐角倒角"选项组

（1）选择端点：在边集中选择拐角终点。

（2）点 1 倒角 3：在列表中选择倒角，输入倒角值。

4."拐角突然停止"选项组

该选项组通过添加终止倒角点，来限制边上的倒角范围。其选项组如图 6-29 所示，示意图如图 6-30 所示。

（1）选择端点：选择要倒圆的边上的倒圆终点及停止位置。

（2）"限制"下拉列表。

① 距离：在终点处停止倒圆。

② 倒圆相交：在多个倒圆相交的选定顶点处停止倒圆。

（3）"位置"下拉列表。

① 弧长：用于指定弧长值，以在该处选择停止点。

② 弧长百分比：指定弧长的百分比，用于在该处选择停止点。

③ 通过点：用于选择模型上的停止点。

图 6-29 "拐角突然停止"选项组　　　　图 6-30 "拐角突然停止"示意图

5."长度限制"选项组

"长度限制"选项组如图 6-31 所示。

（1）启用长度限制：勾选此复选框，可以指定用于修剪圆角面的对象和位置。

（2）限制对象：列出使用指定的对象修剪边倒圆的方法。

① 平面：使用面集中的一个或多个平面修剪边倒圆。

② 面：使用面集中的一个或多个面修剪边倒圆。

③ 边：使用边集中的一条或多条边修剪边倒圆。

（3）使用限制平面截断倒圆 / 使用限制面截断倒圆：使用平面或面来截断圆角。

（4）指定修剪位置点：在"点"对话框或"指定点"下拉列表中指定离待截断倒圆的交点最近的点。

6. "溢出"选项组

"溢出"选项组如图 6-32 所示。

图 6-31　"长度限制"选项组　　　　　图 6-32　"溢出"选项组

（1）"首选"选项组

① 跨光顺边滚动：该选项允许用户倒角遇到另一表面时，实现光滑倒角过渡，如图 6-33 所示。

（a）不勾选"跨光顺边滚动"复选框　　　（b）勾选"跨光顺边滚动"复选框

图 6-33　跨光顺边滚动

② 沿边滚动：该选项即以前版本中的允许陡峭边缘溢出，在溢出区域保留尖锐的边缘，如图 6-34 所示。

（a）不勾选"沿边滚动"复选框　　　（b）勾选"沿边滚动"复选框

图 6-34　沿边滚动

③ 修剪圆角：该选项允许用户在倒角过程中与定义倒角边的面保持相切，并移除阻碍的边。

（2）"显式"选项组。

① 选择要强制执行滚边的边：用于选择边以对其强制应用在边上滚动（光顺或尖锐）选项。

② 选择要禁止执行滚边的边：用于选择边以不对其强制应用在边上滚动（光顺或尖锐）选项。

7. "设置"选项组

"设置"选项组如图 6-35 所示。

（1）修补混合凸度拐角：在连续性 = G^1（相切）时显示。同时应用凸度相反的圆角时修补拐角。当相对凸面的邻近边上的两个圆角相交三次或更多次时，边缘顶点和圆角的默认外形将从一个圆角滚动到另一个圆角上，Y 形顶点圆角提供在顶点处可选的圆角形状，如图 6-36 所示。

（2）移除自相交：由于圆角的创建精度等原因从而导致了自相交面，该选项允许系统自动利用多边形曲面来替换自相交曲面。

（3）复杂几何体的补片区域：勾选此复选框，不必手动创建小的圆角分段和桥接补片，以混合不能正常支持边倒圆的复杂区域。

（4）限制圆角以避免失败区域：勾选此复选框，将限制圆角以避免出现无法进行圆角处理的区域。

（5）段倒圆以和面段匹配：勾选此复选框，可创建分段的面，以与拥有定义边的面中的各段相匹配。否则，相邻的面会合并。

图 6-35 "设置"选项组

图 6-36 "修补混合凸度拐角"示意图

6.2.2 实例——连杆 2

制作思路

本例绘制连杆 2，如图 6-37 所示。首先绘制长方体作为基体，然后对其倒圆角完成基体创建，再在两端分别创建凸台。

扫码看视频

图 6-37 连杆 2

绘制步骤

1. 创建新文件

选择"菜单"→"文件"→"新建"命令或单击快速访问工具栏中的"新建"按钮，打开"新建"对话框。在"模板"列表中选择"模型",输入名称为"link02",单击"确定"按钮,进入建模环境。

2. 创建长方体

(1)选择"菜单"→"插入"→"设计特征"→"长方体"命令,或单击"主页"选项卡中"特征"面板上的"长方体"按钮 ,打开"长方体"对话框。

(2)在"类型"下拉列表中选择"原点和边长"类型。

(3)单击"点对话框"按钮 ,打开"点"对话框,输入原点坐标为(0,0,0),单击"确定"按钮,返回"长方体"对话框。

(4)在"长度""宽度"和"高度"文本框中分别输入 120、20、5,如图 6-38 所示。单击"确定"按钮,生成长方体,如图 6-39 所示。

3. 倒圆角操作

(1)选择"菜单"→"插入"→"细节特征"→"边倒圆"命令,或单击"主页"选项卡中"特征"面板上的"边倒圆"按钮 ,打开"边倒圆"对话框。

图 6-38　"长方体"对话框

(2)在视图中选择如图 6-40 所示的边为圆角边。

图 6-39　创建长方体

图 6-40　选择边

(3)输入圆角半径为 10,如图 6-41 所示。单击"确定"按钮,完成倒圆角操作,如图 6-42 所示。

图 6-41　"边倒圆"对话框

图 6-42　创建圆角

4. 创建凸台

(1)选择"菜单"→"插入"→"设计特征"→"凸台(原有)"命令,打开"支管"对话框。

（2）选择长方体的顶面为凸台放置面。

（3）在对话框中输入直径和高度分别为 18 和 5，如图 6-43 所示，单击"应用"按钮。

（4）打开"定位"对话框，选择"点落在点上"定位方式，选择圆角的圆弧边。

（5）打开如图 6-44 所示的"设置圆弧的位置"对话框，单击"圆弧中心"按钮，创建凸台 1。

图 6-43 "支管"对话框   图 6-44 "设置圆弧的位置"对话框

（6）同上步骤，在凸台 1 上创建直径和高度分别为 10 和 10 的凸台 2，结果如图 6-45 所示。

（7）同上步骤，在长方体的另一侧创建和凸台 1、凸台 2 相同尺寸的凸台 3、凸台 4，如图 6-46 所示。

图 6-45   创建凸台 1 和凸台 2   图 6-46   创建凸台 3 和凸台 4

6.2.3 倒斜角

该命令通过定义所需的倒角尺寸来在实体的边上形成斜角。

扫码看视频

【执行方式】

● 菜单：选择"菜单"→"插入"→"细节特征"→"倒斜角"命令。

● 功能区：单击"主页"选项卡中"特征"面板上的"倒斜角"按钮。

【操作步骤】

（1）执行上述操作后，打开如图 6-47 所示的"倒斜角"对话框。

（2）选择倒角边。

（3）指定倒角类型。

（4）设置倒角形状参数。

（5）设置其他相应的参数。

（6）单击"确定"按钮，创建倒角，如图 6-48 所示。

图 6-47　"倒斜角"对话框

图 6-48　"倒斜角"示意图

【选项说明】

（1）选择边：选择要倒斜角的一条或多条边。

（2）"横截面"下拉列表。

① 对称：该选项让用户生成一个简单的倒角，它沿着两个面的偏置是相同的，如图 6-49 所示。必须输入一个正的偏置值。

② 非对称：用于与倒角边邻接的两个面分别采用不同的偏置值来创建倒角，如图 6-50 所示。必须输入"距离 1"值和"距离 2"值，这两个值都必须是正的，这些偏置是从选择的边沿着面测量的。在生成倒角后，如果倒角的偏置和想要的方向相反，可以选择"反向"。

图 6-49　"对称"示意图　　　　图 6-50　"非对称"示意图

③ 偏置和角度：该选项可以用偏置和一个角度来定义简单的倒角，如图 6-51 所示。

（3）偏置法：指定一种方法以使用偏置距离值来定义新倒斜角面的边。

① 沿面偏置边：通过沿所选边的邻近面测量偏置距离值，定义新倒斜角面的边。

② 偏置面并修剪：通过偏置相邻面以及将偏置面的相交处垂直投影到原始面，定义新倒斜角面的边。

图 6-51　"偏置和角度"示意图

6.2.4　实例——M12 螺栓

【制作思路】

本例绘制 M12 螺栓，如图 6-52 所示，主要操作包括创建圆柱特征、圆台特征、倒斜角特征、拉伸体特征和螺纹特征。

扫码看视频

图 6-52　M12 螺栓

绘制步骤

1．创建新文件

选择"菜单"→"文件"→"新建"命令或单击快速访问工具栏中的"新建"按钮 ，打开"新建"对话框。在"模板"列表中选择"模型"，输入名称为"M12luoshuan"，单击"确定"按钮，进入建模环境。

2．创建圆柱

（1）选择"菜单"→"插入"→"设计特征"→"圆柱"命令，或单击"主页"选项卡中"特征"面板上的"圆柱"按钮 ，打开"圆柱"对话框。

（2）在"指定矢量"下拉列表中选择"ZC 轴"作为圆柱中心轴方向，在"直径"和"高度"文本框中分别输入 20.03、6.5，如图 6-53 所示。

（3）单击"点对话框"按钮 ，在"点"对话框中，保持默认的（0，0，0）作为圆柱底面圆心的坐标，单击"确定"按钮，返回"圆柱"对话框。单击"确定"按钮，生成圆柱，如图 6-54 所示。

图 6-53　"圆柱"对话框

图 6-54　创建圆柱

3．创建倒角

（1）选择"菜单"→"插入"→"细节特征"→"倒斜角"命令，或单击"主页"选项卡中"特征"面板上的"倒斜角"按钮 ，打开"倒斜角"对话框。

（2）横截面选择"非对称"类型，用鼠标选择圆柱上底面的圆周，如图 6-55 所示。将"距离 1"

设为 0.6，将"距离 2"设为 1.715，如图 6-56 所示。单击"确定"按钮，生成倒角特征，如图 6-57 所示。

图 6-55　选择倒斜角边　　　　图 6-56　"倒斜角"对话框　　　　图 6-57　生成倒角特征

4. 绘制草图

（1）选择"菜单"→"插入"→"草图"命令，或单击"主页"选项卡中"直接草图"面板上的"草图"按钮，打开"创建草图"对话框。

（2）选择 *XC-YC* 平面为草图绘制平面，单击"确定"按钮，进入草图绘制界面。

（3）单击"主页"选项卡中"直接草图"面板上的"多边形"按钮，打开"多边形"对话框，设置创建方式为外接圆半径，输入半径为 10.15，旋转角度为 0，如图 6-58 所示。捕捉坐标原点为中心点，绘制如图 6-59 所示的草图。

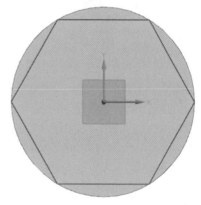

图 6-58　"多边形"对话框　　　　　　　图 6-59　绘制草图

5. 创建拉伸

（1）选择"菜单"→"插入"→"设计特征"→"拉伸"命令，或单击"主页"选项卡中"特征"面板上的"拉伸"按钮，打开"拉伸"对话框。

（2）选择正六边形草图作为拉伸曲线。

（3）在"指定矢量"下拉列表中选择"*ZC* 轴"作为拉伸方向。输入开始距离为 0，结束距离为 7.5。

（4）在"布尔"下拉列表中选择"相交"选项，如图 6-60 所示。单击"确定"按钮，生成六棱柱拉伸体，并生成螺栓六角头，如图 6-61 所示。

图 6-60 "拉伸"对话框

图 6-61 生成的螺栓六角头

6. 创建圆台

（1）选择"菜单"→"插入"→"设计特征"→"凸台（原有）"命令，打开"支管"对话框。

（2）在"直径""高度"和"锥角"文本框中分别输入 12、100、0，如图 6-62 所示。单击螺栓六角头上端面作为圆台的放置面。单击"确定"按钮，打开如图 6-63 所示的"定位"对话框。

图 6-62 "支管"对话框

图 6-63 "定位"对话框

（3）单击"点落在点上"按钮 ✓，打开"点落在点上"对话框，用鼠标选择螺栓六角头上端面边缘。打开如图 6-64 所示的"设置圆弧的位置"对话框，单击"圆弧中心"按钮，使圆台与所选的边缘同心，并生成最终的圆台特征，如图 6-65 所示。

图 6-64 "设置圆弧的位置"对话框

图 6-65 生成圆台特征

7. 创建倒角

（1）选择"菜单"→"插入"→"细节特征"→"倒斜角"命令，或单击"主页"选项卡中"特征"面板上的"倒斜角"按钮🗁，打开如图 6-66 所示的"倒斜角"对话框。

（2）选择"对称"横截面，选择如图 6-67 所示的圆台底边为倒角边，将倒角值设为 1.5。

图 6-66 "倒斜角"对话框

图 6-67 选择倒角边

（3）单击"确定"按钮，生成倒角特征，如图 6-68 所示。

8. 创建螺纹

（1）选择"菜单"→"插入"→"设计特征"→"螺纹"命令，或单击"主页"选项卡中"特征"面板上的"螺纹刀"按钮🔩，打开"螺纹切削"对话框。

（2）选择"符号"单选按钮，选中"手工输入"复选框。选择圆台柱面为螺纹放置面，如图 6-69 所示。

图 6-68 生成倒角特征

（3）打开如图 6-70 所示的"螺纹切削"对话框，选择圆台的底面为螺纹起始面，螺纹方向如图 6-71 所示。

图 6-69 选择圆台柱面

图 6-70 "螺纹切削"对话框

（4）打开如图 6-72 所示的"螺纹切削"方向对话框，单击"螺纹轴反向"按钮，调整螺纹方向。

图 6-71 螺纹方向

图 6-72 "螺纹切削"方向对话框

（5）只需将对话框中的长度改为30，其他参数保持默认值，如图6-73所示。单击"确定"按钮，生成"符号"类型的 M12 螺纹，结果如图 6-74 所示。

图 6-73　"螺纹切削"对话框　　　　　　　　图 6-74　创建符号螺纹

6.2.5　球形拐角

扫码看视频

该命令用于通过选择三个面创建一个球形角落相切曲面。三个面可以是曲面，也可以不相互接触，生成的曲面分别与三个曲面相切。

【执行方式】

● 菜单：选择"菜单"→"插入"→"细节特征"→"球形拐角"命令。

【操作步骤】

（1）执行上述操作后，打开如图 6-75 所示的"球形拐角"对话框。
（2）选择第一个壁面，单击鼠标中键（三键鼠标）。
（3）选择第二个壁面，单击鼠标中键。
（4）选择第三个壁面，输入半径值。
（5）单击"确定"按钮，创建球形拐角，如图 6-76 所示。

【选项说明】

（1）"壁面"选项组。
① 选择面作为壁 1：用于设置球形拐角的第一个相切曲面。
② 选择面作为壁 2：用于设置球形拐角的第二个相切曲面。
③ 选择面作为壁 3：用于设置球形拐角的第三个相切曲面。
（2）半径：用于设置球形拐角的半径值。

图 6-75　"球形拐角"对话框

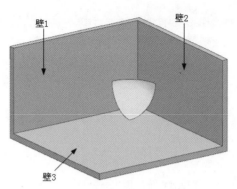

图 6-76　"球形拐角"示意图

6.2.6　拔模

该命令相对于指定矢量和可选的参考点将拔模应用于面或边。

【执行方式】

- 菜单：选择"菜单"→"插入"→"细节特征"→"拔模"命令。
- 工具栏：单击"主页"选项卡中"特征"面板上的"拔模"按钮。

【操作步骤】

（1）执行上述操作后，打开如图 6-77 所示的"拔模"对话框。

（2）指定拔模角的类型。

（3）指定拔模方向。

（4）选择参考面。对于"边"类型，选择参考边。对于"与面相切"类型，没有这步选择。

（5）选择要拔模的面。对于"分型边"类型，选择分割边。

（6）设置要拔模的角度。

（7）单击"确定"按钮，创建拔模角。

【选项说明】

1. 面

该类型能将选中的面倾斜，如图 6-78 所示。

（1）脱模方向：定义拔模方向矢量。

（2）选择固定面：定义拔模时不改变的平面。

（3）要拔模的面：选择拔模操作所涉及的各个面。

（4）角度 1：定义拔模的角度。

图 6-77 "拔模"对话框

图 6-78 "面"示意图

需要注意的是：用同样的固定面和方向矢量来拔模内部面和外部面，则内部面拔模和外部面拔模是相反的。

2. 边

该类型能沿一组选中的边，按指定的角度拔模，对话框如图 6-79 所示。

（1）固定边：用于指定实体拔模的一条或多条实体边作为拔模的参考边。

（2）可变拔模点：用于在参考边上设置实体拔模的一个或多个控制点，再为各控制点设置相应的角度和位置，从而实现沿参考边对实体进行变角度的拔模。其控制点的定义可通过"捕捉点"工具栏来实现。

如果选择的边是平滑的，则被拔模的面是在拔模方向矢量所指一侧的面，如图 6-80 所示。

图 6-79 "边"类型对话框

图 6-80 "边"示意图

3. 与面相切

该类型能以给定的拔模角进行拔模，开模方向与所选面相切，对话框如图 6-81 所示。用此角度来决定用作参考对象的斜度曲线，然后在离开方向矢量的一侧生成拔模面，如图 6-82 所示。

图 6-81　"与面相切"类型对话框

图 6-82　"与面相切"示意图

该拔模类型对于模铸件和浇注件特别有用，可以弥补任何可能的拔模不足。

相切面：指定一个或多个相切表面作为拔模表面。

4. 分型边

该类型能沿选中的一组边用指定的角度和一个固定面生成拔模，对话框如图 6-83 所示。分隔线拔模生成垂直于参考方向和边的扫掠面，如图 6-84 所示。在这种类型的拔模中，改变了面但不改变分隔线。当处理模铸塑料部件时，这是一个常用的操作。

图 6-83　"分型边"类型对话框

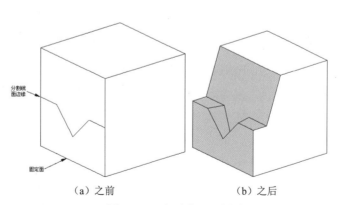

图 6-84　"分型边"示意图

（1）固定面：用于指定实体拔模的参考面。在拔模过程中，实体在该参考面上的截面曲线不发生变化。

（2）Parting Edges：用于选择一条或多条分割边作为拔模的参考边。其使用方法和通过边拔模实体的方法相同。

6.2.7 实例——剃须刀盖

制作思路

本例绘制剃须刀盖，如图 6-85 所示。首先在长方体上创建矩形垫块完成整体的造型，然后进行拔模锥角操作和抽壳操作。

扫码看视频

图 6-85　剃须刀盖

绘制步骤

1. 创建新文件

选择"菜单"→"文件"→"新建"命令或单击快速访问工具栏中的"新建"按钮，打开"新建"对话框。在"模板"列表中选择"模型"，输入名称为"tixudaogai"，单击"确定"按钮，进入建模环境。

2. 创建长方体

（1）选择"菜单"→"插入"→"设计特征"→"长方体"命令，或单击"主页"选项卡中"特征"面板上的"长方体"按钮，打开"长方体"对话框。

（2）在"长度""宽度"和"高度"文本框中分别输入 55、30、18，如图 6-86 所示。单击"点对话框"按钮，打开"点"对话框，确定坐标原点为长方体原点，单击"确定"按钮，返回"长方体"对话框。单击"确定"按钮，生成长方体，如图 6-87 所示。

图 6-86　"长方体"对话框

图 6-87　创建长方体

3. 创建垫块

（1）选择"菜单"→"插入"→"设计特征"→"垫块（原有）"命令，打开如图 6-88 所示"垫块"对话框。

（2）单击"矩形"按钮，打开如图 6-89 所示的"矩形垫块"放置面选择对话框，选择长方体上端面为垫块放置面，打开如图 6-90 所示的"水平参考"对话框，选择与 *XC* 轴平行的边为水平参考边。

图 6-88　"垫块"对话框

图 6-89　"矩形垫块"放置面选择对话框

图 6-90　"水平参考"对话框

（3）打开"矩形垫块"参数对话框，在"长度""宽度"和"高度"文本框中分别输入 48、25、2，如图 6-91 所示，单击"确定"按钮。

（4）打开如图 6-92 所示的"定位"对话框，单击"垂直"按钮，选择短中心线和垫块长边，输入距离为 26.5，选择长中心线和垫块长边，输入距离为 15，单击"确定"按钮，完成垫块的创建，结果如图 6-93 所示。

图 6-91　"矩形垫块"参数对话框

图 6-92　"定位"对话框

图 6-93　创建垫块

4. 创建锥角

（1）选择"菜单"→"插入"→"细节特征"→"拔模"命令，或单击"主页"选项卡中"特征"面板上的"拔模"按钮，打开"拔模"对话框，如图 6-94 所示。

（2）在"指定矢量"下拉列表中选择"*ZC* 轴"，选择长方体的上端平面为固定平面，选择长方体 4 个侧面为要拔模的面，并在"角度"文本框中输入 2，如图 6-95 所示；单击"确定"按钮，完成拔模操作，如图 6-96 所示。

5. 边倒圆

（1）选择"菜单"→"插入"→"细节特征"→"边倒圆"命令，或单击"主页"选项卡中"特征"面板上的"边倒圆"按钮，打开如图 6-97 所示的"边倒圆"对话框。

（2）输入圆角半径为 12.5，选择如图 6-98 所示的垫块的 4 条棱边，单击"应用"按钮。

图 6-94　"拔模"对话框

157

固定面

拔模面

图 6-95　拔模示意图

图 6-96　拔模操作

（3）输入圆角半径为 2，选择如图 6-99 所示的垫块的上端面边线，单击"应用"按钮。

图 6-97　"边倒圆"对话框

图 6-98　选择圆角边 1

图 6-99　选择圆角边 2

（4）输入圆角半径为 10，选择如图 6-100 所示的长方体的 4 条棱边，单击"应用"按钮。

（5）输入圆角半径为 3，选择如图 6-101 所示的长方体的上端面 4 边，单击"确定"按钮，完成圆角操作，结果如图 6-102 所示。

图 6-100　选择圆角边 3

图 6-101　选择圆角边 4

图 6-102　圆角处理

6. 抽壳操作

（1）选择"菜单"→"插入"→"偏置 / 缩放"→"抽壳"命令，或单击"主页"选项卡中"特征"面板上的"抽壳"按钮 ，打开"抽壳"对话框。

（2）选择"移除面，然后抽壳"类型，选择如图 6-103 所示的长方体底端面为移除面。

（3）在"厚度"文本框中输入 0.5，如图 6-104 所示。单击"确定"按钮，完成抽壳操作，结果如图 6-105 所示。

图 6-103　选择移除面　　　　　图 6-104　"抽壳"对话框　　　　　图 6-105　抽壳处理

7. 创建基准平面

（1）选择"菜单"→"插入"→"基准／点"→"基准平面"命令，或单击"主页"选项卡中"特征"面板上的"基准平面"按钮　，打开如图 6-106 所示的"基准平面"对话框。

（2）选择"曲线和点"类型，选择如图 6-107 所示的三点，单击"确定"按钮，完成基准平面的创建，结果如图 6-108 所示。

图 6-106　"基准平面"对话框　　　图 6-107　选择三点　　　　图 6-108　创建基准平面

8. 创建垫块

（1）选择"菜单"→"插入"→"设计特征"→"垫块（原有）"命令，打开"垫块"对话框。

（2）单击"矩形"按钮，打开"矩形垫块"放置面选择对话框，选择基准平面为垫块放置面，打开"水平参考"对话框，选择与 XC 轴平行的边为水平参考边。

（3）打开"矩形垫块"参数对话框，在"长度""宽度"和"高度"文本框中分别输入 22、48、8，如图 6-109 所示，单击"确定"按钮。

图 6-109　"矩形垫块"参数对话框

（4）打开"定位"对话框，单击"垂直"按钮，选择如图 6-110 所示的定位边 1，输入距离为 28.5，选择如图 6-110 所示的定位边 2，输入距离为 −15。单击"确定"按钮，完成垫块的创建，结果如图 6-111 所示。

9. 边倒圆

（1）选择"菜单"→"插入"→"细节特征"→"边倒圆"命令，或单击"主页"选项卡中"特

征"面板上的"边倒圆"按钮 ，打开"边倒圆"对话框。

（2）输入圆角半径为 11，选择如图 6-112 所示垫块的 4 条棱边，单击"应用"按钮。

图 6-110　定位示意图　　　　　图 6-111　创建垫块　　　　　图 6-112　选择圆角边 1

（3）输入圆角半径为 7，选择如图 6-113 所示的上边线，单击"应用"按钮。

（4）输入圆角半径为 6，选择如图 6-114 所示的垫块与长方体的连接处边线，单击"确定"按钮，完成圆角操作，如图 6-115 所示。

图 6-113　选择圆角边 2　　　　图 6-114　选择圆角边 3　　　　图 6-115　圆角处理

10. 创建垫块

（1）选择"菜单"→"插入"→"设计特征"→"垫块（原有）"命令，打开"垫块"对话框。

（2）单击"矩形"按钮，打开"矩形垫块"放置面选择对话框，选择基准平面为垫块放置面，打开"水平参考"对话框，选择与 *XC* 轴平行的边为水平参考边。

（3）打开"矩形垫块"参数对话框，在"长度""宽度"和"高度"文本框中分别输入 10、1、1，如图 6-116 所示，单击"确定"按钮。

（4）打开"定位"对话框，单击"垂直"按钮，选择如图 6-117 所示的定位边 1，输入距离为 18，选择如图 6-117 所示的定位边 2，输入距离为 2。单击"确定"按钮，完成垫块的创建。最后生成的模型如图 6-118 所示。

图 6-116　"矩形垫块"参数对话框　　　　图 6-117　定位示意图　　　　图 6-118　创建垫块

6.2.8　面倒圆

此命令通过可选的圆角面的修剪生成一个相切于指定面组的圆角。

扫码看视频

【执行方式】

- 菜单：选择"菜单"→"插入"→"细节特征"→"面倒圆"命令。
- 功能区：单击"主页"选项卡中"特征"面板上的"面倒圆"按钮 。

【操作步骤】

执行上述操作后，打开如图 6-119 所示的"面倒圆"对话框。

（1）指定面倒圆类型。

（2）选择第一个面。

（3）选择第二个面。

（4）若选择"扫掠圆盘"类型，选择脊线。

（5）若需要，选择陡边。

（6）若需要，选择相切曲线。

（7）指定截面类型。

（8）设置截面形状参数。

（9）设置其他相应的选项。

（10）单击"确定"按钮，创建面倒圆角。

【选项说明】

1. 类型

（1）双面：选择两个面链和半径来创建圆角，如图 6-120 所示。

（2）三面：选择两个面链和中间面来完全倒圆角，如图 6-121 所示。

图 6-119　"面倒圆"对话框

图 6-120　"双面"示意图

图 6-121　"三面"示意图

2. 面

（1）选择面 1：用于选择面倒圆的第一个面链。

（2）选择面 2：用于选择面倒圆的第二个面链。

3. 横截面

（1）"方位"下拉列表。

① 滚球：它的横截面位于垂直于选定的两组面的平面上。

② 扫掠圆盘：和滚球不同的是在倒圆横截面中多了脊曲线。

（2）"形状"下拉列表。

① 圆形：用定义好的圆盘与倒角面相切来进行倒角。

② 对称相切：二次曲线面圆角具有二次曲线横截面。

③ 非对称相切：用两个偏置和一个 rho 来控制横截面。还必须定义一个脊线线串来定义二次曲线截面的平面。

（3）"半径方法"下拉列表。

① 恒定：对于恒定半径的圆角，只允许使用正值。

② 可变：根据规律类型和规律值，基于脊线上两个或多个个体点改变圆角半径。

③ 限制曲线：半径由限制曲线定义，且该限制曲线始终与倒圆保持接触，并且始终与选定曲线或边相切。该曲线必须位于一个定义面链内。

4. 宽度限制

（1）选择尖锐限制曲线：选择一条约束曲线。

（2）选择相切限制曲线：倒圆与选择的曲线和面集保持相切。

5. 设置

（1）跨相切边倒圆：当方位设置为滚球时可用，选中后，系统会沿着倒圆路径，跨相邻的面倒圆。

（2）在锐边终止：允许面倒圆延伸穿过倒圆中间或端部的凹口。

（3）移除自相交：用补片替换倒圆中导致自相交的面链。

（4）跨锐边倒圆：延伸面倒圆以跨过不相切的边。

6.3 关联复制特征

6.3.1 阵列特征

扫码看视频

【执行方式】

● 菜单：选择"菜单"→"插入"→"关联复制"→"阵列特征"命令。

● 功能区：单击"主页"功能区中"特征"面板上的"阵列特征"按钮 ⬙ 。

【操作步骤】

执行上述操作后，打开如图 6-122 所示的"阵列特征"对话框。

1. 创建线性阵列

（1）选择要形成阵列的特征。

（2）在"布局"下拉列表中选择"线性"选项。

（3）选择一条边定义方向 1，并输入数量和节距。

（4）勾选"使用方向 2"复选框，选择矢量方向来定义方向 2，并输入数量和节距。

（5）单击"确定"按钮，创建线性阵列。

2. 创建圆形阵列

（1）选择要形成阵列的特征。

（2）在"布局"下拉列表中选择"圆形"选项。

（3）指定矢量为旋转轴。

（4）指定旋转点。

（5）输入数量和间隔。

（6）单击"确定"按钮，创建圆形阵列。

3. 创建多边形阵列

（1）选择要形成阵列的特征。

（2）在"布局"下拉列表中选择"多边形"选项。

（3）指定矢量为旋转轴。

（4）指定旋转点。

（5）输入边数、数量和节距。

（6）单击"确定"按钮，创建多边形阵列。

4. 创建螺旋阵列

（1）选择要形成阵列的特征。

（2）在"布局"下拉列表中选择"螺旋"选项。

（3）指定参考矢量。

（4）选择方向和阵列增量方式。

（5）输入相关参数。

（6）单击"确定"按钮，创建螺旋阵列。

5. 创建沿阵列

（1）选择要形成阵列的特征。

（2）在"布局"下拉列表中选择"沿"选项。

（3）选择曲线作为阵列路径。

（4）输入相关参数。

（5）单击"确定"按钮，创建沿阵列。

6. 创建常规阵列

（1）选择要形成阵列的特征。

（2）选择两点为阵列距离和方向。

（3）单击"确定"按钮，创建常规阵列。

图 6-122　"阵列特征"对话框

 【选项说明】

（1）要形成阵列的特征：选择一个或多个要形成阵列的特征。

（2）参考点：通过"点"对话框或"点"下拉列表选择点，为输入特征指定位置参考点。

（3）阵列定义 - 布局。

① 线性：该选项从一个或多个选定特征生成图样的线性阵列，如图 6-123 所示。线性阵列既可以是二维的（在 *XC* 和 *YC* 方向上，即几行特征），也可以是一维的（在 *XC* 或 *YC* 方向上，即一行特征）。

② 圆形：该选项从一个或多个选定特征生成图样的圆形阵列，如图 6-124 所示。

③ 多边形：该选项从一个或多个选定特征按照绘制好的多边形生成图样的阵列，如图 6-125 所示。

图 6-123 "线性"示意图

图 6-124 "圆形"示意图

图 6-125 "多边形"示意图

④ 螺旋：该选项从一个或多个选定特征按照绘制好的螺旋线生成图样的阵列，如图 6-126 所示。

⑤ 沿：该选项从一个或多个选定特征按照绘制好的曲线生成图样的阵列，如图 6-127 所示。

⑥ 常规：该选项从一个或多个选定特征在指定点处生成图样，如图 6-128 所示。

（4）阵列方法。

① 变化：将多个特征作为输入以创建阵列特征对象，并评估每个实例位置的输入。

② 简单：将单个特征作为输入以创建阵列特征对象，只对输入特征进行有限评估。

图 6-126 "螺旋"示意图

图 6-127 "沿"示意图

图 6-128 "常规"示意图

6.3.2 镜像特征

该命令通过基准平面或平面镜像选定特征的方法来生成对称的模型，可以在体内

扫码看视频

镜像特征。

【执行方式】

● 菜单栏：选择"菜单"→"插入"→"关联复制"→"镜像特征"命令。
● 功能区：单击"主页"选项卡中"特征"面板上"更多"库下的"镜像特征"按钮 🦤。

【操作步骤】

（1）执行上述操作后，打开如图6-129所示的"镜像特征"对话框。
（2）从视图区直接选取要镜像的特征。
（3）选择镜像平面。
（4）单击"确定"按钮，创建镜像特征，如图6-130所示。

图6-129 "镜像特征"对话框

图6-130 "镜像特征"示意图

【选项说明】

（1）选择特征：用于选择想要进行镜像的部件中的特征。

（2）参考点：用于指定源参考点。如果不想使用在选择源特征时系统自动判断的默认点，则使用此选项。

（3）镜像平面：用于指定镜像选定特征所用的平面或基准平面。

（4）"设置"选项组。

① 坐标系镜像方法：选择坐标系特征时可用。用于指定要镜像坐标系的哪两个轴；为产生右旋的坐标系，系统将派生第三个轴。

② 保持螺纹旋向：选择螺纹特征时可用。用于指定镜像螺纹是否与源特征具有相同的旋向。

③ 保持螺旋旋向：选择螺旋特征时可用。用于指定镜像螺旋是否与源特征具有相同的旋向。

6.3.3 实例——剃须刀

制作思路

本例绘制剃须刀，如图 6-131 所示。主要操作包括创建长方体、拔模、倒圆角、创建孔、创建垫块、创建键槽、镜像特征、阵列特征。

扫码看视频

图 6-131 剃须刀

绘制步骤

1. 创建新文件

选择"菜单"→"文件"→"新建"命令或单击快速访问工具栏中的"新建"按钮，打开"新建"对话框。在"模板"列表中选择"模型"，输入名称为"tixudao"，单击"确定"按钮，进入建模环境。

2. 创建长方体

（1）选择"菜单"→"插入"→"设计特征"→"长方体"命令，或单击"主页"选项卡中"特征"面板上的"长方体"按钮，打开。"长方体"对话框。

（2）选择"原点和边长"类型，在"长度""宽度"和"高度"文本框中分别输入 50、28、21，如图 6-132 所示。

（3）单击"点对话框"按钮，在打开的"点"对话框中输入坐标点为（0，0，0），单击"确定"按钮，返回"长方体"对话框。

（4）单击"确定"按钮，创建长方体，如图 6-133 所示。

3. 拔模操作

（1）选择"菜单"→"插入"→"细节特征"→"拔模"命令，或单击"主页"选项卡中"特征"面板上的"拔模"按钮，打开"拔模"对话框，如图 6-134 所示。

（2）在"指定矢量"下拉列表中选择"ZC轴"，选择长方体下端面为固定平面，选择长方体 4 个侧面为要拔模的面，并在"角度"文本框中输入 3，如图 6-135 所示。单击"确定"按钮，完成拔模操作，如图 6-136 所示。

图 6-132 "长方体"对话框

图 6-133 长方体

图 6-134　"拔模"对话框　　　　图 6-135　拔模示意图　　　　图 6-136　拔模操作

4．倒圆角

（1）选择"菜单"→"插入"→"细节特征"→"边倒圆"命令，或单击"主页"选项卡中"特征"面板上的"边倒圆"按钮📎，打开如图 6-137 所示的"边倒圆"对话框。

（2）选择如图 6-138 所示的长方体的 4 条棱边，输入圆角半径为 14，单击"确定"按钮，结果如图 6-139 所示。

图 6-137　"边倒圆"对话框　　　　图 6-138　选择圆角边　　　　图 6-139　圆角处理

5．创建基准平面

（1）选择"菜单"→"插入"→"基准 / 点"→"基准平面"命令，或单击"主页"选项卡中"特征"面板上的"基准平面"按钮📄，打开如图 6-140 所示的"基准平面"对话框。

（2）选择"曲线和点"类型，选择如图 6-141 所示的三边的中点，单击"应用"按钮，完成基准平面 1 的创建。

（3）同上步骤，选择三点创建基准平面 2，结果如图 6-142 所示。

图 6-140　"基准平面"对话框

选择中点

图 6-141　选择三边的中点

面A

基准平面2

基准平面1

图 6-142　创建基准平面

6. 创建简单孔

（1）选择"菜单"→"插入"→"设计特征"→"孔"命令，或单击"主页"选项卡中"特征"面板上的"孔"按钮，打开"孔"对话框。

（2）在"类型"下拉列表中选择"常规孔"类型，在"成形"下拉列表中选择"简单孔"选项，在"直径""深度"和"顶锥角"文本框中分别输入 16、0.5、160，如图 6-143 所示。

（3）单击"绘制截面"按钮，打开"创建草图"对话框，选择如图 6-142 所示的面 A 为孔放置面，进入草图绘制环境。打开"草图点"对话框，创建点，如图 6-144 所示。单击"完成"按钮，草图绘制完毕。

（4）返回"孔"对话框，单击"确定"按钮，完成孔的创建，如图 6-145 所示。

7. 创建垫块

（1）选择"菜单"→"插入"→"设计特征"→"垫块（原有）"命令，打开"垫块"对话框。

（2）单击"矩形"按钮，打开"矩形垫块"放置面选择对话框，选择长方体的上表面为垫块放置面，打开"水平参考"对话框，选择基准面 1 为水平参考。

图 6-143　"孔"对话框

10.5

图 6-144　绘制草图

图 6-145　创建简单孔

（3）打开"矩形垫块"参数对话框，在"长度""宽度"和"高度"文本框中分别输入 58、38、47，如图 6-146 所示，单击"确定"按钮。

（4）打开"定位"对话框，单击"垂直"按钮，选择基准面和垫块的中心线，输入距离为 0，单击"确定"按钮，完成垫块 1 的创建，如图 6-147 所示。

（5）同上步骤，在垫块 1 的上端面创建垫块 2，长度、宽度和高度分别为 52、30、17，定位方式同上，生成的模型如图 6-148 所示。

图 6-146　"矩形垫块"参数对话框　　图 6-147　创建垫块 1　　图 6-148　创建垫块 2

8. 边倒圆

（1）选择"菜单"→"插入"→"细节特征"→"边倒圆"命令，或单击"主页"选项卡中"特征"面板上的"边倒圆"按钮，打开如图 6-149 所示的"边倒圆"对话框。

（2）输入圆角半径为 15，选择如图 6-150 所示的 4 条棱边，单击"应用"按钮。

图 6-149　"边倒圆"对话框　　　　　　图 6-150　选择圆角边 1

（3）输入圆角半径为 16.5，选择如图 6-151 所示的 4 条棱边，单击"应用"按钮。

（4）输入圆角半径为 3，选择如图 6-152 所示的凸台上边，单击"确定"按钮，完成圆角创建，如图 6-153 所示。

图 6-151　选择圆角边 2

图 6-152　选择圆角边 3

图 6-153　倒圆处理

9. 创建键槽

（1）选择"菜单"→"插入"→"设计特征"→"键槽（原有）"命令，打开"槽"对话框，如图 6-154 所示。

（2）选择"矩形槽"选项，单击"确定"按钮，打开"矩形槽"放置面对话框，选择垫块一侧平面为键槽放置面，打开"水平参考"对话框，按系统提示选择基准平面 2 为键槽的水平参考。

（3）打开"矩形槽"参数对话框，在"长度""宽度"和"深度"文本框中分别输入 55、25 和 2，如图 6-155 所示，单击"确定"按钮。

（4）打开"定位"对话框，单击"垂直"按钮，按系统提示选择基准平面 2 为基准，选择矩形键槽长中心线为工具边，打开"创建表达式"对话框，输入 0，单击"确定"按钮；选择垫块 1 的底面一边为基准，选择矩形键槽短中心线为工具边，打开"创建表达式"对话框，输入 30，单击"确定"按钮，完成垂直定位并完成矩形键槽 1 的创建，如图 6-156 所示。

（5）同上步骤，在键槽 1 的底面上创建键槽 2，长度、宽度和深度分别为 30、12、3，采用垂直定位，键槽长中心线与基准平面 1 距离 0，短中心线与垫块 1 的底面边距离 26。生成模型如图 6-157 所示。

图 6-154　"槽"对话框

图 6-155　"矩形槽"参数对话框

图 6-156　创建键槽 1

图 6-157　创建键槽 2

图 6-158　"边倒圆"对话框

10. 边倒圆

（1）选择"菜单"→"插入"→"细节特征"→"边倒圆"命令，或单击"主页"选项卡中"特征"面板上的"边倒圆"按钮 🔲，打开如图 6-158 所示的"边倒圆"对话框。

（2）输入圆角半径为 1.5，选择如图 6-159 所示的边线，单击"应用"按钮。

（3）输入圆角半径为 2，选择如图 6-160 所示的边线，单击"确定"按钮，完成圆角创建，如图 6-161 所示。

图 6-159　选择圆角边 1　　　　图 6-160　选择圆角边 2　　　　图 6-161　圆角处理

11. 创建垫块

（1）选择"菜单"→"插入"→"设计特征"→"垫块（原有）"命令，打开"垫块"对话框。

（2）单击"矩形"按钮，打开"矩形垫块"放置面选择对话框，选择键槽 2 的底面为垫块放置面，打开"水平参考"对话框，选择基准平面 2 为水平参考。

图 6-162　"矩形垫块"参数对话框

（3）打开"矩形垫块"参数对话框。在"长度""宽度"和"高度"文本框中分别输入 20、8、4，如图 6-162 所示，单击"确定"按钮。

（4）打开"定位"对话框，单击"垂直"按钮，选择基准平面 2 和垫块的长中心线，输入距离为 0，选择长方体的垫块 1 的下边线和垫块的短中心线，输入距离为 24，单击"确定"按钮，完成垫块的创建，如图 6-163 所示。

12. 创建凸台

（1）选择"菜单"→"插入"→"设计特征"→"凸台（原有）"命令，打开"支管"对话框。

（2）在"直径""高度"和"锥角"文本框中分别输入 20、2、0，如图 6-164 所示，选择垫块 2 顶面为放置面，单击"确定"按钮。

（3）打开"定位"对话框，单击"点落在点上"按钮 ⤢，打开"点落在点上"对话框。

（4）选择垫块 2 的圆弧面为目标对象，打开"设置圆弧的位置"对话框。单击"圆弧中心"按钮，生成的凸台定位于圆弧中心，如图 6-165 所示。

13. 创建简单孔

（1）选择"菜单"→"插入"→"设计特征"→"孔"命令，或单击"主页"选项卡中"特征"面板上的"孔"按钮 🔳，打开"孔"对话框。

（2）在"类型"下拉列表中选择"常规孔"类型，在"成形"下拉列表中选择"简单孔"选项，在"直径""深度"和"顶锥角"文本框中分别输入 12、1、170，如图 6-166 所示。

图 6-163　创建垫块

图 6-164　"支管"对话框

图 6-165　创建凸台

（3）捕捉如图 6-167 所示的圆心为孔位置。单击"确定"按钮，创建简单孔，如图 6-168 所示。

图 6-166　"孔"对话框

图 6-167　捕捉圆心

图 6-168　创建简单孔

14. 创建镜像特征

（1）选择"菜单"→"插入"→"关联复制"→"镜像特征"命令，或单击"主页"选项卡中"特征"面板上"更多"库下的"镜像特征"按钮 ，打开如图 6-169 所示的"镜像特征"对话框。

（2）在视图或设计树中选择凸台和孔为镜像特征。

（3）选择基准平面 2 为镜像平面，单击"确定"按钮，完成镜像特征的创建，如图 6-170 所示。

15. 创建腔体

（1）选择"菜单"→"插入"→"设计特征"→"腔（原有）"命令，打开如图 6-171 所示的"腔"对话框。

（2）单击"矩形"按钮，打开"矩形腔"放置面对话框，选择垫块 1 的另一侧面为腔体放置面。

图 6-169　"镜像特征"对话框

图 6-170　镜像特征

（3）打开"水平参考"对话框，按系统提示选择与 *ZC* 轴方向一致的直段边为水平参考。

（4）打开"矩形腔"参数对话框，在"长度""宽度"和"深度"文本框中分别输入 47、30 和 2，其他输入 0，如图 6-172 所示，单击"确定"按钮。

（5）打开"定位"对话框，选择"垂直"定位方式，按系统提示选择基准平面 2 为基准，选择腔体长中心线为工具边，打开"创建表达式"对话框，输入 0，单击"应用"按钮；选择垫块 1 底面边为基准，腔体短中心线为工具边，在打开的"创建表达式"对话框中输入 23.5，单击"确定"按钮，完成定位并完成腔体的创建，如图 6-173 所示。

图 6-171　"腔"对话框

图 6-172　"矩形腔"参数对话框

图 6-173　创建腔体

16. 创建垫块

（1）选择"菜单"→"插入"→"设计特征"→"垫块（原有）"命令，打开"垫块"对话框。

（2）单击"矩形"按钮，打开"矩形垫块"放置面选择对话框，选择腔体的底面为垫块放置面，打开"水平参考"对话框，选择与 *XC* 轴平行的边线为水平参考。

（3）打开"矩形垫块"参数对话框，在"长度""宽度"和"高度"文本框中分别输入 15、2、2.5，如图 6-174 所示，单击"确定"按钮。

（4）打开"定位"对话框，选择"垂直"定位方式，选择基准平面 2 和垫块的短中心线，输入距离为 0，选择垫块 1 的下边线和垫块的长中心线，输入距离为 47，单击"确定"按钮，完成垫块的创建。如图 6-175 所示。

图 6-174 "矩形垫块"参数对话框

图 6-175 创建垫块

17. 创建管道

（1）选择"菜单"→"插入"→"扫掠"→"管"命令，打开"管"对话框。

（2）选择垫块 2 底面边线为软管导引线，如图 6-176 所示。

（3）在"外径"和"内径"文本框中分别输入 1、0，"输出"选项选择"多段"，"布尔"选项选择"减去"，如图 6-177 所示。单击"确定"按钮，生成如图 6-178 所示的模型。

图 6-176 选择边线

图 6-177 "管"对话框

图 6-178 创建管道

18. 创建阵列特征

（1）选择"菜单"→"插入"→"关联复制"→"阵列特征"命令，或单击"主页"功能区中"特征"面板上的"阵列特征"按钮 ，打开"阵列特征"对话框。

（2）选择上步创建的管道为要形成阵列的特征。

（3）选择"线性"布局，在"指定矢量"下拉列表中选择"ZC 轴"为阵列方向，输入"数量"为 4，"节距"为 4，如图 6-179 所示。单击"确定"按钮生成模型，结果如图 6-180 所示。

19. 边倒圆

（1）选择"菜单"→"插入"→"细节特征"→"边倒圆"命令，或单击"主页"选项卡中"特征"面板上的"边倒圆"按钮 ，打开"边倒圆"对话框。

（2）输入圆角半径为 4，选择如图 6-181 所示的边线，单击"应用"按钮。

（3）输入圆角半径为 3，选择如图 6-182 所示的边线，单击"应用"按钮。

图 6-179　"阵列特征"对话框　　　　图 6-180　阵列管道

（4）输入圆角半径为 1，选择如图 6-183 所示的边线，单击"确定"按钮，完成圆角创建。最后生成的模型如图 6-131 所示。

图 6-181　选择圆角边线 1　　　　图 6-182　选择圆角边线 2　　　　图 6-183　选择圆角边线 3

6.3.4　镜像几何体

该命令用于以基准平面来镜像所选的实体，镜像后的实体或片体和原实体或片体相关联，但本身没有可编辑的特征参数。

扫码看视频

【执行方式】

● 菜单：选择"菜单"→"插入"→"关联复制"→"镜像几何体"命令。

【操作步骤】

（1）执行上述操作后，打开如图 6-184 所示的"镜像几何体"对话框。

（2）选择要镜像的体。

（3）选择平面或基准平面为镜像平面。

（4）单击"确定"按钮，创建镜几何像体，如图 6-185 所示。

图 6-184　"镜像几何体"对话框

【选项说明】

（1）要镜像的几何体：用于选择想要进行镜像的部件中的特征。

（2）镜像平面：用于指定镜像选定特征所用的平面或基准平面。

（3）"设置"选项组。

① 关联：勾选此复选框，镜像几何体与父几何体相关联，对父几何体的任何编辑都将反映在镜像几何体中。

② 复制螺纹：用于复制符号螺纹，勾选此复选框后，不需要重新创建与源体相同外观的其他符号螺纹。

（a）镜像前　　　　　　　　　　　（b）镜像后

图 6-185　"镜像几何体"示意图

6.3.5　抽取几何特征

该命令可以通过从现有对象中抽取来创建关联或非关联体、点、曲线或基准。

扫码看视频

图 6-186　"抽取几何特征"对话框

【执行方式】

● 菜单：选择"菜单"→"插入"→"关联复制"→"抽取几何特征"命令。

【操作步骤】

（1）执行上述操作后，打开如图 6-186 所示的"抽取几何特征"对话框。

（2）在"类型"下拉列表中选择类型。这里以"面"类型为例。

（3）根据指定的"面选项"选择体或面。

（4）进行其他选项的设置。

（5）单击"确定"按钮，创建被抽取的几何特征。

【选项说明】

1. 面

该类型用于抽取体的选定面的副本。

（1）单个面：只有选中的面才会被抽取，如图 6-187 所示。

（2）面与相邻面：选中的面和与该面直接相邻的面都会被抽取，如图 6-188 所示。

（a）抽取前　　　　　　　　　　　　（b）抽取后

图 6-187　抽取单个面

（a）抽取前　　　　　　　（b）抽取后（旋转视图进行观察）

图 6-188　抽取面与相邻面

（3）体的面：与选中的面位于同一体的所有面都会被抽取，如图 6-189 所示。

（a）抽取前　　　　　　　　　　　　（b）抽取后

图 6-189　抽取体的面

（4）面链：抽取体的多个面。

2. 面区域

该类型让用户生成一个片体，该片体是一组和种子面相关的且被边界面限制的面。在确定了种子面和边界面以后，系统从种子面上开始，在行进过程中收集面，直到它和任意的边界面相遇。一个片体（称为"抽取区域"特征）从这组面上生成。选择该类型后，对话框中显示的内容如图6-190所示。

（1）种子面：特征中所有其他的面都和种子面有关。

（2）边界面：确定"抽取区域"特征的边界，如图6-191所示。

图6-190 "面区域"类型

（a）抽取前 （b）抽取后

图6-191 "抽取区域"示意图

（3）区域选项。

① 遍历内部边：选择指定边界面内除边界面以外的所有面。

② 使用相切边角度：限制已遍历的内部边。

③ 角度公差：面法向超过指定角度的内部边将不会遍历。

3. 体

该类型用于生成整个体的关联副本。可以将各种特征添加到抽取体特征上，而不在原先的体上出现。当更改原先的体时，用户还可以决定"抽取体"特征要不要更新。

当用户想同时能用一个原先的实体和一个简化形式的实体的时候（例如，放置在不同的参考集里），可以选择该类型，如图6-192所示。

图6-192 "体"类型

4. 设置

（1）固定于当前时间戳记：该选项可更改编辑操作过程中

特性放置的时间标记，允许用户控制更新过程中对原先的几何体所做的更改是否反映在抽取的特征中。默认是将抽取的特征放置在所有的已有特征之后。

（2）隐藏原先的：该选项可以在生成抽取的特征时，如果原先的几何体是整个对象，或如果生成"抽取区域"特征，则将隐藏原先的几何体。

（3）使用父对象的显示属性：将对原始对象中的显示属性所做的更改反映到抽取的体。

（4）复制螺纹：用于复制符号螺纹，从而不需要重新创建与源体相同外观的其他符号螺纹。

6.4 修剪

6.4.1 修剪体

该命令可以使用一个面、基准平面或其他几何体修剪一个或多个目标体。

扫码看视频

图 6-193 "修剪体"对话框

【执行方式】

- 菜单：选择"菜单"→"插入"→"修剪"→"修剪体"命令。
- 功能区：单击"主页"选项卡中"特征"面板上的"修剪体"按钮 。

【操作步骤】

（1）执行上述操作后，打开如图 6-193 所示的"修剪体"对话框。

（2）选择要修剪的目标体。

（3）选择片体面或平面。

（4）单击"确定"按钮修剪体，如图 6-194 所示。

【选项说明】

（1）选择体：选择要修剪的一个或多个目标体。

图 6-194 "修剪体"示意图

（2）工具：使用修剪工具的类型。从体或现有基准面中选择一个或多个面以修剪目标体。

6.4.2 拆分体

此命令使用面、基准平面或其他几何体分割一个或多个目标体。

扫码看视频

【执行方式】

- 菜单：选择"菜单"→"插入"→"修剪"→"拆分体"命令。

● 功能区：单击"主页"选项卡中"特征"面板上"更多"
库下的"拆分体"按钮 。

 【操作步骤】

（1）执行上述操作后，打开如图 6-195 所示的"拆分体"对话框。

（2）选择一个或多个目标实体。

（3）选择工具选项，选择平面或创建体为工具。

（4）单击"确定"按钮，拆分体特征，如图 6-196 所示。

图 6-195 "拆分体"对话框

拆分平面

目标体

（a）拆分前　　　　　　　　　　（b）拆分后

图 6-196 "拆分体"示意图

 【选项说明】

（1）选择体：选择要拆分的体。

（2）"工具选项"下拉列表。

① 面或平面：指定一个现有平面或面作为拆分平面。

② 新建平面：创建一个新的拆分平面。

③ 拉伸：拉伸现有曲线或绘制曲线来创建工具体。

④ 旋转：旋转现有曲线或绘制曲线来创建工具体。

（3）保留压印边：以标记目标体与工具之间的交线。

6.4.3 分割面

此命令使用曲线、边、面、基准平面和实体之类的多个分割对象来分割某个现有体的一个或多个面。

扫码看视频

 【执行方式】

● 菜单：选择"菜单"→"插入"→"修剪"→"分割面"命令。

● 功能区：单击"曲面"选项卡中"曲面操作"面板上"更多"库下的"分割面"按钮 。

【操作步骤】

（1）执行上述操作后，打开如图 6-197 所示的"分割面"对话框。

（2）选择一个或多个要分割的面。

（3）选择分割对象。

（4）单击"确定"按钮，创建分割面特征，如图 6-198 所示。

图 6-197　"分割面"对话框

（a）分割前

（b）分割后

图 6-198　"分割面"示意图

【选项说明】

（1）要分割的面：用于选择一个或多个要分割的面。

（2）分割对象：选择曲线、边缘、面或基准平面作为分割对象。

（3）投影方向：用于指定一个方向，以将所选对象投影到正在分割的曲面上。

① 垂直于面：使分割对象的投影方向垂直于要分割的一个或多个所选面。

② 垂直于曲线平面：将共面的曲线或边选作分割对象时，使投影方向垂直于曲线所在的平面。

③ 沿矢量：指定用于分割面操作的投影矢量。

（4）"设置"选项组。

① 隐藏分割对象：勾选此复选框，可在执行完分割面操作后隐藏分割对象。

② 不要对面上的曲线进行投影：用以控制位于面内并且被选为分割对象的任何曲线的投影。勾选此复选框后，分割对象位于面内的部分不会投影到任何其他要进行分割的选定面上。

③ 展开分割对象以满足面的边：投射分割对象线串，以使不与所选面的边相交的线串与该边相交。

6.5 综合实例——机盖

制作思路

本例绘制机盖，如图 6-199 所示。减速器机盖是减速器零件中外形比较复杂的部件，其上分布各种孔、凸台和拔模面。在草图模式中主要是绘制带有约束关系的二维图形。利用草图创建参数化的截面，通过对平面造型的拉伸得到相应的参数化实体模型。

扫码看视频

图 6-199　机盖

绘制步骤

1. 创建新文件

选择"菜单"→"文件"→"新建"命令或单击快速访问工具栏中的"新建"按钮，打开"新建"对话框。在"模板"列表中选择"模型"，输入名称为"jigai"，单击"确定"按钮，进入建模环境。

2. 绘制草图

（1）选择"菜单"→"插入"→"草图"命令，或单击"主页"选项卡中"直接草图"面板上的"草图"按钮，打开"创建草图"对话框。

（2）选择 XC-YC 平面为草图绘制平面，单击"确定"按钮，进入草图绘制界面。

（3）绘制如图 6-200 所示的草图。

图 6-200　绘制草图

3. 拉伸草图

（1）选择"菜单"→"插入"→"设计特征"→"拉伸"命令，或单击"主页"选项卡中"特征"面板上的"拉伸"按钮，打开"拉伸"对话框。

（2）选择草图绘制的曲线为拉伸曲线。

（3）在"指定矢量"下拉列表中选择"ZC 轴"作为拉伸方向。

（4）在"开始距离"和"结束距离"文本框中分别输入 0 和 51，如图 6-201 所示。单击"确定"按钮，完成拉伸。生成如图 6-202 所示的实体模型。

4. 绘制草图

（1）选择"菜单"→"插入"→"草图"命令，或单击"主页"选项卡中"直接草图"面板上的"草图"按钮，打开"创建草图"对话框。

（2）选择 XC-YC 平面为草图绘制平面，单击"确定"按钮，进入草图绘制界面。

（3）绘制如图 6-203 所示的草图。单击"完成草图"按钮，草图绘制完毕。

图 6-201　"拉伸"对话框

图 6-202　创建拉伸体

图 6-203　绘制草图

5. 拉伸草图

（1）选择"菜单"→"插入"→"设计特征"→"拉伸"命令，或单击"主页"选项卡中"特征"面板上的"拉伸"按钮，打开"拉伸"对话框。

（2）选择草图中高度为 45 的矩形为拉伸曲线。

（3）在"指定矢量"下拉列表中选择"*ZC* 轴"作为拉伸方向。

（4）设置开始距离为 51，结束距离为 91，并在"布尔"下拉列表中选择"合并"选项，单击"应用"按钮，生成如图 6-204 所示的实体模型。

（5）同上步骤，选择高度为 12 的矩形为拉伸曲线，设置开始距离为 0，结束距离为 91，并在"布尔"下拉列表中选择"合并"选项，单击"确定"按钮，得到如图 6-205 所示的实体。

图 6-204　创建拉伸体

图 6-205　创建拉伸体

6. 镜像实体

（1）选择"菜单"→"编辑"→"变换"命令，打开"变换"对话框，如图 6-206 所示。

（2）单击"全选"按钮，单击"确定"按钮。

（3）系统打开"变换"对话框，如图 6-207 所示，选择"通过一平面镜像"选项。

（4）系统打开"平面"对话框，在"类型"下拉列表中选择"*XC-YC* 平面"选项，如图 6-208

所示，单击"确定"按钮。

图 6-206 "变换"对话框

图 6-207 "变换"对话框

图 6-208 "平面"对话框

（5）系统打开"变换"对话框，如图 6-209 所示。选择"复制"选项，单击"确定"按钮，得到如图 6-210 所示的镜像实体。

图 6-209 "变换"对话框

图 6-210 镜像实体

7. 合并操作

（1）选择"菜单"→"插入"→"组合"→"合并"命令，或单击"主页"选项卡中"特征"面板上的"合并"按钮 ，系统打开"合并"对话框，如图 6-211 所示。

（2）选择布尔运算的实体，如图 6-212 所示。单击"确定"按钮，得到如图 6-213 所示的运算结果。

图 6-211 "合并"对话框

图 6-212 选择布尔运算的实体

8. 拆分

（1）选择"菜单"→"插入"→"修剪"→"拆分体"命令，或单击"主页"选项卡中"特征"面板上的"拆分体"按钮 ，系统打开"拆分体"对话框，如图 6-214 所示。

（2）选择实体全部为拆分对象。

（3）单击"指定平面"按钮，选择机盖突起部分的一侧平面为基准面，如图 6-215 中所示的阴影部分，将箱体中间部分分离出来。单击"确定"按钮，完成拆分。

图 6-213　运算结果　　　　图 6-214　"拆分体"对话框　　　图 6-215　设置基准平面

（4）按如上方法选择另一对称平面拆分，得到如图 6-216 所示的实体。

（5）选择如图 6-217 所示的阴影部分，再进行拆分。方法如上所述，基准面选为如图 6-218 所示的阴影平面，偏置距离设为 –30。

（6）按上述方法将如图 6-217 所示的阴影部分继续拆分，选择如图 6-219 所示的阴影平面为基准面，偏置距离设为 –30。拆分后的实体如图 6-220 所示。

图 6-216　拆分结果

图 6-217　选择分割体　　　　　　　　　图 6-218　设定基准平面

图 6-219　设定基准平面　　　　　　　　　图 6-220　拆分实体

9. 抽壳

（1）选择"菜单"→"插入"→"偏置/缩放"→"抽壳"命令，或单击"主页"选项卡中"特征"面板上的"抽壳"按钮 ，打开"抽壳"对话框。

（2）选择"移除面，然后抽壳"类型。选择如图 6-221 所示的端面作为抽壳面。

（3）在"厚度"文本框填入参数值 8，如图 6-222 所示。单击"确定"按钮，得到如图 6-223 所示的抽壳特征。

图 6-221　选择端面

图 6-222　"抽壳"对话框

图 6-223　抽壳特征

10. 圆角

（1）选择"菜单"→"插入"→"细节特征"→"边倒圆"命令，或单击"主页"选项卡中"特征"面板上的"边倒圆"按钮 ，打开"边倒圆"对话框，如图 6-224 所示。

（2）选择如图 6-225 所示的边为圆角边。

（3）在"半径 1"文本框中输入 6。单击"确定"按钮，系统将生成如图 6-226 所示的圆角。

图 6-224　"边倒圆"对话框

图 6-225　选择圆角边

图 6-226　生成圆角

11. 绘制草图

（1）选择"菜单"→"插入"→"草图"命令，或单击"主页"选项卡中"直接草图"面板上的"草图"按钮 ，打开"创建草图"对话框。

（2）选择 *XC-YC* 平面为草图绘制平面，单击"确定"按钮，进入草图绘制界面。

（3）绘制如图 6-227 所示的草图。

12. 拉伸凸台

（1）选择"菜单"→"插入"→"设计特征"→"拉伸"命令，或单击"主页"选项卡中"特征"面板上的"拉伸"按钮 ，打开"拉伸"对话框。

（2）选择草图中的圆环为拉伸曲线。

图 6-227　绘制草图

（3）在"指定矢量"下拉列表中选择"*ZC* 轴"作为拉伸方向，设置开始距离为 51，结束距离为 98，如图 6-228 所示。单击"确定"按钮，得到如图 6-229 所示的实体。

13. 镜像凸台

（1）选择"菜单"→"编辑"→"变换"命令，打开"变换"对话框。

（2）选择拉伸得到的凸台为镜像对象。

（3）系统打开"变换"对话框，如图 6-230 所示，选择"通过一平面镜像"选项。

图 6-229　拉伸凸台

图 6-228　"拉伸"对话框

图 6-230　"变换"对话框

（4）系统打开"平面"对话框，在"类型"下拉列表中选择"*XC-YC*"平面选项，如图 6-231 所示，单击"确定"按钮。

（5）系统打开"变换"对话框，如图 6-232 所示。选择"复制"选项，单击"确定"按钮，得到如图 6-233 所示的实体。

图 6-231 "平面"对话框

图 6-232 "变换"对话框

14. 合并操作

（1）选择"菜单"→"插入"→"组合"→"合并"命令，或单击"主页"选项卡中"特征"面板上的"合并"按钮，系统打开"合并"对话框。

（2）选择视图中的所有实体，单击"确定"按钮，得到如图 6-233 所示的运算结果图形。

图 6-233 镜像结果

图 6-234 合并实体

15. 绘制草图

（1）选择"菜单"→"插入"→"草图"命令，或单击"主页"选项卡中"直接草图"面板上的"草图"按钮，打开"创建草图"对话框。

（2）选择 XC-YC 平面为草图绘制平面，单击"确定"按钮，进入草图绘制界面。

（3）绘制如图 6-235 所示的草图。

16. 拉伸实体

（1）选择"菜单"→"插入"→"设计特征"→"拉伸"命令，或单击"主页"选项卡中"特征"面板上的"拉伸"按钮，打开"拉伸"对话框。

图 6-235 绘制草图

（2）选择草图绘制后的圆环为拉伸曲线。

（3）在"指定矢量"下拉列表中选择"–ZC 轴"作为拉伸方向，设置开始距离为 100，结束距离为 –100，在"布尔"下拉列表中选择"减去"选项，如图 6-236 所示。单击"确定"按钮，得到如图 6-237 所示的实体。

17. 绘制草图

（1）选择"菜单"→"插入"→"草图"命令，或单击"主页"选项卡中"直接草图"面板上的"草图"按钮，打开"创建草图"对话框。

（2）选择 *XC-YC* 平面为草图绘制平面，单击"确定"按钮，进入草图绘制界面。

（3）绘制如图 6-238 所示的草图。

图 6-236　"拉伸"对话框

图 6-237　拉伸实体

图 6-238　绘制草图

18. 创建拉伸实体

（1）选择"菜单"→"插入"→"设计特征"→"拉伸"命令，或单击"主页"选项卡中"特征"面板上的"拉伸"按钮，打开"拉伸"对话框。

（2）选择草图绘制后的圆环为拉伸曲线，如图 6-239 所示。

（3）在"指定矢量"下拉列表中选择"*ZC* 轴"作为拉伸方向，设置开始距离为 51，结束距离为 98，如图 6-240 所示。单击"确定"按钮，结果如图 6-241 所示。

图 6-239　选择拉伸曲线

19. 镜像特征

（1）选择"菜单"→"编辑"→"变换"命令，打开"变换"对话框。

（2）选择上一步拉伸得到的凸台为镜像对象。

（3）系统打开"变换"对话框，如图 6-242 所示，选择"通过一平面镜像"选项。

（4）系统打开"平面"对话框，在"类型"下拉列表中选择"*XC-YC* 平面"选项，如图 6-243 所示，单击"确定"按钮。

（5）系统打开"变换"对话框，如图 6-244 所示。选择"复制"选项，单击"确定"按钮，得到如图 6-245 所示的实体。

图 6-240 "拉伸"对话框

图 6-241 创建拉伸实体

图 6-242 "变换"对话框

图 6-243 "平面"对话框

图 6-244 "变换"对话框

图 6-245 镜像结果

20. 合并操作

（1）选择"菜单"→"插入"→"组合"→"合并"命令，或单击"主页"选项卡中"特征"面板上的"合并"按钮 ，系统打开"合并"对话框。

（2）选择视图中的所有实体，单击"确定"按钮，完成合并操作。

21. 绘制草图

（1）选择"菜单"→"插入"→"草图"命令，或单击"主页"选项卡中"直接草图"面板上的"草图"按钮 ，打开"创建草图"对话框。

（2）选择 *XC-YC* 平面为草图绘制平面，单击"确定"按钮，进入草图绘制界面。

（3）绘制如图 6-246 所示的草图。

图 6-246 绘制草图

22. 创建拉伸实体

（1）选择"菜单"→"插入"→"设计特征"→"拉伸"命令，或单击"主页"选项卡中"特征"面板上的"拉伸"按钮 ，打开"拉伸"对话框。

（2）选择草图绘制后的圆环为拉伸曲线。

（3）在"指定矢量"下拉列表中选择"ZC 轴"作为拉伸方向，设置开始距离为 100，结束距离为 −100，在"布尔"下拉列表中选择"减去"选项，如图 6-247 所示。单击"确定"按钮，得到如图 6-248 所示的实体。

图 6-247 "拉伸"对话框

图 6-248 拉伸实体

23. 创建拔模

（1）选择"菜单"→"插入"→"细节特征"→"拔模"命令，或单击"主页"选项卡中"特征"面板上的"拔模"按钮 ，系统将打开"拔模"对话框。

（2）在"类型"下拉列表中选择"面"类型。

（3）在"角度"文本框填写参数 6，在"指定矢量"下拉列表中选择"ZC 轴"作为拔模方向，如图 6-249 所示。选择如图 6-250 所示的端面为固定面，选择如图 6-250 所示的轴承孔为拔模面，单击"应用"按钮。

（4）按如上方法进行其他轴承面的拔模，角度也设置为 6°。最后获得如图 6-251 所示的实体。

24. 创建油标孔凸台

（1）选择"菜单"→"插入"→"设计特征"→"垫块（原有）"命令，打开"垫块"对话框，如图 6-252 所示。

（2）选择"矩形"选项。

图 6-249 "拔模"对话框

图 6-250 拔模示意图 　　　　　　　　　　图 6-251 拔模结果

（3）系统打开"矩形垫块"对话框，如图 6-253 所示，选择"实体面"选项。

图 6-252 "垫块"对话框 　　　　　　图 6-253 "矩形垫块"对话框

（4）系统打开"选择对象"对话框，如图 6-254 所示，选择如图 6-255 所示的平面。

图 6-254 "选择对象"对话框 　　　　　图 6-255 选择平面

（5）系统打开"水平参考"对话框，如图 6-256 所示，选择"端点"选项。

（6）选择如图 6-257 所示的端点，单击"确定"按钮。

图 6-256 "水平参考"对话框 　　　　　图 6-257 选择端点

（7）系统打开"矩形垫块"对话框。长度设置为 100，宽度设置为 65，高度设置为 5，其他项设置为0,，如图 6-258 所示。单击"确定"按钮，得到如图 6-259 所示的垫块。

图 6-258 "矩形垫块"对话框

图 6-259 创建垫块

（8）系统打开"定位"对话框，如图 6-260 所示。单击"垂直"按钮，选择凸台的一条边，并选择突台相邻的一边，如图 6-261 所示。

图 6-260 "定位"对话框

图 6-261 选择定位边

（9）系统打开"创建表达式"对话框，在表达式的文本框中输入 18.5，如图 6-262 所示，单击"确定"按钮。

（10）选择垫块的另一边，再选择垫块相邻的一边。

（11）系统打开"创建表达式"对话框，在表达式的文本框中输入 10，如图 6-263 所示。单击"确定"按钮，得到的实体模型如图 6-264 所示。

图 6-262 "创建表达式"对话框

图 6-263 "创建表达式"对话框

图 6-264 创建垫块

25. 创建油标孔

（1）选择"菜单"→"插入"→"设计特征"→"腔（原有）"命令，系统打开"腔"对话框，如图 6-265 所示。

（2）选择"矩形"选项。

（3）系统打开"矩形腔"对话框，如图 6-266 所示，选择"实体面"选项。

图 6-265 "腔"对话框

图 6-266 "矩形腔"对话框

（4）系统打开"选择对象"对话框，如图 6-267 所示。选择如图 6-268 所示的平面为放置面，单击"确定"按钮。

图 6-267 "选择对象"对话框

图 6-268 选择平面

（5）系统打开"水平参考"对话框，如图 6-269 所示。选择垫块的一个侧面为参考平面，在如图 6-270 所示的光标指定位置，单击鼠标左键。

图 6-269 "水平参考"对话框

图 6-270 选择边

（6）系统打开"矩形腔"对话框，设置长度、宽度和深度分别为 70、35、50，其他项设置为 0，如图 6-271 所示。单击"确定"按钮，系统打开"定位"对话框，如图 6-272 所示。

图 6-271 "矩形腔"对话框

图 6-272 "定位"对话框

（7）单击"垂直"按钮 ，选择凸台侧面一边，在如图 6-273 所示的位置，单击鼠标左键。

（8）选择孔的另一边，在如图 6-274 所示的位置，单击鼠标左键。

图 6-273 选择边

图 6-274 选择边

（9）打开"创建表达式"对话框，在文本框中输入距离为 15，如图 6-275 所示。

（10）对另外一边进行定位，垂直距离为 15，结果如图 6-276 所示。

图 6-275 "创建表达式"对话框

图 6-276 创建油标孔

26. 绘制草图

（1）选择"菜单"→"插入"→"草图"命令，或单击"主页"选项卡中"直接草图"面板上的"草图"按钮，打开"创建草图"对话框。

（2）选择 XC-YC 平面为草图绘制平面，单击"确定"按钮，进入草图绘制界面。

（3）绘制如图 6-277 所示的草图。

图 6-277 绘制草图

27. 拉伸体

（1）选择"菜单"→"插入"→"设计特征"→"拉伸"命令，或单击"主页"选项卡中"特征"面板上的"拉伸"按钮，打开"拉伸"对话框。

（2）选择草图绘制的曲线为拉伸曲线。

（3）在"指定矢量"下拉列表中选择"ZC轴"作为拉伸方向，设置开始距离为–10，结束距离为10，在"布尔"下拉列表中选择"合并"选项，如图 6-278 所示。单击"确定"按钮，得到如图 6-279 所示的实体。

28. 定义孔的圆心

（1）选择"菜单"→"插入"→"基准 / 点"→"点"命令，系统打开"点"对话框，如图 6-280 所示。

（2）定义 6 个点的坐标分别为（–70，45，–73），（–70，45，73），（80，45，73），（80，45，–73），（210，45，–73），（210，45，73），获得 6 个孔的圆心。

29. 创建沉头孔

（1）选择"菜单"→"插入"→"设计特征"→"孔"命令，或单击"主页"选项卡中"特征"面板上的"孔"按钮，打开"孔"对话框。

（2）在"成形"下拉列表中选择"沉头"选项。

（3）设定孔的直径为13，顶锥角为118，沉头直径为30，沉头深度为2，此处设置孔的深度为50，布尔运算设置为"减去"，如图 6-281 所示。

图 6-278 "拉伸"对话框

图 6-279 创建实体

图 6-280 "点"对话框

图 6-281 "孔"对话框

（4）选择上步所定的点，单击"确定"按钮，获得如图
6-282 所示的沉头孔。

30. 创建点

选择"菜单"→"插入"→"基准／点"→"点"命令，
系统打开"点"对话框，输入如图 6-283 所示的两个点。

31. 创建沉头孔

（1）选择"菜单"→"插入"→"设计特征"→"孔"
命令，或单击"主页"选项卡中"特征"面板上的"孔"按
钮 ，系统打开"孔"对话框。

图 6-282　创建沉头孔

（2）在"成形"下拉列表中选择"沉头"选项。

（3）设定孔的直径为 11，顶锥角为 118，沉头直径为 24，沉头深度为 2。因为要建立一个通孔，
此处设置孔的深度为 50，布尔运算设置为"减去"，如图 6-284 所示。

图 6-283　创建点

图 6-284　"孔"对话框

（4）选择上步所定的点，单击"确定"按钮，
获得如图 6-285 所示的沉头孔。

32. 创建点

选择"菜单"→"插入"→"基准／点"→"点"
命令，系统打开"点"对话框，输入如图 6-286 所
示的两个点。

33. 创建简单孔

（1）选择"菜单"→"插入"→"设计特
征"→"孔"命令，或单击"主页"选项卡中"特
征"面板上的"孔"按钮 ，系统打开"孔"对话框。

图 6-285　创建沉头孔

图 6-286　创建点

（2）在"成形"下拉列表中选择"简单孔"选项。

（3）设定孔的直径为 8，顶锥角为 118，此处设置孔的深度为 50，如图 6-287 所示。

（4）选择上步所定的点，单击"确定"按钮，获得如图 6-288 所示的简单孔。

图 6-287　"孔"对话框　　　　　　　　　图 6-288　创建简单孔

34. 倒圆角

（1）选择"菜单"→"插入"→"细节特征"→"边倒圆"命令，或单击"主页"选项卡中"特征"面板上的"边倒圆"按钮，系统打开"边倒圆"对话框，如图 6-289 所示。

（2）设置圆角半径为 44，选择底座的 4 条边，如图 6-290 所示，单击"应用"按钮。

图 6-289 "边倒圆"对话框

图 6-290 选择边

（3）选择如图 6-291 所示的凸台的边倒圆角，圆角半径为 5，单击"应用"按钮。

图 6-291 选择边

（4）选择如图 6-292 所示的吊耳的边倒圆角，圆角半径为 18，单击"应用"按钮。

图 6-292 选择边

（5）选择如图 6-293 所示的油标孔的边倒圆角，圆角半径为 15，单击"应用"按钮。

（6）选择如图 6-294 所示的油标孔内孔的边倒圆角，圆角半径为 5，单击"确定"按钮，获得如图 6-295 所示的模型。

图 6-293　选择边

图 6-294　选择边

35. 创建点

选择"菜单"→"插入"→"基准／点"→"点"命令，系统打开"点"对话框，定义点的坐标，如图 6-296 所示。

36. 创建简单孔

（1）选择"菜单"→"插入"→"设计特征"→"孔"命令，或单击"主页"选项卡中"特征"面板上的"孔"按钮 ，系统打开"孔"对话框。

（2）在"成形"下拉列表中选择"简单孔"选项。

（3）设定孔的直径为 8，顶锥角为 118，此处设置孔的深度为 15，如图 6-297 所示。

图 6-295　生成模型

图 6-296　"点"对话框

图 6-297　"孔"对话框

（4）选取上步定义的点，单击"确定"按钮，获得如图 6-298 所示的孔。

37. 阵列孔

（1）选择"菜单"→"插入"→"关联复制"→"阵列特征"命令，系统打开"阵列特征"对话框。

（2）在"布局"下拉列表中选择"圆形"选项。

（3）选择上步创建的孔作为要形成阵列的特征。

（4）指定矢量选择"*ZC*"轴，数量设置为 2，节距角设置为 60，如图 6-299 所示。

（5）单击"点对话框"按钮 ，系统打开"点"对话框，按图 6-300 所示设置，单击"确定"按钮，返回"阵列特征"对话框。

（6）单击"确定"按钮，获得如图 6-301 所示的实体。

（7）选择图 6-298 中的孔继续阵列，节距角设置为 –60，其他参数与上一步相同，获得如图 6-302 所示的实体。

图 6-298　创建孔

图 6-299　"阵列特征"对话框

图 6-300　"点"对话框

图 6-301　阵列孔

图 6-302　阵列孔

38. 创建点

选择"菜单"→"插入"→"基准 / 点"→"点"命令，系统打开"点"对话框，定义点的坐标，如图 6-303 所示。

39. 创建孔

（1）选择"菜单"→"插入"→"设计特征"→"孔"命令，或单击"主页"选项卡中"特征"面板上的"孔"按钮 ，系统打开"孔"对话框。

（2）在"成形"下拉列表中，选择"简单孔"选项。

（3）设定孔的直径为 8，顶锥角为 118，此处设置孔的深度为 15，如图 6-304 所示。

图 6-303 "点"对话框　　　　图 6-304 "孔"对话框　　　　图 6-305 创建孔

（4）选取上步创建的点为孔位置，单击"确定"按钮，获得如图 6-305 所示的孔。

（5）按步骤 37 中介绍的方法进行圆形阵列，在如图 6-306 所示的"点"对话框中选择基点为（150，0，0），其他参数相同，获得如图 6-307 所示的实体。

图 6-306 "点"对话框　　　　　　图 6-307 阵列孔

40. 创建孔

（1）选择"菜单"→"插入"→"设计特征"→"孔"命令，或单击"主页"选项卡中"特征"面板上的"孔"按钮，系统打开"孔"对话框。

（2）在"成形"下拉列表中选择"简单孔"选项，设定孔的直径为 6，顶锥角为 118，此处设置孔的深度为 50，如图 6-308 所示。

（3）单击"绘制截面"按钮，打开"创建草图"对话框，选择垫块的上表面为孔放置面，如图 6-309 所示，进入草图绘制环境。打开"草图点"对话框，创建点，如图 6-310 所示。单击"完成"按钮，草图绘制完毕。

图 6-308　"孔"对话框

图 6-309　选择平面

图 6-310　孔的位置尺寸

（4）返回"孔"对话框，捕捉绘制的两个点，单击"确定"按钮，完成孔的创建，如图 6-311 所示。

41. 镜像特征

（1）选择"菜单"→"插入"→"关联复制"→"镜像特征"命令，或单击"主页"选项卡中"特征"面板上"更多"库下的"镜像特征"按钮，系统打开"镜像特征"对话框，如图 6-312 所示。

（2）在视图区或设计树中选择上步创建的两个孔。

（3）将"平面"选项设置为"新平面"，指定平面选择 XC-YC 平面为镜像面。单击"确定"按钮，获得如图 6-313 所示的实体。

图 6-311　创建孔

42. 创建螺纹

（1）选择"菜单"→"插入"→"设计特征"→"螺纹"命令，或单击"主页"选项卡中"特征"面板上的"螺纹刀"按钮，系统打开"螺纹切削"对话框。

图 6-312 "镜像特征"对话框

图 6-313 镜像实体

（2）在"螺纹类型"中选择"详细"，如图 6-314 所示。

（3）选择如图 6-315 所示的孔的内表面，单击"确定"按钮，获得螺纹孔。

图 6-314 "螺纹切削"对话框

图 6-315 选择内表面

（4）按上述方法，选择轴承孔端面和凸台上的孔的内表面，获得如图 6-316 所示的螺纹孔。

（5）按照上述操作，创建另一轴承端面的螺纹孔，结果如图 6-317 所示。

图 6-316 创建螺纹孔

图 6-317 创建螺纹孔

第 **7** 章
同步建模与 GC 工具箱

在不考虑模型的来源、关联或特征历史记录的情况下，用户可以使用"同步建模"子菜单中的命令来修改模型。

GC 工具箱是 Siemens PLM Software 为了更好地满足中国用户对于 GB 的要求，缩短 NX 导入周期，专为中国用户开发使用的工具箱。本章主要讲解齿轮建模工具和弹簧建模工具。

/ 重点与难点

- ➲ 修改面
- ➲ 细节特征
- ➲ 重用
- ➲ 、GC 工具箱

7.1 修改面

7.1.1 拉出面

该命令可从面区域中派出体积，接着使用此体积修改模型。

 【执行方式】

- 菜单：选择"菜单"→"插入"→"同步建模"→"拉出面"命令。
- 功能区：单击"主页"选项卡中"同步建模"面板上"更多"库下的"拉出面"按钮 。

 【操作步骤】

（1）执行上述操作后，系统会打开如图 7-1 所示的"拉出面"对话框。

（2）在实体上选择一个或多个面。

（3）通过拖动距离手柄或在"距离"文本框中键入值来拉出选定的面。

（4）单击"确定"按钮，将新空间体添加到实体。

图 7-1 "拉出面"对话框

【选项说明】

（1）选择面：选择要拉出的，并用于向实体添加新体积或从实体中减去原体积的一个或多个面。

（2）运动：为选定要拉出的面提供线性和角度变换方法。

① 距离：按方向矢量的距离来变换面。

② 点之间的距离：按原点与沿某一轴的测量点之间的距离来定义运动。

③ 径向距离：按测量点与方向轴之间的距离来变换面。该距离是垂直于轴测量的。

④ 点到点：将面从一点拉出到另一个点。

7.1.2 调整面大小

该命令可以改变圆柱面或球面的直径以及锥面的半角，还能重新生成相邻圆角面。

 【执行方式】

- 菜单：选择"菜单"→"插入"→"同步建模"→"调整面大小"命令。
- 功能区：单击"主页"选项卡中"同步建模"面板上"更多"库下的"调整面大小"按钮 。

 【操作步骤】

（1）执行上述操作后，系统打开如图 7-2 所示的"调整面大小"对话框。

（2）选择要调整大小的圆柱面、球面或锥面。

（3）在"直径"文本框中输入面直径的新值。对于锥面，则在"角度"文本框中输入角度值。

（4）单击"确定"按钮，完成调整面大小的操作，如图 7-3 所示。

图 7-2　"调整面大小"对话框

（a）之前　　　　　　　　（b）之后

图 7-3　"调整面大小"示意图

 【选项说明】

（1）选择面：选择要调整大小的圆柱面、球面或锥面。

（2）面查找器：用于根据面的几何形状与选定面的比较结果来选择面。

① 结果：列出已找到的面。

② 设置：列出用来选择相关面的几何条件。

③ 参考：列出可以参考的坐标系。

（3）"大小"选项组。

① 直径：显示或输入球或圆柱的直径值。

② 角度：如果选择锥面，则显示或输入锥面的角度值。

7.1.3　偏置区域

该命令可以在单个步骤中偏置一组面或一个整体。相邻的圆角面可以有选择地重新生成。偏置区域忽略模型的特征历史，是一种修改模型的快速而直接的方法。它的另一个好处是能重新生成圆角。模具和铸模设计有可能使用到此命令，如使用面来进行非参数化部件的铸造。

【执行方式】

● 菜单：选择"菜单"→"插入"→"同步建模"→"偏置区域"命令。

● 功能区：单击"主页"选项卡中"同步建模"面板上的"偏置区域"按钮。

【操作步骤】

① 执行上述操作后，系统打开如图 7-4 所示的"偏置区域"对话框。

② 选择一个或多个要偏置的面。

③ 在"面查找器"选项组中，选择任何可用的设置选项。

④ 输入偏置距离，并可以单击"反向"按钮来调整偏置方向。

⑤ 单击"确定"按钮，偏置选定的面。

【选项说明】

（1）选择面：选择用来偏置的面。

（2）面查找器：用于根据面的几何形状与选定面的比较结果来选择面。

① 结果：列出找到的面。

② 设置：列出可以用来选择相关面的几何条件。

③ 参考：列出可以参考的坐标系。

图 7-4 "偏置区域"对话框

（3）溢出行为：用于控制移动的面的溢出特性，以及它们与其他面的交互方式。

① 自动：拖动选定的面，使选定的面或入射面开始延伸，具体方式取决于哪种结果对体积和面积造成的更改最小。

② 延伸更改面：将移动面延伸到它所遇到的其他面中，或者将它移到其他面之后。

③ 延伸固定面：延伸移动面直到遇到固定面。

④ 延伸端盖面：给移动面加上端盖即产生延展边。

7.1.4 替换面

该命令能够用一个面或一组面替换另一个面或一组面，同时还能重新生成相邻的圆角面。当需要改变面的几何体时，比如需要简化它或用一个复杂的曲面替换它时，就可以使用该命令。

【执行方式】

● 菜单：选择"菜单"→"插入"→"同步建模"→"替换面"命令。

● 功能区：单击"主页"选项卡中"同步建模"面板上的"替换面"按钮 。

图 7-5 "替换面"对话框

【操作步骤】

（1）执行上述操作后，系统打开如图 7-5 所示的"替换面"对话框。

（2）选择要替换的原始面。

（3）在"替换面"选项组中单击"选择面"按钮 ，选择替换面，可以单击"反向"按钮来调整替换面的方向。

（4）单击"确定"按钮，用替换面来替换原始面，如图7-6所示。

（a）之前　　　　　　　　　　　（b）之后

图 7-6　"替换面"示意图

【选项说明】

（1）原始面：选择一个或多个要替换的面。允许选择任意面类型。

（2）替换面：选择一个或多个面来替换原始面。在某些情况下，对于一个替换面操作会出现多种可能的结果，可以用"反向"按钮在这些可能之间进行切换。

（3）溢出行为：用于控制移动的面的溢出特性，以及它们与其他面的交互方式。

① 自动：拖动选定的面，使选定的面或入射面开始延伸，具体方式取决于哪种结果对体积和面积造成的更改最小。

② 延伸更改：将移动面延伸到它所遇到的其他面中，或者将它移到其他面之后。

③ 延伸固定面：延伸移动面直到遇到固定面。

④ 延伸端盖面：给移动面加上端盖即产生延展边。

7.1.5　移动面

该命令提供了在体上局部地移动面的简单方式。对于一个需要调整的原模型来说，此选项很有用，而且快速，使用方便。该工具提供圆角的识别和重新生成，而且不依附建模历史。甚至可以用它移动体上所有的面。

【执行方式】

● 菜单：选择"菜单"→"插入"→"同步建模"→"移动面"命令。

● 功能区：单击"主页"选项卡中"同步建模"面板上的"移动面"按钮。

【操作步骤】

（1）执行上述操作后，系统打开如图7-7所示的"移动面"对话框。

（2）在"变换"选项组中选择运动方法。

（3）选择要移动的面。

（4）设置相关参数。

图 7-7　"移动面"对话框

（5）单击"确定"按钮，移动所选的面，如图 7-8 所示。

（a）之前 （b）之后

图 7-8 "移动面"示意图

 【选项说明】

（1）选择面：用于选择要移动的一个或多个面。

（2）面查找器：用于根据面的几何形状与选定面的比较结果来选择面。

（3）变换：为要移动的面提供线性和角度变换方法。

① 距离 - 角度：按方向矢量，将选中的面移动一定的距离和角度。

② 距离：按方向矢量和位移距离，移动选中的面。

③ 角度：按方向矢量和角度值，移动选中的面。

④ 点之间的距离：按方向矢量，把选中的面从指定点移动到测量点。

⑤ 径向距离：按方向矢量，把选中的面从轴点移动到测量点。

⑥ 点到点：把选中的面从一个点移动到另一个点。

⑦ 根据三点旋转：在三点中旋转选中的面。

⑧ 将轴和矢量对齐：在两轴间旋转选中的面。

⑨ 坐标系到坐标系：把选中的面从一个坐标系移动到另一个坐标系。

⑩ 增量 XYZ：根据输入的 XYZ 值移动选中的面。

（4）"移动行为"下拉列表。

① 移动和改动：移动一组面并修改相邻面。

② 剪切和粘贴：复制并移动一组面，然后将它们从原始位置删除。

7.2 细节特征

7.2.1 调整圆角大小

该命令允许用户编辑圆角面半径，而不用考虑特征的创建历史，可用于数据转换文件及非参数化的实体。可以在保留相切属性的同时创建参数化特征，该命令可以更为直接、更为高效地运用参数化设计。

 【执行方式】

● 菜单：选择"菜单"→"插入"→"同步建模"→"细节特征"→"调整圆角大小"命令。

● 功能区：单击"主页"选项卡中"同步建模"面板上"更多"库下的"调整圆角大小"按钮。

【操作步骤】

（1）执行上述操作后，打开如图 7-9 所示的"调整圆角大小"对话框。

（2）选择要编辑的圆角面。

（3）在对话框中输入半径值。

（4）单击"确定"按钮，更新圆角面。

【选项说明】

（1）选择圆角面：用于选择要编辑的圆角面。

（2）半径：用于为所有选定的面指定新的圆角半径。

图 7-9　"调整圆角大小"对话框

7.2.2　圆角重新排序

使用此命令可更改凸度相反的两个相交圆角的顺序。

【执行方式】

● 菜单：选择"菜单"→"插入"→"同步建模"→"细节特征"→"圆角重新排序"命令。

● 功能区：单击"主页"选项卡中"同步建模"面板上"更多"库下的"圆角重新排序"按钮。

【操作步骤】

（1）执行上述操作后，打开如图 7-10 所示的"圆角重新排序"对话框。

（2）选择要重新排序的圆角面。

（3）单击"确定"按钮，重新排序圆角面。

【选项说明】

（1）选择圆角面 1：用于选择要重新排序的圆角面 1。

（2）选择圆角面 2：用于选择要重新排序的圆角面 2。

图 7-10　"圆角重新排序"对话框

7.2.3　调整倒斜角大小

使用此命令可更改倒斜角的大小、类型、对称、非对称以及偏置和角度。

【执行方式】

● 菜单：选择"菜单"→"插入"→"同步建模"→"细节特征"→"调整倒斜角大小"命令。

● 功能区：单击"主页"选项卡中"同步建模"面板上"更多"库下的"调整倒斜角大小"按钮。

【操作步骤】

（1）执行上述操作后，打开如图 7-11 所示的"调整倒斜角大小"
对话框。

（2）选择要调整大小的倒斜角面。

（3）在"横截面"下拉列表中选择横截面类型，并修改值。

（4）单击"确定"按钮，修改横截面大小。

【选项说明】

（1）选择面：选择要调整大小的成角度面。

（2）横截面：指定横截面类型，包括"对称"偏置"非对称"
偏置"偏置和角度" 3 种类型。

图 7-11 "调整倒斜角大小"对话框

7.2.4 标记为倒斜角

使用此命令可将斜角面标记为倒斜角。

【执行方式】

● 菜单：选择"菜单"→"插入"→"同步建模"→"细节特征"→"标记为倒斜角"命令。

● 功能区：单击"主页"选项卡中"同步建模"面板上"更多"库下的"标记为倒斜角"按钮。

【操作步骤】

（1）执行上述操作后，打开如图 7-12 所示的"标记为倒斜角"对话框。

（2）选择要作为倒斜角标示的面和构造面。

（3）单击"确定"按钮，斜角面现已标记为倒斜角。

【选项说明】

（1）面倒斜角：选择希望识别为倒斜角的斜角面。

（2）构造面：指斜角面不存在时的相邻面，这两个相邻面相
交后构成要倒斜角的边。

图 7-12 "标记为倒斜角"对话框

7.3 重用

7.3.1 复制面

使用此命令可从实体中复制一组面。

【执行方式】

● 菜单：选择"菜单"→"插入"→"同步建模"→"重用"→"复制面"命令。

● 功能区：单击"主页"选项卡中"同步建模"面板上"更多"库下的"复制面"按钮。

【操作步骤】

（1）执行上述操作后，打开如图 7-13 所示的"复制面"对话框。

（2）选择要复制的面。

（3）选择变换中的运动方式，并输入所需的值。

（4）勾选"粘贴复制的面"复选框，单击"确定"按钮，创建复制面特征。

【选项说明】

（1）选择面：选择要复制的面。

（2）面查找器：根据附加面的几何形状与要复制的选定面的比较结果，来指定要复制的附加面。

（3）变换：为要复制的选定面提供线性或角度变换方法。

（4）粘贴复制的面：使用变换中的运动选项来粘贴复制的面。

7.3.2　剪切面

使用此命令可从体中复制一组面，然后从体中删除这些面。

【执行方式】

- 菜单：选择"菜单"→"插入"→"同步建模"→"重用"→"剪切面"命令。
- 功能区：单击"主页"选项卡中"同步建模"面板上"更多"库下的"剪切面"按钮。

【操作步骤】

（1）执行上述操作后，打开如图 7-14 所示的"剪切面"对话框。

图 7-13　"复制面"对话框

图 7-14　"剪切面"对话框

（2）选择要剪切的面。

（3）选择变换中的运动方式，并输入所需的值。

（4）勾选"粘贴剪切的面"复选框，单击"确定"按钮，创建剪切面特征。

 【选项说明】

"剪切面"对话框中的选项与"复制面"对话框相似，此处从略。

7.3.3 镜像面

使用此命令可复制面集，关于平面对其进行镜像，并将其粘贴到同一个实体或片体中。

 【执行方式】

- 菜单：选择"菜单"→"插入"→"同步建模"→"重用"→"镜像面"命令。
- 功能区：单击"主页"选项卡中"同步建模"面板上"更多库"下的"镜像面"按钮。

 【操作步骤】

（1）执行上述操作后，打开如图 7-15 所示的"镜像面"对话框。

（2）选择要镜像的一组面。

（3）选择现有平面或创建新平面。

（4）单击"确定"按钮，完成镜像面操作。

 【选项说明】

（1）选择面：选择要复制并关于平面镜像的面。

（2）面查找器：根据面的几何体与所选面的比较结果来选择面。

（3）平面：选择镜像平面。镜像平面可以是平的面，也可以是基准平面。

① 现有平面：指定现有的基准平面或以平的面作为镜像平面。

② 新平面：新建一个平面为镜像平面。

图 7-15 "镜像面"对话框

7.4 GC 工具箱

7.4.1 圆柱齿轮建模

 【执行方式】

扫码看视频

- 菜单：选择"菜单"→"GC 工具箱"→"齿轮建模"→"柱齿轮"命令。

● 功能区：单击"主页"选项卡中"齿轮建模 -GC 工具箱"面板上的"柱齿轮建模"按钮。（单击"主页"选项卡右侧"功能区选项"，在下拉菜单中勾选"齿轮建模 -GC 工具箱组"，即可将"齿轮建模 -GC 工具箱"面板添加到"主页"选项卡。）

【操作步骤】

（1）执行上述操作后，打开"渐开线圆柱齿轮建模"对话框，如图 7-16 所示。

（2）选择齿轮操作方式。

（3）选择齿轮类型和加工方法。

（4）输入齿轮参数。

（5）单击"确定"按钮，创建圆柱齿轮。

【选项说明】

（1）创建齿轮：创建新的齿轮。选择该选项，单击"确定"按钮，打开如图 7-17 所示的"渐开线圆柱齿轮类型"对话框。

图 7-16　"渐开线圆柱齿轮建模"对话框　　　图 7-17　"渐开线圆柱齿轮类型"对话框

① 直齿轮：指轮齿平行于齿轮轴线的齿轮。

② 斜齿轮：指轮齿与轴线成一角度的齿轮。

③ 外啮合齿轮：指齿顶圆直径大于齿根圆直径的齿轮。

④ 内啮合齿轮：指齿顶圆直径小于齿根圆直径的齿轮。

⑤ 滚齿：用齿轮滚刀按展成法加工齿轮的齿面。

⑥ 插齿：用插齿刀按展成法或成形法加工内、外齿轮或齿条等的齿面。

选择齿轮类型和加工方法后，单击"确定"按钮，打开如图 7-18 所示的"渐开线圆柱齿轮参数"对话框。

① 标准齿轮：根据标准的模数、齿宽以及压力角创建的齿轮为标准齿轮。

② 变位齿轮：选择此选项卡，如图 7-19 所示。改变刀具和轮坯的相对位置来切制的齿轮为变位齿轮。

（2）修改齿轮参数：选择此选项，单击"确定"按钮，打开"选择齿轮进行操作"对话框，选择要修改的齿轮，在"渐开线圆柱齿轮参数"对话框中修改齿轮参数。

图 7-18　"渐开线圆柱齿轮参数"对话框

（3）齿轮啮合：选择此选项，单击"确定"按钮，打开如图 7-20 所示的"选择齿轮啮合"对话框，选择要啮合的齿轮，分别设置为主动齿轮和从动齿轮。

图 7-19 "变位齿轮"选项卡

图 7-20 "选择齿轮啮合"对话框

（4）移动齿轮：选择要移动的齿轮，将其移动到适当位置。

（5）删除齿轮：删除视图中不要的齿轮。

（6）信息：显示选择的齿轮的信息。

7.4.2 实例——大齿轮

制作思路

本例绘制大齿轮，如图 7-21 所示。首先选择 GC 工具箱中的"柱齿轮"命令创建圆柱齿轮的主体，然后创建轴孔，再创建减重孔，最后创建键槽。

扫码看视频

图 7-21 大齿轮

绘制步骤

1. 创建新文件

选择"菜单"→"文件"→"新建"命令或单击快速访问工具栏中的"新建"按钮，打开"新建"对话框。在"模板"列表中选择"模型"，输入名称为"dachilun"，单击"确定"按钮，进入建模环境。

2. 创建齿轮基体

（1）选择"菜单"→"GC 工具箱"→"齿轮建模"→"柱齿轮"命令，或单击"主页"选项卡中"齿轮建模 -GC 工具箱"面板上的"柱齿轮建模"按钮，打开如图 7-22 所示的"渐开线圆柱齿轮建模"对话框。

（2）选择"创建齿轮"单选按钮，单击"确定"按钮，打开如图 7-23 所示的"渐开线圆柱齿轮类型"对话框。选择"直齿轮""外啮合齿轮"和"滚齿"单选按钮，单击"确定"按钮。

（3）打开"渐开线圆柱齿轮参数"对话框，在"标准齿轮"选项卡中，输入名称为"dachilun"输入模数、牙数、齿宽和压力角分别为 3、80、60 和 20，如图 7-24 所示。

图 7-22 "渐开线圆柱齿轮建模"对话框

图 7-23 "渐开线圆柱齿轮类型"对话框

图 7-24 "渐开线圆柱齿轮参数"对话框

（4）单击"确定"按钮，打开如图 7-25 所示的"矢量"对话框。在"类型"下拉列表中选择"ZC轴"，单击"确定"按钮，打开如图 7-26 所示的"点"对话框。输入坐标点为（0，0，0），单击"确定"按钮，生成圆柱直齿轮，如图 7-27 所示。

图 7-25 "矢量"对话框

图 7-26 "点"对话框

图 7-27 创建圆柱直齿轮

3. 创建轴孔

（1）选择"菜单"→"插入"→"设计特征"→"孔"命令，或单击"主页"选项卡中"特征"面板上的"孔"按钮 ⬡，打开"孔"对话框。

（2）在"类型"下拉列表中选择"常规孔"，在"成形"下拉列表中选择"简单孔"，在"直径"文本框中输入 58，在"深度限制"下拉列表中选择"贯通体"，如图 7-28 所示。

（3）捕捉如图 7-29 所示的齿根圆的圆心为孔的位置，单击"确定"按钮，完成轴孔的创建，如图 7-30 所示。

图 7-28　"孔"对话框　　　　图 7-29　捕捉圆心　　　　图 7-30　创建轴孔

4. 绘制草图

（1）选择"菜单"→"插入"→"草图"命令，或单击"主页"选项卡中"直接草图"面板上的"草图"按钮 🗠，进入草图绘制界面，选择圆柱齿轮的外表面为草图绘制平面。

（2）绘制如图 7-31 所示的草图。

5. 创建拉伸体

（1）选择"菜单"→"插入"→"设计特征"→"拉伸"命令，或单击"主页"选项卡中"特征"面板上的"拉伸"按钮 🗐，打开"拉伸"对话框。

（2）选择上步绘制的草图为拉伸曲线，在"指定矢量"下拉列表中选择"ZC轴"为拉伸方向，在"开始距离"和"结束距离"文本框中分别输入 0 和 22.5，在"布尔"下拉列表中选择"减去"选项，如图 7-32 所示。单击"确定"按钮，生成如图 7-33 所示的拉伸体。

图 7-31　绘制草图

6. 创建减重孔

（1）选择"菜单"→"插入"→"设计特征"→"孔"命令，或单击"主页"选项卡中"特征"面板上的"孔"按钮 ⬡，打开"孔"对话框。

（2）在"类型"下拉列表中选择"常规孔"，在"成形"下拉列表中选择"简单孔"，在"直径"

文本框中输入 35，在"深度限制"下拉列表中选择"贯通体"选项，如图 7-34 所示。

（3）单击"绘制截面"按钮　，打开"创建草图"对话框，选择如图 7-33 所示的表面 1 为孔放置面，进入草图绘制环境。打开"草图点"对话框，创建点，如图 7-35 所示。单击"完成"按钮　，草图绘制完毕。

图 7-32　"拉伸"对话框

图 7-33　创建拉伸体

图 7-34　"孔"对话框

（4）返回"孔"对话框，单击"确定"按钮，完成减重孔的创建，如图 7-36 所示。

图 7-35　绘制草图

图 7-36　创建减重孔

7. 阵列减重孔

（1）选择"菜单"→"插入"→"关联复制"→"阵列特征"命令，打开"阵列特征"对话框。

（2）选择上步创建的减重孔为要阵列的特征。

（3）在"布局"下拉列表中选择"圆形"选项，在"指定矢量"下拉列表中选择"ZC 轴"为旋转轴，指定坐标原点为旋转点。

（4）在"间距"下拉列表中选择"数量和间隔"选项，输入数量和节距角分别为 6 和 60，如图 7-37 所示。单击"确定"按钮，阵列结果如图 7-38 所示。

图 7-37　"阵列特征"对话框　　　　　　图 7-38　阵列减重孔

8. 边倒圆

（1）选择"菜单"→"插入"→"细节特征"→"边倒圆"命令，或单击"主页"选项卡中"特征"面板上的"边倒圆"按钮，打开如图 7-39 所示的"边倒圆"对话框。

（2）输入圆角半径为 3，选择如图 7-40 所示的边线，单击"确定"按钮，结果如图 7-41 所示。

图 7-39　"边倒圆"对话框　　　　图 7-40　选择边线　　　　图 7-41　边倒圆

9. 创建倒角

（1）选择"菜单"→"插入"→"细节特征"→"倒斜角"命令，或单击"主页"选项卡中"特征"面板上的"倒斜角"按钮，打开如图 7-42 所示的"倒斜角"对话框。

（2）选择"对称"横截面，选择如图 7-43 所示的倒角边，将距离值设为 2.5。

（3）单击"确定"按钮，生成倒角特征，如图 7-44 所示。

图 7-42　"倒斜角"对话框　　　　图 7-43　选择倒角边　　　　图 7-44　生成倒角特征

10. 镜像特征

（1）选择"菜单"→"插入"→"关联复制"→"镜像特征"命令，或单击"主页"选项卡中"特征"面板上"更多"库下的"镜像特征"按钮，打开如图 7-45 所示的"镜像特征"对话框。

（2）在设计树中选择拉伸特征、边倒圆和倒斜角为镜像特征。

（3）在"平面"下拉列表中选择"新平面"选项，在"指定平面"下拉列表中选择"XC-YC平面"，输入距离为 30，如图 7-46 所示。单击"确定"按钮，镜像特征，如图 7-47 所示。

图 7-45　"镜像特征"对话框　　　　图 7-46　选择平面　　　　图 7-47　镜像特征

11. 创建基准平面

（1）选择"菜单"→"插入"→"基准/点"→"基准平面"命令，或单击"主页"选项卡中"特征"面板上的"基准平面"按钮，打开如图 7-48 所示的"基准平面"对话框。

（2）选择"YC-ZC平面"类型，设置偏置距离为 33.3，单击"应用"按钮，生成与所选基准面平行的基准平面 1。

（3）选择"YC-ZC平面"类型，设置偏置距离为 0，单击"应用"按钮。

（4）选择"XC-ZC平面"类型，设置偏置距离为 0，单击"应用"按钮。

（5）选择"XC-YC平面"类型，设置偏置距离为 0，单击"确定"按钮，结果如图 7-49 所示。

图 7-48 "基准平面"对话框

图 7-49 创建基准平面

12. 创建键槽

（1）选择"菜单"→"插入"→"设计特征"→"腔（原有）"命令，打开如图 7-50 所示的"腔"对话框。

（2）单击"矩形"按钮，打开"矩形腔"放置面对话框，选择上步创建的第 1 基准平面作为腔的放置面。单击"接受默认边"按钮，使腔的生成方向与默认方向相同。打开"水平参考"对话框，选择 XC-ZC 基准平面作为水平参考。

图 7-50 "腔"对话框

图 7-51 "矩形腔"参数对话框

（3）打开"矩形腔"参数对话框，设置腔长度为 60、宽度为 16、深度为 30，其他参数保持默认值，如图 7-51 所示。

（4）单击"确定"按钮，打开"定位"对话框。选择"垂直"定位方式，选择 XC-ZC 基准平面和腔的长中心线，输入距离为 0。选择 XC-YC 基准平面和腔的短中心线，输入距离为 30。最终生成的键槽如图 7-52 所示。

13. 隐藏基准平面和草图

（1）选择"菜单"→"编辑"→"显示和隐藏"→"隐藏"命令，打开"类选择"对话框，单击"类型过滤器"按钮 ✛。

（2）打开"按类型选择"对话框，选择"草图"和"基准"选项，单击"确定"按钮。

图 7-52 生成键槽

（3）返回"类选择"对话框，单击"全选"按钮 ⊞，单击"确定"按钮，隐藏视图中所有的草图和基准平面，最终结果如图 7-21 所示。

7.4.3　圆柱压缩弹簧

 【执行方式】

- 菜单：选择"菜单"→"GC 工具箱"→"弹簧设计"→"圆柱压缩弹簧"命令。
- 功能区：单击"主页"选项卡中"弹簧工具 -GC 工具箱"面板上的"圆柱压缩弹簧"按钮
  圖。（单击"主页"选项卡右侧"功能区选项"▾，在下拉菜单中勾选"弹簧工具 -GC 工
  具箱组"，即可将"弹簧工具 -GC 工具箱"面板添加到"主页"选项卡。）

 【操作步骤】

（1）执行上述操作后，打开"圆柱压缩弹簧"对话框，如图 7-53 所示。
（2）选择类型和创建方式，并输入弹簧名称，指定弹簧方向和基点。
（3）单击"下一步"按钮，输入弹簧参数，如图 7-54 所示。

图 7-53　"圆柱压缩弹簧"对话框 1

图 7-54　"圆柱压缩弹簧"对话框 2

（4）单击"下一步"按钮，显示结果，如图 7-55
所示。单击"完成"按钮，创建圆柱压缩弹簧。

 【选项说明】

（1）类型：在对话框中选择类型和创建方式。
（2）输入参数：输入弹簧的各个参数。
（3）显示结果：显示设计好的弹簧的各个参数。

7.4.4　实例——弹簧

图 7-55　"圆柱压缩弹簧"对话框 3

 制作思路

选择 GC 工具箱中的"圆柱压缩弹簧"命令，在相应的对话框中输入弹簧参数，直接创建弹簧，

如图 7-56 所示。

扫码看视频

图 7-56 弹簧

绘制步骤

（1）创建新文件。选择"菜单"→"文件"→"新建"命令或单击快速访问工具栏中的"新建"按钮，打开"新建"对话框。在"模板"列表中选择"模型"，输入名称为"tanhuang"，单击"确定"按钮，进入建模环境。

（2）选择"菜单"→"GC 工具箱"→"弹簧设计"→"圆柱压缩弹簧"命令，或单击"主页"选项卡中"弹簧工具 -GC 工具箱"面板上的"圆柱压缩弹簧"按钮，打开如图 7-57 所示的"圆柱压缩弹簧"对话框。

（3）设置"选择类型"为"输入参数"，选择创建方式为"在工作部件中"，指定矢量为 ZC 轴，指定坐标原点为弹簧起始点，名称采用默认，单击"下一步"按钮。

（4）打开"输入参数"选项卡，选择旋向为"右旋"，选择端部结构为"并紧磨平"，输入中间直径为 30，钢丝直径为 4，自由高度为 80，有效圈数为 8，支承圈数为 11，如图 7-58 所示。单击"下一步"按钮。

图 7-57 "圆柱压缩弹簧"对话框

图 7-58 "输入参数"选项卡

（5）打开"显示结果"选项卡，显示弹簧的各个参数，如图 7-59 所示。单击"完成"按钮，完成弹簧的创建，如图 7-60 所示。

图 7-59　"显示结果"选项卡

图 7-60　圆柱压缩弹簧

第 8 章
特征编辑

特征编辑主要是完成特征创建以后，对特征不满意的地方进行编辑的过程。用户可以重新调整尺寸、位置和先后顺序等。在多数情况下，保留与其他对象建立起来的关联性，以满足新的设计要求。

/ 重点与难点

- 编辑特征参数
- 特征尺寸
- 编辑位置
- 移动特征、特征重排序
- 抑制特征、由表达式抑制
- 移除参数、编辑实体密度
- 特征重播

8.1 编辑特征参数

扫码看视频

【执行方式】

- 菜单：选择"菜单"→"编辑"→"特征"→"编辑参数"命令。
- 功能区：单击"主页"选项卡中"编辑特征"面板上的"编辑特征参数"按钮　。（单击"主页"选项卡右侧"功能区选项"　，在下拉菜单中勾选"编辑特征组"，即可将"编辑特征"面板添加到"主页"选项卡。）

【操作步骤】

（1）执行上述操作后，打开如图 8-1 所示的"编辑参数"对话框 1。

（2）如果选择的是通过草图创建的特征或简单特征，会打开相应的特征对话框，直接改变参数即可。

（3）如果选择的是放置特征，则打开如图 8-2 所示的"编辑参数"对话框 2，可以改变特征参数和定位参数。

图 8-1 "编辑参数"对话框 1

图 8-2 "编辑参数"对话框 2

【选项说明】

（1）特征对话框：列出选中特征的参数名和参数值，并可在其中输入新数值。所有特征都将出现在此选项中。

（2）重新附着：重新定义特征的特征参考，可以改变特征的位置或方向。具有可以重新附着的特征才出现此选项。其对话框如图 8-3 所示，部分选项功能如下。

① 　指定目标放置面：给被编辑的特征选择一个新的附着面。

② 　指定参考方向：给被编辑的特征选择新的水平参考。

③ 　重新定义定位尺寸：选择定位尺寸并重新定义其位置。

④ 　指定第一个通过面：重新定义被编辑的特征的第一个通过面 / 裁剪面。

⑤ 　指定第二个通过面：重新定义被编辑的特征的第二个通过面 / 裁剪面。

图 8-3 "重新附着"对话框

⑥ 　指定工具放置面：重新定义用户定义特征（UDF）的工具面。

⑦ 方向参考：选择定义一个新的水平特征参考还是竖直特征参考。

⑧ 反向：将特征的参考方向反向。

⑨ 反侧：将特征重新附着于基准平面时，通过该选项可以将特征的法向反向。

⑩ 指定原点：将重新附着的特征移动到指定原点，可以快速重新定位原点。

⑪ 删除定位尺寸：删除选择的定位尺寸。如果特征没有任何定位尺寸，该选项就变灰。

8.2 实例——连杆 3

 制作思路

本例绘制连杆 3，如图 8-4 所示。在连杆 2 的基础上修改基体的长度。

扫码看视频 　　　　　　　　　　　　图 8-4　连杆 3

 绘制步骤

1. 打开文件

选择"菜单"→"文件"→"打开"命令或单击快速访问工具栏中的"打开"按钮 ，打开"打开"对话框，选择"link02"文件，单击"OK"按钮，进入建模环境。

2. 另存文件

选择"菜单"→"文件"→"另存为"命令，打开"另存为"对话框，输入文件名为"link03"，单击"OK"按钮，保存文件。

3. 编辑参数

（1）选择"菜单"→"编辑"→"特征"→"编辑参数"命令，或单击"主页"选项卡中"编辑特征"面板上的"编辑特征参数"按钮 ，打开"编辑参数"对话框，如图 8-5 所示。

（2）在对话框中选择"块"特征，打开"长方体"对话框，修改长度为 220，如图 8-6 所示。

图 8-5　"编辑参数"对话框　　　　　　　图 8-6　"长方体"对话框

（3）连续单击"确定"按钮，生成的连杆如图 8-7 所示。

图 8-7　更改连杆长度

8.3　特征尺寸

【执行方式】

- 菜单：选择"菜单"→"编辑"→"特征"→"特征尺寸"命令。
- 功能区：单击"主页"选项卡中"编辑特征"面板上的"特征尺寸"按钮 。

【操作步骤】

（1）执行上述操作后，打开如图 8-8 所示的"特征尺寸"对话框。
（2）选择一个要编辑的特征。
（3）选择的特征尺寸显示在窗口和列表框中。
（4）更改值后，单击"确定"按钮。

【选项说明】

（1）选择特征：选择要编辑的特征，以便进行特征尺寸编辑。
（2）"尺寸"选项组。
① 选择尺寸：为选定的特征或草图选择单个尺寸。
② 特征尺寸列表：显示选定特征或草图的可选尺寸的列表。
（3）显示为 PMI：用于将选定的特征尺寸转换为 PMI 尺寸。

图 8-8　"特征尺寸"对话框

8.4　实例——连杆 4

制作思路

本例绘制连杆 4，如图 8-9 所示。在连杆 1 的基础上修改特征尺寸。

图 8-9　连杆 4

绘制步骤

1. 打开文件

选择"菜单"→"文件"→"打开"命令或单击快速访问工具栏中的"打开"按钮 📂，打开"打开"对话框，选择"link01"文件，单击"OK"按钮，进入建模环境。

2. 另存文件

选择"菜单"→"文件"→"另存为"命令，打开"另存为"对话框，输入文件名为"link04"，单击"OK"按钮，保存文件。

图 8-10 "特征尺寸"对话框

3. 修改草图

（1）选择"菜单"→"编辑"→"特征"→"特征尺寸"命令，或单击"主页"选项卡中"编辑特征"面板上的"特征尺寸"按钮 📦，打开"特征尺寸"对话框。

（2）在特征列表中选择草图特征。

（3）在尺寸列表中显示相关尺寸。

（4）选择 P7=180 的尺寸，输入新的尺寸值为 260，如图 8-10 所示。

（5）单击"应用"按钮，更新拉伸体，如图 8-11 所示。

（6）选择 P4=90 的尺寸，输入新的尺寸值为 130，单击"确定"按钮，完成连杆 4 的创建。

图 8-11 更新拉伸体

8.5 编辑位置

通过编辑特征的定位尺寸可以将其移动。

扫码看视频

 【执行方式】

- 菜单：选择"菜单"→"编辑"→"特征"→"编辑位置"命令。
- 功能区：单击"主页"功能区中"编辑特征"面板上的"编辑位置"按钮 。
- 快捷菜单：在左侧资源条的"部件导航器"相应对象上右击鼠标，在打开的快捷菜单中选择"编辑位置"命令，如图 8-12 所示。

【操作步骤】

（1）执行上述操作后，打开如图 8-13 所示的"编辑位置"对话框。

图 8-12 快捷菜单

图 8-13 "编辑位置"对话框

（2）选择编辑位置的类型。

（3）选择要编辑的尺寸。

（4）修改尺寸值。

（5）单击"确定"按钮，完成位置编辑。

 【选项说明】

（1）添加尺寸：用于给特征增加定位尺寸。

（2）编辑尺寸值：允许通过改变选中的定位尺寸的特征值，来移动特征。

（3）删除尺寸：用于从特征删除选中的定位尺寸。

8.6 移动特征

使用此命令可将非关联的特征及非参数化的体移到新位置。

扫码看视频

 【执行方式】

- 菜单：选择"菜单"→"编辑"→"特征"→"移动"命令。
- 功能区：单击"主页"选项卡中"编辑特征"面板上的"移动特征"按钮。

图 8-14 "移动特征"对话框

 【操作步骤】

（1）执行上述操作后，打开"移动特征"列表对话框。

（2）选择要移动的特征，单击"确定"按钮，打开如图 8-14所示的"移动特征"对话框。

（3）直接输入移动距离或选择移动方式，单击"确定"按钮，移动所选特征。

【选项说明】

（1）DXC、DYC、DZC：用矩形（*XC* 增量、*YC* 增量、*ZC* 增量）坐标指定距离和方向，可以移动一个特征。该特征相对于工作坐标系作移动。

（2）至一点：用于将特征从参考点移动到目标点。

（3）在两轴间旋转：通过在参考轴和目标轴之间旋转特征，来移动特征。

（4）坐标系到坐标系：将特征从参考坐标系中的位置重定位到目标坐标系中。

8.7　特征重排序

该命令用于更改将特征应用于体的次序。在选定参考特征之前或之后，可对所需要的特征重排序。

【执行方式】

- 菜单：选择"菜单"→"编辑"→"特征"→"重排序"命令。
- 功能区：单击"主页"选项卡中"编辑特征"面板上的"特征重排序"按钮。

扫码看视频

【操作步骤】

（1）执行上述操作后，打开如图 8-15 所示的"特征重排序"对话框。

（2）在"参考特征"列表框中选择特征。

（3）在"选择方法"选项组中选择"之前"或"之后"。

（4）单击"确定"按钮，重新排序特征。

图 8-15　"特征重排序"对话框

【选项说明】

（1）参考特征：列出部件中出现的特征。所有特征连同其圆括号中的时间标记一起出现于列表框中。

（2）选择方法：该选项用来指定如何重排序"重定位"特征，允许选择相对"参考"特征来放置"重定位"特征的位置。

① 之前：选中的"重定位"特征将被移动到"参考"特征之前。

② 之后：选中的"重定位"特征将被移动到"参考"特征之后。

（3）重定位特征：允许选择相对于"参考"特征要移动的"重定位"特征。

8.8　抑制特征

扫码看视频

该命令允许临时从目标体及显示中删除一个或多个特征，当抑制有关联的特征时，相关联的特征也被抑制。抑制特征用于减小模型的大小，可加快创建、对象选择、编辑和显示的速度。抑制的特征依然存在于数据库中，只是将其从模型中删除。

【执行方式】

- 菜单：选择"菜单"→"编辑"→"特征"→"抑制"命令。
- 功能区：单击"主页"选项卡中"编辑特征"面板上的"抑制特征"按钮 。

【操作步骤】

（1）执行上述操作后，打开如图 8-16 所示的"抑制特征"对话框。

（2）在特征列表框中选择要抑制的特征。

（3）单击"确定"按钮，抑制特征。

图 8-16　"抑制特征"对话框

【选项说明】

（1）列出相关对象：勾选此复选框，选择特征后，相关的特征都显示到"选定的特征"列表框中。

（2）选定的特征：在特征列表框中选择的特征添加到此列表框中，或将相关特征也添加到此列表框中。

8.9　由表达式抑制

扫码看视频

该命令可利用表达式编辑器来抑制特征，此表达式编辑器提供一个可用于编辑的抑制表达式列表。

【执行方式】

- 菜单：选择"菜单"→"编辑"→"特征"→"由表达式抑制"命令。
- 功能区：单击"主页"选项卡中"编辑特征"面板上的"由表达式抑制"按钮 。

【操作步骤】

（1）执行上述操作后，打开如图 8-17 所示的"由表达式抑制"对话框。

（2）选择一个或多个要为其指定抑制表达式的特征。

（3）单击"确定"按钮，创建抑制表达式。

【选项说明】

1."表达式选项"下拉列表

（1）为每个创建：允许为每一个选中的特征生成单个抑制表达式。对话框显示所有特征，可以是被抑制的、被释放的以及无抑制表达式的特征。如果选中的特征被抑制，则其新的抑制表达式的值为 0，否则为 1。按升序自动生成抑制表达式（即 p22，p23，p24，…）。

（2）创建共享的：允许生成被所有选中特征共用的单个抑制表达式。对话框显示所有特征，可以是被抑制的、被释放的以及

图 8-17　"由表达式抑制"对话框

无抑制表达式的特征。所有选中的特征必须具有相同的状态，即都是被抑制的或者都是被释放的。如果它们是被抑制的，则其抑制表达式的值为 0，否则为 1。当编辑表达式时，如果任何特征被抑制或被释放，则其他有相同表达式的特征也被抑制或被释放。

（3）为每个删除：允许删除选中特征的抑制表达式。对话框显示具有抑制表达式的所有特征。

（4）删除共享的：允许删除选中特征共有的抑制表达式。对话框显示包含共有的抑制表达式的所有特征。如果选择特征，则对话框高亮显示共有该相同表达式的其他特征。

2. 显示表达式

在信息窗口中显示由抑制表达式控制的所有特征。

3. "选择特征"选项组

（1）选择特征：选择一个或多个要为其指定抑制表达式的特征。

（2）添加相关特征：选择相关特征和所选的父特征。父特征及其相关特征都由抑制表达式控制。

（3）添加体中的所有特征：选择所选体中的所有特征。体和体中的任何特征都由抑制表达式控制。

（4）特征列表：列出符合选择条件的所有特征。

8.10 移除参数

扫码看视频

该命令允许从一个或多个实体和片体中删除所有参数。还可以从与特征相关联的曲线和点删除参数，使其成为非相关联。

【执行方式】

- 菜单：选择"菜单"→"编辑"→"特征"→"移除参数"命令。
- 功能区：单击"主页"选项卡中"编辑特征"面板上的"移除参数"按钮 ✕。

【操作步骤】

（1）执行上述操作后，打开如图 8-18 所示的"移除参数"对话框。

（2）选择要移除参数的对象。

（3）单击"确定"按钮，打开"移除参数"警告对话框。

（4）单击"是"按钮，移除对象参数。

图 8-18 "移除参数"对话框

提示　　一般情况下，用户需要传送自己的文件，但不希望别人看到自己建模过程的具体参数，可以使用该方法移除参数。

8.11 编辑实体密度

扫码看视频

该命令可以改变一个或多个已有实体的密度和/或密度单位。改变密度单位，让系统重新计算新单位的当前密度值，如果需要也可以改变密度值。

【执行方式】

- 菜单：选择"菜单"→"编辑"→"特征"→"实体密度"命令。
- 功能区：单击"主页"选项卡中"编辑特征"面板上的"编辑实体密度"按钮 ◬。

【操作步骤】

（1）执行上述操作后，打开如图 8-19 所示的"指派实体密度"
对话框。

（2）选择要编辑的实体。

（3）选择所需的单位。

（4）输入密度值。

（5）单击"确定"按钮。

【选项说明】

图 8-19　"指派实体密度"对话框

（1）体：选择要编辑的一个或多个实体。

（2）实体密度：指定实体密度的值。

（3）单位：指定实体密度的单位。

8.12　特征重播

扫码看视频

该命令可查看如何使用特征来构造模型。当需要修订继承的模型时，这一功能特
别有用。

用户可以进行以下操作。

（1）在特征重播过程中查看特征是否存在问题，并在必要时修复问题。重播停止时显示的特征
自动成为当前特征。

（2）手动在模型的特征中步进。

（3）播放、暂停并选择起始特征以使用播放命令来进行模型重播。

（4）设置自动重播中每一步的时间间隔。

【执行方式】

● 菜单：选择"菜单"→"编辑"→"特征"→"重播"命令。

● 功能区：单击"主页"选项卡中"编辑特征"面板上的"特
征重播"按钮。

【操作步骤】

（1）执行上述操作后，打开如图 8-20 所示的"特征重播"对
话框。

（2）选择开始时，将部件回放至其第一个特征。

（3）选择播放时，从当前选定特征开始重播。

图 8-20　"特征重播"对话框

【选项说明】

（1）时间戳记数：用于指定要开始重播的特征的时间戳记数。可以在文本框中键入数字或移动滑块。

（2）步骤之间的秒数：指定特征重播的每个步骤之间暂停的秒数。

第 9 章
装配建模

UG 的装配模块不仅能快速地组合零部件成为产品，而且在装配中，可以参考其他部件进行部件关联设计，并可以对装配模型进行间隙分析和重量管理等相关操作。在完成装配后，还可以建立爆炸视图和动画。

/ 重点与难点

- ➲ 装配基础
- ➲ 装配导航器
- ➲ 引用集
- ➲ 组件装配
- ➲ 装配爆炸图
- ➲ 对象干涉检查
- ➲ 部件族
- ➲ 装配序列化

9.1 装配基础

9.1.1 进入装配环境

扫码看视频

（1）选择"菜单"→"文件"→"新建"命令或单击快速访问工具栏中的"新建"按钮，打开如图 9-1 所示的"新建"对话框。

图 9-1 "新建"对话框

（2）选择"装配"模板，单击"确定"按钮，打开"添加组件"对话框。

（3）在"添加组件"对话框，单击"打开"按钮，打开装配零件后进入装配环境。

9.1.2 相关术语和概念

以下主要介绍装配中的常用术语。

（1）装配：是指在装配过程中建立部件之间的连接功能。由装配部件和子装配组成。   扫码看视频

（2）装配部件：由零件和子装配构成的部件。在 UG 中允许向任何一个 prt 文件中添加部件构成装配，因此任何一个 prt 文件都可以作为装配部件。UG 中零件和部件不必严格区分。需要注意的是：当存储一个装配时，各部件的实际几何数据并不是存储在装配部件文件中，而是存储在相应的部件（即零件文件）中。

（3）子装配：在高一级装配中被用作组件的装配，子装配也拥有自己的组件。子装配是一个相对概念，任何一个装配可在更高级的装配中作为子装配。

（4）组件对象：是一个从装配部件链接到部件主模型的指针实体。一个组件对象记录的信息有部件名称、层、颜色、线型、线宽、引用集和配对条件等。

（5）组件部件：是指装配里组件对象所指的部件文件。组件部件可以是单个部件（即零件），也可以是子装配。需要注意的是组件部件是装配体引用，而不是复制到装配体中的。

（6）单个零件：是指在装配外存在的零件几何模型，它可以添加到一个装配中去，但它本身不

能含有下级组件。

（7）主模型：利用 Master Model 功能来创建的装配模型，它是由单个零件组成的装配组件，是供 UG 模块共同引用的部件模型。同一主模型，可同时被工程图、装配、加工、机构分析和有限元分析等模块引用，当主模型修改时，相关引用自动更新。

（8）自顶向下装配：在装配级中创建与其他部件相关的部件模型，是在装配部件的顶级向下生成子装配和部件（即零件）的装配方法。

（9）自底向上装配：先创建部件几何模型，再组合成子装配，最后生成装配部件的装配方法。

（10）混合装配：是将自顶向下装配和自底向上装配结合在一起的装配方法。例如，先创建几个主要部件模型，再将其装配到一起，然后在装配中设计其他部件，即为混合装配。

9.2 装配导航器

装配导航器也叫装配导航工具，它提供了一个装配结构的图形显示界面，也被称为"结构树"，如图 9-2 所示，掌握了装配导航器才能灵活地运用装配的功能。

图 9-2 装配导航器

9.2.1 功能概述

1. 节点显示

采用装配树形结构显示，可以非常清楚地表达各个组件之间的装配关系。

2. 装配导航器图标

装配结构树中用不同的图标来表示装配中子装配和组件的不同。同时，各零部件不同的装载状态也用不同的图标表示。

（1）🏠：表示装配或子装配。

① 如果是黄色图标，则此装配在工作部件内。

② 如果是黑色实线图标，则此装配不在工作部件内。

③ 如果是灰色虚线图标，则此装配已被关闭。

（2）🟦：表示装配结构树组件。

① 如果是黄色图标，则此组件在工作部件内。

② 如果是黑色实线图标，则此组件不在工作部件内。

③ 如果是灰色虚线图标，则此组件已被关闭。

3. 检查盒

检查盒提供了快速确定部件工作状态的方法，允许用户用一个非常简单的方法装载并显示部件。部件工作状态用检查盒指示器表示。

（1）□：表示当前组件或子装配处于关闭状态。

（2）☑：表示当前组件或子装配处于隐藏状态，此时检查框显灰色。

（3）☑：表示当前组件或子装配处于显示状态，此时检查框显红色。

4. 快捷菜单

如果将光标移动到装配结构树的一个节点或选择若干个节点并单击鼠标右键，则打开快捷菜单，其中提供了很多便捷命令，以方便用户操作，如图 9-3 所示。

图 9-3 快捷菜单

9.2.2 预览面板和依附性面板

扫码看视频

　　"预览"面板是装配导航器的一个扩展区域，显示装载或未装载的组件。此功能在处理大装配时，有助于用户根据需要打开组件，更好地掌握其装配性能。

　　"依附性"面板是装配导航器和部件导航器的一个特殊扩展。装配导航器的依附性面板允许查看部件或装配内选定对象的依附性，包括配对约束和 WAVE 依附性，可以用它来分析修改计划对部件或装配的潜在影响。

9.3 引用集

扫码看视频

　　各部件含有草图、基准平面及其他辅助图形对象，如果在装配中显示所有对象，不但容易混淆图形，而且还会占用大量内存，不利于装配工作的进行。通过"引用集"命令能够限制加载于装配图中的装配部件的不必要信息。

　　引用集是用户在零部件中定义的部分几何对象，它代表相应的零部件参与装配。引用集可以包含下列数据对象：零部件名称、原点、方向、几何体、坐标系、基准轴、基准平面和属性等。创建完引用集后，就可以单独装配到部件中。一个零部件可以有多个引用集。

【执行方式】

　　● 菜单：选择"菜单"→"格式"→"引用集"命令。

【操作步骤】

　　执行上述操作后，系统打开如图 9-4 所示的"引用集"对话框。

【选项说明】

图 9-4 "引用集"对话框

　　(1) ▢添加新的引用集：可以创建新的引用集。输入使用于引用集的名称，并选取对象。

　　(2) ✕删除：已创建的引用集的项目可以选择性地删除，删除引用集项目只不过是在目录中删除而已。

　　(3) ▦设为当前值：把对话框中选取的引用集设定为当前的引用集。

　　(4) ▦属性：编辑引用集的名称和属性。

　　(5) ▦信息：显示工作部件的全部引用集的名称、属性和个数等信息。

9.4 组件

　　自底向上装配的设计方法是常用的装配方法，即先设计装配中的部件，再将部件添加到装配中，由底向上逐级进行装配。

9.4.1　添加组件

【执行方式】

● 菜单：选择"菜单"→"装配"→"组件"→"添加组件"命令。
● 功能区：单击"主页"选项卡中"装配"面板上的"添加"按钮 。

【操作步骤】

（1）执行上述操作后，打开如图 9-5 所示的"添加组件"对话框。
（2）如果要进行装配的部件还没有打开，可以单击"打开"按钮，选择需装配的部件。
（3）已经打开的部件的名字会出现在"已加载的部件"列表框中，可以从中直接选择。
（4）设置相关选项后，单击"确定"按钮，添加组件。

【选项说明】

1．要放置的部件

在"要放置的部件"选项组中，指定要添加到组件中的部件。
（1）选择部件：选择要添加到工作中的一个或多个部件。
（2）已加载的部件：列出当前已加载的部件。
（3）最近访问的部件：列出最近添加的部件。
（4）打开：单击此按钮，打开"部件名"对话框，选择要添加到工作部件中的一个或多个部件。
（5）保持选定：在单击"应用"按钮之后保持部件选择，从而可在下一个添加操作中快速添加同样的这些部件。
（6）数量：为添加的部件设置要创建的实例数量。

2．位置

（1）装配位置：用于选择组件锚点在装配中的初始放置位置。
① 对齐：通过选择位置来定义坐标系。
② 绝对坐标系 - 工作部件：将组件放置于当前工作部件的绝对原点。
③ 绝对坐标系 - 显示部件：将组件放置于显示装配的绝对原点。
④ 工作坐标系：将组件放置于工作坐标系。
（2）循环定向：用于根据装配位置指定不同的组件方向。

3．放置

（1）约束：按照几何对象之间的配对关系指定部件在装配图中的位置。
（2）移动：用于通过"点"对话框或坐标系操控器指定部件的方向。

4．设置

（1）分散组件：可自动将组件放置在各个位置，以使组件不重叠。
（2）保持约束：创建用于放置组件的约束。可以在装配导航器和约束导航器中选择这些约束。
（3）预览：在图形窗口中显示组件的预览。
（4）启用预览窗口：在单独的组件预览窗口中显示组件的预览。
（5）名称：将当前所选组件的名称设置为指定的名称。

图 9-5　"添加组件"对话框

（6）引用集：设置已添加组件的引用集。

（7）图层选项：该选项用于指定部件放置的目标层。

① 工作的：该选项用于将指定部件放置到装配图的工作层中。

② 原始的：该选项用于将部件放置到部件原来的层中。

③ 按指定的：该选项用于将部件放置到指定的层中。选择该选项，在其下端的指定"层"文本框中输入需要的层号即可。

9.4.2　新建组件

扫码看视频

【执行方式】

● 菜单：选择"菜单"→"装配"→"组件"→"新建组件"命令。

● 功能区：单击"主页"选项卡中"装配"面板上的"新建"按钮 。

【操作步骤】

（1）执行上述操作后，打开"新组件文件"对话框。设置相关参数后，单击"确定"按钮。

（2）打开如图 9-6 所示的"新建组件"对话框。

（3）设置相关参数。

（4）单击"确定"按钮，新建组件。

【选项说明】

1. 对象

（1）选择对象：允许选择对象，以创建为包含几何体的新组件。

（2）添加定义对象：勾选此复选框，可以在新组件部件文件中包含所有参数对象。

2. 设置

（1）组件名：指定新组件名称。

图 9-6　"新建组件"对话框

（2）引用集：在要添加所有选定几何体的新组件中指定引用集。

（3）引用集名称：指定组件引用集的名称。

（4）组件原点：指定绝对坐标系在组件部件内的位置。

① WCS：指定绝对坐标系的位置和方向与显示部件的 WCS 相同。

② 绝对坐标系：指定对象保留其绝对坐标位置。

（5）删除原对象：勾选此复选框，删除原始对象，同时将选定对象移至新部件。

9.4.3　替换组件

使用此命令移除现有组件，并用另一个类型为 prt 文件的组件将其替换。

【执行方式】

扫码看视频

● 菜单：选择"菜单"→"装配"→"组件"→"替换组件"命令。

● 功能区：单击"主页"选项卡中"装配"面板上的"替换组件"
按钮 。

【操作步骤】

（1）执行上述操作后，打开如图 9-7 所示的"替换组件"对话框。

（2）选择一个或多个要替换的组件。

（3）选择替换件。

（4）单击"确定"按钮，替换组件。

【选项说明】

（1）要替换的组件：选择一个或多个要替换的组件。

（2）"替换件"选项组。

① 选择部件：在图形窗口、已加载列表或未加载列表中选择替换组件。

② 已加载的部件：在列表中显示所有加载的组件。

③ 未加载的部件：显示候选替换部件列表的组件。

④ 浏览 ：浏览包含部件的目录。

（3）"设置"选项组。

① 保持关系：指定在替换组件后是否尝试维持关系。

② 替换装配中的所有事例：指定在替换组件时是否替换所有事例。

③ 组件属性：允许指定替换组件的名称、引用集和图层属性。

图 9-7 "替换组件"对话框

9.4.4 阵列组件

此命令可以为装配中的组件创建命名的关联阵列。

扫码看视频

【执行方式】

● 菜单：选择"菜单"→"装配"→"组件"→"阵列组件"
命令。

● 功能区：单击"主页"选项卡中"装配"面板上的"阵列组
件"按钮 。

【操作步骤】

（1）执行上述操作后，打开如图 9-8 所示的"阵列组件"对话框。

（2）选择要阵列的组件，选择阵列定义类型，并设置阵列参数。

（3）单击"确定"按钮。

【选项说明】

同 6.3.1 节"阵列特征"对话框的选项类似，这里就不再重复
叙述。

图 9-8 "阵列组件"对话框

9.5 组件装配

9.5.1 移除组件

扫码看视频

使用此命令可在装配中移动并有选择地复制组件，可以选择并移动具有同一父项的多个组件。

【执行方式】

○ 菜单：选择"菜单"→"装配"→"组件位置"→"移动组件"命令。
○ 功能区：单击"主页"选项卡中"装配"面板上的"移动组件"按钮。

【操作步骤】

（1）执行上述操作后，打开如图 9-9 所示的"移动组件"对话框。
（2）在对话框中选择运动类型。
（3）选择一个或多个要移动的组件。
（4）设置其他选项。
（5）单击"确定"按钮，完成组件移动。

【选项说明】

图 9-9 "移动组件"对话框

1. "运动"下拉列表

（1）动态：用于通过拖动、使用图形窗口中的文本框或通过"点"对话框来重定位组件。
（2）根据约束：用于通过创建移动组件的约束来移动组件。
（3）点到点：用于采用点到点的方式移动组件。单击"点对话框"按钮，打开"点"对话框，提示先后选择两个点，系统根据这两点构成的矢量和两点间的距离，来沿着这个矢量方向移动组件。
（4）增量 XYZ：用于沿 X、Y 和 Z 坐标轴方向移动一个距离。如果输入的值为正，则沿坐标轴正向移动；反之，沿负向移动。
（5）角度：用于指定矢量和轴点旋转组件。在"角度"文本框中输入要旋转的角度值。
（6）距离：用于指定矢量和距离移动组件。在"距离"文本框中输入要移动的距离值。
（7）坐标系到坐标系：根据两个坐标系的关系移动所选组件。选择一种坐标定义方式定义参考坐标系和目标坐标系，则组件从参考坐标系的相对位置移动到目标坐标系的对应位置。
（8）将轴与矢量对齐：使用两个指定矢量和一个枢轴点来移动所选的组件。
（9）根据三点旋转：使用三个点旋转所选的组件。单击"点对话框"按钮，打开"点"对话框，要求先后指定三个点，WCS 将原点落到第一个点，同时计算 1、2 点构成的矢量和 1、3 点构成的矢量之间的夹角，按照这个夹角旋转组件。

2. "模式"下拉列表

（1）不复制：在移动过程中不复制组件。
（2）复制：在移动过程中自动复制组件。
（3）手动复制：在移动过程中复制组件，并允许控制副本的创建时间。

3. "设置"选项组

（1）仅移动选定的组件：用于移动选定的组件。约束到所选组件的其他组件不会移动。

（3）动画步骤：在图形窗口中设置组件移动的步数。

（4）动态定位：勾选此复选框，对约束求解并移动组件。

（5）移动曲线和管线布置对象：勾选此复选框，对对象和非关联曲线进行布置，使其在用于约束时进行移动。

（6）动态更新管线布置实体：勾选此复选框，可以在移动对象时动态更新管线布置对象位置。

9.5.2 组件的装配约束

约束关系是指组件的点、边、面等几何对象之间的配对关系，以此确定组件在装配中的相对位置。这种装配关系是由一个或多个关联约束组成的，通过关联约束来限 扫码看视频
制组件在装配中的自由度。对组件的约束效果有以下两种。

（1）完全约束：组件的全部自由度都被约束，在图形窗口中看不到约束符号。

（2）欠约束：组件还有自由度没被限制，称为欠约束，在装配中允许欠约束存在。

🔍【执行方式】

● 菜单：选择"菜单"→"装配"→"组件位置"→"装配约束"命令。

● 功能区：单击"主页"选项卡中"装配"面板上的"装配约束"按钮🔧。

🪁【操作步骤】

（1）执行上述操作后，打开如图 9-10 所示的"装配约束"对话框。

（2）选择约束类型。

（3）在视图中选择装配对象。

（4）单击"确定"按钮，完成装配约束。

🪁【选项说明】

（1）🔧接触对齐：约束两个组件，使它们彼此接触或对齐。

① 首选接触：当接触和对齐都可能时，显示接触约束；当接触约束过度约束装配时，将显示对齐约束。

② 接触：约束对象，使其曲面法向在反方向上。

③ 对齐：约束对象，使其曲面法向在相同的方向上。

④ 自动判断中心 / 轴：使圆锥面、圆柱面、球面或圆环面的中心或轴线重合。

图 9-10 "装配约束"对话框

（2）◎同心：将相配组件中的一个对象定位到基础组件中的一个对象的中心上，其中一个对象必须是圆柱体或轴对称实体。

（3）🔧距离：该约束类型用于指定两个相配对象间的最小距离，距离可以是正值，也可以是负值，正负号确定相配组件在基础组件的哪一侧。距离由"距离表达式"选项的数值确定。

（4）🔧固定：将组件固定在其当前位置上。

（5）平行：约束两个对象的方向矢量彼此平行。

（6）垂直：约束两个对象的方向矢量彼此垂直。

（7）对齐 / 锁定：对齐不同对象中的两个轴，同时防止绕公共轴旋转。

（8）＝适合窗口：将半径相等的两个对象结合在一起。

（9）胶合：将对象约束在一起以使它们作为刚体移动。

（10）中心：该配对类型约束两个对象的中心，使其中心对齐。其中子类型包括以下 3 个。

① 1 对 2：将相配组件中的一个对象定位到基础组件中的两个对象的中心上。

② 2 对 1：将相配组件中的两个对象定位到基础组件中的一个对象的中心上，并与其对称。

③ 2 对 2：将相配组件中的两个对象定位到基础组件中的两个对象成对称布置。

（11）角度：该配对类型是在两个对象之间定义角度，用于约束匹配组件到正确的方向上。

9.5.3　显示和隐藏约束

使用此命令可以控制选定的约束、与选定组件相关联的所有约束和选定组件之间的约束的可见性。

扫码看视频

【执行方式】

● 菜单：选择"菜单"→"装配"→"组件位置"→"显示和隐藏约束"命令。
● 功能区：单击"装配"选项卡中"组件位置"面板上的"显示和隐藏约束"按钮。

【操作步骤】

（1）执行上述操作后，打开如图 9-11 所示的"显示和隐藏约束"对话框。

（2）选择要显示或隐藏的约束所属组件。

（3）在"设置"选项组中设置相关参数。

（4）单击"确定"按钮，完成装配约束的显示或隐藏。

【选项说明】

（1）选择组件或约束：选择操作中使用的约束所属组件或各个约束。

（2）"设置"选项组。

① 可见约束：用于指定在操作之后可见约束是仅为选定组件之间的约束，还是与任何选定组件相连接的所有约束。

② 更改组件可见性：用于指定是否仅仅是操作结果中涉及的组件可见。

③ 过滤装配导航器：用于指定是否在装配导航器中过滤操作结果中未涉及的组件。

图 9-11　"显示和隐藏约束"对话框

9.5.4　实例——球摆装配

制作思路

本例装配球摆，如图 9-12 所示。首先将支架装配到坐标原点，然后对球摆和支架进行接触、距离和角度装配。

扫码看视频

图 9-12　球摆装配

绘制步骤

1. 新建文件

选择"菜单"→"文件"→"新建"命令，或单击快速访问工具栏中的"新建"按钮，打开"新建"对话框，选择"装配"模板，输入文件名为"qiubai"，如图 9-13 所示。单击"确定"按钮，进入装配环境。

2. 添加支架零件到坐标原点

（1）选择"菜单"→"装配"→"组件"→"添加组件"命令，或单击"主页"选项卡中"装配"面板上的"添加"按钮，打开"添加组件"对话框，如图 9-14 所示。

图 9-13　"新建"对话框

图 9-14　"添加组件"对话框

在没有进行装配前，此对话框的"已加载的部件"列表框中是空的，但是随着装配的进行，该列表框中将显示所有加载进来的零部件文件的名称，便于管理和使用。单击"打开"按钮，打开

"部件名"对话框，如图 9-15 所示。

图 9-15　"部件名"对话框

（2）在"部件名"对话框中，选择已有的零部件文件，选中右侧的"预览"复选框，可以预览已有的零部件。选择"zhijia.prt"文件，右侧预览窗口中显示出该文件中保存的支架实体，单击"OK"按钮，打开"组件预览"窗口，如图 9-16 所示。

（3）在"添加组件"对话框中，"引用集"下拉列表选择"模型"选项，"装配位置"下拉列表选择"绝对坐标系 - 工作部件"选项，"图层选项"下拉列表选择"原始的"选项。单击"确定"按钮，按绝对坐标定位方法添加支架零件，结果如图 9-17 所示。

图 9-16　"组件预览"窗口

图 9-17　添加支架

3. 添加球摆零件并装配

（1）选择"菜单"→"装配"→"组件"→"添加组件"命令，或单击"主页"选项卡中"装配"

面板上的"添加"按钮，打开"添加组件"对话框。单击"打开"按钮，打开"部件名"对话框，选择"bai.prt"文件，右侧预览窗口中显示出球摆实体的预览图。单击"OK"按钮，打开"组件预览"窗口，如图9-18所示。

（2）在"添加组件"对话框中，"引用集"下拉列表选择"模型"选项，"放置"选项选择"约束"单选按钮，"图层选择"下拉列表选择"原始的"选项。

（3）在"约束类型"列表框中选择"距离"类型，选择支架端面和球摆端面，如图9-19所示。输入距离为3.5，按回车键。

（4）在"约束类型"列表框中选择"接触对齐"类型，在"方位"下拉列表中选择"自动判断中心/轴"选项，选择支架圆台圆柱面和球摆孔的圆柱面，如图9-20所示。

图9-18 "组件预览"窗口

图9-19 距离约束

图9-20 中心约束

（5）在"约束类型"列表框中选择"角度"类型，选择支架的前端面和球摆圆柱面，如图9-21所示。输入角度为90°，单击"确定"按钮。

完成支架和球摆的装配，结果如图9-22所示。

图9-21 角度约束

图9-22 支架和球摆装配

9.6 装配爆炸图

爆炸图是在装配环境下把组成装配的组件拆分开，更好地表达整个装配的组成情况，便于观察每个组件的一种方法。爆炸图是一个已经命名的视图，一个模型中可以有多个爆炸图。UG默认的爆炸图名为"Explosion"，后加数字后缀。用户也可根据需要指定爆炸图名称。

9.6.1　新建爆炸

扫码看视频

使用此命令可创建新的爆炸图，组件将在其中以可见方式重定位，生成爆炸图。

 【执行方式】

● 菜单：选择"菜单"→"装配"→"爆炸图"→"新建爆炸"命令。

 【操作步骤】

（1）执行上述操作后，打开如图 9-23 所示的"新建爆炸"对话框。

（2）在对话框中输入新名称。

（3）单击"确定"按钮，创建新的爆炸图。

图 9-23　"新建爆炸"对话框

【选项说明】

在该对话框中输入爆炸图的名称，或接受默认名。

9.6.2　自动爆炸组件

扫码看视频

使用此命令可以定义爆炸图中一个或多个选定组件的位置。此命令可沿基于组件的装配约束的法向矢量，偏置每个选定的组件。

 【执行方式】

● 菜单：选择"菜单"→"装配"→"爆炸图"→"自动爆炸组件"命令。

 【操作步骤】

（1）执行上述操作后，打开"类选择"对话框，选择要偏置的组件。

（2）打开如图 9-24 所示的"自动爆炸组件"对话框。

（3）在对话框中输入距离值。

（4）单击"确定"按钮，创建新的爆炸图。

图 9-24　"自动爆炸组件"对话框

【选项说明】

距离：该选项用于设置自动爆炸组件之间的距离。

9.6.3　编辑爆炸

扫码看视频

使用此命令可以重新定位爆炸图中选定的一个或多个组件。

【执行方式】

● 菜单：选择"菜单"→"装配"→"爆炸图"→"编辑爆炸"命令。

【操作步骤】

（1）执行上述操作后，系统打开如图 9-25 所示的"编辑爆炸"对话框。

（2）选择需要编辑的组件。

（3）选择移动对象和移动方式。

（4）单击"确定"按钮，编辑爆炸图。

【选项说明】

（1）选择对象：选择要爆炸的组件。

（2）移动对象：用于移动选定的组件。

（3）只移动手柄：用于移动拖动手柄而不移动任何其他对象。

（4）距离/角度：设置距离或角度以重新定位所选组件。

（5）对齐增量：选中此复选框，可以在拖动手柄时为移动的距离或旋转的角度设置捕捉增量。

（6）取消爆炸：将选定的组件移回其未爆炸的位置。

（7）原始位置：将所选组件移回它在装配中的原始位置。

图 9-25 "编辑爆炸"对话框

9.7　对象干涉检查

扫码看视频

【执行方式】

● 菜单：选择"菜单"→"分析"→"简单干涉"命令。

【操作步骤】

（1）执行上述操作后，打开如图 9-26 所示的"简单干涉"对话框。

（2）选择第一体。

（3）选择第二体。

（4）在"干涉检查结果"选项组中设置参数。

（5）单击"确定"按钮，完成干涉检查。

【选项说明】

（1）选择体：该选项用于以产生干涉体的方式显示给用户发生干涉的对象。在选择了要检查的实体后，则会在工作区中产生一个干涉实体，以便用户快速地找到发生干涉的对象。

图 9-26 "简单干涉"对话框

（2）要高亮显示的面：该选项主要用于以加亮表面的方式显示给用户干涉的表面。选择要检查干涉的第一体和第二体，高亮显示发生干涉的面。

扫码看视频

9.8　部件族

部件族提供通过一个模板零件快速定义一类类似的部件（零件或装配）族的方法。该功能主要用于建立一系列标准件，可以一次生成所有的相似组件。

【执行方式】

● 菜单：选择"菜单"→"工具"→"部件族"命令。

【操作步骤】

执行上述操作后，打开如图 9-27 所示的"部件族"对话框。

【选项说明】

（1）可用的列：该下拉列表中列出了用来驱动系列组件的参数选项。

① 表达式：选择表达式作为模板，使用不同的表达式值来生成系列组件。

② 属性：将定义好的属性值设为模板，可以为系列组件生成不同的属性值。

③ 组件：选择装配中的组件作为模板，用以生成不同的装配。

④ 镜像：选择镜像体作为模板，同时可以选择是否生成镜像体。

⑤ 密度：选择密度作为模板，可以为系列组件生成不同的密度值。

图 9-27　"部件族"对话框

⑥ 特征：选择特征作为模板，同时可以选择是否生成指定的特征。

⑦ 赋予质量：选择质量作为模板，可以为系列组件生成不同的质量。

（2）可导入部件族模板：该选项用于连接 UG/Manager 和 IMAN 进行产品管理，一般情况下，保持默认选项即可。

（3）族保存目录：可以单击"浏览"按钮来指定生成的系列组件的存放目录。

（4）创建电子表格：单击该按钮后，系统会自动调用 Excel 表格，选中的相应条目会被列举在其中，如图 9-28 所示。

图 9-28　创建 Excel 表格

扫码看视频

9.9 装配序列化

装配序列化的功能主要有两个：一是规定一个装配的每个组件的时间与成本特性；二是用于演示装配顺序，指导一线的装配工人进行现场装配。

完成组件装配后，可建立序列化来表达装配各组件间的装配顺序。

【执行方式】

- ● 菜单：选择"菜单"→"装配"→"序列"命令。
- ● 功能区：单击"装配"选项卡中"常规"面板上的"序列"按钮 🗗。

【操作步骤】

执行上述操作后，打开如图 9-29 所示的"主页"选项卡。

图 9-29 "主页"选项卡

【选项说明】

（1）🏁完成：退出序列化环境。

（2）🗗新建：用于创建一个序列。系统会自动为这个序列命名为"序列_1"，以后新建的序列为"序列_2""序列_3"等依次增加。用户也可以自己修改名称。

（3）🗗插入运动：单击此按钮，打开如图 9-30 所示的"录制组件运动"工具栏。该工具栏用于建立一段装配动画模拟。

① ⊞选择对象：单击该按钮，选择需要移动的组件对象。

② ⊿移动对象：单击该按钮，用于移动组件。

③ 只移动手柄：单击该按钮，用于移动坐标系。

④ 运动录制首选项：单击该按钮，打开如图 9-31 所示的"首选项"对话框。该对话框用于指定步进的精确程度和运动动画的帧数。

图 9-31 "首选项"对话框

图 9-30 "录制组件运动"工具栏

⑤ 🗗拆卸：单击该按钮，拆卸所选组件。

⑥ 📷摄像机：单击该按钮，用来捕捉当前的视角，以便于回放的时候在合适的角度观察运动情况。

（4）🗗装配：单击该按钮，打开"类选择"对话框，按照装配步骤选择需要添加的组件，该组件会自动出现在视图区右侧。用户可以依次选择要装配的组件，以生成装配序列。

（5）一起装配：用于在视图区选择多个组件，一次全部进行装配。"装配"功能只能一次装配一个组件，该功能在"装配"功能选中之后可选。

（6）拆卸：在视图区选择要拆卸的组件，该组件会自动恢复到绘图区左侧。该功能主要是模拟反装配的拆卸序列。

（7）一起拆卸：一起装配的反过程。

（8）记录摄像位置：用于为每一步序列生成一个独特的视角。当序列演变到该步时，自动转换到定义的视角。

（9）插入暂停：单击该按钮，系统会自动插入暂停并分配固定的帧数。当回放的时候，系统看上去像暂停一样，直到走完这些帧数。

（10）删除：用于删除一个序列步。

（11）在序列中查找：打开"类选择"对话框，可以选择一个组件，然后查找应用该组件的序列。

（12）显示所有序列：显示所有的序列。

（13）捕捉布置：可以把当前的运动状态捕捉下来，作为一个装配序列。用户可以为这个排列取一个名字，系统会自动记录这个排列。

定义完成序列以后，用户就可以通过如图 9-32 所示的"回放"面板来播放装配序列。在最左边的是设置当前帧数，在最右边的是播放速度调节，从 1 至 10，数字越大，播放的速度就越快。

图 9-32　"回放"面板

9.10　综合实例——连杆运动机构装配

制作思路

本例装配连杆运动机构，如图 9-33 所示。首先将连杆 4 装配到坐标原点，然后将连杆 2 和连杆 4 进行接触装配，再将连杆 1 和连杆 2 进行接触装配，连杆 3 和连杆 1 进行接触装配，最后将连杆 3 和连杆 4 进行装配。

图 9-33　连杆运动机构装配

扫码看视频

绘制步骤

1．新建文件

选择"菜单"→"文件"→"新建"命令，或单击快速访问工具栏中的"新建"按钮，打开"新建"对话框，选择"装配"模板，输入文件名为"link_link_assem"。单击"确定"按钮，进入装配环境。

2．添加连杆 4 零件到坐标原点

（1）选择"菜单"→"装配"→"组件"→"添加组件"命令，或单击"主页"选项卡中"装

配"面板上的"添加"按钮 🗇⁺，打开"添加组件"对话框。

（2）单击"打开"按钮，打开"部件名"对话框，如图 9-34 所示。

图 9-34 "部件名"对话框

（3）在"部件名"对话框中，选择已有的零部件文件，选中右侧的"预览"复选框，可以预览已有的零部件。选择"link04.prt"文件，右侧预览窗口中显示出该文件中保存的连杆 4 实体，单击"OK"按钮，打开"组件预览"窗口，如图 9-35 所示。

（4）在"添加组件"对话框中，"引用集"下拉列表选择"模型"选项，"装配位置"下拉列表选择"绝对坐标系 - 工作部件"选项，"图层选项"下拉列表选择"原始的"选项。单击"确定"按钮，完成按绝对坐标定位方法添加连杆 4 零件的步骤，结果如图 9-36 所示。

图 9-35 "组件预览"窗口

图 9-36 添加连杆 4

3. 添加连杆 2 零件并装配

（1）选择"菜单"→"装配"→"组件"→"添加组件"命令，或单击"主页"选项卡中"装配"

面板上的"添加"按钮 ，打开"添加组件"对话框。单击"打开"按钮，打开"部件名"对话框，选择"link02.prt"文件，右侧预览窗口中显示出连杆 2 实体的预览图。单击"OK"按钮，打开"组件预览"窗口，如图 9-37 所示。

（2）在"添加组件"对话框中，"引用集"下拉列表选择"模型"选项，"放置"选项选择"约束"单选按钮，"图层选项"下拉列表选择"原始的"选项。

（3）在"约束类型"列表框中选择"接触对齐"类型，在"方位"下拉列表中选择"接触"选项，选择如图 9-38 所示的连杆 4 端面和连杆 2 端面，单击"应用"按钮。

图 9-37　"组件预览"窗口　　　　　　　　　图 9-38　接触约束

（4）在"方位"下拉列表中选择"自动判断中心 / 轴"选项，选择如图 9-39 所示的连杆 2 圆台圆柱面和连杆 4 孔的圆柱面，单击"确定"按钮，完成连杆 4 和连杆 2 的装配，结果如图 9-40 所示。

图 9-39　中心对齐约束　　　　　　　　图 9-40　连杆 4 和连杆 2 装配

4. 添加连杆 1 零件并装配

（1）选择"菜单"→"装配"→"组件"→"添加组件"命令，或单击"主页"选项卡中"装配"面板上的"添加"按钮 ，打开"添加组件"对话框。单击"打开"按钮，打开"部件名"对话框，选择"link01.prt"文件，右侧预览窗口中显示出连杆 1 实体的预览图。单击"OK"按钮，打开"组件预览"窗口，如图 9-41 所示。

（2）在"添加组件"对话框中，"引用集"下拉列表选择"模型"选项，"放置"选项选择"约束"单选按钮,"图层选项"下拉列表选择"原始的"选项。

（3）在"约束类型"列表框中选择"接触对齐"类型,在"方位"下拉列表中选择"接触"选项,选择如图 9-42 所示的连杆 1 端面和连杆 2 端面,单击"应用"按钮。

图 9-41 "组件预览"窗口

图 9-42 接触约束

（4）在"方位"下拉列表中选择"自动判断中心 / 轴"选项,选择如图 9-43 所示的连杆 2 圆台圆柱面和连杆 1 孔的圆柱面,单击"确定"按钮,完成连杆 1 和连杆 2 的装配,结果如图 9-44所示。

图 9-43 中心对齐约束

图 9-44 连杆 1 和连杆 2 装配

5. 添加连杆 3 零件并装配

（1）选择"菜单"→"装配"→"组件"→"添加组件"命令,或单击"主页"选项卡中"装配"面板上的"添加"按钮，打开"添加组件"对话框。单击"打开"按钮,打开"部件名"对话框,选择"link03.prt"文件,右侧预览窗口中显示出连杆 3 实体的预览图。单击"OK"按钮,打开"组件预览"窗口,如图 9-45 所示。

（2）在"添加组件"对话框中,"引用集"下拉列表选择"模型"选项,"放置"选项选择"约束"单选按钮,"图层选项"下拉列表选择"原始的"选项。

（3）在"约束类型"列表框中选择"接触对齐"类型,在"方位"下拉列表中选择"接触"选项,选择如图 9-46 所示的连杆 3 端面和连杆 1 端面,单击"应用"按钮。

图 9-45　"组件预览"窗口

图 9-46　接触约束

（4）在"方位"下拉列表中选择"自动判断中心／轴"选项，选择连杆 3 圆台圆柱面和连杆 1 孔的圆柱面，如图 9-47 所示。单击"确定"按钮，完成连杆 3 和连杆 1 的装配，结果如图 9-48 所示。

图 9-47　中心对齐约束

图 9-48　连杆 3 和连杆 1 装配

6. 添加连杆 3 零件并装配

（1）选择"菜单"→"装配"→"组件位置"→"装配约束"命令，或单击"主页"选项卡中"装配"面板上的"装配约束"按钮，打开"装配约束"对话框。

（2）在"约束类型"列表框中选择"接触对齐"类型，在"方位"下拉列表中选择"接触"选项，选择如图 9-49 所示的连杆 3 端面和连杆 4 端面，单击"应用"按钮。

图 9-49　接触约束

（3）在"方位"下拉列表中选择"自动判断中心/轴"选项，选择连杆3圆台圆柱面和连杆4孔的圆柱面，如图9-50所示。单击"确定"按钮，完成连杆3和连杆4的装配，结果如图9-51所示。

图9-50　中心对齐约束

图9-51　连杆3和连杆4装配

7. 移动连杆2

（1）选择"菜单"→"装配"→"组件位置"→"移动组件"命令，或单击"主页"选项卡中"装配"面板上的"移动组件"按钮 ⬚，打开如图9-52所示的"移动组件"对话框。

（2）选择连杆2为要移动的组件，选择运动方式为"动态"，如图9-53所示。

图9-52　"移动组件"对话框

图9-53　动态坐标系

（3）拖动连杆2绕ZC轴旋转，旋转到适当位置，单击"确定"按钮，如图9-54所示。

图9-54　连杆运动机构

读者也可以尝试将连杆和滑块装配为连杆滑块机构。

第 10 章
手压阀设计综合实例

手压阀主要由底座、胶垫、弹簧、阀杆、胶木球、销轴、压紧螺母、手把和阀体这 9 部分组成。本章将分别讲解这 9 个零部件的绘制过程，在最后一节中将把这些零部件装配在一起。在零部件的绘制与装配过程中，学习和熟悉一些常用的 UG 实体建模与装配的方法和技巧。

/ 重点与难点

- ➲ 底座、胶垫、弹簧
- ➲ 阀杆、胶木球、销轴
- ➲ 压紧螺母、手把、阀体
- ➲ 装配

10.1 底座

 制作思路

本节绘制如图 10-1 所示的底座，首先绘制六边形，然后拉伸为六棱柱体，再在六棱柱体的上表面上创建凸台，最后在凸台上创建孔和螺纹。

扫码看视频

图 10-1 底座

绘制步骤

1. 创建新文件

选择"菜单"→"文件"→"新建"命令或单击快速访问工具栏中的"新建"按钮，打开"新建"对话框。在"模板"列表中选择"模型"，输入名称为"dizuo"，单击"确定"按钮，进入建模环境。

2. 绘制草图

（1）选择"菜单"→"插入"→"草图"命令，或单击"主页"选项卡中"直接草图"面板上的"草图"按钮，打开"创建草图"对话框。

（2）选择 *XC-YC* 平面为草图绘制平面，单击"确定"按钮，进入草图绘制界面。

（3）选择"菜单"→"插入"→"草图曲线"→"多边形"命令，或单击"主页"选项卡中"直接草图"面板上的"多边形"按钮，打开"多边形"对话框，在"大小"下拉列表中选择"外接圆半径"选项，在"半径"文本框中输入 29，在"旋转"文本框中输入 0，如图 10-2 所示，捕捉坐标原点为中心点，绘制如图 10-3 所示的草图。

图 10-2 "多边形"对话框

图 10-3 绘制六边形

3．拉伸操作

（1）选择"菜单"→"插入"→"设计特征"→"拉伸"命令，或单击"主页"选项卡中"特征"面板上的"拉伸"按钮，打开"拉伸"对话框。

（2）选择上步绘制的六边形为拉伸曲线。

（3）在"指定矢量"下拉列表中选择"ZC 轴"为拉伸方向。

（4）在"开始距离"和"结束距离"数值栏中分别输入 0、8，如图 10-4 所示。单击"确定"按钮，结果如图 10-5 所示。

4．创建凸台

（1）选择"菜单"→"插入"→"设计特征"→"凸台（原有）"命令，打开"支管"对话框。

（2）选择拉伸体的上表面为凸台放置面。

（3）设置直径和高度分别为 36 和 14，如图 10-6 所示，单击"应用"按钮。

图 10-5　创建拉伸体

图 10-4　"拉伸"对话框

图 10-6　"支管"对话框

（4）打开"定位"对话框，选择"垂直"定位方式，分别选择六棱柱的相邻两边，输入距离为 29，单击"确定"按钮，创建凸台，如图 10-7 所示。

5．创建槽

（1）选择"菜单"→"插入"→"设计特征"→"槽"命令，或单击"主页"选项卡中"特征"面板上的"槽"按钮，打开如图 10-8 所示的"槽"对话框。

（2）单击"矩形"按钮，打开"矩形槽"放置对话框，选择上步创建的凸台圆柱面为放置面。

图 10-7　创建凸台

（3）打开"矩形槽"参数对话框，输入槽直径和宽度分别为 34.5 和 3.4，如图 10-9 所示。

图 10-8 "槽"对话框   图 10-9 "矩形槽"参数对话框

（4）单击"确定"按钮，打开"定位槽"对话框，选择如图 10-10 所示的两条定位边，输入距离为 0。单击"确定"按钮，完成槽的创建，如图 10-11 所示。

图 10-10 选择定位边   图 10-11 创建槽

6. 创建简单孔

（1）选择"菜单"→"插入"→"设计特征"→"孔"命令，或单击"主页"选项卡中"特征"面板上的"孔"按钮 ，打开"孔"对话框。

（2）在"类型"下拉列表中选择"常规孔"类型，在"形状和尺寸"选项组的"成形"下拉列表中选择"简单孔"选项。

（3）捕捉凸台的圆心为孔放置位置，如图 10-12 所示。

（4）在"孔"对话框中，输入孔的直径、深度和顶锥角分别为 24、10 和 0，如图 10-13 所示。单击"确定"按钮，完成简单孔的创建，如图 10-14 所示。

7. 绘制草图

（1）选择"菜单"→"插入"→"草图"命令，或单击"主页"

图 10-12 捕捉圆心位置

选项卡中"直接草图"面板上的"草图"按钮 ，在"创建草图"对话框中设置 *XC-ZC* 平面为草图绘制平面，单击"确定"按钮，进入草图绘制界面。

（2）绘制如图 10-15 所示的草图，单击"主页"选项卡中"直接草图"面板上的"完成草图"按钮 ，草图绘制完毕。

8. 旋转操作

（1）选择"菜单"→"插入"→"设计特征"→"旋转"命令，或单击"主页"选项卡中"特征"面板上的"旋转"按钮 ，打开"旋转"对话框。

（2）选择上步绘制的草图为旋转曲线。

（3）在"指定矢量"下拉列表中选择"*ZC* 轴"为旋转轴，单击"点对话框"按钮 ，打开"点"对话框，输入坐标点为（0,0,0），单击"确定"按钮。

（4）在"布尔"下拉列表中选择"减去"选项，如图 10-16 所示。单击"确定"按钮，创建斜角，如图 10-17 所示。

图 10-13　"孔"对话框

图 10-14　创建简单孔

图 10-15　绘制草图

图 10-16　"旋转"对话框

9. 创建倒斜角

（1）选择"菜单"→"插入"→"细节特征"→"倒斜角"命令，或单击"主页"选项卡中"特征"面板上的"倒斜角"按钮，打开"倒斜角"对话框。

（2）在"横截面"下拉列表中选择"对称"选项，输入距离为 1.6，如图 10-18 所示。

（3）选择如图 10-19 所示的边为倒斜角边，单击"确定"按钮，结果如图 10-20 所示。

图 10-17　创建斜角

图 10-18　"倒斜角"对话框

图 10-19　选择边

图 10-20　倒斜角

10. 创建螺纹

（1）选择"菜单"→"插入"→"设计特征"→"螺纹"命令，或单击"主页"选项卡中"特征"面板上的"螺纹刀"按钮，打开如图 10-21 所示的"螺纹切削"对话框。

（2）选择"详细"螺纹类型，选择圆柱体外表面为螺纹放置面，如图 10-22 所示。

（3）单击"选择起始"按钮，打开"螺纹切削"对话框，选择如图 10-22 所示的起始面。

图 10-21 "螺纹切削"对话框

图 10-22 选择螺纹放置面和起始面

（4）单击"螺纹轴反向"按钮，调整螺纹方向，单击"确定"按钮。

（5）在"螺纹切削"对话框中修改小径为 34，螺距为 2，其他采用默认设置，单击"确定"按钮，创建如图 10-23 所示的螺纹。

11．隐藏基准平面和草图

（1）选择"菜单"→"编辑"→"显示和隐藏"→"隐藏"命令，打开"类选择"对话框，单击"类型过滤器"按钮 ✦。

（2）打开"按类型选择"对话框，选择"曲线""草图"和"基准"选项，如图 10-24 所示，单击"确定"按钮。

（3）返回"类选择"对话框，单击"全选"按钮 ⊞，单击"确定"按钮，隐藏视图中所有的曲线、草图和基准平面，结果如图 10-1 所示。

图 10-23 创建螺纹

图 10-24 "按类型选择"对话框

10.2 胶垫

 制作思路

本节绘制如图 10-25 所示的胶垫，首先绘制圆柱体，然后在圆柱体上创建孔。

扫码看视频

图 10-25 胶垫

绘制步骤

1. 创建新文件

选择"菜单"→"文件"→"新建"命令或单击快速访问工具栏中的"新建"按钮，打开"新建"对话框。在"模板"列表中选择"模型"，输入名称为"jiaodian"，单击"确定"按钮，进入建模环境。

2. 创建圆柱体

（1）选择"菜单"→"插入"→"设计特征"→"圆柱"命令，或单击"主页"选项卡中"特征"面板上的"圆柱"按钮，打开"圆柱"对话框。

（2）在"类型"下拉列表中选择"轴、直径和高度"选项。

（3）在"指定矢量"下拉列表中选择"ZC 轴"为圆柱体方向。单击"点对话框"按钮，打开"点"对话框，输入原点坐标为（0,0,0），单击"确定"按钮，返回"圆柱"对话框。

（4）在"直径"和"高度"文本框中分别输入 50、2，如图 10-26 所示。单击"确定"按钮，生成模型如图 10-27 所示。

图 10-26　"圆柱"对话框

图 10-27　创建圆柱体

3. 创建简单孔

（1）选择"菜单"→"插入"→"设计特征"→"孔"命令，或单击"主页"选项卡中"特征"面板上的"孔"按钮，打开"孔"对话框。

（2）在"类型"下拉列表中选择"常规孔"类型，在"形状和尺寸"选项组的"成形"下拉列表中选择"简单孔"选项。

（3）捕捉圆柱体的上表面圆心为孔放置位置，如图 10-28 所示。

（4）在"孔"对话框中，输入孔的直径为 37，在"深度限制"下拉列表中选择"贯通体"选项，如图 10-29 所示。单击"确定"按钮，完成简单孔的创建，如图 10-25 所示。

图 10-28　捕捉圆心位置

图 10-29　"孔"对话框

10.3　弹簧

 制作思路

　　本节绘制如图 10-30 所示的弹簧。主要利用"圆柱压缩弹簧"命令，在对话框中输入弹簧的各个参数以创建弹簧。

扫码看视频

图 10-30　弹簧

绘制步骤

1. 创建新文件

　　选择"菜单"→"文件"→"新建"命令或单击快速访问工具栏中的"新建"按钮 ，打开"新建"对话框。在"模板"列表中选择"模型"，输入名称为"tanhuang"，单击"确定"按钮，进入建模环境。

2. 创建弹簧

　　（1）选择"菜单"→"GC 工具箱"→"弹簧设计"→"圆柱压缩弹簧"命令，打开"圆柱压缩弹簧"对话框。

　　（2）选择"输入参数"类型，选择"在工作部件中"创建方式。指定矢量为 ZC 轴，指定坐标原点为弹簧起始点，名称采用默认，如图 10-31 所示。单击"下一步"按钮。

　　（3）打开"输入参数"选项卡，选择旋向为"右旋"，在"端部结构"下拉列表中选择"并紧磨平"选项，在"中间直径""钢丝直径""自由高度""有效圈数"和"支承圈数"文本框中分别输入 18、4、60、6、8.5，如图 10-32 所示，单击"下一步"按钮。

图 10-31　"圆柱压缩弹簧"对话框

图 10-32　"输入参数"选项卡

（4）打开如图 10-33 所示的"显示结果"选项卡，显示弹簧的参数。单击"完成"按钮，生成弹簧，如图 10-34 所示。

图 10-33　"显示结果"选项卡

图 10-34　创建弹簧

3. 隐藏基准平面

（1）选择"菜单"→"编辑"→"显示和隐藏"→"隐藏"命令，打开"类选择"对话框，单击"类型过滤器"按钮 。

（2）打开"按类型选择"对话框，选择"基准"选项，单击"确定"按钮。

（3）返回"类选择"对话框，单击"全选"按钮 ，单击"确定"按钮，隐藏视图中所有的基准平面，结果如图 10-30 所示。

10.4　阀杆

👉 **制作思路**

本节绘制如图 10-35 所示的阀杆。首先绘制圆柱体，然后创建孔，再在孔上创建凸台，在圆柱体的另一端创建同轴心凸台和球，最后对其倒斜角完成阀杆的创建。

图 10-35　阀杆

扫码看视频

 绘制步骤

1. 创建新文件

选择"菜单"→"文件"→"新建"命令或单击快速访问工具栏中的"新建"按钮，打开"新建"对话框。在"模板"列表中选择"模型",输入名称为"fagan",单击"确定"按钮,进入建模环境。

2. 创建圆柱体

(1)选择"菜单"→"插入"→"设计特征"→"圆柱"命令,或单击"主页"选项卡中"特征"面板上的"圆柱"按钮,打开"圆柱"对话框。

(2)在"类型"下拉列表中选择"轴、直径和高度"选项。

(3)在"指定矢量"下拉列表中选择"ZC轴"为圆柱体方向。单击"点对话框"按钮,打开"点"对话框,输入原点坐标为(0,0,0),单击"确定"按钮,返回"圆柱"对话框。

(4)在"直径"和"高度"文本框中分别输入30、10,如图10-36所示。单击"确定"按钮,生成圆柱体,如图10-37所示。

3. 创建简单孔

(1)选择"菜单"→"插入"→"设计特征"→"孔"命令,或单击"主页"选项卡中"特征"面板上的"孔"按钮,打开"孔"对话框。

(2)在"类型"下拉列表中选择"常规孔"类型,在"形状和尺寸"选项组的"成形"下拉列表中选择"简单孔"选项。

(3)捕捉圆柱体的上表面圆心为孔放置位置,如图10-38所示。

图 10-36 "圆柱"对话框

图 10-37 创建圆柱体

图 10-38 捕捉圆心

(4)在"孔"对话框中,输入孔的直径、深度和顶锥角分别为24、3、0,如图10-39所示。单击"确定"按钮,完成简单孔的创建,如图10-40所示。

4. 创建凸台

(1)选择"菜单"→"插入"→"设计特征"→"凸台(原有)"命令,打开"支管"对话框。

(2)选择孔的底面为凸台放置面。

(3)输入直径和高度分别为12和11,如图10-41所示,单击"应用"按钮。

(4)打开"定位"对话框,选择"点落在点上"定位方式,选择孔的圆弧边。

(5)打开如图10-42所示的"设置圆弧的位置"对话框,单击"圆弧中心"按钮,创建凸台,如图10-43所示。

图 10-39 "孔"对话框

图 10-40 创建简单孔

图 10-42 "设置圆弧的位置"
对话框

图 10-41 "支管"对话框

图 10-43 创建凸台 1

（6）同上步骤，在圆柱体的另一侧创建直径和高度分别为 10 和 75 的同轴心凸台，如图 10-44
所示。

5. 创建球

（1）选择"菜单"→"插入"→"设计特征"→"球"命令，或单击"主页"选项卡中"特征"
面板上的"球"按钮，打开"球"对话框。

（2）单击"点对话框"按钮，在打开的"点"对话框中输入坐标为（0，0，-75），单击"确
定"按钮。

（3）在"球"对话框中输入直径为 10，在"布尔"下拉列表中选择"合并"选项，如图 10-45
所示。单击"确定"按钮，生成如图 10-46 所示的模型。

图 10-44 创建凸台 2

图 10-45 "球"对话框

图 10-46 创建球

6. 创建倒斜角

（1）选择"菜单"→"插入"→"细节特征"→"倒斜角"命令，或单击"主页"选项卡中"特征"面板上的"倒斜角"按钮 🡒，打开"倒斜角"对话框。

（2）在"横截面"下拉列表中选择"对称"选项，输入距离为7，如图10-47所示。

（3）选择如图10-48所示的边为倒斜角边，单击"确定"按钮，结果如图10-49所示。

图 10-47 "倒斜角"对话框

图 10-48 选择倒斜角边

图 10-49 倒斜角

10.5 胶木球

制作思路

本节绘制如图10-50所示的胶木球。首先利用"球"命令绘制胶木球的主体，然后利用"修剪体"命令修剪多余的球体，最后创建螺纹孔。

扫码看视频

图 10-50 胶木球

绘制步骤

1. 创建新文件

选择"菜单"→"文件"→"新建"命令或单击快速访问工具栏中的"新建"按钮 🡒，打开"新建"对话框。在"模板"列表中选择"模型"，输入名称为"jiaomuqiu"，单击"确定"按钮，进入建模环境。

2. 创建球

（1）选择"菜单"→"插入"→"设计特征"→"球"命令，或单击"主页"选项卡中"特征"

面板上的"球"按钮◉，打开"球"对话框。

（2）单击"点对话框"按钮⬚，在打开的"点"对话框中输入坐标为（0，0，0），单击"确定"按钮。

（3）在"球"对话框中输入直径为18，如图10-51所示。单击"确定"按钮，创建球，如图10-52所示。

3. 修剪体

（1）选择"菜单"→"插入"→"修剪"→"修剪体"命令，或单击"主页"选项卡中"特征"面板上的"修剪体"按钮▥，打开如图10-53所示的"修剪体"对话框。

图 10-51　"球"对话框

图 10-52　创建球

图 10-53　"修剪体"对话框

（2）在"工具选项"下拉列表中选择"新建平面"选项，在"指定平面"下拉列表中选择"*XC-YC*平面"，输入偏移距离为6。

（3）选择上步创建的球体为目标体，单击"确定"按钮，修剪多余的球体，结果如图10-54所示。

4. 创建简单孔

（1）选择"菜单"→"插入"→"设计特征"→"孔"命令，或单击"主页"选项卡中"特征"面板上的"孔"按钮▣，打开"孔"对话框。

（2）在"类型"下拉列表中选择"常规孔"类型，在"形状和尺寸"选项组的"成形"下拉列表中选择"简单孔"选项。

（3）捕捉修剪后的球体的上表面圆心为孔放置位置，如图10-55所示。

图 10-54　修剪球体

图 10-55　捕捉圆心

（4）在"孔"对话框中，输入孔的直径、深度、顶锥角分别为4、10和118，如图10-56所示。单击"确定"按钮，完成简单孔的创建，如图10-57所示。

5. 创建螺纹

（1）选择"菜单"→"插入"→"设计特征"→"螺纹"命令，或单击"主页"选项卡中"特征"面板上的"螺纹刀"按钮，打开如图10-58所示的"螺纹切削"对话框。

（2）选择"详细"类型。选择孔的内表面为螺纹放置面，如图10-59所示。

（3）在"螺纹切削"对话框中修改长度为7，其他采用默认设置，单击"确定"按钮，创建螺纹，如图10-60所示。

图 10-57　创建简单孔

图 10-59　选择螺纹放置面

图 10-56　"孔"对话框

图 10-58　"螺纹切削"对话框

图 10-60　创建螺纹

10.6　销轴

制作思路

本节绘制如图10-61所示的销轴。首先绘制圆柱体，然后绘制凸台，最后创建销孔。

扫码看视频

图 10-61　销轴

绘制步骤

1. 创建新文件

选择"菜单"→"文件"→"新建"命令或单击快速访问工具栏中的"新建"按钮，打开"新建"对话框。在"模板"列表中选择"模型"，输入名称为"xiaozhou"，单击"确定"按钮，进入建模环境。

2. 创建圆柱体

（1）选择"菜单"→"插入"→"设计特征"→"圆柱"命令，或单击"主页"选项卡中"特征"面板上的"圆柱"按钮，打开"圆柱"对话框。

（2）在"类型"下拉列表中选择"轴、直径和高度"选项。

（3）在"指定矢量"下拉列表中选择"ZC 轴"为圆柱体方向。单击"点对话框"按钮，打开"点"对话框，输入原点坐标为（0,0,0），单击"确定"按钮，返回"圆柱"对话框。

（4）在"直径"和"高度"文本框中分别输入 18、8，如图 10-62 所示。单击"确定"按钮，生成圆柱体，如图 10-63 所示。

3. 创建凸台

（1）选择"菜单"→"插入"→"设计特征"→"凸台（原有）"命令，打开"支管"对话框。

（2）选择圆柱体的底面为凸台放置面。

（3）输入直径和高度分别为 10 和 42，如图 10-64 所示，单击"应用"按钮。

（4）打开"定位"对话框，选择"点落在点上"定位方式，选择孔的圆弧边。

（5）打开"设置圆弧的位置"对话框，单击"圆弧中心"按钮，创建凸台，如图 10-65 所示。

图 10-62　"圆柱"对话框

图 10-63　创建圆柱体

图 10-64　"支管"对话框

图 10-65　创建凸台

4. 绘制草图

（1）选择"菜单"→"插入"→"草图"命令，或单击"主页"选项卡中"直接草图"面板上的"草图"按钮，在"创建草图"对话框中设置 XC-ZC 平面为草图绘制平面，单击"确定"按钮，进入草图绘制界面。

（2）绘制如图 10-66 所示的草图。

5. 拉伸操作

（1）选择"菜单"→"插入"→"设计特征"→"拉伸"命令，或单击"主页"选项卡中"特征"面板上的"拉伸"按钮，打开"拉伸"对话框。

（2）选择上步绘制的草图为拉伸曲线。

图 10-66　绘制草图

（3）在"指定矢量"下拉列表中选择"YC轴"为拉伸方向。

（4）在"结束"下拉列表中选择"对称值"选项，在"距离"文本框中输入10，在"布尔"下拉列表中选择"减去"选项，如图10-67所示。单击"确定"按钮，结果如图10-68所示。

6. 创建倒斜角

（1）选择"菜单"→"插入"→"细节特征"→"倒斜角"命令，或单击"主页"选项卡中"特征"面板上的"倒斜角"按钮，打开"倒斜角"对话框。

（2）在"横截面"下拉列表中选择"对称"选项，输入距离为1，如图10-69所示。

图10-67 "拉伸"对话框

图10-68 拉伸为孔

图10-69 "倒斜角"对话框

（3）选择如图10-70所示的边为倒斜角边，单击"应用"按钮。

（4）选择如图10-71所示的边为倒斜角边，输入距离为0.8，单击"确定"按钮，结果如图10-72所示。

图10-70 选择倒斜角边1

图10-71 选择倒斜角边2

图10-72 倒斜角

7. 隐藏基准平面和草图

（1）选择"菜单"→"编辑"→"显示和隐藏"→"隐藏"命令，打开"类选择"对话框，单击"类型过滤器"按钮。

（2）打开"按类型选择"对话框，选择"草图"和"基准"选项，单击"确定"按钮。

（3）返回"类选择"对话框，单击"全选"按钮，单击"确定"按钮，隐藏视图中所有的草图和基准平面，结果如图10-61所示。

10.7 压紧螺母

本节绘制如图 10-73 所示的压紧螺母。首先绘制六边形，然后拉伸为六棱柱体，再在六棱柱体的上表面上创建凸台，最后在凸台上创建孔和螺纹。

扫码看视频

图 10-73 压紧螺母

1. 创建新文件

选择"菜单"→"文件"→"新建"命令或单击快速访问工具栏中的"新建"按钮 ，打开"新建"对话框，在"模板"列表中选择"模型"，输入名称为"yajinluomu"，单击"确定"按钮，进入建模环境。

2. 绘制草图

（1）选择"菜单"→"插入"→"草图"命令，或单击"主页"选项卡中"直接草图"面板上的"草图"按钮 ，打开"创建草图"对话框。

（2）选择 XC-YC 平面为草图绘制平面，单击"确定"按钮，进入草图绘制界面。

（3）选择"菜单"→"插入"→"草图曲线"→"多边形"命令，或单击"主页"选项卡中"直接草图"面板上的"多边形"按钮 ，打开"多边形"对话框，在"大小"下拉列表中选择"外接圆半径"选项，输入半径为 15，旋转角度为 0，如图 10-74 所示。捕捉坐标原点为中心点，绘制如图 10-75 所示的草图。

图 10-74 "多边形"对话框

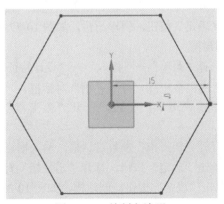

图 10-75 绘制六边形

3. 拉伸操作

（1）选择"菜单"→"插入"→"设计特征"→"拉伸"命令，或单击"主页"选项卡中"特征"面板上的"拉伸"按钮，打开"拉伸"对话框。

（2）选择上步绘制的六边形为拉伸曲线。

（3）在"指定矢量"下拉列表中选择"ZC轴"为拉伸方向。

（4）在"开始距离"和"结束距离"数值栏中分别输入 0 和 8，如图 10-76 所示。单击"确定"按钮，结果如图 10-77 所示。

4. 创建凸台

（1）选择"菜单"→"插入"→"设计特征"→"凸台（原有）"命令，打开"支管"对话框。

（2）选择拉伸体的上表面为凸台放置面。

（3）输入直径和高度分别为 24 和 12，如图 10-78 所示，单击"应用"按钮。

图 10-77　创建六棱柱体

图 10-76　"拉伸"对话框

图 10-78　"支管"对话框

（4）打开"定位"对话框，选择"垂直"定位方式，分别选择六棱柱的相邻两边，输入距离为 15，单击"确定"按钮，创建凸台，如图 10-79 所示。

5. 创建槽

（1）选择"菜单"→"插入"→"设计特征"→"槽"命令，或单击"主页"选项卡中"特征"面板上的"槽"按钮，打开"槽"对话框。

（2）单击"矩形"按钮，打开"矩形槽"放置对话框，选择上步创建的凸台圆柱面为放置面。

（3）打开"矩形槽"参数对话框，输入槽直径和宽度分别为 22.5 和 3.4，如图 10-80 所示。

（4）单击"确定"按钮，打开"定位槽"对话框，选择如图 10-81 所示的两条定位边，输入距离为 0，单击"确定"按钮，创建槽，如图 10-82 所示。

图 10-79　创建凸台

图 10-80　"矩形槽"参数对话框

图 10-81　选择定位边

6. 创建通孔

（1）选择"菜单"→"插入"→"设计特征"→"孔"命令，或单击"主页"选项卡中"特征"面板上的"孔"按钮 ，打开"孔"对话框。

（2）在"类型"下拉列表中选择"常规孔"类型，在"形状和尺寸"选项组的"成形"下拉列表中选择"简单孔"选项。

（3）捕捉凸台的圆心为孔放置位置，如图 10-83 所示。

图 10-82　创建槽

图 10-83　捕捉圆心

（4）在"孔"对话框中，输入孔的直径为11，"深度限制"设置为"贯通体"，如图 10-84 所示。单击"确定"按钮，完成通孔的创建，如图 10-85 所示。

7. 绘制草图

（1）选择"菜单"→"插入"→"草图"命令，或单击"主页"选项卡中"直接草图"面板上的"草图"按钮 ，在"创建草图"对话框中设置 XC-ZC 平面为草图绘制平面，单击"确定"按钮，进入草图绘制界面。

（2）绘制如图 10-86 所示的草图。

8. 旋转操作

（1）选择"菜单"→"插入"→"设计特征"→"旋转"命令，或单击"主页"选项卡中"特征"面板上的"旋转"按钮 ，打开"旋转"对话框。

（2）选择上步绘制的草图为旋转曲线。

图 10-84 "孔"对话框

图 10-85 创建通孔

图 10-86 绘制草图

（3）在"指定矢量"下拉列表中选择"ZC 轴"为旋转轴，单击"点对话框"按钮 ，打开"点"对话框，输入坐标点为（0，0，0），单击"确定"按钮。

（4）在"布尔"下拉列表中选择"减去"选项，如图 10-87 所示。单击"确定"按钮，创建斜角，如图 10-88 所示。

图 10-87 "旋转"对话框

图 10-88 创建斜角

9. 创建倒斜角

（1）选择"菜单"→"细节特征"→"倒斜角"命令，或单击"主页"选项卡中"特征"面板上的"倒斜角"按钮，打开"倒斜角"对话框。

（2）在"横截面"下拉列表中选择"对称"选项，输入距离为1.6，如图10-89所示。

（3）选择如图10-90所示的边为倒斜角边，单击"确定"按钮，结果如图10-91所示。

图 10-89　"倒斜角"对话框

图 10-90　选择倒斜角边

图 10-91　创建倒斜角

10. 创建螺纹

（1）选择"菜单"→"插入"→"设计特征"→"螺纹"命令，或单击"主页"选项卡中"特征"面板上的"螺纹刀"按钮，打开如图10-92所示的"螺纹切削"对话框。

（2）选择"详细"类型。选择圆柱体外表面为螺纹放置面，如图10-93所示。

（3）单击"选择起始"按钮，打开"螺纹切削"对话框，选择如图10-93所示的起始面。

图 10-92　"螺纹切削"对话框

图 10-93　选择螺纹放置面和起始面

（4）打开如图10-94所示的"螺纹切削"对话框，单击"螺纹轴反向"按钮，调整螺纹方向，单击"确定"按钮。

（5）在"螺纹切削"对话框中，修改小径为22，螺距为1.2，其他采用默认设置，单击"确定"按钮，创建螺纹，如图10-95所示。

图 10-94　"螺纹"对话框

图 10-95　创建螺纹

11. 隐藏基准平面和草图

（1）选择"菜单"→"编辑"→"显示和隐藏"→"隐藏"命令，打开"类选择"对话框，单击"类型过滤器"按钮 。

（2）打开"按类型选择"对话框，选择"曲线""草图"和"基准"选项，单击"确定"按钮。

（3）返回"类选择"对话框，单击"全选"按钮 ⊞，单击"确定"按钮，隐藏视图中所有的曲线、草图和基准平面，结果如图 10-73 所示。

10.8 手把

 制作思路

本节绘制如图 10-96 所示的手把。首先绘制圆柱体，然后绘制草图，通过拉伸创建手柄部分，再创建通孔，在手柄端部创建螺纹柱，最后进行倒圆角。

扫码看视频

图 10-96　手把

 绘制步骤

1. 创建新文件

选择"菜单"→"文件"→"新建"命令或单击快速访问工具栏中的"新建"按钮 ⬜，打开"新建"对话框。在"模板"列表中选择"模型"，输入名称为"shouba"，单击"确定"按钮，进入建模环境。

2. 创建圆柱体

（1）选择"菜单"→"插入"→"设计特征"→"圆柱"命令，或单击"主页"选项卡中"特征"面板上的"圆柱"按钮 ▣，打开"圆柱"对话框。

（2）在"类型"下拉列表中选择"轴、直径和高度"选项。

（3）在"指定矢量"下拉列表中选择"ZC 轴"为圆柱体的创建方向。单击"点对话框"按钮 ⬩，打开"点"对话框，输入原点坐标为（0,0,-9），单击"确定"按钮，返回"圆柱"对话框。

（4）在"直径"和"高度"文本框中分别输入 20、18，如图 10-97 所示。单击"确定"按钮，生成圆柱体，如图 10-98 所示。

3. 绘制草图

（1）选择"菜单"→"插入"→"草图"命令，或单击"主页"选项卡中"直接草图"面板上的"草图"按钮 ▣，在"创建草图"对话框中设置 XC-YC 平面为草图绘制平面，单击"确定"按钮，进入草图绘制界面。

（2）绘制如图 10-99 所示的草图。

图 10-97　"圆柱"对话框

图 10-98　创建圆柱体

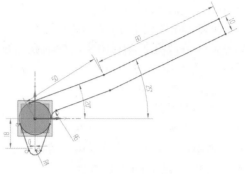

图 10-99　绘制草图

4. 拉伸操作

（1）选择"菜单"→"插入"→"设计特征"→"拉伸"命令，或单击"主页"选项卡中"特征"面板上的"拉伸"按钮🔲，打开"拉伸"对话框。

（2）选择上步绘制的草图为拉伸曲线。

（3）在"指定矢量"下拉列表中选择"ZC 轴"为拉伸方向。

（4）在"结束"下拉列表中选择"对称值"选项，在"距离"文本框中输入 3，在"布尔"下拉列表中选择"合并"选项，如图 10-100 所示。单击"确定"按钮，结果如图 10-101 所示。

5. 创建凸台

（1）选择"菜单"→"插入"→"设计特征"→"凸台（原有）"命令，打开"支管"对话框。

（2）选择如图 10-101 所示的面 1 为凸台放置面。

（3）在对话框中输入直径和高度分别为 5 和 5，如图 10-102 所示，单击"应用"按钮。

（4）打开"定位"对话框，选择"垂直"定位方式，凸台与放置面长边的距离为 3，凸台与放置面短边的距离为 5，单击"确定"按钮，创建凸台，如图 10-103 所示。

图 10-100　"拉伸"对话框

图 10-101　创建拉伸体

图 10-102　"支管"对话框

图 10-103　创建凸台

6. 创建简单孔

（1）选择"菜单"→"插入"→"设计特征"→"孔"命令，或单击"主页"选项卡中"特征"

面板上的"孔"按钮，打开"孔"对话框。

（2）在"类型"下拉列表中选择"常规孔"类型，在"形状和尺寸"选项组的"成形"下拉列表中选择"简单孔"选项。

（3）捕捉圆柱体的上表面圆心为孔放置位置，如图 10-104 所示。

（4）在"孔"对话框中，输入孔的直径为 10，"深度限制"为"贯通体"，如图 10-105 所示。单击"确定"按钮，完成简单孔的创建，如图 10-106 所示。

图 10-104　捕捉圆心

7. 创建螺纹

（1）选择"菜单"→"插入"→"设计特征"→"螺纹"命令，或单击"主页"选项卡中"特征"面板上的"螺纹刀"按钮，打开"螺纹切削"对话框。

（2）选择"详细"类型。选择凸台外表面为螺纹放置面，如图 10-107 所示。

（3）激活"螺纹切削"对话框中的各选项，修改小径为 4，螺距为 1，单击"确定"按钮，完成螺纹的创建。

图 10-105　"孔"对话框

图 10-106　创建简单孔

螺纹放置面

图 10-107　选择螺纹放置面

8. 倒圆角操作

（1）选择"菜单"→"插入"→"细节特征"→"边倒圆"命令，或单击"主页"选项卡中"特征"面板上的"边倒圆"按钮，打开如图 10-108 所示的"边倒圆"对话框。

（2）在视图中选择如图 10-109 所示的边为圆角边。

（3）输入圆角半径为 2，单击"确定"按钮，完成圆角操作，如图 10-110 所示。

9. 隐藏基准平面和草图

（1）选择"菜单"→"编辑"→"显示和隐藏"→"隐藏"命令，打开"类选择"对话框，单击"类型过滤器"按钮。

（2）打开"按类型选择"对话框，选择"草图"和"基准"选项，单击"确定"按钮。

（3）返回"类选择"对话框，单击"全选"按钮，单击"确定"按钮，隐藏视图中所有的草图和基准平面，结果如图 10-96 所示。

图 10-108　"边倒圆"对话框

图 10-109　选择圆角边

图 10-110　圆角处理

10.9　阀体

👆 **制作思路**

本节绘制如图 10-111 所示的阀体。首先绘制草图，通过拉伸绘制阀体主体，然后绘制阀体上的各凸出部分，再绘制孔，对孔端部进行倒斜角并添加螺纹，最后进行圆角处理。

图 10-111　阀体

扫码看视频

💻 **绘制步骤**

1. 创建新文件

选择"菜单"→"文件"→"新建"命令或单击快速访问工具栏中的"新建"按钮，打开"新建"对话框。在"模板"列表中选择"模型"，输入名称为"fati"，单击"确定"按钮，进入建模环境。

2. 绘制草图

（1）选择"菜单"→"插入"→"草图"命令，或单击"主页"选项卡中"直接草图"面板上的"草图"按钮，在"创建草图"对话框中设置 XC-YC 平面为草图绘制平面，单击"确定"按钮，进入草图绘制界面。

（2）绘制如图 10-112 所示的草图。

3. 拉伸操作

（1）选择"菜单"→"插入"→"设计特征"→"拉伸"命令，或单击"主页"选项卡中"特征"面板上的"拉伸"按钮 ，打开"拉伸"对话框。

（2）选择上步绘制的草图为拉伸曲线。

（3）在"指定矢量"下拉列表中选择"ZC 轴"为拉伸方向。

（4）在"开始距离"和"结束距离"数值栏中输入 0、113，如图 10-113 所示。单击"确定"按钮，结果如图 10-114 所示。

图 10-112　绘制草图

图 10-113　"拉伸"对话框

图 10-114　创建拉伸体

4. 创建基准平面

（1）选择"菜单"→"插入"→"基准/点"→"基准平面"命令，或单击"主页"选项卡中"特征"面板上的"基准平面"按钮 ，打开如图 10-115 所示的"基准平面"对话框。

（2）在"类型"下拉列表中选择"YC-ZC 平面"，单击"应用"按钮，创建基准平面 1。

（3）在"类型"下拉列表中选择"XC-ZC 平面"，单击"确定"按钮，创建基准平面 2，如图 10-116 所示。

5. 创建凸台

（1）选择"菜单"→"插入"→"设计特征"→"凸台（原有）"命令，打开"支管"对话框。

图 10-115　"基准平面"对话框

（2）选择 YC-ZC 平面为凸台放置面。

（3）在对话框中输入直径和高度分别为 30 和 58，如图 10-117 所示，单击"应用"按钮。

（4）打开"定位"对话框，选择"垂直"定位方式，凸台与 XC-YC 平面的距离为 35，凸台与 XC-ZC 平面的距离为 0。单击"确定"按钮，创建凸台，如图 10-118 所示。

6. 绘制草图

（1）选择"菜单"→"插入"→"草图"命令，或单击"主页"选项卡中"直接草图"面板上的"草图"按钮 ，在"创建草图"对话框中选择如图 10-118 中所示的面 1 为草图绘制平面，单击"确定"按钮，进入草图绘制界面。

图 10-116　创建基准平面　　　　图 10-117　"支管"对话框　　　　图 10-118　创建凸台

（2）绘制如图 10-119 所示的草图。

7. 拉伸操作

（1）选择"菜单"→"插入"→"设计特征"→"拉伸"命令，或单击"主页"选项卡中"特征"面板上的"拉伸"按钮 ，打开"拉伸"对话框。

（2）选择上步绘制的草图为拉伸曲线。

（3）在"指定矢量"下拉列表中选择"–XC 轴"为拉伸方向。

（4）在"开始距离"和"结束距离"数值栏中分别输入 0 和 35，在"布尔"下拉列表中选择"合并"选项，如图 10-120 所示。单击"确定"按钮，结果如图 10-121 所示。

图 10-119　绘制草图　　　　　　　图 10-120　"拉伸"对话框

8. 绘制草图

（1）选择"菜单"→"插入"→"草图"命令，或单击"主页"选项卡中"直接草图"面板上的"草图"按钮 ，在"创建草图"对话框中设置 XC-ZC 平面为草图绘制平面，单击"确定"按钮，进入草图绘制界面。

（2）绘制如图 10-122 所示的草图。

图 10-121　创建拉伸体

图 10-122　绘制草图

9. 旋转操作

（1）选择"菜单"→"插入"→"设计特征"→"旋转"命令，或单击"主页"选项卡中"特征"面板上的"旋转"按钮，打开"旋转"对话框。

（2）选择上步绘制的草图为旋转截面。

（3）在"指定矢量"下拉列表中选择"*ZC* 轴"为旋转轴，单击"点对话框"按钮，打开"点"对话框，输入坐标点为（0,0,0），单击"确定"按钮。

（4）在"布尔"下拉列表中选择"减去"选项，如图 10-123 所示。单击"确定"按钮，创建旋转孔，如图 10-124 所示。

10. 创建简单孔

（1）选择"菜单"→"插入"→"设计特征"→"孔"命令，或单击"主页"选项卡中"特征"面板上的"孔"按钮，打开"孔"对话框。

（2）在"类型"下拉列表中选择"常规孔"类型，在"形状和尺寸"选项组的"成形"下拉列表中选择"简单孔"选项。

（3）捕捉凸台的外表面圆心为孔放置位置，如图 10-125 所示。

（4）在"孔"对话框中，输入孔的直径为 15，"深度限制"为"直至下一个"，如图 10-126 所示，单击"应用"按钮。

图 10-123　"旋转"对话框

图 10-124　创建旋转孔

图 10-125　捕捉圆心

（5）捕捉拉伸体的外表面圆心为孔放置位置，如图 10-127 所示。参数同上，单击"确定"按钮，结果如图 10-128 所示。

11．绘制草图

（1）选择"菜单"→"插入"→"草图"命令，或单击"主页"选项卡中"直接草图"面板上的"草图"按钮，在"创建草图"对话框中选择如图 10-128 中所示的面 2 为草图绘制平面，单击"确定"按钮，进入草图绘制界面。

图 10-126　"孔"对话框

图 10-127　捕捉圆心

图 10-128　创建孔

（2）绘制如图 10-129 所示的草图。

12．拉伸操作

（1）选择"菜单"→"插入"→"设计特征"→"拉伸"命令，或单击"主页"选项卡中"特征"面板上的"拉伸"按钮，打开"拉伸"对话框。

（2）选择上步绘制的草图为拉伸曲线。

（3）在"指定矢量"下拉列表中选择"ZC 轴"为拉伸方向。

（4）在"开始距离"和"结束距离"数值栏中分别输入 0 和 50，在"布尔"下拉列表中选择"合并"选择，如图 10-130 所示。单击"确定"按钮，结果如图 10-131 所示。

图 10-129　绘制草图

13．倒圆角操作

（1）选择"菜单"→"插入"→"细节特征"→"边倒圆"命令，或单击"主页"选项卡中"特征"面板上的"边倒圆"按钮，打开如图 10-132 所示的"边倒圆"对话框。

（2）在视图中选择如图 10-133 所示的边为圆角边。

（3）输入圆角半径为 12，单击"确定"按钮，完成圆角操作，如图 10-134 所示。

图 10-130 "拉伸"对话框　　　　图 10-131 创建拉伸体

14. 绘制草图

（1）选择"菜单"→"插入"→"草图"命令，或单击"主页"选项卡中"直接草图"面板上的"草图"按钮，在"创建草图"对话框中选择如图 10-134 中所示的面 3 为草图绘制平面，单击"确定"按钮，进入草图绘制界面。

（2）绘制如图 10-135 所示的草图。

图 10-132 "边倒圆"对话框　　图 10-133 选择圆角边　　　　图 10-134 圆角处理

15. 拉伸操作

（1）选择"菜单"→"插入"→"设计特征"→"拉伸"命令，或单击"主页"选项卡中"特征"面板上的"拉伸"按钮，打开"拉伸"对话框。

（2）选择上步绘制的草图为拉伸曲线。

（3）在"指定矢量"下拉列表中选择"XC 轴"为拉伸方向。

（4）在"开始距离"和"结束距离"数值栏中分别输入 0 和 24，在"布尔"下拉列表中选择"减去"选项，如图 10-136 所示。单击"确定"按钮，结果如图 10-137 所示。

16．创建简单孔

（1）选择"菜单"→"插入"→"设计特征"→"孔"命令，或单击"主页"选项卡中"特征"面板上的"孔"按钮 ，打开"孔"对话框。

（2）在"类型"下拉列表中选择"常规孔"类型，在"形状和尺寸"选项组的"成形"下拉列表中选择"简单孔"选项。

（3）捕捉凸台的外表面圆心为孔放置位置，如图 10-138 所示。

图 10-135　绘制草图

图 10-137　拉伸切除

图 10-136　"拉伸"对话框　　　图 10-138　捕捉圆心

（4）在"孔"对话框中，输入孔的直径为 10，"深度限制"为"贯通体"，如图 10-139 所示。单击"确定"按钮，结果如图 10-140 所示。

17．绘制草图

（1）选择"菜单"→"插入"→"草图"命令，或单击"主页"选项卡中"直接草图"面板上的"草图"按钮 ，在"创建草图"对话框中设置 *XC-ZC* 平面为草图绘制平面，单击"确定"按钮，进入草图绘制界面。

（2）绘制如图 10-141 所示的草图。

18．拉伸操作

（1）选择"菜单"→"插入"→"设计特征"→"拉伸"命令，或单击"主页"选项卡中"特征"面板上的"拉伸"按钮 ，打开"拉伸"对话框。

（2）选择上步绘制的草图为拉伸曲线。

（3）在"指定矢量"下拉列表中选择"*YC* 轴"为拉伸方向。

（4）在"结束"下拉列表中选择"对称值"选项，在"距离"文本框中输入 3，在"布尔"下拉列表中选择"合并"选项，如图 10-142 所示。单击"确定"按钮，结果如图 10-143 所示。

图 10-139　"孔"对话框

图 10-140　创建简单孔

图 10-141　绘制草图

19. 绘制草图

（1）选择"菜单"→"插入"→"草图"命令，或单击"主页"选项卡中"直接草图"面板上的"草图"按钮，在"创建草图"对话框中选择如图 10-140 中所示的面 4 为草图绘制平面，单击"确定"按钮，进入草图绘制界面。

（2）绘制如图 10-144 所示的草图。

图 10-142　"拉伸"对话框

图 10-143　拉伸创建筋

图 10-144　绘制草图

20．拉伸操作

（1）选择"菜单"→"插入"→"设计特征"→"拉伸"命令，或单击"主页"选项卡中"特征"面板上的"拉伸"按钮▥，打开"拉伸"对话框。

（2）选择上步绘制的草图为拉伸曲线。

（3）在"指定矢量"下拉列表中选择"−ZC 轴"为拉伸方向。

（4）"开始距离"和"结束距离"文本框中分别输入 0、23，在"布尔"下拉列表中选择"减去"选项，如图 10-145 所示。单击"确定"按钮，结果如图 10-146 所示。

21．创建倒斜角

（1）选择"菜单"→"插入"→"细节特征"→"倒斜角"命令，或单击"主页"选项卡中"特征"面板上的"倒斜角"按钮▱，打开"倒斜角"对话框。

（2）在"横截面"下拉列表中选择"对称"选项，输入距离为1.5。

（3）选择如图 10-147 所示的边为倒斜角边，单击"应用"按钮。

图 10-145　"拉伸"对话框

图 10-146　拉伸切除

图 10-147　选择倒角边

（4）输入距离为 1，选择如图 10-148 所示的边为倒斜角边，单击"确定"按钮，完成倒斜角，结果如图 10-149 所示。

图 10-148　选择倒角边

图 10-149　倒斜角操作

22. 倒圆角操作

（1）选择"菜单"→"插入"→"细节特征"→"边倒圆"命令，或单击"主页"选项卡中"特征"面板上的"边倒圆"按钮，打开"边倒圆"对话框。

（2）在视图中选择如图 10-150 所示的边为圆角边。

图 10-150　选择圆角边

（3）输入圆角半径为 2，单击"确定"按钮，完成圆角操作，结果如图 10-151 所示。

23. 创建螺纹

（1）选择"菜单"→"插入"→"设计特征"→"螺纹"命令，或单击"主页"选项卡中"特征"面板上的"螺纹刀"按钮，打开"螺纹切削"对话框。

（2）选择"详细"类型，选择如图 10-152 所示的螺纹放置面。

（3）单击"选择起始"按钮，打开"螺纹切削"对话框，选择如图 10-152 所示的起始面。

（4）打开"螺纹切削"对话框，单击"螺纹轴反向"按钮，调整螺纹方向，单击"确定"按钮。

图 10-151　圆角操作

（5）在"螺纹切削"对话框中修改螺距为 1.2，其他采用默认设置，单击"应用"按钮。

（6）选择如图 10-153 所示的螺纹放置面和起始面，修改长度为 20，螺距为 1.2，其他采用默认设置，单击"应用"按钮。

图 10-152　选择螺纹放置面和起始面

图 10-153　选择螺纹放置面和起始面

（7）选择如图 10-154 所示的螺纹放置面和起始面，修改长度为 20.5，螺距为 1.2，其他采用默认设置，单击"应用"按钮。

（8）选择如图 10-155 所示的螺纹放置面和起始面，采用默认设置，单击"确定"按钮。

图 10-154　选择螺纹放置面和起始面

图 10-155　选择螺纹放置面和起始面

24. 隐藏基准平面和草图

（1）选择"菜单"→"编辑"→"显示和隐藏"→"隐藏"命令，打开"类选择"对话框，单击"类型过滤器"按钮 ✦。

（2）打开"按类型选择"对话框，选择"草图"和"基准"选项，单击"确定"按钮。

（3）返回"类选择"对话框，单击"全选"按钮 ⊞，单击"确定"按钮，隐藏视图中所有的草图和基准平面，结果如图 10-111 所示。

10.10　装配

 制作思路

本节装配如图 10-156 所示的手压阀。首先将底座定位于坐标原点，然后按照从下往上的装配模式依次装配各个零件，最终完成手压阀的装配。

图 10-156　手压阀

扫码看视频

绘制步骤

1. 创建新文件

选择"菜单"→"文件"→"新建"命令或单击快速访问工具栏中的"新建"按钮 ⬚，打开"新建"对话框。在"模板"列表中选择"装配",输入名称为"shouyafa",单击"确定"按钮,进入装配环境。

2. 添加底座

(1) 选择"菜单"→"装配"→"组件"→"添加组件"命令,或单击"主页"选项卡中"装配"面板上的"添加"按钮 ,打开"添加组件"对话框,如图 10-157 所示。

(2) 单击"打开"按钮 ,打开"部件名"对话框,根据部件的存放路径选择部件"dizuo",单击"OK"按钮,打开"组件预览"窗口,如图 10-158 所示。

(3) 在"添加组件"对话框的"装配位置"下拉列表中选择"绝对坐标系 - 工作部件"选项,单击"确定"按钮,将底座添加到装配环境原点处。

3. 添加胶垫并装配

(1) 选择"菜单"→"装配"→"组件"→"添加组件"命令,或单击"主页"选项卡中"装配"面板上的"添加"按钮 ,打开"添加组件"对话框。

(2) 单击"打开"按钮,打开"部件名"对话框,根据部件的存放路径选择部件"jiaodian",单击"OK"按钮,打开"组件预览"窗口。

图 10-157 "添加组件"对话框

(3) 在"添加组件"对话框的"放置"选项组中选择"约束"单选按钮,在"约束类型"列表框中选择"接触对齐"类型,选择"自动判断中心 / 轴"方位,依次选择如图 10-159 所示的底座圆柱面和胶垫圆柱面,单击"应用"按钮。

图 10-158 "组件预览"窗口   图 10-159 选择圆柱面

(4) 方位设置为"接触",依次选择如图 10-160 所示的底座端面和胶垫端面,单击"确定"按钮,完成底座和胶垫的装配,如图 10-161 所示。

4. 添加弹簧并装配

(1) 选择"菜单"→"装配"→"组件"→"添加组件"命令,或单击"主页"选项卡中"装配"面板上的"添加"按钮 ,打开"添加组件"对话框。

(2) 单击"打开"按钮,打开"部件名"对话框,根据部件的存放路径选择部件"tanhuang",单击"OK"按钮,打开"组件预览"窗口。

图 10-160　选择接触面　　　　　　　　　图 10-161　装配胶垫

（3）在"添加组件"对话框的"装配位置"下拉列表中选择"对齐"选项。单击"点对话框"按钮，打开"点"对话框，输入坐标为（0,0,25），如图 10-162 所示。连续单击"确定"按钮，结果如图 10-163 所示。

图 10-162　"点"对话框　　　　　　　　　图 10-163　装配弹簧

5. 添加阀体并装配

（1）选择"菜单"→"装配"→"组件"→"添加组件"命令，或单击"主页"选项卡中"装配"面板上的"添加"按钮，打开"添加组件"对话框。

（2）单击"打开"按钮，打开"部件名"对话框，根据部件的存放路径选择部件"fati"，单击"OK"按钮，打开"组件预览"窗口。

（3）在"添加组件"对话框的"放置"选项组中选择"约束"单选按钮，在"约束类型"列表框中选择"接触对齐"类型，方位设置为"接触"，选择如图 10-164 所示的垫圈端面和阀体下端面，单击"应用"按钮。

（4）方位设置为"自动判断中心/轴"，选择如图 10-165 所示的底座圆柱面和阀体圆柱面，单击"应用"按钮。

（5）在"约束类型"列表框中选择"平行"类型，选择如图 10-166 所示的底座侧面和阀体侧面，单击"确定"按钮，完成阀体的装配，如图 10-167 所示。

图 10-164　选择接触面

图 10-165　选择圆柱面

图 10-166　选择平行面

图 10-167　装配阀体

6. 添加阀杆并装配

（1）选择"菜单"→"装配"→"组件"→"添加组件"命令，或单击"主页"选项卡中"装配"面板上的"添加"按钮 🖧⁺，打开"添加组件"对话框。

图 10-168　选择接触面

（2）单击"打开"按钮，打开"部件名"对话框，根据部件的存放路径选择部件"fa-gan"，单击"OK"按钮，打开"组件预览"对窗口。

（3）在"添加组件"对话框的"放置"选项组中选择"约束"单选按钮，在"约束类型"列表框中选择"接触对齐"类型，方位设置为"接触"，选择如图 10-168 所示的阀体的内圆锥面和阀杆的外圆锥面，单击"应用"按钮。

（4）方位设置为"自动判断中心 / 轴"，选择如图 10-169 所示的阀体外圆柱面和阀杆圆柱面，单击"确定"按钮，完成阀杆的装配，如图 10-170 所示。

图 10-169　选择圆柱面

图 10-170　装配阀杆

7．添加压紧螺母并装配

（1）选择"菜单"→"装配"→"组件"→"添加组件"命令，或单击"主页"选项卡中"装配"面板上的"添加"按钮⬚⁺，打开"添加组件"对话框。

（2）单击"打开"按钮，打开"部件名"对话框，根据部件的存放路径选择部件"yajinluomu"，单击"OK"按钮，打开"组件预览"对话框。

（3）在"添加组件"对话框的"放置"选项组中选择"约束"单选按钮，在"约束类型"列表框中选择"接触对齐"类型，

图 10-171　选择接触面

方位设置为"接触"，选择如图 10-171 所示的阀体上表面和压紧螺母端面，单击"应用"按钮。

（4）方位设置为"自动判断中心 / 轴"，选择如图 10-172 所示的阀体圆柱面和压紧螺母圆柱面，单击"确定"按钮，完成压紧螺母的装配，如图 10-173 所示。

图 10-172　选择圆柱面

图 10-173　装配压紧螺母

8. 添加手把并装配

（1）选择"菜单"→"装配"→"组件"→"添加组件"命令，或单击"主页"选项卡中"装配"面板上的"添加"按钮 ，打开"添加组件"对话框。

（2）单击"打开"按钮，打开"部件名"对话框，根据部件的存放路径选择部件"shouba"，单击"OK"按钮，打开"组件预览"对窗口。

图 10-174　选择接触面

（3）在"添加组件"对话框的"放置"选项组中选择"约束"单选按钮，在"约束类型"列表框中选择"接触对齐"类型，方位设置为"接触"，选择如图 10-174 所示的阀体侧面和手把端面，单击"应用"按钮。

（4）方位设置为"自动判断中心 / 轴"，选择如图 10-175 所示的阀体内圆柱面和手把内圆柱面，单击"应用"按钮。

（5）方位设置为"接触"，选择阀杆球面和手把底面，单击"确定"按钮，完成手把的装配，如图 10-176 所示。

图 10-175　选择圆柱面

图 10-176　装配手把

9. 添加销轴并装配

（1）选择"菜单"→"装配"→"组件"→"添加组件"命令，或单击"主页"选项卡中"装配"面板上的"添加"按钮 ，打开"添加组件"对话框。

（2）单击"打开"按钮，打开"部件名"对话框，根据部件的存放路径选择部件"xiaozhou"，单击"OK"按钮，打开"组件预览"对窗口。

（3）在"添加组件"对话框的"放置"选项组中选择"约束"单选按钮，在"约束类型"列表框中选择"接触对齐"类型，方位设置为"接触"，选择如图 10-177 所示的销轴的端面和阀体的端面，单击"应用"按钮。

图 10-177　选择接触面

（4）方位设置为"自动判断中心 / 轴"，选择如图 10-178 所示的阀体圆柱面和销轴外圆柱面，单击"确定"按钮，完成销轴的装配，如图 10-179 所示。

图 10-178　选择圆柱面　　　　　　　图 10-179　装配销轴

10. 添加销并装配

（1）选择"菜单"→"装配"→"组件"→"添加组件"命令，或单击"主页"选项卡中"装配"面板上的"添加"按钮，打开"添加组件"对话框。

（2）单击"打开"按钮，打开"部件名"对话框，根据部件的存放路径选择部件"xiao"，单击"OK"按钮，打开"组件预览"对窗门。

（3）在"添加组件"对话框的"放置"选项组中选择"约束"单选按钮，在"约束类型"列表框中选择"距离"类型，选择如图 10-180 所示的销端面和阀体端面，输入距离为 26，单击"应用"按钮。

（4）在"约束类型"列表框中选择"接触对齐"类型，方位设置为"接触"，选择如图 10-181 所示的销圆柱面和销轴内孔面，单击"确定"按钮，完成销的装配。如图 10-182 所示。

图 10-180　选择距离面　　　　　　　图 10-181　选择接触面

11. 添加胶木球并装配

（1）选择"菜单"→"装配"→"组件"→"添加组件"命令，或单击"主页"选项卡中"装配"面板上的"添加"按钮，打开"添加组件"对话框。

（2）单击"打开"按钮，打开"部件名"对话框，根据部件的存放路径选择部件"jiaomuqiu"，单击"OK"按钮，打开"组件预览"对窗口。

（3）在"添加组件"对话框的"放置"选项组中选择"约束"单选按钮，在"约束类型"列表框中选择"接触对齐"类型，方位设置为"接触"，选择如图 10-183 所示的手把端面和胶木球端面，单击"应用"按钮。

图 10-182　装配销

图 10-183　选择接触面

（4）方位设置为"自动判断中心 / 轴"，选择如图 10-184 所示的手把螺纹圆柱面和胶木球螺纹圆柱面，单击"确定"按钮，完成胶木球的装配，如图 10-185 所示。

图 10-184　选择圆柱面

图 10-185　装配胶木球

12. 隐藏约束

（1）选择"菜单"→"编辑"→"显示和隐藏"→"隐藏"命令，打开"类选择"对话框，单击"类型过滤器"按钮 🔩。

（2）打开"按类型选择"对话框，选择"装配约束"选项，单击"确定"按钮。

（3）返回"类选择"对话框，单击"全选"按钮 ⊞，单击"确定"按钮，隐藏视图中所有的约束，结果如图 10-156 所示。

第 **3** 篇

曲面造型

第 11 章
曲线功能

在所有的三维建模中，曲线都是构建模型的基础。只有曲线构造的质量良好，才能保证以后的面或实体质量好。本章主要介绍曲线的生成、编辑和操作方法。

/ 重点与难点

- ● 曲线
- ● 派生的曲线
- ● 曲线编辑

11.1 曲线

11.1.1 基本曲线

 【执行方式】

扫码看视频

● 菜单：选择"菜单"→"插入"→"曲线"→"基本曲线（原有）"命令。

 【操作步骤】

执行上述操作后，打开如图 11-1 所示的"基本曲线"对话框。

1. 创建直线

（1）在对话框中选中"直线"按钮 ╱。

（2）在"点方法"下拉列表中选择点捕捉方法，捕捉起点，或在
"点"对话框中直接输入起点坐标。

（3）捕捉终点或输入终点坐标。

（4）单击"确定"按钮，创建直线。

2. 创建圆弧

（1）在对话框中选中"圆弧"按钮 ╲。

（2）选择圆弧的创建方法。

（3）在"点方法"下拉列表中选择点捕捉方法，捕捉相应的点，
或在"点"对话框中直接输入坐标。

图 11-1 "基本曲线"对话框

（4）单击"确定"按钮，创建圆弧。

3. 创建圆

（1）在对话框中选中"圆"按钮 ○。

（2）在"点方法"下拉列表中选择点捕捉方法，捕捉点作为圆心，或在"点"对话框中直接输
入圆心坐标。

（3）捕捉半径点或直接输入半径坐标。

（4）单击"确定"按钮，创建圆。

4. 圆角

（1）在对话框中选中"圆角"按钮 ╗。

（2）选择倒圆角方法。

（3）选择要倒圆角的边。

（4）单击"确定"按钮，创建圆角。

【选项说明】

1. 直线

在"基本曲线"对话框中选中"直线"按钮 ╱，如图 11-1 所示。

（1）无界：选中该复选框时，不论生成方式如何，所生成的任何直线都会被限制在视图的范围
内（"线串模式"变灰）。

（2）增量：该选项用于以增量的方式生成直线，即在选定一点后，分别在绘图区下方跟踪条的

XC、YC 和 ZC 文本框中。输入坐标值作为后一点相对于前一点的增量，如图 11-2 所示。

图 11-2 跟踪条

对于大多数直线生成方式，可以通过在跟踪条的文本框中键入值并在生成直线后立即按 Enter 键，建立精确的直线角度值或长度值。

（3）点方法：该选项菜单能够相对于已有的几何体，通过指定光标位置或使用点构造器来指定点。该菜单上的选项与"点"对话框中选项的作用相似。

（4）线串模式：能够生成未打断的曲线串。

（5）打断线串：在选择该选项的地方打断曲线串。

（6）锁定模式：当生成平行于、垂直于已有直线或与已有直线成一定角度的直线时，如果选择"锁定模式"，则当前在图形窗口中以橡皮线显示的直线生成模式将被锁定。当下一步操作通常会导致直线生成模式发生改变，而又想避免这种改变时，可以使用该选项。

当选择"锁定模式"后，该按钮会变为"解锁模式"。可选择"解锁模式"来解除对正在生成的直线的锁定，使其能切换到另外的模式中。

（7）平行于 XC、YC、ZC：这些按钮用于生成平行于 XC、YC 或 ZC 轴的直线。指定一个点，选择所需轴的按钮，并指定直线的终点。

（8）原始的：选中该按钮后，新创建的平行线的距离由原先选择线算起。

（9）新的：选中该按钮后，新创建的平行线的距离由新选择线算起。

（10）角度增量：如果指定了第一点，然后在图形窗口中拖动光标，则该直线就会捕捉至该字段中指定的每个增量度数处。

2. 圆

在"基本曲线"对话框中选中"圆"按钮◯，对话框如图 11-3 所示。

多个位置：勾选此复选框，每定义一个点，都会生成先前生成的圆的一个副本，其圆心位于指定点。

3. 圆弧

在"基本曲线"对话框中选中"圆弧"按钮◝，对话框如图 11-4 所示。

图 11-3 "圆"创建对话框

图 11-4 "圆弧"创建对话框

（1）整圆：选中该复选框时，不论其生成方式如何，所生成的任何圆弧都是完整的圆。

（2）备选解：生成当前所预览的圆弧的补弧。只能在预览圆弧的时候使用。

（3）创建方法：圆弧的生成方式有以下两种。

① 起点，终点，圆弧上的点：利用这种方式，可以生成通过 3 个点的圆弧，或通过两个点并与选中对象相切的圆弧，如图 11-5 所示。选中的要与圆弧相切的对象不能是抛物线、双曲线或样条（但是，可以选择其中的某个对象与完整的圆相切）。

② 中心点，起点，终点：使用这种方式，应首先定义中心点，然后定义圆弧的起始点和终止点，如图 11-6 所示。

图 11-5 "起点，终点，圆弧上的点"示意图　　图 11-6 "中心点，起点，终点"示意图

（4）跟踪条：如图 11-7 所示，在圆弧的生成和编辑期间，跟踪条中有以下字段可用。

XC、YC 和 ZC 栏各显示圆弧的起始点的位置。第 4 项"半径"字段显示圆弧的半径；第 5 项"直径"字段显示圆弧的直径；第 6 项"起始角"字段显示圆弧的起始角度，从 XC 轴开始测量，按逆时针方向移动；第 7 项"终止角"字段显示圆弧的终止角度，从 XC 轴开始测量，按逆时针方向移动。

图 11-7 跟踪条

需要注意的是，在使用"起点，终点，圆弧上的点"生成方式时，后两项"起始角"和"终止角"字段将变灰。

4. 圆角

在对话框中选中"圆角"按钮 ，对话框如图 11-8 所示。

（1） 简单圆角：在两条共面非平行直线之间生成圆角。通过输入半径值确定圆角的大小。直线将被自动修剪至与圆弧的相切点，如图 11-9 所示。生成的圆角与直线的选择位置直接相关，必须以同时包括两条直线的方式放置选择球。

图 11-8 "曲线倒圆"对话框　　　　图 11-9 "简单圆角"示意图

通过指定一个点选择两条直线。该点确定如何生成圆角，并指示圆弧的中心。将选择球的中心放置到最靠近要生成圆角的交点处。各条线将延长或修剪到圆弧处，如图 11-10 所示。

（2）$\overbrace{}$ 2 曲线圆角：在两条曲线（包括点、线、圆、二次曲线或样条）之间构造一个圆角。两条曲线间的圆角是沿逆时针方向从第一条曲线到第二条曲线生成的一段弧，通过这种方式生成的圆角同时与两条曲线相切，如图 11-11 所示。

图 11-10　"圆角方向"示意图　　图 11-11　"2 曲线圆角"示意图

（3）$\overbrace{}$ 3 曲线圆角：该选项可在 3 条曲线间生成圆角，这 3 条曲线可以是点、线、圆弧、二次曲线和样条的任意组合。

3 条曲线倒出的圆角是沿逆时针方向从第一条曲线到第三条曲线生成的一段圆弧，如图 11-12 所示。该圆角是按圆弧的中心到所有 3 条曲线的距离相等的方式构造的。3 条曲线不必位于同一个平面内。

（4）半径：定义倒圆角的半径。

（5）继承：能够通过选择已有的圆角来定义新圆角的值。

（6）修剪选项：如果选择两条或三条曲线倒圆，则需要选择一个修剪选项。修剪可缩短或延伸选中的曲线，以便与该圆角连接

（a）圆角前　　　　　　（b）圆角后

图 11-12　"3 曲线圆角"示意图

起来。根据选中的圆角选项的不同，某些修剪选项可能会发生改变或不可用。点是不能进行修剪或延伸的。如果修剪后的曲线长度等于 0，并且没有与该曲线关联的连接，则该曲线会被删除。

11.1.2　直线

该命令用于创建直线段。

扫码看视频

【执行方式】

- 菜单：选择"菜单"→"插入"→"曲线"→"直线"命令。
- 功能区：单击"曲线"选项卡中"曲线"面板上的"直线"按钮 $\diagup$ 。

【操作步骤】

（1）执行上述操作后，系统打开如图11-13所示的"直线"对话框。

（2）选择起点，出现一条直线并自动生成平面。

（3）在适当的位置单击鼠标确定终点，或捕捉点获得终点。

（4）单击"确定"按钮，创建直线。

【选项说明】

1. 起点 / 终点选项

（1）自动判断：根据选择的对象来确定要使用的起点和终点选项。

（2）十点：通过一个或多个点来创建直线。

（3）相切：用于创建与弯曲对象相切的直线。

2. 平面选项

（1）自动平面：根据指定的起点和终点来自动判断临时平面。

（2）锁定平面：选择此项，如果更改起点或终点，自动平面不可移动。锁定的平面以基准平面对象的颜色显示。

（3）选择平面：通过"指定平面"下拉列表或"平面"对话框来创建平面。

3. 起始 / 终止限制

（1）值：用于为直线的起始或终止限制指定数值。

（2）在点上：通过"捕捉点"选项为直线的起始或终止限制指定点。

（3）直至选定：用于在所选对象的限制处开始或结束直线。

图 11-13　"直线"对话框

11.1.3　圆弧 / 圆

该命令用于创建关联的圆弧和圆特征。

扫码看视频

【执行方式】

- 菜单：选择"菜单"→"插入"→"曲线"→"圆弧 / 圆"命令。
- 功能区：单击"曲线"选项卡中"曲线"面板上的"圆弧 / 圆"按钮。

【操作步骤】

执行上述操作后，系统会打开如图 11-14 所示的"圆弧 / 圆"对话框。

1. 三点画圆弧

（1）在"类型"下拉列表中选择"三点画圆弧"。

（2）选择圆弧的起点。

（3）选择圆弧的终点。

（4）选择圆弧的中点。

（5）单击"确定"按钮，创建圆弧。

图 11-14　"圆弧 / 圆"对话框

2. 从中心开始的圆弧 / 圆

（1）在"类型"下拉列表中选择"从中心开始的圆弧 / 圆"。

（2）选择圆弧的中心点。

（3）指定圆弧的半径。

（4）选择对象限制圆弧的终点。

（5）单击"确定"按钮，创建圆弧。

 【选项说明】

1. 类型

（1）三点画圆弧：通过指定的三个点或指定两个点和半径来创建圆弧。

（2）从中心开始的圆弧 / 圆：通过圆弧中心及第二点或半径来创建圆弧。

2. 起点 / 终点 / 中点选项

（1） 自动判断：根据选择的对象来确定要使用的起点 / 终点 / 中点选项。

（2） 十点：用于指定圆弧的起点 / 终点 / 中点。

（3） 相切：用于选择曲线对象（如线、圆弧、二次曲线或样条），以从其派生与所选对象相切的点。

3. 支持平面

（1） 自动平面：根据圆弧或圆的起点和终点来自动判断临时平面。

（2） 锁定平面：选择此选项，如果更改起点或终点，自动平面不可移动。可以双击解锁或锁定自动平面。

（3） 选择平面：用于选择现有平面或新建平面。

4. 限制

（1）起始 / 终止限制

① 值：用于为圆弧的起始或终止限制指定数值。

② 在点上：通过"捕捉点"选项为圆弧的起始或终止限制指定点。

③ 直至选定：用于在所选对象的限制处开始或结束圆弧。

（2）整圆：用于将圆弧指定为完整的圆。

（3）补弧：用于创建圆弧的补弧。

11.1.4　倒斜角

该命令用于在两条共面的直线或曲线之间生成斜角。

扫码看视频

 【执行方式】

● 菜单：选择"菜单"→"插入"→"曲线"→"倒斜角（原有）"命令。

 【操作步骤】

（1）执行上述操作后，打开如图 11-15 所示的"倒斜角"对话框。

（2）选择倒斜角方式。

（3）选择要倒斜角的曲线。

（4）单击"确定"按钮，创建倒斜角。

 【选项说明】

（1）简单倒斜角：该选项用于建立简单斜角，其产生的两边偏置值必须相同，角度为 45°，并且该选项只能用于两共面的直线间倒角。选中该选项后，系统会要求输入倒角尺寸，而后选择两直线交点即可完成倒角，如图 11-16 所示。

图 11-15　"倒斜角"对话框　　　　　　图 11-16　"简单倒斜角"示意图

（2）用户定义倒斜角：在两条共面曲线（包括直线、圆弧、样条和二次曲线）之间生成斜角。该选项比生成简单倒角时具有更多的修剪控制。单击此按钮，打开如图 11-17 所示的"倒斜角"对话框。

① 自动修剪：该选项用于使两条曲线自动延长或缩短以连接倒角曲线，如图 11-18 所示。

图 11-17　"倒斜角"对话框

图 11-18　"自动修剪"示意图

如果原有曲线未能如愿修剪，可恢复原有曲线（使用快捷菜单中的"取消"命令，或按 Ctrl+Z 快捷键）并选择"手工修剪"选项。

② 手工修剪：该选项可以选择想要修剪的倒角曲线，然后指定是否修剪曲线，并且指定要修剪倒角的哪一侧，选取的倒角侧将被从几何体中切除，如图 11-19 所示。

③ 不修剪：该选项用于保留原有曲线不变。

图 11-19　"手工修剪"示意图

当用户选定某一倒角方式后，系统会打开如图 11-20 所示的"倒斜角"对话框，要求用户输入偏置值和角度（该角度是从第二条曲线测量的）或全部输入偏置值来确定倒角范围，以上两种方式可以通过"偏置值"和"偏置和角度"按钮来进行切换。

图 11-20　"倒斜角"对话框

"偏置"是两曲线交点与倒角线起点之间的距离。对于简单倒角，沿两条曲线的偏置相等。对于线性倒角偏置而言，偏置值是直线距离，但是对于非线性倒角偏置而言，偏置值不一定是直线距离。

11.1.5　多边形

扫码看视频

● 菜单：选择"菜单"→"插入"→"曲线"→"多边形（原有）"命令。

【操作步骤】

（1）执行上述操作后，系统打开"多边形"对话框。

（2）当输入多边形的边数目后，将打开如图11-21所示的对话框用于选择创建方式。

（3）输入相应的参数，单击"确定"按钮。

（4）打开"点"对话框，确定多边形的中心点，创建多边形。

图11-21 "多边形"创建方式对话框

【选项说明】

（1）内切圆半径：单击此按钮，打开如图11-22所示的"多边形"对话框。可以通过输入内切圆的半径及方位角来创建多边形，如图11-23所示。

图11-22 "多边形"对话框

图11-23 "内切圆半径"示意图

① 内切圆半径：是中心点到多边形边的中点的距离。

② 方位角：多边形从 XC 轴逆时针方向旋转的角度。

（2）多边形边：单击此按钮，打开如图11-24所示的"多边形"对话框。该选项用于输入多边形一边的边长及方位角来创建多边形。该长度将应用到所有边。

（3）外接圆半径：单击此按钮，打开如图11-25所示的"多边形"对话框。该选项通过指定外接圆半径及方位角来创建多边形，如图11-26所示，外接圆半径是中心点到多边形顶点的距离。

图11-24 "多边形"对话框

图11-25 "多边形"对话框

图11-26 "外接圆半径"示意图

11.1.6　椭圆

【执行方式】

● 菜单：选择"菜单"→"插入"→"曲线"→"椭圆（原有）"命令。

扫码看视频

【操作步骤】

（1）执行上述操作后，打开"点"对话框，输入椭圆原点。

（2）单击"确定"按钮，打开如图 11-27 所示的"椭圆"对话框。

（3）输入相应的椭圆参数。

（4）单击"确定"按钮，创建椭圆，如图 11-28 所示。

图 11-27　"椭圆"对话框

图 11-28　"长半轴和短半轴"示意图

【选项说明】

（1）长半轴和短半轴：椭圆有长轴和短轴两根轴（每根轴的中点都在椭圆的中心）。椭圆的最长直径就是主轴；最短直径就是副轴。长半轴和短半轴的值指的是这些轴长度的一半，如图 11-28 所示。

（2）起始角和终止角：椭圆是绕 ZC 轴正向沿着逆时针方向生成的。起始角和终止角确定椭圆的起始和终止位置，它们都是相对于主轴测算的，如图 11-29 所示。

（3）旋转角度：椭圆的旋转角度是主轴相对于 XC 轴，沿逆时针方向倾斜的角度，如图 11-30 所示。除非改变了旋转角度，否则主轴一般是与 XC 轴平行的。

图 11-29　"起始角和终止角"示意图

图 11-30　"旋转角度"示意图

11.1.7　抛物线

【执行方式】

扫码看视频

● 菜单：选择"菜单"→"插入"→"曲线"→"抛物线"命令。

● 功能区：单击"曲线"选项卡中"更多"库下的"抛物线"按钮 。

【操作步骤】

（1）执行上述操作后，打开"点"对话框，输入抛物线顶点，单击"确定"按钮。

（2）打开如图 11-31 所示的"抛物线"对话框，在该对话框中输入用户所需的数值。

（3）单击"确定"按钮，创建抛物线，如图 11-32 所示。

图 11-31　"抛物线"对话框

图 11-32　"抛物线"示意图

【选项说明】

（1）焦距：是指从顶点到焦点的距离。必须大于 0。

（2）最小 DY/ 最大 DY：通过限制抛物线的显示宽度来确定该曲线的长度。

（3）旋转角度：是指对称轴与 XC 轴之间所成的角度。

11.1.8　双曲线

扫码看视频

【执行方式】

● 菜单：选择"菜单"→"插入"→"曲线"→"双曲线"命令。

● 功能区：单击"曲线"选项卡中"更多"库下的"双曲线"按钮 。

【操作步骤】

（1）执行上述操作后，打开"点"对话框，输入双曲线中心点。

（2）打开如图 11-33 所示的"双曲线"对话框，在该对话框中输入用户所需的数值。

（3）单击"确定"按钮，创建双曲线，如图 11-34 所示。

图 11-33　"双曲线"对话框

图 11-34　"双曲线"示意图

【选项说明】

（1）实半轴 / 虚半轴：实半轴 / 虚半轴参数指实轴和虚轴长度的一半。这两个轴之间的关系确定了曲线的斜率。

（2）最小 DY/ 最大 DY：DY 值决定曲线的长度。最大 DY/ 最小 DY 限制双曲线在对称轴两侧的扫掠范围。

（3）旋转角度：由实半轴与 *XC* 轴组成的角度。旋转角度从 *XC* 轴正向开始计算

11.1.9　规律曲线

扫码看视频

【执行方式】

- 菜单：选择"菜单"→"插入"→"曲线"→"规律曲线"命令。
- 功能区：单击"曲线"选项卡中"曲线"面板上的"规律曲线"按钮 。

【操作步骤】

（1）执行上述操作后，打开如图 11-35 所示的"规律曲线"对话框。

（2）为 *X/Y/Z* 各分量选择并定义一个规律选项。

（3）通过定义方位、基点或指定一个参考坐标系来控制曲线的方位。

（4）单击"确定"按钮，创建曲线，如图 11-36 所示。

图 11-35　"规律曲线"对话框

【选项说明】

1. *X/Y/Z* 规律类型

（1）恒定：该选项能够给整个规律功能定义一个常数值。系统提示用户只输入一个规律值（即该常数）。

（2）线性：该选项能够定义从起始点到终止点的线性变化率。

图 11-36　规律曲线

（3）三次：该选项能够定义从起始点到终止点的三次变化率。

（4）沿脊线的线性：该选项能够使用两个或多个沿着脊线的点定义线性规律函数。选择一条脊线曲线后，可以沿该曲线指出多个点。系统会提示用户在每个点处输入一个值。

（5）沿脊线的三次：该选项能够使用两个或多个沿着脊线的点定义三次规律函数。选择一条脊线曲线后，可以沿该脊线指出多个点。系统会提示用户在每个点处输入一个值。

（6）根据方程：该选项可以用表达式和"参数表达式变量"来定义规律。必须事先定义所有变量（变量可以使用"工具"→"表达式"来定义），并且公式必须使用参数表达式变量"*t*"。

（7）根据规律曲线：该选项利用已存在的规律曲线来控制坐标或参数的变化。选择该选项后，按照系统在提示栏中给出的提示，先选择一条存在的规律曲线，再选择一条基准线来辅助确定选定曲线的方向。如果没有定义基准线，默认的基准线方向就是绝对坐标系的 *X* 轴方向。

2. 坐标系

该选项组通过指定坐标系来控制样条的方位。

提示　　　规律样条是根据"建模首选项"对话框中的距离公差和角度公差设置而近似生成的。另外，可以使用"对象信息"命令来显示关于规律样条的非参数信息或特征信息。

任何大于 360°的规律曲线都必须使用"螺旋"命令或在"规律曲线"对话框中选择"根据方程"规律类型来构建。

11.1.10　螺旋线

使用"螺旋"命令能够通过定义圈数、螺距、半径方式（规律或恒定）、旋转方向和适当的方向生成螺旋线。

扫码看视频

【执行方式】

● 菜单：选择"菜单"→"插入"→"曲线"→"螺旋"命令。
● 功能区：单击"曲线"选项卡中"曲线"面板上的"螺旋"按钮 。

【操作步骤】

（1）执行上述操作后，系统打开如图 11-37 所示的"螺旋"对话框。

（2）在"大小"选项组中选择规律类型，输入直径或半径值。

（3）在"螺距"选项组中选择规律类型，并指定螺旋各圈之间的距离。

（4）在"长度"选项组中选择方法，若选择限制方法，则输入起始限制值和终止限制值；若选择圈数方法，则输入圈数值。

（5）在"旋转方向"下拉列表中选择螺旋线方向，单击"确定"按钮，创建螺旋线，如图 11-38 所示。

图 11-37　"螺旋"对话框

图 11-38　螺旋线创建示意图

【选项说明】

（1）大小：用于定义螺旋线的半径或直径值。

① 规律类型：能够使用规律函数来控制螺旋线的半径或直径变化。在该下拉列表中选择一种规律来控制螺旋线的半径或直径。

② 值：该选项为默认值，用于输入螺旋线的半径或直径值，该值在整个螺旋线上都是常数。

（2）螺距：相邻的圈之间沿螺旋轴方向的距离。"螺距"必须大于或等于 0。

（3）方法：指定长度方法为"限制"或"圈数"。

（4）圈数：用于指定螺旋线绕螺旋轴旋转的圈数。圈数必须大于 0，可以接受小于 1 的值（比如 0.5 可生成半圈螺旋线）。

（5）旋转方向：该选项用于控制旋转的方向。

① 右手：螺旋线起始于基点向右卷曲（逆时针方向）。

② 左手：螺旋线起始于基点向左卷曲（顺时针方向）。

（6）方位：该选项组用于指定坐标系和螺旋的起始角。

11.2　派生曲线

一般情况下，曲线创建完成后并不能完全满足用户需求，还需要进一步处理，本节将继续介绍曲线的操作功能，如简化曲线、偏置曲线、桥接曲线、连接曲线、截面曲线和在面上偏置等。

11.2.1　偏置曲线

此命令能够通过从原先对象偏置的方法，生成直线、圆弧、二次曲线、样条和边。偏置曲线是通过垂直于选中曲线上的点来构建的。可以选择是否使偏置曲线与其输入曲线相关联。

扫码看视频

图 11-39　"偏置曲线"对话框

【执行方式】

● 菜单：选择"菜单"→"插入"→"派生曲线"→"偏置"命令。

● 功能区：单击"曲线"选项卡中"派生曲线"面板上的"偏置曲线"按钮。

【操作步骤】

（1）执行上述操作后，系统打开如图 11-39 所示的"偏置曲线"对话框。

（2）在"偏置类型"下拉列表中选择要创建的偏置曲线类型。

（3）选择要偏置的曲线。

（4）输入相应的参数。

（5）单击"确定"按钮，创建偏置曲线特征，如图 11-40 所示。

图 11-40 "带圆角偏置"示意图

【选项说明】

1. 偏置类型

（1）距离：在输入曲线的平面上的恒定距离处创建偏置曲线。

① 偏置平面上的点：指定偏置平面上的点。

② 距离：在箭头矢量指示的方向上与选中曲线之间的偏置距离。负的距离值将在反方向上偏置曲线。

③ 副本数：能够构建多组偏置曲线。

④ 反向：用于反转箭头矢量标记的偏置方向。

（2）拔模：在平行于选取曲线平面，并与其相距指定距离的平面上偏置曲线。

① 高度：输入曲线平面到生成的偏置曲线平面之间的距离。

② 角度：是偏置方向与原曲线所在平面的法向的夹角。

③ 副本数：能够构建多组偏置曲线。

（3）规律控制：在输入曲线的平面上，在"规律类型"下拉列表中指定的规律所定义的距离处创建偏置曲线。

① 规律类型：在下拉列表中选择规律类型来创建偏置曲线。

② 副本数：能够构造多组偏置曲线。

③ 反向：用于反转箭头矢量标记的偏置方向。

（4）3D 轴向：在三维空间内指定矢量方向和偏置距离来偏置曲线。

① 距离：在箭头矢量指示的方向上与选中曲线之间的偏置距离。

② 指定方向：在下拉列表中选择方向的创建方式或单击"矢量对话框"按钮来创建偏置方向矢量。

2. 曲线

在该选项组中选择要偏置的曲线。

3. 设置

（1）关联：勾选此复选框，则偏置曲线会与输入曲线和定义数据相关联。

（2）输入曲线：该选项能够指定对原先曲线的处理情况。对于关联曲线，某些选项不可用。

① 保留：在生成偏置曲线时，保留输入曲线。

② 隐藏：在生成偏置曲线时，隐藏输入曲线。

③ 删除：在生成偏置曲线时，删除输入曲线。取消"关联"复选框的勾选，则该选项能用。

④ 替换：该操作类似于移动操作，输入曲线被移至偏置曲线的位置。取消"关联"复选框的勾选，则该选项能用。

（3）修剪：选择将偏置曲线修剪或延伸到它们的交点处的方式。

① 无：既不修剪偏置曲线，也不将偏置曲线倒成圆角。

② 相切延伸：将偏置曲线延伸到它们的交点处。

③ 圆角：构建与每条偏置曲线的终点相切的圆弧。

（4）距离公差：当输入曲线为样条或二次曲线时，可确定偏置曲线的精度。

11.2.2　在面上偏置曲线

扫码看视频

该命令用于在一表面上由一存在曲线按指定的距离生成一条沿面的偏置曲线。

 【执行方式】

- 菜单：选择"菜单"→"插入"→"派生曲线"→"在面上偏置"命令。
- 功能区：单击"曲线"选项卡中"派生曲线"面板上的"在面上偏置曲线"按钮 。

图 11-41　"在面上偏置曲线"对话框

【操作步骤】

执行上述操作后，系统打开如图 11-41 所示的"在面上偏置曲线"对话框。

1．创建恒定偏置曲线

（1）在"类型"下拉列表中选择"恒定"类型。

（2）选择要偏置的曲线，并设置偏置值。

（3）选择面，并设置其他参数。

（4）单击"确定"按钮，创建偏置曲线。

2．创建可变偏置曲线

（1）在"类型"下拉列表中选择"可变"类型。

（2）选择一个面或平面。

（3）选择要偏置的曲线，并设置规律类型，输入相应的参数。

（4）单击"确定"按钮，创建偏置曲线，如图 11-42 所示。

图 11-42　"在面上偏置曲线"示意图

 【选项说明】

1．类型

（1）恒定：生成具有面内原始曲线恒定偏置的曲线。

（2）可变：用于指定与原始曲线上点位置之间的不同距离，以在面中创建可变曲线。

2．曲线

（1）选择曲线：用于选择要在指定面上偏置的曲线或边。

（2）截面线 1：偏置 1：输入偏置值。

3．选择面或平面

该选项用于选择面与平面，以便在其上创建偏置曲线。

4. 方向和方法

（1）"偏置方向"下拉列表。

① 垂直于曲线：沿垂直于输入曲线相切矢量的方向创建偏置曲线。

② 垂直于矢量：用于指定一个矢量，确定与偏置垂直的方向。

（2）"偏置法"下拉列表

① 弦：使用线串曲线上各点之间的线段，基于弦距离创建偏置曲线。

② 弧长：沿曲线的圆弧创建偏置曲线。

③ 测地线：沿曲面上最小距离创建偏置曲线。

④ 相切：沿曲线最初所在面的切线，在一定距离处创建偏置曲线，并将其重新投影在该面上。

⑤ 投影距离：按指定的法向矢量在虚拟平面上指定偏置距离。

5. 圆角

（1）无：不添加任何倒圆。

（2）矢量：定义输入矢量作为虚拟倒圆圆柱的轴方向。

（3）最适合：根据垂直于圆柱和曲线之间最终接触点的曲面，确定虚拟倒圆圆柱的轴方向。

（4）投影矢量：将投影方向用作虚拟倒圆圆柱的轴方向。

6. 修剪和延伸偏置曲线

（1）在截面内修剪至彼此：修剪同一截面内两条曲线之间的拐角。延伸两条曲线的切线形成拐角，并对切线进行修剪。

（2）在截面内延伸至彼此：延伸同一截面内两条曲线之间的拐角。延伸两条曲线的切线以形成拐角。

（3）修剪至面的边：将曲线修剪至面的边。

（4）延伸至面的边：将偏置曲线延伸至面边界。

（5）移除偏置曲线内的自相交：修剪偏置曲线的相交区域。

7. 设置

（1）关联：勾选此复选框，新偏置的曲线与偏置前的曲线相关。

（2）从曲线自动判断体的面：勾选此复选框，偏置体的面由选择要偏置的曲线自动确定。

（3）高级曲线拟合：用于为要投影的曲线指定曲线拟合方法。勾选此复选框，显示创建曲线的拟合方法。

① 次数和段数：指定输出曲线的阶次和段数。

② 次数和公差：指定最大次数和公差来控制输出曲线的参数化。

③ 保持参数化：从输入曲线继承阶次、段数、极点结构和结点结构，并将其应用到输出曲线。

④ 自动拟合：指定最小阶次、最大阶次、最大段数和公差数，以控制输出曲线的参数化。

（4）连接曲线：连接多个面的曲线。

① 否：使跨多个面或平面创建的曲线在每个面或平面上均显示为单独的曲线。

② 常规：连接输出曲线以形成常规样条曲线。

③ 公差：该选项用于设置偏置曲线公差，其默认值是在"建模首选项"对话框中设置的。公差值决定了偏置曲线与被偏置曲线的相似程度，选用默认值即可。

11.2.3 桥接曲线

该命令用来桥接两条不同位置的曲线，边也可以作为曲线来选择。

扫码看视频

图 11-43　"桥接曲线"对话框

【执行方式】

● 菜单：选择"菜单"→"插入"→"派生曲线"→"桥接"命令。
● 功能区：单击"曲线"选项卡中"派生曲线"面板上的"桥接曲线"按钮。

【操作步骤】

（1）执行上述操作后，系统打开如图 11-43 所示的"桥接曲线"对话框。

（2）定义起始对象和终止对象。

（3）设置其他参数。

（4）单击"确定"按钮，生成桥接曲线，如图 11-44 所示。

图 11-44　"桥接曲线"示意图

【选项说明】

1. 起始对象

（1）截面：选择一个可以定义曲线起点的截面。

（2）对象：选择一个对象以定义曲线的起点。

（3）选择曲线 / 对象：选择曲线或对象来作为起始对象。

2. 终止对象

（1）基准：为曲线终点选择一个基准，使曲线与该基准垂直。

（2）矢量：选择一个矢量作为定义曲线终点的矢量。

（3）选择曲线：选择对象或矢量来定义曲线的终点。

3. 连接

（1）连续性。

① 相切：表示桥接曲线与第一条曲线、第二条曲线在连接点处相切连续，且为三阶样条曲线。

② 曲率：表示桥接曲线与第一条曲线、第二条曲线在连接点处曲率连续，且为五阶或七阶样条曲线。

（2）位置：确定点在曲线的百分比位置。

（3）方向：基于所选几何体定义曲线方向。

4. 约束面

该选项用于限制桥接曲线所在面。

5. 半径约束

该选项用于限制桥接曲线的半径的类型和大小。输入的曲线必须共面。

6. 形状控制

方法：以交互方式对桥接曲线重新定型。

（1）相切幅值：通过改变桥接曲线与第一条曲线和第二条曲线连接点的切矢量值，来控制桥接曲线的形状。

（2）深度和歪斜度：当选择该控制方式时，"桥接曲线"对话框的变化如图 11-45 所示。

深度：是指桥接曲线峰值点的深度，即影响桥接曲线形状的曲率的百分比，其值可拖动下面的滑块或直接在"深度"文本框中输入百分比实现。

歪斜度：是指桥接曲线峰值点的倾斜度，即设定沿桥接曲线从第一条曲线向第二条曲线度量时峰值点位置的百分比。

图 11-45 "深度和歪斜度"选项

（3）模板曲线：用于选择现有样条来控制桥接曲线的整体形状。

11.2.4 简化曲线

扫码看视频

该命令以一条最合适的逼近曲线来简化一组选择曲线（最多可选择 512 条曲线），它将这组曲线简化为圆弧或直线的组合，即将高次方曲线降成二次或一次方曲线。

【执行方式】

● 菜单：选择"菜单"→"插入"→"派生曲线"→"简化"命令。
● 功能区：单击"曲线"选项卡中"更多"库下的"简化曲线"按钮。

【操作步骤】

（1）执行上述操作后，打开如图 11-46 所示的"简化曲线"对话框。

（2）在对话框中选择简化类型。

（3）选择要简化的曲线。

【选项说明】

（1）保持：在生成直线和圆弧之后保留原有曲线。在选中曲线的上面生成曲线。

（2）删除：简化之后删除选中曲线。删除选中曲线之后，不能再恢复。

（3）隐藏：生成简化曲线之后，将选中的原有曲线从屏幕上移除，但并未删除。

图 11-46 "简化曲线"对话框

11.2.5 连接曲线

该命令可将一连串曲线和 / 或边合并到一起生成一条样条曲线。其结果是与原先

扫码看视频

的曲线链近似的多项式样条，或是完全表示原先的曲线链的一般样条。

 【执行方式】

● 菜单：选择"菜单"→"插入"→"派生曲线"→"连接（即将失效）"命令。

 【操作步骤】

（1）执行上述操作后，打开如图 11-47 所示的"连接曲线"
对话框。

（2）选择要连接的曲线。

（3）设置相关参数。

（4）单击"确定"按钮，连接曲线。

 【选项说明】

1. 选择曲线

该选项用于选择一连串曲线、边及草图曲线。

2. 设置

图 11-47　"连接曲线"对话框

（1）关联：勾选此复选框，输出样条将与其输入曲线关联，当修改这些输入曲线时，输出样条
会相应更新。

（2）输入曲线：该选项用于处理原先的曲线。

① 保留：保留输入曲线。新曲线创建于输入曲线之上。

② 隐藏：隐藏输入曲线。

③ 删除：删除输入曲线。

④ 替换：将第一条输入曲线替换为输出样条，然后删除其他所有输入曲线。

（3）输出曲线类型：用于指定输出样条类型。

① 常规：创建可精确标示输入曲线的输出样条。

② 三次：使用 3 次多项式样条逼近输入曲线。

③ 五次：使用 5 次多项式样条逼近输入曲线。

④ 高阶：仅使用一个分段重新构建曲线，直至达到最高阶次参数所指定的阶次数。

（4）距离公差 / 角度公差：用于设置连接曲线的公差，其默认值是在"建模首选项"对话
框中设置的。

11.2.6　投影曲线

该命令能够将曲线和点投影到片体、面、平面和基准面上。点和曲线可以沿着
指定矢量方向、与指定矢量成某一角度的方向、指向特定点的方向或沿着面法线的方
向进行投影。所有投影曲线在孔或面边界处都要进行修剪。

扫码看视频

 【执行方式】

● 菜单：选择"菜单"→"插入"→"派生曲线"→"投影"命令。

● 功能区：单击"曲线"选项卡中"派生曲线"面板上的"投影曲线"按钮 。

【操作步骤】

（1）执行上述操作后，打开如图 11-48 所示的"投影曲线"对话框。

（2）选择要投影的曲线或点。

（3）选择目标曲面。

（4）选择投影方向，并设置相关参数。

（5）单击"确定"按钮，生成投影曲线。

图 11-48 "投影曲线"对话框

【选项说明】

1. 要投影的曲线或点

该选项组用于确定要投影的曲线、点、边或草图。

2. 要投影的对象

（1）选择对象：用于选择面、小平面化的体或基准平面，以在其上投影。

（2）指定平面：通过在下拉列表中或在"平面"对话框中选择平面构造方法来创建目标平面。

3. 方向

该选项用于指定将对象投影到片体、面和平面上时所使用的方向。

（1）沿面的法向：用于沿着面和平面的法向投影对象，如图 11-49 所示。

（2）朝向点：可向一个指定点投影对象。对于投影的点，可以在选中点与投影点之间的直线上获得交点。

图 11-49 "沿面的法向"示意图

（3）朝向直线：可沿垂直于一指定直线或基准轴的矢量投影对象。对于投影的点，可以在通过选中点垂直于指定直线的直线上获得交点。

（4）沿矢量：可沿指定矢量（该矢量是通过矢量构造器定义的）投影选中对象。可以在该矢量指示的单个方向上投影曲线，或在两个方向上（指示的方向和它的反方向）投影。

（5）与矢量成角度：可将选中曲线按与指定矢量成指定角度的方向投影，该矢量是使用矢量构造器定义的。根据选择的角度值（向内的角度为负值），该投影可以相对于曲线的近似形心按向外或向内的角度生成。对于点的投影，该选项不可用。

4. 间隙

（1）创建曲线以桥接缝隙：桥接投影曲线中任何两个段之间的小缝隙，并将这些段连接为单条曲线。

（2）缝隙列表：列出缝隙数、桥接的缝隙数和非桥接的缝隙数等信息。

5．设置

（1）高级曲线拟合：用于为要投影的曲线指定曲线拟合方法。勾选此复选框，显示创建曲线的拟合方法。

① 次数和段数：指定输出曲线的阶次和段数。

② 次数和公差：指定最大次数和公差来控制输出曲线的参数化。

③ 保持参数化：从输入曲线继承阶次、段数、极点结构和结点结构，并将其应用到输出曲线。

④ 自动拟合：指定最小阶次、最大阶次、最大段数和公差数，以控制输出曲线的参数化。

（2）对齐曲线形状：将输入曲线的极点分布应用到投影曲线，而不考虑已使用的曲线拟合方法。

11.2.7　组合投影

该命令用于组合两个已有曲线的投影，生成一条新的曲线。需要注意的是，这两个曲线投影必须相交。可以指定新曲线是否与输入曲线关联，以及将对输入曲线做哪些处理。

扫码看视频

【执行方式】

○ 菜单：选择"菜单"→"插入"→"派生曲线"→"组合投影"命令。

○ 功能区：单击"曲线"选项卡中"派生曲线"面板上的"组合投影"按钮 。

【操作步骤】

（1）执行上述操作后，打开如图 11-50 所示的"组合投影"对话框。

（2）选择要投影的曲线 1。

（3）选择要投影的曲线 2。

（4）在"投影方向 1"和"投影方向 2"选项组中设置所需的方向。

（5）单击"确定"按钮，创建组合曲线投影，如图 11-51 所示。

图 11-50　"组合投影"对话框

（a）之前　　　　（b）之后

图11-51　"组合投影"示意图

【选项说明】

1. 曲线 1/ 曲线 2

（1）选择曲线：用于选择第一个和第二个要投影的曲线链。

（2）反向：单击此按钮，反转显示方向。

（3）指定原始曲线：用于指定选择曲线中的原始曲线。

2. 投影方向 1/ 投影方向 2

投影方向：分别为选择的曲线 1 和曲线 2 指定投影方向。

（1）垂直于曲线平面：设置曲线所在平面的法向。

（2）沿矢量：使用"矢量"对话框或"矢量"下拉列表中的选项来指定所需的方向。

11.2.8 缠绕 / 展开曲线

该命令可以将曲线从平面缠绕到圆锥面或圆柱面上，或将曲线从圆锥面或圆柱面
展开到平面上。输出曲线是 3 次 B 样条，并且与其输入曲线、定义面和定义平面相关。

扫码看视频

【执行方式】

- 菜单：选择"菜单"→"插入"→"派生曲线"→"缠绕 / 展开曲线"命令。
- 功能区：单击"曲线"选项卡中"派生曲线"面板上的"缠绕 / 展开曲线"按钮 。

【操作步骤】

（1）执行上述操作后，打开如图 11-52 所示的"缠绕 / 展开曲线"对话框。

（2）在"类型"下拉列表中选择"缠绕"或"展开"。这里以"缠绕"为例。

（3）选择需要缠绕的曲线。

（4）选择圆柱面或圆锥面。

（5）选择或新建平面。

（6）单击"确定"按钮，创建缠绕曲线，如图 11-53 所示。

图 11-52 "缠绕 / 展开曲线"对话框

图 11-53 "缠绕曲线"示意图

【选项说明】

（1）类型。

① 缠绕：将曲线从一个平面缠绕到圆柱面或圆锥面上。

② 展开：将曲线从圆柱面或圆锥面展开到平面上。

（2）曲线或点：选择要缠绕或展开的一条或多条曲线。

（3）面：选择曲线将缠绕到或从其上展开的圆锥面或圆柱面。

（4）平面：选择一个与圆柱面或圆锥面相切的基准平面或平面。

（5）设置：此选项组中的参数与其他对话框中的设置参数基本相同，下面主要介绍切割线角度。

切割线角度：指定切线绕圆锥或圆柱轴线旋转的角度（0°～360°）。

11.2.9　圆形圆角曲线

此命令可以在两条 3D 曲线或边链之间创建光滑的圆角曲线。圆角曲线与两条输入曲线相切，且在投影到垂直于所选矢量方向的平面上时类似于圆角。

【执行方式】

- 菜单：选择"菜单"→"插入"→"派生曲线"→"圆形圆角曲线"命令。
- 功能区：单击"曲线"选项卡中"更多"库下的"圆形圆角曲线"按钮 。

【操作步骤】

（1）执行上述操作后，打开如图 11-54 所示的"圆形圆角曲线"对话框。

（2）选择曲线 1 和曲线 2。

（3）设置圆柱参数。

（4）单击"确定"按钮，创建圆形圆角曲线。

【选项说明】

1．曲线 1/ 曲线 2

这两个选项组用于选择第一个和第二个曲线链或特征边链。

2．圆柱

（1）方向选项：用于确定圆柱轴的方向。沿圆柱轴的方向查看时，圆形圆角曲线看上去像圆弧。

① 最适合：查找最可能包含输入曲线的平面。自动判断的圆柱轴垂直于该最适合平面。

② 变量：使用输入曲线上具有倒圆的接触点处的切线来定义视图矢量。圆柱轴的方向平行于接触点上切线的叉积。

③ 矢量：通过"矢量"对话框将矢量定义为圆柱轴。

④ 当前视图：指定垂直于当前视图的圆柱轴。

图 11-54　"圆形圆角曲线"对话框

（2）半径选项：用于指定圆柱半径的值。

① 曲线 1 上的点：用于在曲线 1 上选择一个点作为锚点，然后在曲线 2 上搜索该点。

② 曲线 2 上的点：用于在曲线 2 上选择一个点作为锚点，然后在曲线 1 上搜索该点。

（3）位置：用于指定曲线 1 上或曲线 2 上接触点的位置。

① 弧长：用于指定沿弧长方向的距离，从而确定接触点。

② 弧长百分比：用于指定弧长的百分比，从而确定接触点。

③ 通过点：用于选择一个点作为接触点。

④ 显示圆柱：显示或隐藏用于创建圆形圆角曲线的圆柱。

3. 形状控制

该选项组用于控制圆形圆角曲线的曲率及其与曲线 1 和曲线 2 的偏差。

11.2.10 镜像曲线

该命令通过基准平面或平的曲面创建镜像曲线。

扫码看视频

【执行方式】

○ 菜单：选择"菜单"→"插入"→"派生曲线"→"镜像"命令。

○ 功能区：单击"曲线"选项卡中"派生曲线"面板上的"镜像曲线"按钮。

【操作步骤】

（1）执行上述操作后，打开如图 11-55 所示的"镜像曲线"对话框。

（2）选择想要镜像的曲线或边。

（3）选择现有平面或新建平面作为镜像平面。

（4）单击"确定"按钮，创建镜像曲线，如图 11-56 所示。

图 11-55 "镜像曲线"对话框

图 11-56 "镜像曲线"示意图

【选项说明】

（1）曲线：选择要进行镜像的草图的曲线、边或曲线特征。

（2）镜像平面：用于确定镜像的面和基准平面。可以直接选择现有平面或新建平面。

扫码看视频

11.2.11　抽取

　　该命令使用一个或多个已有体的边或面生成几何体（直线、圆弧、二次曲线和样条）。体不发生变化。大多数抽取曲线是非关联的，但也可选择生成相关的等斜度曲线或阴影外形曲线。

【执行方式】

　　● 菜单：选择“菜单”→“插入”→“派生曲线”→“抽取（原有）”命令。

【操作步骤】

　　（1）执行上述操作后，打开如图 11-57 所示的“抽取曲线”对话框。
　　（2）在对话框中选择不同的抽取方式来抽取曲线，如图 11-58 所示。

图 11-57　“抽取曲线”对话框

图 11-58　“抽取曲线”示意图

【选项说明】

　　（1）边曲线：用来沿一个或多个已有体的边生成曲线。每次选择一条所需的边，或使用菜单选择面上的所有边、体中的所有边、按名称或按成链选取边。

　　（2）轮廓曲线：用于从轮廓边缘生成曲线。用于生成体的外形（轮廓）曲线（直线，弯曲面在这些直线处从指向视点变为远离视点）。选择所需体后，随即生成轮廓曲线，并提示选择其他体。生成的曲线是近似的，它由建模距离公差控制。工作视图中生成的轮廓曲线与视图相关。

　　（3）完全在工作视图中：用来生成所有的边曲线，包括工作视图中实体和片体可视边缘的任何轮廓。

　　（4）阴影轮廓：选择该选项，可产生工作视图中显示的体的与视图相关的曲线的外形。但内部详细信息无法生成任何曲线。

　　（5）精确轮廓：选择该选项，将抽取视图中所有实体的轮廓。

11.2.12　抽取虚拟曲线

　　该命令从面旋转轴、倒圆中心线和圆角面的虚拟交线创建曲线。

【执行方式】

　　● 菜单：选择“菜单”→“插入”→“派生曲线”→“抽取虚拟曲线”命令。

● 功能区：单击"曲线"选项卡中"更多"库下的"抽取虚拟曲线"按钮。

【操作步骤】

（1）执行上述操作后，打开如图11-59所示的"抽取虚拟曲线"对话框。

（2）在"类型"下拉列表中选择类型。

（3）选择所需的面。

（4）单击"确定"按钮，创建虚拟曲线。

【选项说明】

（1）类型：指定要创建虚拟曲线的类型。

① 旋转轴：用于抽取圆柱面、锥面、环形面或旋转面的轴以创建旋转轴虚拟曲线。

图11-59 "抽取虚拟曲线"对话框

② 倒圆中心线：用于抽取圆角面的中心线来创建虚拟中心线。

③ 虚拟交线：用于抽取输入圆角面的两个构造面的曲面虚拟交线来创建虚拟相交曲线。

（2）面：用于选择旋转面或圆角面。

11.2.13 相交曲线

该命令用于在两组对象之间生成相交曲线。相交曲线是关联的，会根据其定义对象的更改而更新。

扫码看视频

【执行方式】

● 菜单：选择"菜单"→"插入"→"派生曲线"→"相交"命令。

● 功能区：单击"曲线"选项卡中"派生曲线"面板上的"相交曲线"按钮。

图11-60 "相交曲线"对话框

【操作步骤】

（1）执行上述操作后，系统打开如图11-60所示的"相交曲线"对话框。

（2）选择第一组或平面。

（3）选择第二组面或平面。

（4）单击"确定"按钮，创建相交曲线，如图11-61所示。

图11-61 "相交曲线"示意图

【选项说明】

（1）选择面：用于选择一个、多个面或基准平面以生成相交曲线。

（2）指定平面：用于定义基准平面以包含在一组要相交的对象中。

（3）保持选定：勾选此复选框，用于在创建相交曲线后重用为后续相交曲线而选定的一组对象。

11.2.14　等参数曲线

该命令用于沿着给定的 *U/V* 线方向在面上生成曲线。

扫码看视频

【执行方式】

- 菜单：选择"菜单"→"插入"→"派生曲线"→"等参数曲线"命令。
- 功能区：单击"曲线"选项卡中"派生曲线"面板上的"等参数曲线"按钮🖌。

【操作步骤】

（1）执行上述操作后，打开如图 11-62 所示的"等参数曲线"对话框。

（2）选择要在上面创建等参数曲线的曲面。

（3）设置等参数曲线的各选项。

（4）单击"确定"按钮，创建等参数曲线。

【选项说明】

1．选择面

该选项用于选择要在其上创建等参数曲线的面。

2．等参数曲线

（1）方向：用于选择要沿其创建等参数曲线的 *U* 方向 /*V* 方向。

图 11-62　"等参数曲线"对话框

（2）位置：用于指定将等参数曲线放置在所选面上的位置方法。

①均匀：将等参数曲线按相等的距离放置在所选面上。

②通过点：将等参数曲线放置在所选面上，使其通过每个指定的点。

③在点之间：在两个指定的点之间按相等的距离放置等参数曲线。

（3）数量：指定要创建的等参数曲线的总数。

（4）间距：指定各等参数曲线之间的恒定距离。

11.2.15　截面曲线

该命令用于在指定平面与体、面、平面或曲线之间生成相交几何体。

扫码看视频

【执行方式】

- 菜单：选择"菜单"→"插入"→"派生曲线"→"截面"命令。

● 功能区：单击"曲线"选项卡中"派生曲线"面板上的"截面曲线"按钮。

【操作步骤】

执行上述操作后，打开如图 11-63 所示的"截面曲线"对话框。

1. 创建选定的平面的截面曲线

（1）在"类型"下拉列表中选择"选定的平面"类型。

（2）选择要在其中创建截面曲线的一个或多个对象。

（3）选择现有平面或定义新平面。

（4）单击"确定"按钮，创建截面曲线。

2. 创建平行平面的截面曲线

（1）在"类型"下拉列表中选择"平行平面"类型。

（2）选择要在其中创建截面曲线的一个或多个对象。

（3）选择现有平面或定义新平面为基本平面。

（4）设置平面位置参数。

（5）单击"确定"按钮，创建截面曲线。

3. 创建径向平面的截面曲线

（1）在"类型"下拉列表中选择"径向平面"类型。

（2）选择要在其中创建截面曲线的一个或多个对象。

（3）指定一个矢量，所有径向平面都将绕此矢量旋转。

（4）选择现有点或定义新点，并输入限制角度。

（5）单击"确定"按钮，创建截面曲线。

图 11-63 "截面曲线"对话框

4. 创建垂直于曲线的平面的截面曲线

（1）在"类型"下拉列表中选择"垂直于曲线的平面"类型。

（2）选择要在其中创建截面曲线的一个或多个对象。

（3）选择曲线或边沿其创建垂直平面。

（4）设置平面位置参数。

（5）单击"确定"按钮，创建截面曲线。

【选项说明】

（1）选定的平面：用于指定单独平面或基准平面来作为截面。

① 要剖切的对象：选择将被截取的对象。需要时，可以使用"过滤器"选项辅助选择所需对象。可以将"过滤器"选项设置为任意、体、面、曲线、平面或基准平面。

② 剖切平面：选择已有平面或基准平面，或使用平面子功能定义临时平面。

（2）平行平面：用于设置一组等间距的平行平面作为截面。选择该类型，对话框如图 11-64 所示。

① 步进：指定每个临时平行平面之间的相互距离。

② 起点 / 终点：是从基本平面测量的，正距离为显示的矢量方向。系统将生成适合指定限制的平面数。这些输入的距离值不必恰好是步长距离的偶数倍。

（3）径向平面：从一条普通轴开始以扇形展开生成按等角度间隔的平面，以用于选中体、面和曲线的截取。选择该类型，对话框如图 11-65 所示。

图 11-64 "平行平面"类型

图 11-65 "径向平面"类型

①径向轴：用来定义径向平面绕其旋转的轴矢量。

②参考平面上的点：通过使用点方式或点构造器工具，指定径向参考平面上的点。径向参考平面是包含该轴线和点的唯一平面。

③平面位置。

a.起点：表示相对于基础平面的角度，径向面由此角度开始。按右手法则确定正方向。限制角不必是步长角度的偶数倍。

b.终点：表示相对于基础平面的角度，径向面在此角度处结束。

c.步进：表示径向平面之间所需的夹角。

（4）垂直于曲线的平面：用于设定一个或一组与所选定曲线垂直的平面作为截面。选择该类型，对话框如图 11-66 所示。

①曲线或边：用来选择沿其生成垂直平面的曲线或边。可以使用"过滤器"选项来辅助对象的选择，可以将"过滤器"选项设置为曲线或边。

②间距。

a.等弧长：沿曲线路径以等弧长方式间隔平面。

b.等参数：根据曲线的参数化方法来间隔平面。

c.几何级数：根据几何级数比间隔平面。

d.弦公差：根据弦公差间隔平面。

e.增量弧长：以沿曲线路径递增的方式间隔平面。

图 11-66 "垂直于曲线的平面"类型

11.3 曲线编辑

当曲线创建之后，经常还需要对曲线进行修改和编辑，需要调整曲线的很多细节，本节主要

333

介绍曲线编辑的操作，包括编辑曲线参数、修剪曲线、修剪拐角、分割曲线、编辑圆角、拉长曲线和光顺样条等。

11.3.1 编辑曲线参数

扫码看视频

【执行方式】

- 菜单：选择"菜单"→"编辑"→"曲线"→"参数"命令。
- 功能区：单击"曲线"选项卡中"更多"库下的"编辑曲线参数"按钮。
- 对话框：单击"基本曲线"对话框中的"编辑曲线参数"按钮。

【操作步骤】

（1）执行上述操作后，系统会打开如图 11-67 所示的"编辑曲线参数"对话框。

（2）选择要编辑的曲线。

（3）打开相关曲线的对话框，修改参数。

（4）单击"确定"按钮，完成曲线的编辑。

图 11-67 "编辑曲线参数"对话框

【选项说明】

通过该命令可编辑大多数类型的曲线。在"编辑曲线参数"对话框中选择了不同的对象类型后，系统会打开相应的对话框。

11.3.2 修剪曲线

该命令根据边界实体和选中进行修剪的曲线的分段来调整曲线的端点。

扫码看视频

【执行方式】

- 菜单：选择"菜单"→"编辑"→"曲线"→"修剪"命令。
- 功能区：单击"曲线"选项卡中"编辑曲线"面板上的"修剪曲线"按钮。
- 对话框：单击"基本曲线"对话框中的"修剪"按钮。

【操作步骤】

（1）执行上述操作后，系统打开如图 11-68 所示的"修剪曲线"对话框。

（2）选择一条或多条要修剪或延伸的曲线。

（3）指定要修剪或延伸哪一端的起点或终点。

（4）指定第一个边界对象，或指定第二个边界对象。

图 11-68 "修剪曲线"对话框

（5）指定方向矢量。

（6）单击"确定"按钮，修剪曲线。

【选项说明】

1. 要修剪的曲线

选择曲线：用于选择要修剪的一条或多条曲线。

2. 边界对象

（1）对象类型：用于选择对象或平面，用来修剪或分割选定要修剪的曲线。

（2）选择对象：当"对象类型"设为"选定的对象"时显示。用于选择曲线、边、体、面和点作为边界对象和与选定要修剪的曲线相交的对象。

（3）指定平面：当"对象类型"设为"平面"时显示。用于选择基准平面用作边界对象和与要修剪的选定曲线相交的对象。

3. 修剪或分割

（1）方向：指定查找对象交点时使用的方向。

① 最短的 3D 距离：将曲线修剪或延伸到与边界对象的相交处，并以三维尺寸标记最短距离。

② 沿方向：将曲线修剪或延伸到与边界对象的相交处，这些边界对象沿选中矢量的方向投影。

（2）操作：用于选择是修剪所选的曲线，还是将它们分割为单独的样条段。

4. 设置

（1）曲线延伸：如果正修剪一个要延伸到它的边界对象的样条，则可以选择延伸的形状。

① 自然：从样条的端点沿它的自然路径延伸。

② 线性：把样条从它的任一端点延伸到边界对象，样条的延伸部分是直线。

③ 圆形：把样条从它的端点延伸到边界对象，样条的延伸部分是圆弧形。

④ 无：对任何类型的曲线都不执行延伸。

（2）输入曲线：该选项让用户指定想让输入曲线的被修剪的部分处于何种状态。

① 隐藏：输入曲线被渲染成不可见。

② 保留：输入曲线不受修剪曲线操作的影响，被"保留"在它们的初始状态。

③ 删除：通过修剪曲线操作把输入曲线从模型中删除。

④ 替换：输入曲线被已修剪的曲线替换或"交换"。当使用"替换"时，原始曲线的子特征成为已修剪曲线的子特征。

（3）修剪边界曲线：每个边界对象所修剪的部分取决于边界对象与曲线相交的位置。

（4）扩展相交计算：勾选此复选框，设置计算以确定较宽松的相交有效性要求，从而允许计算的解超出默认距离公差。

（5）单选：勾选此复选框，启用自动选择递进功能。

11.3.3　修剪拐角

该命令把两条曲线修剪到它们的交点，从而形成一个拐角。

扫码看视频

【执行方式】

⦿ 菜单：选择"菜单"→"编辑"→"曲线"→"修剪拐角（原有）"命令。

（1）执行上述操作后，打开如图 11-69 所示的"修剪拐角"对话框。

（2）选择两条要修剪的曲线。

（3）在弹出的警告对话框中，单击"是"按钮，创建修剪拐角。

图 11-69 "修剪拐角"对话框

11.3.4 分割曲线

该命令把曲线分割成一组同样的段（即直线到直线，圆弧到圆弧）。每个生成的段是单独的实体并赋予和原先的曲线相同的线型。新的对象和原先的曲线放在同一层上。

扫码看视频

- 菜单：选择"菜单"→"编辑"→"曲线"→"分割"命令。
- 功能区：单击"曲线"选项卡中"更多"库下的"分割曲线"按钮 ∫。

执行上述操作后，打开如图 11-70 所示的"分割曲线"对话框。

1. 将曲线分割为等分段

（1）选择"等分段"类型。

（2）选择要分割的曲线。

（3）设置"段长度"选项，并输入曲线参数。

（4）单击"确定"按钮，分割曲线。

2. 按边界对象分割曲线

（1）选择"按边界对象"类型。

（2）选择要分割的曲线。

（3）选择要用于分割曲线的对象类型。

图 11-70 "分割曲线"对话框

（4）选择要分割曲线的对象。

（5）单击"确定"按钮，分割曲线。

3. 将曲线分割为弧长段数

（1）选择"弧长段数"类型。

（2）选择要分割的曲线。

（3）指定每个分段的长度。

（4）单击"确定"按钮，分割曲线。

4. 在结点处分割曲线

（1）选择"在结点处"类型。

（2）选择要分割的曲线。

（3）选择所需的方法。

（4）单击"确定"按钮，分割曲线。

5. 在拐角上分割曲线

（1）选择"在拐角上"类型。

（2）选择要分割的曲线。

（3）选择所需的方法。

（4）单击"确定"按钮，分割曲线。

【选项说明】

（1）等分段：使用曲线长度或特定的曲线参数把曲线分成相等的段。

① 等参数：根据曲线参数特征把曲线等分。曲线的参数随各种不同的曲线类型而变化。

② 等弧长：将选中的曲线分割成等长度的单独曲线，各段的长度是通过把实际的曲线长度分成要求的段数计算出来的。

（2）按边界对象：使用边界实体把曲线分成几段，边界实体可以是点、曲线、平面等。选择此类型，打开如图 11-71 所示的对话框。

图 11-71　"按边界对象"类型

① 现有曲线：用于选择现有曲线作为边界对象。

② 投影点：用于选择点作为边界对象。

③ 2 点定直线：用于选择两点之间的直线作为边界对象。

④ 点和矢量：用于选择点和矢量作为边界对象。

⑤ 按平面：用于选择平面作为边界对象。

（3）弧长段数：按照各段定义的弧长分割曲线。选中该类型，打开如图 11-72 所示的对话框，要求输入分段弧长值，其后会显示分段数目和剩余部分弧长值。

① 弧长：按照各段定义的弧长分割曲线。

② 段数：根据曲线的总长和为每段输入的弧长，显示所创建的完整分段的数目。

③ 部分长度：当所创建的完整分段的数目基于曲线的总长度和为每段输入的弧长时，显示曲线的任何剩余部分的长度。

（4）在结点处：使用选中的结点分割曲线，其中结点是指样条段的端点。选择该类型，打开如图 11-73 所示的对话框。

图 11-72　"弧长段数"类型

图 11-73　"在结点处"类型

① 按结点号：通过输入特定的结点号来分割样条。

② 选择结点：通过用光标在结点附近指定一个位置来选择分割结点。当选择样条时会显示结点。

③ 所有结点：自动选择样条上的所有结点来分割曲线。

（5）在拐角上：在角上分割样条，其中角是指样条折弯处（即某样条段的终止方向不同于下一段的起始方向）的节点。

① 按拐角号：根据指定的拐角号将样条分段。

② 选择拐角：用于选择分割曲线所依据的拐角。

③ 所有角：选择样条上的所有拐角以将曲线分段。

11.3.5 编辑圆角

该命令用于编辑已有的圆角。

扫码看视频

 【执行方式】

● 菜单：选择"菜单"→"编辑"→"曲线"→"圆角（原有）"命令。

 【操作步骤】

（1）执行上述操作后，打开如图 11-74 所示的"编辑圆角"对话框。

（2）选择一种编辑圆角的方式，依次选择对象 1、圆角、对象 2。

（3）打开如图 11-75 所示的"编辑圆角"对话框，定义圆角的参数。

图 11-74 "编辑圆角"对话框

图 11-75 "编辑圆角"对话框

（4）单击"确定"按钮，编辑圆角，如图 11-76 所示。

（a）原曲线　　　　　　（b）编辑圆角后的曲线

图 11-76 "编辑圆角"示意图

 【选项说明】

（1）半径：指定圆角的新的半径值。半径值默认为被选圆角的半径或用户最近指定的半径。

（2）默认半径。

① 圆角：当每编辑一个圆角，半径值就默认为它的半径。

② 模态：用于使半径值保持恒定，直到输入新的半径或半径默认值被更改为"圆角"。

（3）新的中心：用于选择是否指定新的近似中心点。不勾选此复选框，当前圆角的圆弧中心用于开始计算修改的圆角。

11.3.6　拉长曲线

扫码看视频

该命令用于移动几何对象，同时可以拉伸或缩短选中的直线。可以移动大多数几何类型，但只能拉伸或缩短直线。

【执行方式】

● 菜单：选择"菜单"→"编辑"→"曲线"→"拉长（即将失效）"命令。

【操作步骤】

（1）执行上述操作后，打开如图 11-77 所示的"拉长曲线"对话框。

（2）选择要拉长的几何体。

（3）指定用来拉长选中对象的方法。

（4）单击"确定"按钮，拉长曲线。

图 11-77　"拉长曲线"对话框

【选项说明】

（1）*XC* 增量 /*YC* 增量 /*ZC* 增量：输入 *XC*、*YC* 和 *ZC* 的增量，按这些增量值移动或拉伸几何体。

（2）重置值：用于将上述增量值重设为零。

（3）点到点：用于显示"点"对话框，让用户定义参考点和目标点。

（4）撤销：用于把几何体改变成先前的状态。

11.3.7　曲线长度

扫码看视频

该命令可以通过给定的曲线长度增量或曲线总长度来延伸或修剪曲线。

【执行方式】

● 菜单：选择"菜单"→"编辑"→"曲线"→"长度"命令。

● 功能区：单击"曲线"选项卡中"编辑曲线"面板上的"曲线长度"按钮。

【操作步骤】

（1）执行上述操作后，打开如图 11-78 所示的"曲线长度"对话框。

图 11-78　"曲线长度"对话框

（2）选择要延伸或修剪的曲线。

（3）指定要修剪或延伸的曲线的方向形状。

（4）输入所需的曲线长度增量值或曲线总长。

（5）单击"确定"按钮，延伸或修剪曲线。

 【选项说明】

（1）选择曲线：用于选择要修剪或延伸的曲线。

（2）"长度"下拉列表。

① 总数：利用曲线的总长度来延伸或修剪它。曲线总长度是指沿着曲线的精确路径，从曲线的起点到终点的距离。

② 增量：利用给定的曲线长度增量来延伸或修剪曲线。曲线长度增量是用于从初始曲线上延伸或修剪的长度。

（3）"侧"下拉列表。

① 起点和终点：从曲线的起点和终点修剪或延伸它。

② 对称：从曲线的起点或终点，以距离两侧相等的长度修剪或延伸它。

（4）方法：用于确定所选曲线延伸的形状。

① 自然：从曲线的端点沿它的自然路径延伸。

② 线性：从任意一个端点延伸曲线，它的延伸部分是线性的。

③ 圆形：从曲线的端点延伸它，它的延伸部分是圆弧的。

（5）限制：用于输入一个值作为修剪掉的或延伸的曲线的长度。

① 开始：起始端修剪或延伸的曲线的长度。

② 结束：终端修剪或延伸的曲线的长度。

11.3.8 光顺样条

该命令用来光顺曲线的斜率，使得 B 样条曲线更加光顺。

扫码看视频

 【执行方式】

- 菜单：选择"菜单"→"编辑"→"曲线"→"光顺样条"命令。

- 功能区：单击"曲线"选项卡中"编辑曲线"面板上的"光顺样条"按钮 。

 【操作步骤】

（1）执行上述操作后，打开如图 11-79 所示的"光顺样条"对话框。

（2）在对话框中选择类型。

（3）选择要光顺的样条。

（4）设置光顺的次数和光顺级别。

（5）单击"确定"按钮，光顺样条。

图 11-79 "光顺样条"对话框

【选项说明】

（1）"类型"下拉列表。

① 曲率：通过最小化曲率值的大小来光顺曲线。

② 曲率变化：通过最小化整条曲线的曲率变化来光顺曲线。

（2）"要光顺的曲线"选项组。

① 选择曲线：指定要光顺的曲线。

② 光顺限制：指定部分样条或整个样条的光顺限制。

（3）"约束"选项组。

起点 / 终点：约束正在修改样条的任意一端。

（4）光顺因子：拖动滑块来决定光顺操作的次数。

（5）修改百分比：拖动滑块来决定样条的全局光顺的百分比。

（6）"结果"选项组。

最大偏差：显示原始样条和所得样条之间的偏差。

11.4 综合实例——花瓣

制作思路

本例绘制的花瓣如图 11-80 所示。首先创建多边形和圆弧轮廓，然后分割圆弧曲线，最后通过隐藏操作生成花瓣造型。

图 11-80 花瓣

扫码看视频

绘制步骤

1. 创建新文件

选择"菜单"→"文件"→"新建"命令或单击快速访问工具栏中的"新建"按钮 ⬜ ，打开"新建"对话框。在"模板"列表中选择"模型"，输入名称为"huaban"，单击"确定"按钮，进入建模环境。

2. 创建正方形

（1）选择"菜单"→"插入"→"曲线"→"多边形（原有）"命令，打开如图 11-81 所示的"多边形"对话框，在"边数"文本框中输入 4，单击"确定"按钮。

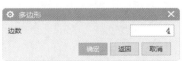

图 11-81 "多边形"对话框

（2）打开"多边形"生成方式对话框，如图 11-82 所示，单击"内切圆半径"按钮。

（3）打开"多边形"参数对话框，如图 11-83 所示，在"内切圆半径"文本框中输入 1，单击"确定"按钮。

（4）打开"点"对话框，输入坐标（0，0，0），将生成的多边形定位于原点上，单击"确定"按钮，完成多边形的创建，如图 11-84 所示。

图 11-82 "多边形"生成方式对话框　　　图 11-83 "多边形"参数对话框　　　图 11-84 创建多边形

3. 创建圆弧

（1）选择"菜单"→"插入"→"曲线"→"圆弧/圆"命令，或单击"曲线"选项卡中"曲线"面板上的"圆弧/圆"按钮 ，打开如图 11-85 所示的"圆弧/圆"对话框。

（2）在"类型"下拉列表中选择"从中心开始的圆弧/圆"类型，选择正方形右顶点为圆弧中心，选择上顶点为通过点，并在"起始限制角度"和"终止限制角度"文本框中分别输入 0、90，单击"应用"按钮，生成如图 11-86 所示的圆弧。

（3）依据上述步骤绘制其他 3 条圆弧，生成图形如图 11-87 所示。

图 11-85 "圆弧/圆"对话框　　　图 11-86 绘制圆弧　　　图 11-87 绘制多段圆弧

4. 分割曲线

（1）选择"菜单"→"编辑"→"曲线"→"分割"命令，打开如图 11-88 所示的"分割曲线"

对话框。

（2）在"类型"下拉列表中选择"等分段"类型，选择一段圆弧，弹出提示对话框，如图 11-89 所示，单击"是"按钮。

图 11-88　"分割曲线"对话框

图 11-89　提示对话框

（3）在"段长度"下拉列表中选择"等弧长"选项，并输入"段数"为 3，单击"确定"按钮，完成分割曲线操作。同上述步骤，完成另外 3 条圆弧的分割操作。

5. 隐藏曲线

（1）选择"菜单"→"编辑"→"显示和隐藏"→"隐藏"命令，打开"类选择"对话框，如图 11-90 所示。

（2）分别选择正方形各边和圆弧中间各段圆弧，单击"确定"按钮，隐藏各选择曲线，完成花瓣造型的创建，如图 11-91 所示。

图 11-90　"类选择"对话框

图 11-91　花瓣造型

第 12 章
曲面功能

选择边

　　UG 中不仅提供了基本的特征建模模块，同时提供了强大的自由曲面特征建模模块。UG 中提供了 20 多种自由曲面造型的创建方式，用户可以利用它们完成各种复杂曲面及非规则实体的创建。

/ 重点与难点

　　◯ 简单曲面
　　◯ 复杂曲面

12.1 简单曲面

本节主要讲解最基本的曲面命令，即通过点和曲线构建曲面，掌握最基本的曲面造型方法。

12.1.1 通过点生成曲面

扫码看视频

由点生成的曲面是非参数化的，即生成的曲面与原始构造点不关联，当构造点进行了编辑后，曲面不会发生更新变化，但绝大多数命令所构造的曲面都具有参数化的特征。通过点构建的曲面通过全部用来构建曲面的点。

【执行方式】

● 菜单：选择"菜单"→"插入"→"曲面"→"通过点"命令。
● 功能区：单击"曲面"选项卡中"曲面"面板上的"通过点"按钮。

【操作步骤】

（1）执行上述操作后，系统打开如图 12-1 所示的"通过点"对话框。
（2）选择一种补片类型。
（3）选择封闭方式来创建片体。
（4）输入行 / 列的阶次。
（5）通过"点"对话框来指定点的创建方式。
（6）单击"确定"按钮，创建曲面，如图 12-2 所示。

图 12-1 "通过点"对话框

图 12-2 "通过点"示意图

【选项说明】

（1）补片类型：样条曲线可以由单段或多段曲线构成，片体也可以由单个补片或多个补片构成。
① 单侧：所建立的片体只包含单一的补片。单个补片的片体是由一个曲面参数方程来表达的。
② 多个：所建立的片体是一系列单补片的阵列。多个补片的片体是由两个以上的曲面参数方程来表达的。一般构建较精密片体采用多个补片的方法。
（2）沿以下方向封闭：设置一个或多个补片片体是否封闭及它的封闭方式，4 个选项如下。
① 两者皆否：片体以指定的点开始和结束，列方向与行方向都不封闭。
② 行：点的第一列变成最后一列。

③ 列：点的第一行变成最后一行。

④ 两者皆是：指的是在行方向和列方向上都封闭。如果选择在两个方向上都封闭，生成的将是实体。

（3）行次数：定义了片体 U 方向的阶数。

（4）列次数：大致垂直于片体行的纵向曲线方向 V 方向的阶数。

（5）文件中的点：可以通过选择包含点的文件来定义这些点。

单击"确定"按钮，打开如图 12-3 所示的"过点"对话框，用户可利用该对话框选取定义点。

（1）全部成链：用于链接窗口中已存在的定义点。单击该按钮，打开如图 12-4 所示的"指定点"对话框，它用来定义起点和终点，自动快速获取起点与终点之间链接的点。

（2）在矩形内的对象成链：通过拖动鼠标形成矩形方框来选取所要定义的点，矩形方框内所包含的所有点将被链接。

（3）在多边形内的对象成链：通过鼠标定义多边形框来选取定义点，多边形框内的所有点将被链接。

（4）点构造器：通过"点"对话框来选取定义点的位置。单击该按钮，打开如图 12-5 所示的"点"对话框，需要一点一点地选取，所要选取的点都要被单击到。每指定一列点后，系统都会打开提示对话框，询问是否确定当前所定义的点。

图 12-3　"过点"对话框

图 12-4　"指定点"对话框

图 12-5　"点"对话框

12.1.2　拟合曲面

使用该命令可以生成一个片体，它近似于一个大的点"云"，通常由扫描和数字化产生。虽然有一些限制，但此功能可让用户从很多点中用最少的交叉生成一个片体。得到的片体比用"通过点"方式从相同的点生成的片体要"光顺"得多，但不如后者更接近于原始点。

扫码看视频

【执行方式】

● 菜单：选择"菜单"→"插入"→"曲面"→"拟合曲面"命令。

● 功能区：单击"曲面"选项卡中"曲面"面板上的"拟合曲面"按钮 ◈ 。

【操作步骤】

（1）执行上述操作后，打开如图 12-6 所示的"拟合曲面"对话框。

（2）选择拟合的曲面类型。

（3）选择目标对象。

（4）指定曲面的 U 及 V 向次数。

（5）指定拟合方向类型，并设置拟合方向。

（6）单击"确定"按钮，创建曲面。

【选项说明】

（1）类型：包括拟合自由曲面、拟合平面、拟合球、拟合圆柱和拟合圆锥共 5 种类型。

（2）目标：用于为目标选择对象或颜色编码区域。

（3）拟合方向：由一条近似垂直于片体的矢量（对应于坐标系的 Z 轴）和两条指明片体的 U 向和 V 向的矢量（对应于坐标系的 X 轴和 Y 轴）组成。

（4）边界：用于定义正在生成片体的边界。片体的默认边界是通过把所有选择的数据点投影到 U-V 平面上产生的。

（5）参数化：改变 U/V 向的次数和补片数，从而调节曲面。

① 次数：用于在 U 向和 V 向控制片体的阶次。默认的阶次为 3，用户可以改变为 $1 \sim 24$ 的任何值（建议使用默认值 3）。

② 补片数：指定各个方向的补片的数目。各个方向的次数和补片数的结合控制着输入点和生成的片体之间的距离误差。

（6）光顺因子：在创建成曲面后，可调节光顺因子使曲面变得更加圆滑，但这也会改变最大误差和平均误差。

（7）结果：UG 根据用户所生成的曲面计算的最大误差和平均误差。

图 12-6 "拟合曲面"对话框

12.1.3 四点曲面

该命令通过指定 4 个点来创建一个曲面。可以提高阶次及补片来得到更复杂的具有期望形状的曲面，通过这种方法可以很容易地修改这种曲面。

【执行方式】

● 菜单：选择"菜单"→"插入"→"曲面"→"四点曲面"命令。

● 功能区：单击"曲面"选项卡中"曲面"面板上的"四点曲面"按钮 。

【操作步骤】

（1）执行上述操作后，打开如图 12-7 所示的"四点曲面"对话框。

（2）在视图中选择 4 个曲面拐角点或通过"点"对话框来定义 4 个点。

（3）根据需要更改点的位置。

（4）单击"确定"按钮，创建曲面，如图 12-8 所示。

图 12-7 "四点曲面"对话框

（a）之前   （b）之后

图 12-8 "四点曲面"示意图

【选项说明】

指定点 1 ～ 4：用于为四点曲面选择第一、第二、第三和第四个点。

12.1.4 过渡

利用此命令可以在两个或多个截面曲线相交的位置创建过渡特征。

【执行方式】

● 菜单：选择"菜单"→"插入"→"曲面"→"过渡"命令。

● 功能区：单击"曲面"选项卡中"曲面"面板上"更多"库下的"过渡"按钮。

【操作步骤】

（1）执行上述操作后，打开如图 12-9 所示的"过渡"对话框。

（2）选择第一截面。

（3）继续添加其他截面，设置参数。

（4）单击"确定"按钮，创建过渡特征。

【选项说明】

（1）"截面"选项组。

① 选择曲线：用于选择样条、直线、圆弧、二次曲线、曲面边和草图为截面。

② 反向：能够反转截面方向，以便重新映射桥接曲线。

③ 指定原始曲线：用于在每个截面曲线集中指定原始曲线。

④ 添加新集：用于添加新的截面曲线集。

（2）列表：显示所指定的所有截面的列表，以及它们的连续性和流动方向。

图 12-9 "过渡"对话框

（3）约束面：用于选择面来指定约束曲面。

（4）"支持曲线"选项组。

① 显示截面上的所有点：显示选择截面集的所有截面点。

② 列表：显示所选截面曲线的耦合点。

③ 添加：向所选截面曲线添加耦合点。用于向截面添加新的耦合点和桥接曲线。

④ 移除：将所选耦合点从截面曲线中删除。

⑤ 将耦合点移到其他截面：用于移动耦合点到其他截面曲线。

⑥ 位置百分比：用于指定耦合点的位置。

（5）"形状控制"选项组。

① 桥接曲线：显示要编辑的个别曲线和桥接曲线的列表。

② 类型：用于指定形状控制方法的类型。

a. 深度和歪斜度：用于更改所选曲线或桥接曲线组的深度和歪斜度。

b. 相切幅值：用于更改所选曲线或桥接曲线组的相切幅值。

（6）连续性：用于为截面指定配对条件的类型。

（7）创建曲面：勾选此复选框，创建为曲面；如果不勾选此复选框，创建桥接曲线。

12.1.5　修补开口

利用此命令可以创建片体，以封闭一组面中的开口。

 【执行方式】

● 菜单：选择"菜单"→"插入"→"曲面"→"修补开口"命令。

● 功能区：单击"曲面"选项卡中"曲面"面板上"更多"库下的"修补开口"按钮 。

【操作步骤】

（1）执行上述操作后，打开如图 12-10 所示的"修补开口"对话框。

（2）选择具有要修补的开口的面。

（3）选择要修补的开口的边。

（4）单击"确定"按钮，创建单独的补片。

【选项说明】

（1）"类型"下拉列表。

① 已拼合的补片：逼近开口并使用一系列补片来填充它。

② N 边区域补片：使用不限数目的曲线或边来创建 N 边补片曲面。

③ 网格面：创建网格片体以填充缝隙。

④ 通过移除边：移除开口周围的边，并合并周围的面。

⑤ 仅延伸：按与周围相切的方向延伸开口的边。

⑥ 凹口：修补凹口或较大开口的除料区域。

图 12-10　"修补开口"对话框

⑦ 榫接：修补较大开口的区域，开口的边界位于多个平面。

⑧ 注塑模向导面补片：使用边缘修补的方法来创建特征集。

⑨ 通过抑制：识别与填补开口的边相关联的特征，并抑制它们的填充孔。

（2）要修补的面：用于选择具有要修补的开口的面。

（3）要修补的开口：用于选择想要修补的开口的边。

（4）分割曲线：用于指定所选边上两点之间的桥接曲线，以将开口分割成两个区域。

（5）限制：用于限制开口周围的区域，以创建部分修补片体。

① 限制点 1/ 限制点 2：设置起点与终点，以限制补片。

② 操作：提供选项来创建限制。

（6）"设置"选项组。

① 输出：指定输出的补片的类型。

a. 单个特征：创建包含所有开口的单个特征。

b. 多个特征：为每个修补的开口创建不同的特征。

c. 缝合：使用具有开口的片体来缝合所有补片，以创建一个片体。

② 忽略间隙和外部开口：忽略间隙并允许选择所有开口。

12.1.6 直纹面

【执行方式】

● 菜单：选择"菜单"→"插入"→"网格曲面"→"直纹"命令。

● 功能区：单击"曲面"选项卡中"曲面"面板上"更多"库下的"直纹"按钮。

扫码看视频

图 12-11 "直纹"对话框

【操作步骤】

（1）执行上述操作后，打开如图 12-11 所示的"直纹"对话框。

（2）选择第一组截面曲线。

（3）选择第二组截面曲线。

（4）选择对齐方法，单击"确定"按钮，创建直纹面，如图 12-12 所示。

图 12-12 "直纹面"示意图

【选项说明】

（1）截面线串 1：选择第一组截面曲线。

（2）截面线串 2：选择第二组截面曲线。

（3）"对齐"下拉列表。

① 参数：在构建曲面特征时，两条截面曲线上所对应的点是根据截面曲线的参数方程进行计算的。所以两组截面曲线对应的直线部分，是根据等距离来划分连接点的；两组截面曲线对应的曲线部分，是根据等角度来划分连接点的。

② 根据点：在两组截面线串上选取对应的点（同一点允许重复选取）作为强制的对应点，选取的顺序决定着片体的路径走向。一般在截面线串中含有角点时选择应用"根据点"方式。

③ 弧长：沿截面以相等的弧长间隔来分隔等参数曲线连接点。

④ 距离：在指定方向上沿每个截面以相等的距离隔开点。

⑤ 角度：在指定的轴线周围沿每条曲线以相等的角度隔开点。

⑥ 脊线：将点放置在所选截面与垂直于所选脊线的平面的相交处。

⑦ 可扩展：创建可展平而不起皱、拉长或撕裂的曲面。填料曲面创建于平的或相切的可扩展组件之间，也可创建在输入曲线的起始端和结束端。

12.1.7　通过曲线组

该命令可以通过同一方向上的一组曲线轮廓线生成一个体。这些曲线轮廓称为截面线串。用户选择的截面线串定义体的行。截面线串可以由单个对象或多个对象组成，每个对象可以是曲线、实边或实面。

扫码看视频

【执行方式】

- 菜单：选择"菜单"→"插入"→"网格曲面"→"通过曲线组"命令。
- 功能区：单击"曲面"选项卡中"曲面"面板上的"通过曲线组"按钮 。

【操作步骤】

（1）执行上述操作后，打开如图 12-13 所示的"通过曲线组"对话框。

（2）选择曲线并单击鼠标中键，以完成第一个截面的选取。

（3）选择其他曲线并添加为新截面。

（4）单击"确定"按钮，创建曲面，如图 12-14 所示。

图 12-13　"通过曲线组"对话框

图 12-14 "通过曲线组"示意图

1. 截面

（1）选择曲线或点：选取截面线串时，一定要注意选取次序，而且每选取一条截面线，都要单击鼠标中键一次，直到所选取线串出现在截面线串列表框中为止，也可对该列表框中的所选截面线串进行删除、上移、下移等操作，以改变选取次序。

（2）指定原始曲线：用于更改闭环中的原始曲线。

（3）列表：向模型中添加截面集时，列出这些截面集。

2. 连续性

（1）全部应用：将为一个截面选定的连续性约束施加于第一个和最后一个截面。

（2）第一个截面：用于选择约束面并指定所选截面的连续性。

（3）最后一个截面：指定连续性。

（4）流向：指定与约束曲面相关的流动方向。

3. 对齐

通过定义沿截面隔开新曲面的等参数曲线的方式，可以控制特征的形状。

（1）参数：沿截面以相等的参数间隔来隔开等参数曲线连接点。

（2）根据点：对齐不同形状的截面线串之间的点。

（3）弧长：沿截面以相等的弧长间隔来分隔等参数曲线连接点。

（4）距离：在指定方向上沿每个截面以相等的距离隔开点。

（5）角度：在指定的轴线周围沿每条曲线以相等的角度隔开点。

（6）脊线：将点放置在所选截面与垂直于所选脊线的平面的相交处。

4. 输出曲面选项

（1）补片类型：用于指定 V 方向的补片是单侧还是多个。

（2）V 向封闭：沿 V 方向的各列封闭第一个与最后一个截面之间的特征。

（3）垂直于终止截面：使输出曲面垂直于两个终止截面。

（4）构造：用于指定创建曲面的方法。

① 法向：使用标准步骤创建曲线网格曲面。

② 样条点：使用输入曲线的点及这些点处的相切值来创建体。

③ 简单：创建尽可能简单的曲线网格曲面。

12.1.8　实例——叶轮

制作思路

本例绘制叶轮，如图 12-15 所示。从图中可以看出叶片上的曲面非常复杂，进行造型之前要通过测量或读图获取曲面上的离散点数据，然后利用三维造型软件的曲面实体工具对这些数据进行拟合，生成所需要的曲面实体。离心叶轮的中心盘基体部分是典型的旋转体特征，这部分造型非常简单，利用传统的旋转体工具即可完成。

图 12-15　叶轮

扫码看视频

绘制步骤

1. 创建新文件

选择"菜单"→"文件"→"新建"命令或单击快速访问工具栏中的"新建"按钮 📄，打开"新建"对话框。在"模板"列表中选择"模型"，输入名称为"yelun"，单击"确定"按钮，进入建模环境。

2. 创建样条曲线

（1）选择"菜单"→"插入"→"曲线"→"艺术样条"命令，或单击"曲线"选项卡中"曲线"面板上的"艺术样条"按钮 🎨，打开"艺术样条"对话框。

（2）"次数"设置为 3，选中"封闭"复选框，如图 12-16 所示。单击"点构造器"按钮 ⬚，打开"点"对话框，输入表 12-1 中的点，单击"确定"按钮，完成样条曲线 1 的创建，如图 12-17 所示。

（3）同上步骤，根据表 12-2 和表 12-3，创建样条曲线 2 和

图 12-16　"艺术样条"对话框

样条曲线 3，生成的曲线模型如图 12-18 所示。

图 12-17　样条曲线 1　　　　　图 12-18　曲线模型

表 12-1　样条曲线 1 的坐标点

点	坐标	点	坐标
点 1	56.017，6.787，25	点 11	4.885，−10.943，25
点 2	41.440，4.770，25	点 12	10.365，−7.655，25
点 3	29.828，2.983，25	点 13	15.525，−5.003，25
点 4	21.478，1.341，25	点 14	20.576，−2.158，25
点 5	18.541，0.412，25	点 15	24.508，−1.577，25
点 6	12.468，−2.665，25	点 16	32.890，−0.243，25
点 7	7.627，−5.834，25	点 17	44.777，1.091，25
点 8	3.988，−8.998，25	点 18	60.110，2.378，25
点 9	−0.271，−14.060，25	点 19	58.0635，4.5825，25
点 10	0.271，−14.357，25	点 20	56.017，6.787，25

表 12-2　样条曲线 2 的坐标点

点	坐标	点	坐标
点 1	64.958，19.782，55	点 13	4.568，−23.262，55
点 2	51.506，15.532，55	点 14	9.822，−15.391，55
点 3	40.967，11.282，55	点 15	14.899，−9.127，55
点 4	31.507，6.732，55	点 16	19.93，−3.879，55
点 5	26.506，3.231，55	点 17	23.194，−1.084，55
点 6	21.480，0.566，55	点 18	28.195，2.137，55
点 7	18.175，−2.328，55	点 19	34.682，5.479，55
点 8	13.097，−7.749，55	点 20	43.068，9.091，55
点 9	8.173，−14.294，55	点 21	54.348，12.733，55
点 10	3.429，−22.591，55	点 22	72.967，16.563，55
点 11	−0.271，−31.110，55	点 23	68.9625，18.1725，55
点 12	0.271，−31.408，55	点 24	64.958，19.782，55

表 12-3　样条曲线 3 的坐标点

点	坐标	点	坐标
点 1	65.406，61.695，95	点 14	57.465，57.664，95
点 2	64.100，61.362，95	点 15	59.511，57.806，95
点 3	63.389，61.028，95	点 16	61.575，57.945，95
点 4	62.882，60.862，95	点 17	63.650，58.082，95
点 5	61.865，60.529，95	点 18	65.735，58.217，95
点 6	60.844，60.196，95	点 19	67.829，58.350，95

（续表）

点	坐标	点	坐标
点 7	59.819，59.863，95	点 20	69.934，58.480，95
点 8	58.791，59.531，95	点 21	72.048，58.609，95
点 9	57.758，59.198，95	点 22	74.174，58.735，95
点 10	55.681，58.533，95	点 23	76.310，58.859，95
点 11	54.636，58.200，95	点 24	78.456，58.981，95
点 12	53.587，57.867，95	点 25	71.931，60.338，95
点 13	55.410，57.521，95	点 26	65.406，61.695，95

 提示　也可以采用下面的方法来创建样条曲线。

（1）打开 Windows 记事本，在记事本中输入叶片每个截面轮廓的数据点坐标，输入格式为“*XC* 空格 *YC* 空格 *ZC*”，换行后输入下一点坐标值。其格式和 3 个样条曲线的数据，如图 12-19、图 12-20 和图 12-21 所示，文件名分别为 data1.dat、data2.dat 和 data3.dat。

图 12-19　文本文件 1

图 12-20　文本文件 2

图 12-21　文本文件 3

（2）选择“文件”→“导入”→“文件中的点”命令，将上步创建的数据文件导入视图中。

（3）选择“菜单”→“插入”→“曲线”→“艺术样条”命令，打开“艺术样条”对话框后，直接在视图中选择上步创建的点来创建样条曲线。

3. 创建曲面

（1）选择“菜单”→“插入”→“网格曲面”→“通过曲线组”命令，或单击“曲面”选项卡中“曲面”面板上的“通过曲线组”按钮，打开如图 12-22 所示的“通过曲线组”对话框，根据系统提示选择样条曲线 1，完成后单击鼠标中键，如图 12-23 所示。

（2）根据系统提示选择样条曲线 2，完成后单击鼠标中键，如图 12-24 所示。

图 12-22 "通过曲线组"对话框

图 12-23 选择样条曲线 1

图 12-24 选择样条曲线 2

（3）根据系统提示选择样条曲线 3，完成后单击鼠标中键。在选择时应保证选择的样条曲线方向矢量一致，如图 12-25 所示。单击"确定"按钮，完成曲面的创建，生成的叶片模型如图 12-26 所示。

图 12-25 创建曲面示意图

图 12-26 叶片

4. 创建直线

（1）选择"菜单"→"插入"→"曲线"→"基本曲线（原有）"命令，打开如图 12-27 所示的"基本曲线"对话框。

（2）单击"直线"按钮，在"点方法"下拉菜单中单击"点构造器"，打开如图 12-28 所示的"点"对话框。

（3）顺序输入直线端点坐标值，各点坐标值如表 12-4 所示。完成直线的创建后，单击"取消"按钮，关闭"点"对话框。生成的直线模型如图 12-29 所示。

图 12-27　"基本曲线"对话框

图 12-28　"点"对话框

表 12-4　直线端点坐标值

	XC	*YC*	*ZC*
1	-2	29	0
2	67	29	0
3	67	105	0
4	70	105	0
5	75	35	0
6	100	35	0
7	100	32	0
8	81	32	0
9	81	6.5	0
10	-29.5	6.5	0
11	-29.5	9	0
12	-2	9	0
13	-2	29	0

5.　创建旋转体

（1）选择"菜单"→"插入"→"设计特征"→"旋转"命令，或单击"主页"选项卡中"特征"面板上的"旋转"按钮，打开"旋转"对话框。

（2）按系统提示依次选择屏幕中的曲线，并在"指定矢量"下拉列表中选择"*XC* 轴"为旋转轴。单击"点对话框"按钮，打开"点"对话框，确定基点在坐标原点上。

（3）在"旋转"对话框的"开始角度"和"结束角度"文本框中分别输入 0 和 360，如图 12-30 所示。单击"确定"按钮，生成如图 12-31 所示的模型。

6.　边倒圆

（1）选择"菜单"→"插入"→"细节特征"→"边倒圆"命令，或单击"主页"选项卡中"特

征"面板上的"边倒圆"按钮 ，打开如图 12-32 所示的"边倒圆"对话框。

图 12-29 直线模型

图 12-30 "旋转"对话框

图 12-31 创建旋转体模型

图 12-32 "边倒圆"对话框

（2）输入半径为 55，选择如图 12-33 所示的边为圆角边，单击"确定"按钮，生成如图 12-34 所示的模型。

7. 创建直线和圆弧

（1）选择"菜单"→"插入"→"曲线"→"基本曲线（原有）"命令，打开如图 12-35 所示的"基本曲线"对话框。

图 12-33　选择圆角边

图 12-34　倒圆角

（2）单击"直线"按钮 ✎，在"点方法"下拉列表中选择"点构造器"，打开"点"对话框。

（3）在"点"对话框中分别输入坐标为（80，105，0），（60.5，105，0），单击"确定"按钮，生成直线 1。

（4）单击"圆弧"按钮 ⌒，在"创建方法"选项组中选择"中心点，起点，终点"，在"点方法"下拉列表中选择"点构造器"，打开"点"对话框。

（5）输入圆弧中心坐标（20，105，0），输入圆弧起点坐标（20，64.5，0），终点选择如图 12-36 所示直线 1 的左端点，单击"确定"按钮创建圆弧。

（6）单击"直线"按钮 ✎，以圆弧起点为起点，创建与 *XC* 轴平行的直线 2，如图 12-36 所示。

图 12-35　"基本曲线"对话框

图 12-36　创建直线和圆弧

8. 创建回转体

（1）选择"菜单"→"插入"→"设计特征"→"旋转"命令，或单击"主页"选项卡中"特征"面板上的"旋转"按钮 ⊙，打开"旋转"对话框。

（2）按系统提示依次选择如图 12-36 所示的直线和圆弧，并在"指定矢量"下拉列表中选择"*XC* 轴"为旋转轴。

（3）单击"点对话框"按钮，打开"点"对话框，确定基点在坐标原点上。在"旋转"对话框的"开始角度"和"结束角度"文本框中分别输入 0 和 330，如图 12-37 所示。

（4）单击"确定"按钮，生成如图 12-38 所示的旋转体模型。

图 12-37 "旋转"对话框

图 12-38 创建旋转体模型

9. 修剪模型

（1）选择"菜单"→"插入"→"修剪"→"修剪体"命令，或单击"主页"选项卡中"特征"面板上的"修剪体"按钮 ，打开如图 12-39 所示的"修剪体"对话框。

（2）选择叶片为目标体，选择旋转片体为工具面，如图 12-38 所示。

（3）根据系统提示，单击"反向"按钮 ，使箭头方向指向旋转片体外侧。单击"确定"按钮，完成修剪操作，生成的模型如图 12-40 所示。

（4）同上步骤，通过对旋转片体和叶片下部进行修剪操作，生成如图 12-41 所示的模型。

图 12-39 "修剪体"对话框

图 12-40 修剪示意图

图 12-41 修剪模型

10. 隐藏曲线和片体

（1）选择"菜单"→"编辑"→"显示/隐藏"→"隐藏"命令，打开如图 12-42 所示的"类选择"对话框。

（2）单击"过滤器"选项组中的"类型过滤器"按钮，打开"按类型选择"对话框。

（3）选择"曲线"和"片体"选项，如图 12-43 所示，单击"确定"按钮，返回"类选择"对话框。单击"全选"按钮，再单击"确定"按钮，则屏幕中所有曲线和片体都被隐藏起来，结果如图 12-44 所示。

图 12-42　"类选择"对话框

图 12-43　"按类型选择"对话框

图 12-44　隐藏曲线和片体

11. 创建变换

（1）选择"菜单"→"编辑"→"移动对象"命令，打开"移动对象"对话框。

（2）选择如图 12-44 所示的叶片为移动对象。

（3）在"运动"下拉列表中选择"角度"选项，在"指定矢量"下拉列表中选择"*XC* 轴"。在"指定轴点"栏中单击"点对话框"按钮，打开"点"对话框，确定基点在坐标原点上，单击"确定"按钮，返回"移动对象"对话框，在"角度"文本框中输入 30。

（4）选择"复制原先的"单选按钮，在"非关联副本数"文本框中输入 12，如图 12-45 所示。单击"确定"按钮，生成如图 12-46 所示的叶轮模型。

图 12-45　"移动对象"对话框

图 12-46　叶轮

12.1.9 通过曲线网格

扫码看视频

该命令可以从沿着两个不同方向的一组现有的曲线轮廓（称为线串）上生成体。生成的曲线网格体是双三次多项式的。这意味着它在 U 向和 V 向的次数都是三次的（阶次为 3）。该命令只在主线串对和交叉线串对不相交时才有意义。如果线串不相交，生成的体会通过主线串或交叉线串，或两者均分。

【执行方式】

- 菜单：选择"菜单"→"插入"→"网格曲面"→"通过曲线网格"命令。
- 功能区：单击"曲面"选项卡中"曲面"面板上的"通过曲线网格"按钮 。

【操作步骤】

（1）执行上述操作后，打开如图 12-47 所示的"通过曲线网格"对话框。

（2）选择曲线作为第一个主集。

（3）选择曲线作为第二个主集。

（4）单击鼠标中键两次以完成对主曲线的选择。

（5）选择交叉曲线集，并在选择每个集之后单击鼠标中键。

（6）单击"确定"按钮，创建网格曲面，如图 12-48 所示。

图 12-47 "通过曲线网格"对话框

图 12-48 "通过曲线网格"示意图

【选项说明】

（1）主曲线：用于选择包含曲线、边或点的主截面集。

（2）交叉曲线：选择包含曲线或边的横截面集。

（3）连续性：用于在第一主截面和最后主截面，以及第一横截面与最后横截面处选择约束面，并指定连续性。

① 全部应用：将相同的连续性设置应用于第一个及最后一个截面。

② 第一主线串：用于为第一个与最后一个主截面及横截面设置连续性约束，以控制与输入曲线有关的曲面的精度。

③ 最后主线串：用于约束该实体，使得它和一个或多个选定的面或片体在最后一条主线串处相切或曲率连续。

④ 第一交叉线串：用于约束该实体，使得它和一个或多个选定的面或片体在第一交叉线串处相切或曲率连续。

⑤ 最后交叉线串：用于约束该实体，使得它和一个或多个选定的面或片体在最后一条交叉线串处相切或曲率连续。

（4）输出曲面选项。

① 着重：决定哪一组控制线串对曲线网格体的形状最有影响。

a. 两个皆是：主线串和交叉线串（即横向线串）有同样效果。

b. 主线串：主线串更有影响。

c. 交叉线串：交叉线串更有影响。

②"构造"下拉列表。

a. 法向：使用标准过程建立曲线网格曲面。

b. 样条点：通过为输入曲线使用点和这些点处的斜率值来生成体。对于此选项，选择的曲线必须是有相同数目定义点的单根 B 曲线。

这些曲线通过它们的定义点临时地重新参数化（保留所有用户定义的斜率值），然后这些临时的曲线用于生成体。这有助于用更少的补片生成更简单的体。

c. 简单：建立尽可能简单的曲线网格曲面。

（5）重新构建：该选项可以通过重新定义主曲线或交叉曲线的阶次和节点数来帮助用户构建光滑曲面。仅当"构造"选项为"法向"时，该选项可用。

① 无：不需要重构主曲线或交叉曲线。

② 次数和公差：该选项通过手动选取主曲线或交叉曲线来替换原来曲线，并为生成的曲面指定 U/V 向阶次。节点数会依据 G0、G1、G2 的公差值按需求插入。

③ 自动拟合：该选项通过指定最小阶次和分段数来重构曲线，系统会自动尝试先利用最小阶次来重构曲线，如果还达不到要求，则会再利用分段数来重构曲线。

（6）G0/G1/G2：该数值用来限制生成的曲面与初始曲线间的公差。G0 默认值为位置公差；G1 默认值为相切公差；G2 默认值为曲率公差。

12.1.10　截面曲面

该命令通过使用二次构造技巧定义的截面来构造体。截面自由形式特征作为位于预先描述平面内的截面曲线的无限族，开始和终止并且通过某些选定控制曲线。另外，扫码看视频系统从控制曲线直接获取二次端点切矢，并且使用连续的二维二次外形参数沿体改变截面的整个外形。

● 菜单：选择"菜单"→"插入"→"扫掠"→"截面"命令。
● 功能区：单击"曲面"选项卡中"曲面"面板上"更
多"库下的"截面曲面"按钮。（"更多"库下的"截
面曲面"库中的命令如图 12-49 所示。）

图 12-49 "截面曲面"库中的命令

【操作步骤】

（1）执行上述操作后，打开如图 12-50 所示的"截面曲
面"对话框。

（2）在"类型"列表中选择类型。

（3）分别选择曲线为起始引导线和终止引导线。

（4）从选定的起始引导线中选择曲线，以控制截面曲面
的斜率。

（5）选择曲面必须穿过的内部曲线。

（6）选择脊线以定义剖切平面的方位。

（7）单击"确定"按钮，创建截面曲面，如图 12-51 所示。

图 12-50 "截面曲面"对话框

（a）之前

（b）之后

图 12-51 "截面曲面"示意图

 【选项说明】

（1）类型和模态组合。

① 二次 - 肩线 - 按顶线：可以使用这个选项生成起始于第一条选定曲线、通过一条称为肩曲线的内部曲线并且终止于第三条选定曲线的截面自由形式特征。每个端点的斜率由选定顶线定义。

② 二次 - 肩线 - 按曲线：该选项可以生成起始于第一条选定曲线、通过一条内部曲线（称为肩曲线）并且终止于第三条曲线的截面自由形式特征。斜率在起始点和终止点由两个不相关的斜率控制曲线定义。

③ 二次 - 肩线 - 按面：创建的曲面可以分别在位于两个体的两条曲线之间形成光顺圆角。该曲面开始于第一条引导曲线，并与第一个体相切。它终止于第二条引导曲线，与第二个体相切，并穿过肩曲线。

④ 圆形 - 三点：该选项可以通过选择起始边曲线、内部曲线、终止边曲线和脊线曲线来生成截面自由形式特征。片体的截面是圆弧。

⑤ 二次 - Rho- 按顶线：可以使用这个选项来生成起始于第一条选定曲线并且终止于第二条选定曲线的截面自由形式特征。每个端点的斜率由选定的顶线定义。每个二次截面的丰满度由相应的 Rho 值控制。

⑥ 二次 - Rho- 按曲线：该选项可以生成起始于第一条选定曲线并且终止于第二条选定曲线的截面自由形式特征。斜率在起始点和终止点由两个不相关的斜率控制曲线定义。每个二次截面的丰满度由相应的 Rho 值控制。

⑦ 二次 - Rho- 按面：可以使用这个选项生成截面自由形式特征，该特征在分别位于两个体上的两条曲线间形成光顺的圆角。每个二次截面的丰满度由相应的 Rho 值控制。

⑧ 圆形 - 两点 - 半径：该选项生成带有指定半径圆弧截面的曲面。相对于脊线方向，从第一条选定曲线到第二条选定曲线以逆时针方向生成曲面。半径必须至少是每个截面的起始边与终止边之间距离的一半。

⑨ 二次 - 高亮显示 - 按顶线：该选项可以生成起始于第一条选定曲线、终止于第二条选定曲线而且与根据高亮显示曲线而计算的曲面相切的截面曲面。每个端点的斜率由选定顶线定义。

⑩ 二次 - 高亮显示 - 按曲线：该选项可以生成起始于第一条选定边曲线、终止于第二条选定边曲线而且与根据高亮显示曲线而计算的曲面相切的截面曲面。斜率在起始点和终止点由两个不相关的斜率控制曲线定义。

⑪ 二次 - 高亮显示 - 按面：可以使用这个选项生成截面曲面，该曲面在分别位于两个体上的两条曲线之间构成光顺圆角并与根据高亮显示曲线而计算的曲面相切。

⑫ 圆形 - 两点 - 斜率：该选项可以生成起始于第一条选定曲线并且终止于第二条选定曲线的截面自由形式特征。斜率在起始处由选定的控制曲线决定。片体的截面是圆弧。

⑬ 二次 - 四点 - 斜率：该选项可以生成起始于第一条选定曲线、通过两条内部曲线并且终止于第四条曲线的截面自由形式特征。一条斜率控制曲线定义起始斜率。

⑭ 三次 - 两个斜率：该选项生成一个 S 形截面曲线，该曲面在两条选定曲线之间构成光顺的三次圆角。斜率在起始点和终止点由两个不相关的斜率控制曲线定义。

⑮ 三次 - 圆角 - 桥接：该选项用于创建在两组面上的两条曲线之间形成桥接的截面曲面。

⑯ 圆形 - 半径 - 角度 - 圆弧：该选项可以通过在选定边、相切面、体的曲率半径和体的张角上定义起始点来生成带有圆弧截面的曲面。角度可以在 −170° ～ 0° 或 0° ～ 170° 变化，但是禁止通过零，半径必须大于零。曲面的默认位置的方向为面法向，可以将曲面反向到相切面的反方向。

⑰ 二次 - 五点：该选项可以使用 5 条已有曲线作为控制曲线来生成截面自由形式特征。它起始于第一条选定曲线，通过 3 条选定的内部控制曲线，并且终止于第五条选定的曲线。5 条控制曲线必须完全不同，但是脊线曲线可以为先前选定的控制曲线。

⑱ 线性 - 相切 - 相切：使用起始相切面和终止相切面来创建线性截面曲面。

⑲ 圆形 - 相切 - 半径：该选项可以生成与面相切的圆弧截面曲面。通过选择其相切面、起始曲线和脊线并定义曲面的半径来生成这个曲面。

⑳ 圆形 - 中心 - 半径：可以使用这个选项生成整圆截面曲面。选择引导线串、可选方向线串和脊线来生成圆截面曲面，然后定义曲面的半径。

（2）引导线：指定剖切曲面的起始和终止几何体。

（3）斜率控制：控制来自起始边或终止边的任一者或两者、单一顶点曲线或者起始面或终止面的截面曲面的形状。

（4）截面控制：控制在截面曲面中定义截面的方式。

（5）脊线：控制已计算截面平面的方位。

12.1.11　艺术曲面

扫码看视频

【执行方式】

● 菜单：选择"菜单"→"插入"→"网格曲面"→"艺术曲面"命令。
● 功能区：单击"曲面"选项卡中"曲面"面板上的"艺术曲面"按钮 。

【操作步骤】

（1）执行上述操作后，打开如图 12-52 所示的"艺术曲面"对话框。
（2）选择曲线为截面曲线。
（3）选择引导曲线。
（4）设置其他参数。
（5）单击"确定"按钮，创建艺术曲面，如图 12-53 所示。

图 12-52　"艺术曲面"对话框

（a）之前

（b）之后

图 12-53　"艺术曲面"示意图

【选项说明】

1. 截面（主要）曲线

每选择一组截面曲线都可以通过单击鼠标中键完成选择，如果方向相反，可以单击"反向"按钮。

2. 引导（交叉）曲线

在选择交叉线串的过程中，如果选择的交叉曲线方向与已经选择的交叉线串的曲线方向相反，可以通过单击"反向"按钮将交叉曲线的方向反向。如果选择多组引导曲线，那么该选项组的"列表"中能够将所有选择的曲线都显示出来。

3. 连续性

① G0(位置) 方式，通过点连接方式和其他部分相连接。

② G1(相切) 方式，通过该曲线的艺术曲面与其相连接的曲面通过相切方式进行连接。

③ G2(曲率) 方式，通过相应曲线的艺术曲面与其相连接的曲面通过曲率方式进行连接，在公共边上具有相同的曲率半径，且通过相切连接，实现曲面的光滑过渡。

4. 输出曲面选项

（1）"对齐"下拉列表。

① 参数：截面曲线在生成艺术曲面时，系统将根据所设置的参数来完成各截面曲线之间的连接过渡。

② 弧长：截面曲线将根据各曲线的圆弧长度来计算曲面的连接过渡方式。

③ 根据点：可以在连接的几组截面曲线上指定若干点，两组截面曲线之间的曲面连接关系将会根据这些点来进行计算。

（2）"过渡控制"下拉列表。

① 垂直于终止截面：连接的平移曲线在终止截面处，将垂直于此处截面。

② 垂直于所有截面：连接的平移曲线在每个截面处都将垂直于此处截面。

③ 三次：系统构造的这些平移曲线是三次曲线，所构造的艺术曲面即通过截面曲线组合这些平移曲线来连接和过渡。

④ 线性和圆角：按照线性分布使新曲面从一个截面过渡到下一个截面。但是，曲面形状将创建从一个段到下一个段的圆角，这样，连续的段仍是 G1 连续的。片体包含多个面。

12.1.12　*N* 边曲面

使用此命令可以创建由一组端点相连的曲线封闭的曲面。

扫码看视频

【执行方式】

- 菜单：选择"菜单"→"插入"→"网格曲面"→"*N* 边曲面"命令。
- 功能区：单击"曲面"选项卡中"曲面"面板上的"*N* 边曲面"按钮 。

【操作步骤】

执行上述操作后，打开如图 12-54 所示的"*N* 边曲面"对话框。

1. 创建修剪的 *N* 边曲面

（1）在"类型"下拉列表中选择"已修剪"类型。

（2）在视图中选择开口的边。

（3）在视图中选择与开口相邻的面。

（4）设置其他参数。

（5）单击"确定"按钮，创建修剪的 N 边曲面，如图 12-55 所示。

（a）之前

（b）之后

图 12-54 "N 边曲面"对话框　　　　图 12-55 "修剪的 N 边曲面"示意图

2. 创建三角形 N 边曲面

（1）在"类型"下拉列表中选择"三角形"类型。

（2）在视图中选择曲线为外环曲线。

（3）在视图中选择约束面。

（4）设置其他参数。

（5）单击"确定"按钮，创建三角形 N 边曲面。

 【选项说明】

（1）"类型"下拉列表。

① 已修剪：在封闭的边界上生成一张曲面，它覆盖被选定曲面封闭环内的整个区域。

② 三角形：在已经选择的封闭曲线串中，构建一张由多个三角补片组成的曲面，其中的三角补片相交于一点。

（2）外环：用于选择曲线或边的闭环作为 N 边曲面的构造边界。

（3）约束面：用于选择面以将相切及曲率约束添加到新曲面中。

（4）UV 方向：用于指定构建新曲面的方向。

① 脊线：使用脊线定义新曲面的 V 方位。

② 矢量：使用矢量定义新曲面的 V 方位。

③ 区域：用于创建连接边界曲线的新曲面。

（5）"内部曲线"选项组。

① 选择曲线：用于指定边界曲线。通过创建所连接边界曲线之间的片体，创建新的曲面。

② 指定原始曲线：用于在内部边界曲线集中指定原始曲线。

③ 添加新集：用于指定内部边界曲线集。

④ 列表：列出指定的内部曲线集。

（6）定义矩形：用于指定第一个和第二个对角点来定义新的 WCS 平面的矩形。

（7）形状控制：用于控制新曲面的连续性与平面度。

（8）修剪到边界：将曲面修剪到指定的边界曲线或边。

12.2　复杂曲面

有些相对复杂的曲面造型，仅仅通过上面所述的命令很难创建。本节讲述几个用于绘制复杂曲面的命令，包括延伸曲面、规律延伸、轮廓线弯边、扫掠等命令。

12.2.1　延伸曲面

该命令可以从现有的基片体上生成切向延伸片体、曲面法向延伸片体、角度控制的延伸片体或圆弧控制的延伸片体。

扫码看视频

【执行方式】

○ 菜单：选择"菜单"→"插入"→"弯边曲面"→"延伸"命令。

○ 功能区：单击"曲面"选项卡中"曲面"面板上"更多"库下的"延伸曲面"按钮。

【操作步骤】

执行上述操作后，打开如图 12-56 所示的"延伸曲面"对话框。

图 12-56　"延伸曲面"对话框

1. 创建边延伸曲面

（1）在"类型"下拉列表中选择"边"类型。

（2）在视图中选择靠近要延伸边的第一个面。

（3）设置延伸参数。

（4）单击"确定"按钮，创建延伸曲面，如图 12-57 所示。

2. 创建拐角延伸曲面

（1）在"类型"下拉列表中选择"拐角"类型。

选择边

图 12-57　"延伸曲面"示意图

（2）在视图中选择靠近要延伸拐角的第一个面。

（3）设置延伸参数。

（4）单击"确定"按钮，创建延伸曲面。

【选项说明】

1."边"类型

选择要延伸的边后，选择延伸方法并输入延伸的长度或百分比，延伸曲面如图 12-57 所示。

（1）要延伸的边：选择与要指定的边接近的面。

（2）"方法"下拉列表。

① 相切：该选项让用户生成相切于面、边或拐角的体。切向延伸通常是由相邻于现有基面的边或拐角而生成，这是一种扩展基面的方法。这两个体在相应的点处拥有公共的切面，因而，它们之间的过渡是平滑的。

② 圆弧：该选项让用户从光顺曲面的边上生成一个圆弧的延伸。该延伸遵循沿着选定边的曲率半径。

要生成圆弧的边界延伸，选定的基曲线必须是面的未裁剪的边。延伸的曲面边的长度不能大于任何由原始曲面边的曲率确定半径的区域的整圆的长度。

2."拐角"类型

（1）要延伸的拐角：选择与要指定的拐角接近的面。

（2）%U 长度 /%V 长度：设置 U 和 V 方向上的拐角延伸曲面的长度。

12.2.2 规律延伸

扫码看视频

此命令根据距离规律及延伸的角度来延伸现有的曲面或片体。

【执行方式】

● 菜单：选择"菜单"→"插入"→"弯边曲面"→"规律延伸"命令。

● 功能区：单击"曲面"选项卡中"曲面"面板上的"规律延伸"按钮 。

【操作步骤】

（1）执行上述操作后，打开如图 12-58 所示的"规律延伸"对话框。

（2）在对话框中选择类型。

（3）在视图中选择要延伸的曲面的边。

（4）在视图中选择要延伸的曲面。

（5）在长度和角度规律类型中选择相应的类型，并设置相关参数。

（6）单击"确定"按钮，延伸曲面，如图 12-59 所示。

【选项说明】

（1）"类型"下拉列表。

① 面：使用一个或多个面来为延伸曲面组成一个参考坐标系。参考坐标系建立在"基本曲线串"的中点上。

图 12-58　"规律延伸"对话框　　　　　图 12-59　"规律延伸"示意图

②矢量：在沿着基本曲线线串的每个点处计算和使用一个坐标系来定义延伸曲面。此坐标系的方向是这样确定的，使 0°角平行于矢量方向，使 90°轴垂直于由 0°轴和基本轮廓切线矢量定义的平面。此参考平面的计算是在"基本轮廓"的中点上进行的。

（2）曲线：选择一条基本曲线或边界线串，系统用它在它的基边上定义曲面轮廓。

（3）面：选择一个或多个面来定义用于构造延伸曲面的参考方向。

（4）参考矢量：通过使用标准的"矢量方式"或"矢量构造器"指定一个矢量，用它来定义构造延伸曲面时所用的参考方向。

（5）长度规律类型：指定用于延伸长度的规律方式以及使用此方式的适当的值。

①恒定：使用恒定的规则（规律），当系统计算延伸曲面时，它沿着基本曲线线串移动，截面曲线的长度保持恒定的值。

②线性：使用线性的规则（规律），当系统计算延伸曲面时，它沿着基本曲线线串移动，截面曲线的长度从基本曲线线串起始点的起始值到基本曲线线串终点的终止值呈线性变化。

③三次：使用三次的规则（规律），当系统计算延伸曲面时，它沿着基本曲线线串移动，截面曲线的长度从基本曲线线串起始点的起始值到基本曲线线串终点的终止值呈非线性变化。

④根据方程：使用表达式及参数表达式变量来定义规律。

⑤根据规律曲线：选择一串光顺连接曲线来定义规律函数。

⑥多重过渡：通过所选基本轮廓的多个节点或点来定义规律。

（6）角度规律：指定用于延伸角度的规律方式以及使用此方式的适当的值。

（7）延伸侧：指定生成规律延伸曲面的基本曲线串侧。

①单侧：不创建相反侧延伸。

②对称：使用相同的长度参数在基本轮廓的两侧延伸曲面。

③非对称：在基本轮廓线串的每个点处使用不同的长度以在基本轮廓的两侧延伸曲面。

（8）脊线：指定可选的脊线线串会改变系统确定局部坐标系方向的方法。

（9）"设置"选项组。

① 尽可能合并面：将规律延伸作为单个片体进行创建。

② 锁定终止长度/角度手柄：锁定终止长度/角度手柄，以便针对所有端点和基点的长度和角度值。

③ 高级曲线拟合：通过重新定义基本轮廓的度数和结点，可以构造与面连接的延伸。

a. 次数和公差：指定最大阶次和公差以控制输出曲线的参数化。

b. 自动拟合：在指定的最小阶次、最大阶次、最大段数和公差数下重新构建最光顺的曲面，以控制输出曲线的参数化。

c. 保持参数化：可以继承输入面中的阶次、分段、极点结构和结点结构，并将其应用到输出曲面。

12.2.3　轮廓线弯边

通过此命令，可创建具备光顺边细节、最优美形状和斜率连续性的 A 类曲面。

【执行方式】

● 菜单：选择"菜单"→"插入"→"弯边曲面"→"轮廓线弯边"命令。

● 功能区：单击"曲面"选项卡中"曲面"面板上"更多"库下的"轮廓线弯边"按钮。

【操作步骤】

执行上述操作后，打开如图 12-60 所示的"轮廓线弯边"对话框。

图 12-60　"轮廓线弯边"对话框

1. 创建基本尺寸的轮廓线弯边

（1）在"类型"下拉列表中选择"基本尺寸"类型。

（2）选择要定义基本曲线的曲线或边。

（3）选择要定义基本面的面。

（4）指定参考矢量，沿管道中心线添加一个额外的弯边控制点。

（5）设置相关参数。

（6）单击"确定"按钮，创建轮廓线弯边特征。

2. 创建绝对差轮廓线弯边

（1）在"类型"下拉列表中选择"绝对差"类型。

（2）选择一个现有的轮廓线弯边。

（3）选择第二个曲面。

（4）指定参考矢量。

（5）设置相关参数。

（6）单击"确定"按钮，创建轮廓线弯边特征。

3. 创建视觉差轮廓线弯边

（1）在"类型"下拉列表中选择"视觉差"类型。

（2）选择一个现有的轮廓线弯边。

（3）选择第二个曲面。

（4）指定参考矢量。

（5）设置相关参数。

（6）单击"确定"按钮，创建轮廓线弯边特征。

 【选项说明】

（1）"类型"下拉列表。

① 基本尺寸：创建第一条弯边和第一个圆角方向，而不需要现有的轮廓线弯边。

② 绝对差：相对现有弯边创建第一弯边，但采用恒定缝隙来分隔弯边元素。

③ 视觉差：相对于现有弯边创建第一条弯边，但通过视觉差属性来分隔弯边元素。

（2）基本曲线：选择曲面边、面上的曲线或修剪边界，以定义管道的附着点。

（3）基本面：选择要放置管道曲面的面。

（4）"参考方向"选项组。

① 方向：定义弯边相对于基本面的方向。

a. 面法向：生成垂直于所选面的管道曲面和弯边延伸段。

b. 矢量：根据指定的矢量，生成管道曲面和弯边延伸段。

c. 垂直拔模：沿基本面的法向在弯边和基本面之间创建管道，同时将指定的矢量用于弯边方向。

d. 矢量拔模：根据指定的矢量确定管道的位置，并垂直于曲面构建管道。

② 反转弯边方向：将管道曲面和弯边延伸切换到定义曲线的对侧。

③ 反转弯边侧：将弯边延伸段切换到管道的对侧，指定要保存基本曲线的哪一侧。

（5）"弯边参数"选项组。

半径、长度和角度：这 3 个选项类似，分别处理弯边的半径、长度和角度。

（6）连续性：指定基本曲面和管道，或弯边和管道之间的连续性约束。

12.2.4 扫掠

该命令可通过沿一条、两条或三条引导线扫掠一个或多个截面，来创建实体或片体。

扫码看视频

 【执行方式】

- 菜单：选择"菜单"→"插入"→"扫掠"→"扫掠"命令。
- 功能区：单击"曲面"选项卡中"曲面"面板上的"扫掠"按钮 。

【操作步骤】

（1）执行上述操作后，打开如图 12-61 所示的"扫掠"对话框。
（2）在视图中选择截面曲线，单击鼠标中键确认。
（3）在视图中选择引导线，单击鼠标中键确认。
（4）单击"确定"按钮，创建扫掠曲面，如图 12-62 所示。

图 12-61 "扫掠"对话框

（a）之前

（b）之后

图 12-62 "扫掠"示意图

 【选项说明】

1. 截面

（1）选择曲线：用于选择截面线串，可以多达 150 条。

（2）指定原始曲线：用于更改闭环中的原始曲线。

2. 引导线

最多可以选择 3 条线串来引导扫掠操作。

3. 脊线

脊线可以控制截面线串的方位，并避免在导线上不均匀分布参数导致的变形。

4. 截面选项

（1）方向：在截面引导线移动时控制该截面的方位。

① 固定：在截面线串沿引导线移动时保持固定的方位，且结果是平行的或平移的简单扫掠。

② 面的法向：将局部坐标系的第二根轴与一个或多个面的法向矢量对齐。

③ 矢量方向：可以将局部坐标系的第二根轴与在引导线串长度上指定的矢量对齐。

④ 另一曲线：使用通过连接引导线上相应的点和其他曲线获取的局部坐标系的第二根轴，来定向截面。

⑤ 一个点：与“另一曲线”方式相似，不同之处在于获取第二根轴的方法是通过引导线串和点之间的三面直纹片体的等价物。

⑥ 强制方向：用于在截面线串沿引导线串扫掠时通过矢量来固定剖切平面的方位。

（2）缩放：在截面沿引导线进行扫掠时，可以增大或减小该截面的大小。

① 恒定：指定沿整条引导线保持恒定的比例因子。

② 倒圆功能：在指定的起始与终止比例因子之间允许线性或三次缩放。

③ 面积规律：通过规律子函数来控制扫掠体的横截面积。

12.2.5　实例——手柄

 制作思路

本例绘制手柄，如图 12-63 所示。本节采用基本曲线和样条曲线来构造手柄曲面的轮廓，然后使用扫掠操作创建曲面，生成模型。

扫码看视频

图 12-63　手柄

 绘制步骤

1. 新建文件

选择“菜单”→“文件”→“新建”命令或单击快速访问工具栏中的“新建”按钮，打开“新建"对话框。在"模板"列表中选择"模型",输入名称为"shoubing",单击"确定"按钮,进入建模环境。

2. 绘制椭圆曲线

(1)选择"菜单"→"插入"→"曲线"→"椭圆(原有)"命令,打开"点"对话框,如图12-64所示。以坐标原点为椭圆中心,单击"确定"按钮。

(2)打开"椭圆"对话框,在"长半轴""短半轴""起始角""终止角""旋转角度"文本框中分别输入12.5、8、0、360、0,如图12-65所示。

(3)单击"确定"按钮,完成椭圆曲线的创建,如图12-66所示。

图12-64 "点"对话框

图12-65 "椭圆"对话框

图12-66 绘制椭圆曲线

3. 移动坐标原点

选择"菜单"→"格式"→"WCS"→"原点"命令,打开"点"对话框,输入坐标为(20,0,-90),如图12-67所示。单击"确定"按钮,完成新坐标原点设定,如图12-68所示。

4. 绘制圆

(1)选择"菜单"→"插入"→"曲线"→"基本曲线(原有)"命令,打开"基本曲线"对话框,如图12-69所示。

图12-67 "点"对话框

图12-68 移动坐标原点

图12-69 "基本曲线"对话框

(2)单击"圆"按钮〇,在"点方法"下拉列表中选择"点构造器",打开"点"对话框,选择参考坐标为"WCS"，输入圆中心坐标（0，0，0），单击"确定"按钮。

（3）根据系统提示输入圆上一点坐标（5，0，0），单击"确定"按钮，完成圆的创建，如图 12-70 所示。

5. 绘制直线

（1）选择"菜单"→"插入"→"曲线"→"基本曲线（原有）"命令，打开"基本曲线"对话框。

（2）单击"直线"按钮 ✎，在"点方法"下拉列表中选择"点构造器"，打开"点"对话框。输入起点坐标（−20，12.5，0），单击"确定"按钮。输入终点坐标（−20，−12.5，0），单击"确定"按钮，完成直线 1 的创建，如图 12-71 所示。

（3）以直线 1 的起点为起点，圆的一象限点为终点创建直线 2；以直线 1 的终点为起点，圆的另一象限点为终点创建直线 3，如图 12-72 所示。

图 12-70　绘制圆

6. 曲线倒圆

（1）选择"菜单"→"插入"→"曲线"→"基本曲线（原有）"命令，打开"基本曲线"对话框。

（2）单击"圆角"按钮 ⌐，打开"曲线倒圆"对话框，单击"2 曲线圆角"按钮 ⌐，如图 12-73 所示。

图 12-71　绘制直线 1

图 12-72　创建直线 2 和直线 3

图 12-73　"曲线倒圆"对话框

（3）输入"半径"为 2，分别选择相邻直线段进行倒圆，结果如图 12-74 所示。

7. 修剪曲线

（1）选择"菜单"→"编辑"→"曲线"→"修剪"命令，打开"修剪曲线"对话框，如图 12-75 所示，接受系统默认设置。

（2）根据系统提示，第一边界选择直线 2，第二边界选择直线 3，如图 12-76 所示。

（3）选择圆弧 1 为要修剪的曲线，如图 12-76 所示，单击"确定"按钮，生成的曲线如图 12-77 所示。

图 12-74　曲线倒圆

8. 移动坐标原点

（1）选择"菜单"→"格式"→"WCS"→"原点"命令，打开"点"对话框，输入坐标为（−32.5，0，90）。

（2）单击"确定"按钮，完成新坐标原点移动，如图 12-78 所示。

图 12-76 选择边界对象和要修剪的曲线

图 12-75 "修剪曲线"对话框

图 12-77 修剪曲线

9. 绘制样条曲线

（1）选择"菜单"→"插入"→"曲线"→"艺术样条"命令，或单击"曲线"选项卡中"曲线"面板上的"艺术样条"按钮 ，打开如图 12-79 所示的"艺术样条"对话框。

（2）"次数"设置为 3，单击"点构造器"按钮 ，打开"点"对话框，根据系统提示依次输入表 12-5 所示的坐标点，单击"确定"按钮，生成样条曲线 1，如图 12-80 所示。

图 12-78 移动坐标原点

图 12-79 "艺术样条"对话框

图 12-80 绘制样条曲线 1

表 12-5 样条曲线 1 的坐标值

	XC	YC	ZC
1	0	0	0
2	1	0	−9
3	2	0	−15
4	5	0	−25
5	9	0	−35
6	11	0	−50
7	12	0	−70
8	12.5	0	−90

（3）同上步骤，输入表 12-6 所示的坐标点，生成样条曲线 2，如图 12-81 所示。

表 12-6 样条曲线 2 的坐标值

	XC	YC	ZC
1	25	0	0
2	20	0	−5
3	30	0	−28
4	28	0	−35
5	33	0	−46
6	32	0	−55
7	37	0	−63
8	36	0	−73
9	37.5	0	−90

10. 创建扫掠曲面

（1）选择"菜单"→"插入"→"扫掠"→"扫掠"命令，或单击"曲面"选项卡中"曲面"面板上的"扫掠"按钮 🞋，打开如图 12-82 所示的"扫掠"对话框。

（2）选择视图中的椭圆曲线为截面线串 1，单击鼠标中键完成截面 1 的选取。

（3）选择视图中由直线和圆组成的封闭曲线为截面线串 2（截面线串上箭头方向应保持一致，符合右手法则），如图 12-83 所示。单击鼠标中键完成截面 2 的选取。

（4）单击"引导线"选项组中的"选择曲线"按钮，选择样条曲线 1 为第一引导线串，单击鼠标中键确认。

（5）选择样条曲线 2 为第二引导线串，如图 12-83 所示，单击鼠标中键完成选取。

（6）单击"确定"按钮，完成扫掠曲面的创建，结果如图 12-84 所示。

11. 创建拉伸体

（1）选择"菜单"→"插入"→"设计特征"→"拉伸"命令，或单击"主页"选项卡中"特征"面板上的"拉伸"按钮 🞋，打开"拉伸"对话框。

（2）选择椭圆曲线为拉伸曲线。

（3）在"指定矢量"下拉列表中选择"ZC 轴"为拉伸方向，输入开始距离为 0，结束距离为 7。

（4）在"布尔"下拉列表中选择"合并"选项，如图 12-85 所示。单击"确定"按钮，完成拉伸操作，创建拉伸体 1，如图 12-86 所示。

图 12-81　绘制样条曲线 2　　　图 12-82　"扫掠"对话框　　　图 12-83　选择截面和引导线　图 12-84　创建扫掠曲面

（5）同上步骤，选择由直线和圆弧组成的封闭曲线，在"开始距离"和"结束距离"文本框中分别输入 0、7，拉伸方向为 –ZC 轴，创建拉伸体 2，如图 12-87 所示。

12. 隐藏曲线

（1）单击"菜单"→"编辑"→"显示和隐藏"→"隐藏"命令，打开如图 12-88 所示的"类选择"对话框，单击"类型过滤器"按钮，打开"按类型选择"对话框。

图 12-85　"拉伸"对话框　　图 12-86　创建拉伸体 1　　图 12-87　创建拉伸体 2　　图 12-88　"类选择"对话框

（2）选择"曲线"选项，如图 12-89 所示。单击"确定"按钮，返回"类选择"对话框，单击"全选"按钮 ⊞，再单击"确定"按钮，则所有曲线被隐藏起来，生成的模型如图 12-63 所示。

图 12-89 "按类型选择"对话框

12.2.6 变化扫掠

利用此命令，可通过沿路径扫掠横截面来创建体。

【执行方式】

- 菜单：选择"菜单"→"插入"→"扫掠"→"变化扫掠"命令。
- 功能区：单击"曲面"选项卡中"曲面"面板上的"变化扫掠"按钮 ◈。

【操作步骤】

（1）执行上述操作后，打开如图 12-90 所示的"变化扫掠"对话框。
（2）选择曲线或边以定义路径。
（3）输入参数。
（4）单击"确定"按钮。

【选项说明】

（1）表区域驱动：用于选择曲线或创建草图作为变化扫掠主截面。
（2）起始 / 终止。
① 弧长百分比：沿引导曲线长度的指定百分比开始或结束扫掠。
② 弧长：沿引导线曲线的指定长度开始或结束扫掠。
③ 通过点：在引导曲线上的指定点处开始或结束扫掠。
（3）辅助截面：用于更改辅助截面的尺寸，但不能更改形状。

图 12-90 "变化扫掠"对话框

第 13 章
曲面操作和编辑

上一章讲解了曲面的创建方法，在用户创建一个曲面之后，还需要对其进行相关的操作和编辑。本章主要讲述部分曲面的操作和编辑，这些功能是曲面造型后期修整的常用技术。

/ 重点与难点

- 曲面操作
- 曲面编辑

13.1　曲面操作

13.1.1　偏置曲面

　　该命令用沿选定面的法向偏置点的方法来生成正确的偏置曲面。指定的距离称为偏置距离，已有面称为基面，可以选择任何类型的面作为基面。如果选择多个面进行偏置，则产生多个偏置体。

 【执行方式】

● 菜单：选择"菜单"→"插入"→"偏置/缩放"→"偏置曲面"命令。
● 功能区：单击"曲面"选项卡中"曲面操作"面板上的"偏置曲面"按钮 。

【操作步骤】

　　（1）执行上述操作后，打开如图 13-1 所示的"偏置曲面"对话框。
　　（2）选择要偏置的面。
　　（3）输入偏置值。
　　（4）单击"确定"按钮，创建偏置曲面，如图 13-2 所示。

图 13-1　"偏置曲面"对话框

图 13-2　"偏置曲面"示意图

 【选项说明】

　　（1）面：选择要偏置的面。
　　（2）输出：确定输出特征的数量。
　　① 为所有面创建一个特征：为所有选定并相连的面创建单个偏置曲面特征。
　　② 为每个面创建一个特征：为每个选定的面创建偏置曲面的特征。
　　（3）"部分结果"选项组。
　　① 启用部分偏置：无法从指定的几何体获取完整结果时，提供部分偏置结果。
　　② 动态更新排除列表：在偏置操作期间检测到问题对象会自动添加到排除列表中。
　　③ 要排除的最大对象数：在获取部分结果时控制要排除的问题对象的最大数量。

④ 局部移除问题顶点：使用具有球形刀具半径中指定半径的刀具球头，从部件中减去问题顶点。

⑤ 球形工具半径：控制用于切除问题顶点的球头的大小。

（4）相切边

① 在相切边添加支撑面：在以有限距离偏置的面和以零距离偏置的相切面之间的相切边处创建步进面。

② 不添加支撑面：将不在相切边处创建任何支撑面。

13.1.2 大致偏置

图 13-3 "大致偏置"对话框

该命令使用较大的偏置距离从一组面或片体生成没有自相交、尖锐边界或拐角的偏置片体。该命令用于当"偏置面"和"偏置曲面"命令不能实现该功能时。

扫码看视频

 【执行方式】

● 菜单：选择"菜单"→"插入"→"偏置/缩放"→"大致偏置（原有）"命令。

 【操作步骤】

（1）执行上述操作后，系统打开如图 13-3 所示的"大致偏置"对话框。

（2）选择要偏置的面或片体。

（3）通过坐标系构造器指定一个坐标系。

（4）设置其他参数。

（5）单击"确定"按钮，偏置曲面，如图 13-4 所示。

 【选项说明】

（1）选择步骤

① 偏置面/片体 ：选择要偏置的面或片体。如果选择多个面，则不会使它们相互重叠。相邻面之间的缝隙应该在指定的建模距离公差范围内。但是，此功能不检查重叠和缝隙，如果存在缝隙，则会将其忽略；如果存在重叠，则会偏置顶面。

图 13-4 "大致偏置"示意图

② 偏置坐标系 ：为偏置选择或建立一个坐标系，其中 Z 方向指明偏置方向，X 方向指明步进或截取方向，Y 方向指明步距方向。默认的坐标系为当前的工作坐标系。

（2）坐标系构造器：通过使用标准的"坐标系"对话框为偏置选择或构造一个坐标系。

（3）偏置距离：指定偏置的距离。此字段值和"偏置偏差"中指定的值一同起作用。如果希望偏置背离指定的偏置方向，则可以为偏置距离输入一个负值。

（4）偏置偏差：指定偏置的偏差。用户输入的值表示允许的偏置距离范围。该值和"偏置距离"值一同起作用。例如，如果偏置距离是 10 且偏差是 1，则允许的偏置距离在 9 和 11 之间。通常偏差值应该远大于建模距离公差。

（5）步距：指定步进距离。

（6）曲面生成方法：指定系统建立粗略偏置曲面时使用的方法。

① 云点：启用"曲面控制"选项，可让用户指定曲面的补片数目。

② 通过曲线组：如果选择该选项，则"修剪边界"选项不可用。

③ 粗略拟合：当其他方法生成曲面无效时（例如有自相交面或者低质量），系统利用该选项创建一低精度曲面。

（7）曲面控制：让用户决定使用多少补片来建立片体。此选项只用于"云点"曲面生成方法。

① 系统定义：在建立新的片体时，系统自动添加计算数目的 U 向补片来给出最佳结果。

② 用户定义：启用"U 向补片数"字段，该字段让用户指定在建立片体时，允许使用多少 U 向补片，该值必须至少为1。

（8）"修剪边界"下拉列表。

① 不修剪：片体以近似矩形图案生成，并且不修剪。

② 修剪：片体根据偏置中使用的曲面边界修剪。

③ 边界曲线：片体不被修剪，但是片体上会生成一条曲线，它对应于在使用"修剪"选项时发生修剪的边界。

13.1.3　可变偏置

 【执行方式】

● 菜单：选择"菜单"→"插入"→"偏置 / 缩放"→"可变偏置（原有）"命令。

 【操作步骤】

（1）执行上述操作后，打开如图 13-5 所示的"可变偏置"对话框。

（2）选择要偏置的面。

（3）拖动各个点的偏置手柄来指定所需偏置，或直接输入偏置值。

（4）单击"确定"按钮，创建可变偏置曲面。

 【选项说明】

图 13-5　"可变偏置"对话框

（1）要偏置的面：选择要偏置的面。

（2）"偏置"选项组。

① 全部应用：将所有可用的偏置链接到一个值。

② 在 A、B、C、D 处偏置：设置可变偏置曲面上的 A、B、C 和 D 点的值。

（3）"设置"选项组。

① 保持参数化：保持可变偏置曲面中的原始曲面参数。

② 方法：将插值方法指定为"三次"和"线性"。

13.1.4　修剪片体

 【执行方式】

- 菜单：选择"菜单"→"插入"→"修剪"→"修剪片体"
命令。
- 功能区：单击"曲面"选项卡中"曲面操作"面板上的"修
剪片体"按钮。

 【操作步骤】

（1）执行上述操作后，打开如图 13-6 所示的"修剪片体"对话框。
（2）选择要修剪的片体。
（3）选择要用来修剪所选片体的对象。
（4）选择投影方向。
（5）选择由要舍弃的曲线和曲面定义的边界内的片体区域。
（6）单击"确定"按钮，创建修剪片体特征，如图 13-7 所示。

图 13-6　"修剪片体"对话框

（a）之前　　　　　　　　（b）之后

图 13-7　"修剪片体"示意图

 【选项说明】

（1）目标：选择要修剪的目标片体。
（2）"边界"选项组。
① 选择对象：选择修剪的工具对象，该对象可以是面、边、曲线和基准平面。
② 允许目标体边作为工具对象：选中此复选框后，可选择目标片体的边作为修剪的工具对象。
（3）投影方向：可以定义要作标记的曲面 / 边的投影方向。
① 垂直于面：通过曲面法向投影选定的曲线或边。
② 垂直于曲线平面：将选定的曲线或边投影到曲面上，该曲面将修剪为垂直于这些曲线或边的平面。
③ 沿矢量：将沿矢量方向定义为投影方向。
（4）区域：可以定义在修剪曲面时选定的区域是保留还是舍弃。
① 选择区域：用于选择在修剪曲面时将保留或舍弃的区域。

② 保留：在修剪曲面时保留选定的区域。

③ 放弃：在修剪曲面时舍弃选定的区域。

13.1.5　缝合

扫码看视频

该命令可将两个或多个片体连接成单个片体。如果选择的片体包围一定的体积，则形成一个实体。

 【执行方式】

- 菜单：选择"菜单"→"插入"→"组合"→"缝合"命令。
- 功能区：单击"曲面"选项卡中"曲面操作"面板上的"缝合"按钮 。

 【操作步骤】

（1）执行上述操作后，打开如图 13-8 所示的"缝合"对话框。

（2）选择一个片体或实体为目标体。

（3）选择一个或多个要缝合到目标的片体或实体。

（4）单击"确定"按钮，缝合曲面。

 【选项说明】

1. 类型

（1）片体：选择曲面作为缝合对象。

（2）实体：选择实体作为缝合对象。

2. 目标

图 13-8　"缝合"对话框

（1）选择片体：当类型为"片体"时，目标为"选择片体"，用来选择目标片体，但只能选择一个片体作为目标片体。

（2）选择面：当类型为"实体"时，目标为"选择面"，用来选择目标实体面。

3. 工具

（1）选择片体：当类型为"片体"时，工具为"选择片体"，用来选择工具片体，可以选择多个片体作为工具片体。

（2）选择面：当类型为"实体"时，工具为"选择面"，用来选择工具实体面。

4. 设置

（1）输出多个片体：勾选此复选框，缝合的片体封闭时，缝合后生成的是片体；不勾选此复选框，缝合后生成的是实体。

（2）公差：用来设置缝合公差。

13.1.6　加厚

扫码看视频

使用此命令可将一个或多个相连面或片体偏置为实体。加厚效果是通过将选定面沿着其法向进行偏置，然后创建侧壁而生成的。

图 13-9 "加厚"对话框

【执行方式】

- 菜单：选择"菜单"→"插入"→"偏置 / 缩放"→"加厚"命令。
- 功能区：单击"曲面"选项卡中"曲面操作"面板上的"加厚"按钮。

【操作步骤】

（1）执行上述操作后，打开如图 13-9 所示的"加厚"对话框。

（2）选择要加厚的面或片体。

（3）在"偏置 1"和"偏置 2"文本框中输入厚度值。

（4）单击"确定"按钮，创建加厚特征，如图 13-10 所示。

（a）之前　　　　　　　　　　　　（b）之后

图 13-10 "加厚"示意图

【选项说明】

（1）面：选择要加厚的面或片体。

（2）偏置 1/ 偏置 2：指定一个或两个偏置值。

（3）"区域行为"选项组。

① 要冲裁的区域：选择通过一组封闭曲线或边定义的区域。选定区域可以定义一个 0 厚度的面积。

② 不同厚度的区域：选择通过一组封闭曲线或边定义的区域。可使用在这个选项组内指定的偏置值定义选定区域的面积。

（4）执行 Check-Mate：如果出现加厚片体错误，则此按钮可用。单击此按钮，会识别导致加厚片体操作失败的可能的面。

（5）改善裂口拓扑以启用加厚：勾选此复选框，允许在加厚操作时修复裂口。

13.1.7　片体到实体助理

扫码看视频

该命令可以从几组未缝合的片体生成实体，方法是将缝合一组片体的过程自动化（缝合），然后加厚结果（加厚）。如果指定的片体造成这个过程失败，那么将自动完成对它们的分析，以找出问题的根源。有时此过程将得到简单推导出的补救措施，但是有时必须重建曲面。

【执行方式】

- 菜单：选择"菜单"→"插入"→"偏置 / 缩放"→"片体到实体助理（原有）"命令。

【操作步骤】

（1）执行上述操作后，打开如图 13-11 所示的"片体到实体助理"对话框。

（2）选择一个片体。

（3）输入第一偏置/第二偏置值，输入缝合公差。

（4）单击"应用"按钮，系统执行曲面的有效性检查。若发现任何问题，选择适用于实际情况的选项并解决问题。

（5）将所有调整操作完成后，单击"确定"按钮创建实体。

【选项说明】

（1）选择步骤。

① 目标片体 📖：选择需要被操作的目标片体。

② 工具片体 📖：选择一个或多个要缝合到目标中的工具片体。如果用户未选择任何工具片体，那么就不会执行缝合操作，而只执行加厚操作。

图 13-11 "片体到实体助理"对话框

（2）第一偏置/第二偏置：为操作的加厚部分指定一个或两个偏置。

（3）缝合公差：为了使缝合操作成功，设置被缝合到一起的边之间的最大距离。

（4）分析结果显示：该选项组最初是关闭的。当尝试生成一个实体，但是却产生故障，这时该选项组将变得敏感，其中每一个分析结果项只有在显示相应的数据时才可用。选中其中的可用选项，在图形窗口中将高亮显示相应的拓扑。

① 显示坏的几何体：如果系统在目标片体或任何工具片体上发现无效的几何体，则该选项将处于可用状态。选中该复选框，将高亮显示坏的几何体。

② 显示片体边界：如果得到"无法在菜单栏中选择加厚操作"信息，且该选项处于可用状态，选中该复选框，可以查看当前在图形窗口中定义的边界。造成加厚操作失败的原因之一是输入的几何体不满足指定的精度，从而造成片体的边界不符合系统的需要。

③ 显示失败的片体：阻止曲面偏置的常见问题是它面向的偏置方向具有一个小面积的意外封闭曲率区域。系统将尝试一次加厚一个片体，并将高亮显示任何偏置失败的片体。另外，如果可以加厚缝合的片体，但是结果却是一个无效实体，那么将高亮显示引起无效几何体的片体。

④ 显示坏的退化：用退化构建的曲面经常会发生偏置失败（在任何方向上）。这是曲率问题造成的，即聚集在一起的参数行太接近曲面的极点。该选项可以检测这些点的位置并高亮显示它们。

（5）补救选项。

① 重新修剪边界：由于 CAD 与 CAM 系统之间的拓扑表示存在差异，因此通常采用以 Parasolid 不便于查找模型的形式修剪数据来转换数据。用户可以使用这种补救方法来更正其中的一些问题，而不用更改底层几何体的位置。

② 光顺退化：在通过"显示坏的退化"选项找到的退化上执行这种补救操作，并使它们变得光顺。

③ 整修曲面：这种补救将减少用于代表曲面的数据量，而不会影响位置上的数据，从而生成更小、更快及更可靠的模型。

④ 允许拉伸边界：这种补救尝试从拉伸的实体复制工作方法，并使用"抽壳"而不是"片体加厚"作为生成薄壁实体的方法，从而避免了一些由缝合片体的边界造成的问题。只有当能够确定合适的拉伸方向时，才能使用此选项。

13.1.8　实例——吧台椅

本例绘制吧台椅，如图 13-12 所示。吧台椅由椅座、支撑架、踏脚架和底座组成。

扫码看视频

图 13-12　吧台椅

绘制步骤

1. 创建新文件

选择"菜单"→"文件"→"新建"命令或单击快速访问工具栏中的"新建"按钮，打开"新建"对话框。在"模板"列表中选择"模型"，输入名称为"bataiyi"，单击"确定"按钮，进入建模环境。

2. 创建直线

（1）选择"菜单"→"插入"→"曲线"→"直线"命令，打开如图 13-13 所示的"直线"对话框。

（2）单击"开始"选项组中的"点对话框"按钮，打开"点"对话框，输入起点坐标为（–150，150，150），如图 13-14 所示，单击"确定"按钮。单击"结束"选项组中的"点对话框"按钮，打开"点"对话框，输入终点坐标为（–150，150，0），单击"确定"按钮。在"直线"对话框中，单击"确定"按钮，生成的直线如图 13-15 所示。

（3）用同样的方法创建另一条直线，输入起点坐标为（–150，150，0），输入终点坐标为（–150，–150，0），生成的直线如图 13-16 所示。

图 13-13　"直线"对话框

图 13-14　"点"对话框

图 13-15　生成直线

图 13-16　生成直线

3. 创建圆角

（1）选择"菜单"→"插入"→"曲线"→"基本曲线（原有）"命令，打开如图 13-17 所示的"基本曲线"对话框。

（2）单击"圆角"按钮 ，打开"曲线倒圆"对话框，单击"2 曲线圆角"按钮 ，半径值设为 80，修剪选项设置如图 13-18 所示。

（3）用鼠标左键单击两条直线，系统会打开如图 13-19 所示的警告对话框，单击"是"按钮。然后在两直线包围区域靠近要倒圆的地方单击，生成的圆角如图 13-20 所示。

图 13-17 "基本曲线"对话框　　　　图 13-18 修剪选项设置　　　　图 13-19 警告对话框

4. 创建扫掠引导线

（1）选择"菜单"→"插入"→"曲线"→"直线"命令，打开"直线"对话框。

（2）单击起点的 按钮，打开"点"对话框，输入起点坐标为（-150，-150，0），单击"确定"按钮。

（3）单击终点的 按钮，打开"点"对话框，输入终点坐标为（150，-150，0），单击"确定"按钮。在"直线"对话框中，单击"确定"按钮，生成的扫掠引导线如图 13-21 所示。

图 13-20 生成圆角　　　　　　　　图 13-21 生成扫掠引导线

5. 扫掠

（1）选择"菜单"→"插入"→"扫掠"→"扫掠"命令，或单击"曲面"选项卡中"曲面"面板上的"扫掠"按钮 ，打开如图 13-22 所示的"扫掠"对话框。

（2）选择如图 13-21 所示的截面线和引导线，单击"确定"按钮，生成的扫掠曲面如图 13-23 所示。

6. 隐藏曲线

（1）选择"菜单"→"编辑"→"显示和隐藏"→"隐藏"命令，打开"类选择"对话框。

（2）单击"类型过滤器"按钮 ，打开"按类型选择"对话框，选择"曲线"选项，单击"确定"按钮。

（3）在"类选择"对话框中，单击"全选"按钮 ，隐藏的对象为曲线，单击"确定"按钮，曲线被隐藏，如图 13-24 所示。

图 13-22 "扫掠"对话框

图 13-23 扫掠曲面

图 13-24 隐藏曲线

7. 创建加厚曲面

（1）选择"菜单"→"插入"→"偏置 / 缩放"→"加厚"命令，或单击"曲面"选项卡中"曲面操作"面板上的"加厚"按钮 ，打开如图 13-25 所示的"加厚"对话框。

（2）选择加厚面为曲线扫掠曲面，"偏置 1"设置为 0，"偏置 2"设置为 15，偏置方向如图 13-26 所示，单击"确定"按钮生成模型。

8. 隐藏片体

（1）选择"菜单"→"编辑"→"显示和隐藏"→"隐藏"命令，打开"类选择"对话框。

（2）单击"类型过滤器"按钮 ，打开"按类型选择"对话框，选择"片体"选项，单击"确定"按钮，返回"类选择"对话框。单击"全选"按钮 ，再单击"确定"按钮，片体被隐藏，模型如图 13-27 所示。

9. 边倒圆

（1）选择"菜单"→"插入"→"细节特征"→"边倒圆"命令，或单击"主页"选项卡中"特征"面板上的"边倒圆"按钮 ，打开如图 13-28 所示的"边倒圆"对话框。

图 13-25　"加厚"对话框

图 13-26　显示偏置方向

图 13-27　加厚曲面

图 13-28　"边倒圆"对话框

（2）选择圆角边，如图 13-29 所示，圆角半径设置为 50，单击"应用"按钮，生成如图 13-30 所示的模型。

图 13-29　圆角边的选取

图 13-30　倒圆角后的模型

（3）选择圆角边，如图 13-31 所示，圆角半径设置为 5，单击"确定"按钮，生成如图 13-32 所示的模型。

图 13-31　圆角边的选取　　　　　　图 13-32　座椅模型

10. 创建圆

（1）选择"菜单"→"插入"→"曲线"→"基本曲线"命令，打开"基本曲线"对话框。单击"圆"按钮○，在"点方式"下拉列表中单击"点构造器"，打开"点"对话框，输入圆中心点（0，0，0），单击"确定"按钮。

（2）系统提示选择对象以自动判断点，输入（50，0，0），单击"确定"按钮，完成圆 1 的创建，如图 13-33 所示。

（3）按照上面的步骤，创建圆心为（0，0，-300），半径为 30 的圆 2，如图 13-34 所示。

图 13-33　创建圆 1

11. 创建直线

（1）选择"菜单"→"插入"→"曲线"→"直线"命令，打开"直线"对话框。

（2）分别单击起点和终点的 按钮，打开"点"对话框，起点、终点分别选择圆 1、圆 2 的象限点。单击"确定"按钮，生成直线，如图 13-35 所示。

图 13-34　创建圆 2　　　　　　　图 13-35　生成直线

12. 扫掠

（1）选择"菜单"→"插入"→"扫掠"→"扫掠"命令，或单击"曲面"选项卡中"曲面"面板上的"扫掠"按钮 ，打开如图 13-36 所示的"扫掠"对话框。

（2）选择图 13-35 中的两个圆为截面，选择图 13-35 中的直线为引导线，单击"确定"按钮，生成扫掠曲面，如图 13-37 所示。

13. 创建圆柱体

（1）选择"菜单"→"插入"→"设计特征"→"圆柱"命令，打开"圆柱"对话框。

（2）选择"轴、直径和高度"类型，在"指定矢量"下拉列表中选择 −ZC 轴，单击"指定点"中的按钮 ，打开"点"对话框，输入点坐标（0，0，−300）作为圆柱体的圆心坐标，单击"确定"按钮。

（3）设置直径、高度分别为 100、30，在"布尔"下拉列表中选择"合并"选项，如图 13-38 所示。单击"应用"按钮，生成圆柱体，如图 13-39 所示。

（4）以坐标（0，0，−330）作为圆柱体的圆心坐标，创建直径、高度分别为 40、120 的圆柱体，如图 13-40 所示。

14. 边倒圆

（1）选择"菜单"→"插入"→"细节特征"→"边倒圆"命令，或单击"主页"选项卡中"特征"面板上的"边倒圆"按钮，打开如图 13-41 所示的"边倒圆"对话框。

（2）选择圆角边，如图 13-42 所示，圆角半径设置为 10，单击"应用"按钮。

图 13-36　"扫掠"对话框

图 13-37　生成扫掠曲面　　　图 13-38　"圆柱"对话框　　　图 13-39　生成圆柱体

（3）选择圆角边，如图 13-43 所示，圆角半径设置为 3，单击"确定"按钮，生成如图 13-44 所示的模型。

图 13-40　生成圆柱体

图 13-41　"边倒圆"对话框

图 13-42　圆角边的选取

图 13-43　圆角边的选取

图 13-44　倒圆角后的模型

图 13-45　"圆柱"对话框

15. 创建圆柱体

（1）选择"菜单"→"插入"→"设计特征"→"圆柱"命令，打开"圆柱"对话框。

（2）选择"轴、直径和高度"类型，在"指定矢量"下拉列表中选择 −YC 轴，单击"指定点"中的按钮 ，打开"点"对话框，输入点坐标（0，0，−390）作为圆柱体的圆心坐标，单击"确定"按钮。

（3）设置直径和高度分别为 20 和 130，如图 13-45 所示。单击"确定"按钮，生成圆柱体，如图 13-46 所示。

16. 创建圆弧

（1）选择"菜单"→"插入"→"曲线"→"圆弧 / 圆"命令，打开"圆弧 / 圆"对话框，如图 13-47 所示。

（2）单击"中心点"选项组中的"点对话框"按钮 ，打

图 13-46　生成圆柱体

开"点"对话框，输入圆弧中心点（0，60，−390），单击"确定"
按钮。

（3）单击"通过点"选项组中的"点对话框"按钮，打
开"点"对话框，输入通过点（0，−130，−390），单击"确定"
按钮。

（4）在"平面选项"下拉列表中选择"选择平面"选项，在
"指定平面"下拉列表中选择 XC-YC 平面，在"距离"文本框中
输入 −390，限制选项设置如图 13-48 所示。单击"确定"按钮，
生成圆弧，如图 13-49 所示。

17. 创建圆

（1）选择"菜单"→"插入"→"曲线"→"圆弧/圆"命令，
打开如图 13-50 所示的"圆弧/圆"对话框。

（2）单击"中心点"选项组中的"点对话框"按钮，打开
"点"对话框，输入圆中心点（0，−130，−390），单击"确定"按钮。
半径输入 10 后，按回车键。

（3）在"平面选项"下拉列表中选择"选择平面"选项，在"指
定平面"下拉列表中选择 YC-ZC 平面，在"距离"文本框中输入 0，
勾选"整圆"复选框，单击"确定"按钮，生成圆，如图 13-51
所示。

图 13-47　"圆弧/圆"对话框

图 13-48　限制选项设置

图 13-49　生成圆弧

18. 扫掠

（1）选择"菜单"→"插入"→"扫掠"→"扫掠"命令，或单击"曲面"选项卡中"曲面"
面板上的"扫掠"按钮，打开"扫掠"对话框。

（2）选择图 13-51 中的圆为截面，选择圆弧为引导线，单击"确定"按钮，生成扫掠曲面，如
图 13-52 所示。

图 13-50 "圆弧 / 圆"对话框

图 13-51 生成圆

19. 创建组合体

（1）选择"菜单"→"插入"→"组合"→"合并"命令，或单击"主页"选项卡中"特征"面板上的"合并"按钮 ，打开如图 13-53 所示的"合并"对话框。

（2）选择椅座为目标体，选择其他特征为工具体，单击"确定"按钮，生成组合体，如图 13-54 所示。

图 13-52 生成扫掠曲面

图 13-53 "合并"对话框

图 13-54 生成组合体

20. 边倒圆

（1）选择"菜单"→"插入"→"细节特征"→"边倒圆"命令，或单击"主页"选项卡中"特征"面板上的"边倒圆"按钮 ，打开"边倒圆"对话框，如图 13-55 所示。

（2）选择圆角边，如图 13-56 所示，圆角半径设置为 3，单击"确定"按钮，生成如图 13-57 所示的模型。

图 13-55　"边倒圆"对话框　　图 13-56　选择圆角边　　图 13-57　倒圆角后的模型

21. 创建圆柱体

（1）选择"菜单"→"插入"→"设计特征"→"圆柱"命令，打开"圆柱"对话框。

（2）选择"轴、直径和高度"类型，设置直径、高度分别为 60、20。在"指定矢量"下拉列表中选择"−ZC 轴"，如图 13-58 所示。

（3）单击"指定点"中的按钮，打开"点"对话框，输入点坐标（0，0，−450）作为圆柱体的圆心坐标，连续单击"确定"按钮，生成圆柱体，如图 13-59 所示。

图 13-58　"圆柱"对话框　　　　图 13-59　创建圆柱体

22. 移动 WCS

选择"菜单"→"格式"→"WCS"→"动态"命令，拖动坐标系原点到刚创建的圆柱体底面的圆心上，新坐标系位置如图 13-60 所示。

23. 创建直线

（1）将视图转换为前视图，选择"菜单"→"插入"→"曲线"→"直线"命令，打开"直线"对话框。

（2）单击起点的 按钮，打开"点"对话框，输入起点坐标为（0，0，0），参考设置为WCS，单击"确定"按钮。

（3）单击终点的 按钮，打开"点"对话框，输入终点坐标为（30，0，0），参考设置为WCS，单击"确定"按钮。

（4）在"直线"对话框中，单击"应用"按钮，生成直线1。

（5）同上步骤，创建坐标点为（0，0，0），（0，0，-50）的直线2；创建坐标点为（0，0，-50），（150，0，-50）的直线3；创建坐标点为（150，0，-50），（150，0，-40）的直线4，如图13-61所示。

图 13-60 新坐标系位置

图 13-61 创建直线

24. 创建圆弧

（1）选择"菜单"→"插入"→"曲线"→"圆弧／圆"命令，打开"圆弧／圆"对话框，选择"三点画圆弧"类型，如图13-62所示。

（2）单击起点的"点对话框"按钮 ，打开"点"对话框，输入起点（30，0，0），单击"确定"按钮，点参考设置为WCS。

（3）单击端点的"点对话框"按钮 ，打开"点"对话框，输入端点（150，0，-40），单击"确定"按钮，点参考设置为WCS。

（4）单击中点的"点对话框"按钮 ，打开"点"对话框，输入中点（60，0，-20），单击"确定"按钮，点参考设置为WCS。单击"确定"按钮，生成圆弧，如图13-63所示。

25. 旋转

（1）选择"菜单"→"插入"→"设计特征"→"旋转"命令，或单击"主页"选项卡中"特征"面板上的"旋转"按钮 ，打开如图13-64所示的"旋转"对话框。

图 13-62 "圆弧 / 圆"对话框

图 13-63 生成圆弧

图 13-64 "旋转"对话框

（2）选取如图 13-63 所示的直线和圆弧为旋转截面。

（3）在"指定矢量"下拉列表中选择"ZC 轴"为旋转轴。捕捉圆柱体的下表面圆心为旋转点。

（4）其余选项保持默认值，单击"确定"按钮，生成旋转体，如图 13-65 所示。

26. 边倒圆

（1）选择"菜单"→"插入"→"细节特征"→"边倒圆"命令，或单击"主页"选项卡中"特征"面板上的"边倒圆"按钮⬛，打开如图 13-66 所示的"边倒圆"对话框。

（2）选择圆角边，如图 13-67 所示，圆角半径设置为 3，单击"应用"按钮。

图 13-65 生成旋转体

图 13-66 "边倒圆"对话框

图 13-67 圆角边的选取

（3）选择圆角边，如图 13-68 所示，圆角半径设置为 4，单击"确定"按钮，生成的最终模型如图 13-69 所示。

图 13-68　圆角边的选取　　　　　　　　　　图 13-69　最终模型

27. 隐藏曲线

（1）选择"菜单"→"编辑"→"显示和隐藏"→"隐藏"命令，打开"类选择"对话框。

（2）单击"类型过滤器"按钮 ，打开"按类型选择"对话框，选择"曲线"选项，单击"确定"按钮。

（3）单击"全选"按钮 ，隐藏的对象为曲线，单击"确定"按钮，曲线被隐藏，结果如图 13-12 所示。

13.2　曲面编辑

13.2.1　X 型

X 型是通过动态地控制极点的方式来编辑曲面或曲线。

扫码看视频

 【执行方式】

● 菜单：选择"菜单"→"编辑"→"曲面"→"X 型"命令。

● 功能区：单击"曲面"选项卡中"编辑曲面"面板上的"X 型"按钮 。

 【操作步骤】

（1）执行上述操作后，打开如图 13-70 所示的"X 型"对话框。

图 13-70　"X 型"对话框

（2）选择曲面。

（3）选择需要被移动的点。

（4）直接拖动点或在微定位栏中设置移动距离。

（5）单击"确定"按钮，编辑曲面，如图 13-71 所示。

（a）原始曲面　　　　　　　　　（b）选择点　　　　　　　　（c）移动点后的曲面

图 13-71　"移动定义点"示意图

 【选项说明】

（1）"曲线或曲面"选项组。

① 选择对象：选择单个或多个要编辑的面，或使用面查找器选择。

②"操控"下拉列表。

a. 任意：移动单个极点、同一行上的所有点或同一列上的所有点。

b. 极点：指定要移动的单个点。

c. 行：移动同一行内的所有点。

③ 自动取消选择极点：勾选此复选框，选择其他极点后，前一次所选择的极点将被取消。

（2）参数化：更改面的过程中，调节面的次数与补片数。

（3）方法：控制极点的运动，可以是移动、旋转、比例缩放以及将极点投影到某一平面。

① 移动：通过 WCS、视图、矢量、平面、法向和多边形等方法来移动极点。

② 旋转：通过 WCS、视图、矢量和平面等方法来旋转极点。

③ 比例：通过 WCS、均匀、曲线所在平面、矢量和平面等方法来缩放极点。

④ 平面化：当极点不在一个平面内时，可以通过此方法将极点控制到一个平面上。

（4）边界约束：允许在保持边缘处曲率或相切的情况下，沿切矢方向对成行或成列的极点进行交换。

（5）特征保存方法。

① 相对：在编辑父特征时，保持极点相对于父特征的位置。

② 静态：在编辑父特征时，保持极点的绝对位置。

（6）微定位：指定使用微调选项时动作的精细度。

13.2.2　I 型

扫码看视频

I 型是通过控制内部的 *UV* 参数线来修改面。它可以对 B 曲面和非 B 曲面进行操作，也可以对已修剪的面进行操作；可以对片体操作，也可对实体操作。

【执行方式】

- 菜单：选择"菜单"→"编辑"→"曲面"→"I 型"命令。
- 功能区：单击"曲面"选项卡中"编辑曲面"面板上的"I 型"按钮。

【操作步骤】

（1）执行上述操作后，打开如图 13-72 所示的"I 型"对话框。

（2）选择要编辑的曲面。

（3）在对话框中设置参数。

（4）拖动控制点，编辑曲面。

【选项说明】

1. 选择面

选择单个或多个要编辑的面，或使用面查找器来选择。

2. 等参数曲线

（1）方向：用于选择要沿其创建等参数曲线的 U 方向 /V 方向。

（2）位置：用于指定将等参数曲线放置在所选面上的方法。

① 均匀：将等参数曲线按相等的距离放置在所选面上。

② 通过点：将等参数曲线放置在所选面上，使其通过每个指定的点。

③ 在点之间：在两个指定的点之间按相等的距离放置等参数曲线。

图 13-72 "I 型"对话框

（3）数量：指定要创建的等参数曲线的总数。

3. 等参数曲线形状控制

（1）插入手柄：通过"均匀""通过点"和"在点之间"等方法在曲线上插入控制点。

（2）线性过渡：勾选此复选框，拖动一个控制点时，整条等参数曲线的区域变形。

（3）沿曲线移动手柄：勾选此复选框，在等参数曲线上移动控制点。也可以单击鼠标右键来选择此选项。

4. 曲线形状控制

（1）局部：拖动控制点，只有控制点周围的局部区域变形。

（2）全局：拖动一个控制点时，整个曲面跟着变形。

13.2.3 扩大

使用该命令可以改变未修剪片体的大小，方法是生成一个新的特征，该特征和原始的、覆盖的未修剪面相关。

用户可以根据给定的百分比改变扩大特征的每个未修剪边。

扫码看视频

【执行方式】

- 菜单：选择"菜单"→"编辑"→"曲面"→"扩大"命令。
- 功能区：单击"曲面"选项卡中"编辑曲面"面板上的"扩大"按钮。

【操作步骤】

（1）执行上述操作后，打开如图 13-73 所示的"扩大"对话框。
（2）选择要修改的曲面。
（3）拖动滑块，在所选方向上扩大片体。
（4）选择模式选项。
（5）单击"确定"按钮，扩大或缩小曲面，如图 13-74 所示。

图 13-73　"扩大"对话框

（a）之前

（b）之后

图 13-74　"扩大"示意图

【选项说明】

（1）选择面：选择要修改的面。
（2）"调整大小参数"选项组。
① 全部：把所有的滑块作为一个组来控制。选中此复选框时，移动任意单个滑块，所有的滑块会同时移动并保持它们之间已有的百分比。
② U 向起点百分比、U 向终点百分比、V 向起点百分比、V 向终点百分比：使用滑块或它们各自的文本框来改变片体的未修剪边的大小。在文本框中输入的值或拖动滑块达到的值是原始尺寸的百分比。可以在文本框中输入数值或表达式。
③ 重置调整大小参数：把所有的滑块重设回它们的初始位置。
（3）"模式"选项组。
① 线性：在一个方向上线性地扩大片体的边。使用"线性"模式可以扩大特征的大小，但不能减小它。
② 自然：沿着边的自然曲线延伸片体的边。使用"自然"模式来改变特征的大小，既可以增大也可以减小它的大小。

13.2.4　更改次数

该命令可以改变体的次数，但只能增加带有底层多补片曲面的体的次数，而且只

扫码看视频

能增加所生成的"封闭"体的次数。

 【执行方式】

● 菜单：选择"菜单"→"编辑"→"曲面"→"次数"命令。
● 功能区：单击"曲面"选项卡中"编辑曲面"面板组上的"更改次数"按钮 x^{z^3}。

 【操作步骤】

（1）执行上述操作后，打开"更改次数"对话框，如图 13-75 所示。
（2）选择要编辑的原始片体。
（3）输入次数，修改曲面形状。

图 13-75 "更改次数"对话框

 【选项说明】

增加体的次数不会改变它的形状，却能增加其自由度。这可增加对编辑体可用的极点数。

降低体的次数会降低试图保持体的全形和特征的次数。如果增加体的次数随后又降低，那么所生成的体将与开始时的一样。降低次数有时会导致体的形状发生剧烈改变。如果对这种改变不满意，可以放弃并恢复到以前的体。何时发生这种改变是可以预知的，因此完全可以避免。

通常，除非原先体的控制多边形与更低次数体的控制多边形类似，因为低次数体的拐点（曲率的反向）少，否则降低次数后，体的形状都会发生剧烈改变。

13.2.5 更改刚度

扫码看视频

该命令是改变曲面 U 和 V 方向参数线的次数，曲面的形状会有所变化。

 【执行方式】

● 菜单：选择"菜单"→"编辑"→"曲面"→"刚度"命令。
● 功能区：单击"曲面"选项卡中"编辑曲面"面板上的"更改刚度"按钮 。

 【操作步骤】

（1）执行上述操作后，打开如图 13-76 所示的"更改刚度"对话框。
（2）在视图区选择要进行操作的曲面后，打开"确认"对话框。
（3）提示用户将会移除特征参数，是否继续操作。
（4）单击"是"按钮，打开"更改刚度"参数对话框。
（5）输入参数后，单击"确定"按钮，更改刚度。

图 13-76 "更改刚度"对话框

 【选项说明】

使用改变刚度功能，增加曲面次数，曲面的极点不变，补片减少，曲面更接近它的控制多边形，反之则相反。封闭曲面不能改变刚度。

扫码看视频

13.2.6 法向反向

该命令可用于创建曲面的反法向特征。

【执行方式】

● 菜单：选择"菜单"→"编辑"→"曲面"→"法向反向"命令。
● 功能区：单击"曲面"选项卡中"编辑曲面"面板上"更多"库下的"法向反向"按钮 🔊。

【操作步骤】

（1）执行上述操作后，打开如图 13-77 所示的"法向反向"对话框。

（2）选择一个或多个要反向的片体。

（3）单击"显示法向"按钮，重新显示片体法向。

图 13-77 "法向反向"对话框

【选项说明】

使用法向反向功能，可以创建曲面的反法向特征。改变曲面的法线方向，可以解决因表面法线方向不一致造成的表面着色问题和使用曲面修剪操作时因表面法线方向不一致而引起的更新故障。

13.2.7 光顺极点

该命令通过计算选定极点相对于周围曲面的合适分布来修改极点分布。

扫码看视频

【执行方式】

● 菜单：选择"菜单"→"编辑"→"曲面"→"光顺极点"命令。
● 功能区：单击"曲面"选项卡中"编辑曲面"面板上"更多"库下的"光顺极点"按钮 🔊。

【操作步骤】

（1）执行上述操作后，打开如图 13-78 所示的"光顺极点"对话框。

（2）在视图区选择一个未修剪的单个面或片体的曲面。

（3）勾选"仅移动选定的"复选框，指定要移动的极点。

（4）拖动"光顺因子"和"修改百分比"滑块，调整曲面的光顺度。

（5）单击"确定"按钮，完成曲面光顺操作。

【选项说明】

（1）要光顺的面：选择面来光顺极点。

（2）仅移动选定的：显示并指定用于曲面光顺的极点。

图 13-78 "光顺极点"对话框

（3）指定方向：指定极点移动方向。

（4）"边界约束"选项组。

① 全部应用：将指定边界约束分配给要修改的曲面的所有 4 条边界边。

② 最小 $-U$/ 最大 $-U$/ 最小 $-V$/ 最大 $-V$：对要修改的曲面的 4 条边界边指定 U 向和 V 向上的边界约束。

（5）光顺因子：拖动滑块来指定连续光顺步骤的数目。

（6）修改百分比：拖动滑块控制应用于曲面或选定极点的光顺百分比。

13.3 综合实例——饮料瓶

制作思路

本例绘制饮料瓶，如图 13-79 所示。通过设计饮料瓶的外形来综合应用曲面的编辑命令，包括旋转曲面、延伸曲面、边倒圆、修剪片体、绘制 N 边曲面、缝合曲面等操作。

扫码看视频

图 13-79　饮料瓶

绘制步骤

1. 创建新文件

选择"菜单"→"文件"→"新建"命令或单击快速访问工具栏中的"新建"按钮，打开"新建"对话框。在"模板"列表中选择"模型"，输入名称为"yinliaoping"，单击"确定"按钮，进入建模环境。

2. 创建直线

（1）选择"菜单"→"插入"→"曲线"→"直线"命令，或单击"曲线"选项卡中"曲线"面板上的"直线"按钮，打开如图 13-80 所示的"直线"对话框。

（2）单击"开始"选项组中的按钮，打开"点"对话框，输入起点坐标为（22，0，0），单击"确定"按钮。

（3）单击"结束"选项组中的按钮，打开"点"对话框，输入终点坐标为（30，0，0），单击"确定"按钮。在"直线"对话框中，单击"应用"按钮，生成直线 1。

（4）用同样的方法创建直线 2，输入起点坐标为（30，0，0），输入终点坐标为（30，0，8）。生成的直线如图 13-81 所示。

3. 创建圆角

（1）选择"菜单"→"插入"→"曲线"→"基本曲线（原有）"命令，打开"基本曲线"对话框。

（2）单击"圆角"按钮，打开"曲线倒圆"对话框，半径值设为 5，在两直线包围区域靠近要倒圆的地方单击一下，生成的圆角如图 13-82 所示。

图 13-80　"直线"对话框

图 13-81　生成直线

图 13-82　生成圆角

4. 旋转

（1）选择"菜单"→"插入"→"设计特征"→"旋转"命令，或单击"主页"选项卡中"特征"面板上的"旋转"按钮，打开如图 13-83 所示的"旋转"对话框。

图 13-83　"旋转"对话框

（2）选择如图 13-82 所示的草图为旋转曲线。

（3）在"指定矢量"下拉列表中选择"ZC 轴"，在视图区选择原点为基准点，或单击"点对话框"按钮，打开"点"对话框，输入坐标点为（0,0,0），单击"确定"按钮。

（4）在"旋转"对话框中，设置"限制"的"开始"选项为"值"，在其文本框中输入 −30。同样设置"结束"选项为"值"，在其文本框中输入 30。

（5）单击"确定"按钮，生成的旋转曲面如图 13-84 所示。

图 13-84　创建旋转曲面

5. 规律延伸曲面

（1）选择"菜单"→"插入"→"弯边曲面"→"规律延伸"命令，或单击"曲面"选项卡中"曲面"面板上的"规律延伸"按钮，打开"规律延伸"对话框。

（2）选择"面"类型，选择旋转曲面的上边线为基本轮廓，选择旋转曲面为参考面，输入长度规律值为 100，输入角度规律值为 0，如图 13-85 所示。

（3）单击"确定"按钮，生成的规律延伸曲面如图 13-86 所示。

图 13-85 "规律延伸"对话框

图 13-86 规律延伸曲面

6. 更改曲面次数

（1）选择"菜单"→"编辑"→"曲面"→"次数"命令，打开如图 13-87 所示的"更改次数"对话框。

（2）选择"编辑原片体"单选按钮，选择要编辑的曲面为规律延伸曲面，如图 13-88 所示。

（3）打开"更改次数"参数对话框，将 U 向次数更改为 20，V 向次数更改为 5，如图 13-89 所示，单击"确定"按钮。

图 13-87 "更改次数"对话框　　图 13-88 选择要编辑的曲面　　图 13-89 "更改次数"参数对话框

7. 移动定义点

（1）选择"菜单"→"编辑"→"曲面"→"X 型"命令，或单击"曲面"选项卡中"编辑曲面"面板上的"X 型"按钮 ，打开如图 13-90 所示的"X 型"对话框。

（2）选择规律延伸曲面为要编辑的曲面，如图 13-91 所示。

（3）在"操控"下拉列表中选择"行"选项，选择要编辑的行，系统自动进行判别，如图 13-92 所示。

图 13-90　"X 型"对话框　　　　图 13-91　选择要编辑的曲面　　　　图 13-92　选择要编辑的行

（4）在选择完被移动的点后，在"移动"选项区域中选择"矢量"单选按钮，指定矢量为 XC 轴。

（5）更改步长值为 10 并单击"负增量"按钮，单击"确定"按钮，该行的所有点被移动，编辑后的曲面如图 13-93 所示。

8.　曲面缝合

（1）选择"菜单"→"插入"→"组合"→"缝合"命令，或单击"曲面"选项卡中"曲面操作"面板上的"缝合"按钮，打开如图 13-94 所示的"缝合"对话框。

（2）选择旋转曲面和规律延伸曲面，单击"确定"按钮，两曲面被缝合。

图 13-93　编辑后的曲面　　　　　　图 13-94　"缝合"对话框

9. 曲面边倒圆

（1）选择"菜单"→"插入"→"细节特征"→"边倒圆"命令，或单击"主页"选项卡中"特征"面板上的"边倒圆"按钮，打开如图 13-95 所示的"边倒圆"对话框。

（2）选择圆角边，如图 13-96 所示，圆角半径设置为 1，单击"确定"按钮，生成如图 13-97 所示的模型。

图 13-95　"边倒圆"对话框　　　　图 13-96　圆角边的选取　　　　图 13-97　倒圆角后的模型

10. 创建直线

（1）选择"菜单"→"插入"→"曲线"→"直线"命令，或单击"曲线"选项卡中"曲线"面板上的"直线"按钮，打开"直线"对话框。

（2）单击"开始"选项组中的"点对话框"按钮，打开"点"对话框，输入起点坐标为（26，10，35），单击"确定"按钮。

（3）单击"结束"选项组中的"点对话框"按钮，打开"点"对话框，输入终点坐标为（26，10，75），单击"确定"按钮。

（4）在"直线"对话框中，单击"应用"按钮，生成直线 1。

（5）用同样的方法创建直线 2，输入起点坐标为（26，−10，35），输入终点坐标为（26，−10，75）。生成的直线如图 13-98 所示。

11. 创建圆弧

（1）选择"菜单"→"插入"→"曲线"→"圆弧 / 圆"命令，或单击"曲线"选项卡中"曲线"面板上的"圆弧 / 圆"按钮，打开"圆弧 / 圆"对话框，选择"三点画圆弧"类型，如图 13-99 所示。

（2）分别捕捉两直线的端点，输入半径为 10，创建两条圆弧，如图 13-100 所示。

12. 修剪片体

（1）选择"菜单"→"插入"→"修剪"→"修剪片体"命令，或单击"曲面"选项卡中"曲面操作"面板上的"修剪片体"按钮，打开如图 13-101 所示的"修剪片体"对话框。

（2）选择曲面为目标片体，选择上步绘制的曲线为边界对象，其余选项保持默认值，单击"确定"按钮，修剪片体，如图 13-102 所示。

图 13-98　生成直线

图 13-99　"圆弧 / 圆"对话框

图 13-100　生成圆弧

图 13-101　"修剪片体"对话框

图 13-102　修剪片体

13. 创建曲面

（1）选择"菜单"→"插入"→"网格曲面"→"通过曲线网格"命令，或单击"曲面"选项卡中"曲面"面板上的"通过曲线网格"按钮 ，打开如图 13-103 所示的"通过曲线网格"对话框。

（2）选取两个圆弧为主曲线，选择两条竖直线为交叉曲线，其余选项保持默认状态，单击"确定"按钮，生成曲面，如图 13-104 所示。

边界曲线

图 13-103 "通过曲线网格"对话框　　　　图 13-104 生成曲面

14. 创建 N 边曲面

（1）选择"菜单"→"插入"→"网格曲面"→"N 边曲面"命令，打开如图 13-105 所示的"N 边曲面"对话框。

（2）选择"三角形"类型，选择如图 13-104 所示的曲线为外环，选中"尽可能合并面"复选框。

（3）在"形状控制"选项组的"控制"下拉列表中选择"位置"选项，调整 Z 滑块至 58 左右，其余选项保持默认值。单击"确定"按钮，生成如图 13-106 所示的多个三角补片类型的 N 边曲面。

15. 修剪片体

（1）选择"菜单"→"插入"→"修剪"→"修剪片体"命令，打开"修剪片体"对话框。

（2）选择上步创建的 N 边曲面为目标曲面，选择网格曲面为边界对象，选择"放弃"单选按钮，其余选项保持默认值，单击"应用"按钮。

（3）选择网格曲面为目标曲面，选择 N 边曲面为边界对象，选择"放弃"单选按钮，其余选项保持默认值，单击"应用"按钮。

（4）同上步骤，选择 N 边曲面为目标曲面，选择网格曲面为边界对象，修剪片体，如图 13-107 所示。

16. 曲面缝合

（1）选择"菜单"→"插入"→"组合"→"缝合"命令，或单击"曲面"选项卡中"曲面操作"面板上"更多"库下的"缝合"按钮，打开"缝合"对话框。

（2）选择类型为"片体"，选择旋转曲面为目标曲面，选择其余曲面为工具片体，单击"确定"

图 13-105 "N 边曲面"对话框

按钮，曲面被缝合，如图 13-108 所示。

图 13-106 生成多个三角补片类型的 *N* 边曲面　　图 13-107 修剪片体　　　图 13-108 缝合曲面

17. 曲面边倒圆

（1）选择"菜单"→"插入"→"细节特征"→"边倒圆"命令，或单击"主页"选项卡中"特征"面板上的"边倒圆"按钮，打开如图 13-109 所示的"边倒圆"对话框。

（2）选择圆角边，如图 13-110 所示，圆角半径设置为 1.5，单击"确定"按钮，生成如图 13-111 所示的模型。

图 13-109 "边倒圆"对话框　　图 13-110 圆角边的选取　　图 13-111 倒圆角后的模型

18. 创建直线

（1）选择"菜单"→"插入"→"曲线"→"直线"命令，或单击"曲线"选项卡中"曲线"

面板上的"直线"按钮 ✎，打开"直线"对话框。

（2）单击"开始"选项组中的"点对话框"按钮 ⊞，打开"点"对话框，输入起点坐标为（30，0，108），单击"确定"按钮。

（3）单击"结束"选项组中的"点对话框"按钮 ⊞，打开"点"对话框，输入终点坐标为（28，0，108），单击"确定"按钮。在"直线"对话框中，单击"应用"按钮，生成直线1。

（4）用同样的方法创建直线2，起点坐标为（28，0，108），终点坐标为（28，0，110）；直线3，起点坐标为（28，0，110），终点坐标为（30，0，110）；直线4，起点坐标为（30，0，110），终点坐标为（30，0，120）；直线5，起点坐标为（30，0，120），终点坐标为（25，0，125）；直线6，起点坐标为（25，0，125），终点坐标为（25，0，128）；直线7，起点坐标为（25，0，128），终点坐标为（30，0，133）。生成的直线如图13-112所示。

19. 创建圆弧

（1）选择"菜单"→"插入"→"曲线"→"圆弧/圆"命令，或单击"曲线"选项卡中"曲线"面板上的"圆弧/圆"按钮 ◝，打开"圆弧/圆"对话框。

（2）选择"三点画圆弧"类型。单击"起点"选项组中的"点对话框"按钮 ⊞，打开"点"对话框，输入起点（30，0，133），单击"确定"按钮。单击"端点"选项组中的"点对话框"按钮 ⊞，打开"点"对话框，输入端点（12，0，163），单击"确定"按钮。中点选择"相切"选项，相切对象选择上面创建的直线4，双击箭头改变生成圆弧的方向，如图13-113所示。单击"确定"按钮，生成圆弧，如图13-114所示。

图 13-112　生成直线　　　　图 13-113　圆弧方向　　　　图 13-114　生成圆弧

20. 创建直线

（1）选择"菜单"→"插入"→"曲线"→"直线"命令，或单击"主页"选项卡中"曲线"面板上的"直线"按钮 ✎，打开"直线"对话框。

（2）单击"开始"选项组中的"点对话框"按钮 ⊞，打开"点"对话框，输入起点坐标为（12，0，163），单击"确定"按钮。单击"结束"选项组中的"点对话框"按钮 ⊞，打开"点"对话框，输入终点坐标为（12，0，168），单击"确定"按钮。在"直线"对话框中，单击"应用"按钮，生成直线1。

（3）用同样的方法创建直线2，起点坐标为（12，0，168），终点坐标为（15，0，168）；直线

3，起点坐标为（15，0，168），终点坐标为（15，0，170）；直线 4，起点坐标为（15，0，170），终点坐标为（12，0，170）；直线 5，起点坐标为（12，0，170），终点坐标为（12，0，171.5）；直线 6，起点坐标为（12，0，171.5），终点坐标为（13，0，171.5）；直线 7，起点坐标为（13，0，171.5），终点坐标为（13，0，173）；直线 8，起点坐标为（13，0，173），终点坐标为（14，0，173）；直线 9，起点坐标为（14，0，173），终点坐标为（14，0，174）；直线 10，起点坐标为（14，0，174），终点坐标为（12，0，175）；直线 11，起点坐标为（12，0，175），终点坐标为（12，0，188）。生成的直线如图 13-115 所示。

21.　旋转

（1）选择"菜单"→"插入"→"设计特征"→"旋转"命令，或单击"主页"选项卡中"特征"面板上的"旋转"按钮，打开"旋转"对话框。

（2）选择如图 13-115 所示的曲线为旋转曲线。

（3）在"指定矢量"下拉列表中选择"ZC 轴"，在视图区选择原点为基准点，或单击"点对话框"按钮，打开"点"对话框，输入坐标点为（0,0,0），单击"确定"按钮。

（4）在"旋转"对话框中，设置"限制"的"开始"选项为"值"，在其文本框中输入 −30。同样设置"结束"选项为"值"，在其文本框中输入 30，如图 13-116 所示。

（5）单击"确定"按钮，生成的旋转曲面如图 13-117 所示。

22.　曲面缝合

（1）选择"菜单"→"插入"→"组合"→"缝合"命令，或单击"曲面"选项卡中"曲面操作"面板上"更多"库下的"缝合"按钮，打开"缝合"对话框。

图 13-115　生成直线

图 13-116　"旋转"对话框

图 13-117　生成旋转曲面

（2）选择类型为"片体"，选择旋转曲面为目标曲面，选择其余曲面为工具片体，单击"确定"按钮，曲面被缝合。

23.　曲面边倒圆

（1）选择"菜单"→"插入"→"细节特征"→"边倒圆"命令，或单击"主页"选项卡中"特

征"面板上的"边倒圆"按钮 ⬜，打开"边倒圆"对话框，如图 13-118 所示。

（2）选择圆角边，如图 13-119 所示，圆角半径设置为 1，单击"确定"按钮，生成如图 13-120 所示的模型。

图 13-118　"边倒圆"对话框

图 13-119　圆角边的选取

图 13-120　倒圆角

24. 旋转复制曲面

（1）选择"菜单"→"编辑"→"移动对象"命令，打开"移动对象"对话框，选择视图中的曲面为移动对象。

（2）在"运动"下拉列表中选择"角度"选项，在"指定矢量"下拉列表中选择"ZC 轴"。

（3）单击"点对话框"按钮 ⬚，在"点"对话框中输入坐标（0，0，0），单击"确定"按钮。

（4）输入"角度"为 60，单击"复制原先的"单选按钮，输入"非关联副本数"为 5，如图 13-121 所示。单击"确定"按钮，生成曲面，如图 13-122 所示。

图 13-121　"移动对象"对话框

图 13-122　旋转复制曲面

25. 曲面缝合

（1）选择"菜单"→"插入"→"组合"→"缝合"命令，或单击"曲面"选项卡中"曲面操作"

面板上"更多"库下的"缝合"按钮 📖，打开"缝合"对话框。

（2）选择类型为"片体"，选择旋转曲面为目标曲面，选择其余曲面为工具片体，单击"确定"按钮，曲面被缝合。

26．创建 N 边曲面

（1）选择"菜单"→"插入"→"网格曲面"→"N 边曲面"命令，打开"N 边曲面"对话框。

（2）选择"三角形"类型，选择如图 13-123 所示的曲线为外环，选择如图 13-123 所示的曲面为约束面，勾选"尽可能合并面"复选框。

（3）在"形状控制"选项组的"控制"下拉列表中选择"位置"选项，调整 Z 滑块至 42 左右，其余选项保持默认值。单击"确定"按钮，生成如图 13-124 所示的多个三角补片类型的 N 边曲面。

图 13-123　选择外环和约束面

图 13-124　生成多个三角补片类型的 N 边曲面

第 **14** 章
飞机造型综合实例

本章讲解飞机模型的建模过程。飞机主要由机身、机翼、尾翼、发动机等组成。在本章的学习中，读者应重点掌握通过曲线创建曲面来完成建模的方法。

/ 重点与难点

- ⊃ 机身
- ⊃ 机翼
- ⊃ 尾翼
- ⊃ 发动机

飞机主要由机身、机翼、尾翼、发动机等组成，如图 14-1 所示，本章对其建模过程分别进行讲解。

图 14-1　飞机模型

14.1　机身

扫码看视频

1. 创建新文件

选择"菜单"→"文件"→"新建"命令或单击快速访问工具栏中的"新建"按钮，打开"新建"对话框。在"模板"列表中选择"模型"，输入名称为"feiji"，单击"确定"按钮，进入建模环境。

2. 创建点

选择"菜单"→"插入"→"基准 / 点"→"点"命令，或单击"主页"选项卡中"特征"面板上的"点"按钮，打开如图 14-2 所示的"点"对话框。

分别创建如表 14-1 所示的各点。

图 14-2　"点"对话框

表 14-1　样条曲线 1 的坐标点

点	坐标	点	坐标
点 1	0，0，0	点 6	44，109，−20
点 2	0，−131，−20	点 7	−44，109，−20
点 3	78，−103，−20	点 8	−104，52，−20
点 4	118，−30，−20	点 9	−118，−30，−20
点 5	104，52，−20	点 10	−78，−103，−20

3. 绘制样条曲线

（1）选择"菜单"→"插入"→"曲线"→"艺术样条"命令，或单击"曲线"选项卡中"曲线"面板上的"艺术样条"按钮，打开"艺术样条"对话框。

（2）选择"通过点"类型，勾选"封闭"复选框，如图 14-3 所示。单击"点构造器"按钮，打开"点"对话框，选择"现有点"类型。

（3）在屏幕中依次选择点 2、点 3、点 4、点 5、点 6、点 7、点 8、点 9、点 10 并单击"确定"按钮，生成如图 14-4 所示的样条曲线 1。

图 14-3　"艺术样条"对话框　　　　　　　　图 14-4　绘制样条曲线 1

（4）同上述步骤，创建样条曲线 2 至样条曲线 20，各样条曲线的坐标点分别如表 14-2～表 14-20 所示。

表 14-2　样条曲线 2 的坐标点

点	坐标	点	坐标
点 1	0，−275，−100	点 6	−94，266，−100
点 2	180，−213，−100	点 7	−236，140，−100
点 3	271，−47，−100	点 8	−271，−47，−100
点 4	236，140，−100	点 9	−180，−213，−100
点 5	94，266，−100		

表 14-3　样条曲线 3 的坐标点

点	坐标	点	坐标
点 1	0，−462，−300	点 6	−167，475，−300
点 2	313，−343，−300	点 7	−436，273，−300
点 3	489，−58，−300	点 8	−489，−58，−300
点 4	436，273，−300	点 9	−313，−343，−300
点 5	167，475，−300		

表 14-4 样条曲线 4 的坐标点

点	坐标	点	坐标
点 1	0，−612，−600	点 6	−241，701，−600
点 2	453，−450，−600	点 7	−644，434，−600
点 3	708，−43，−600	点 8	−708，−43，−600
点 4	644，434，−600	点 9	−453，−450，−600
点 5	241，701，−600		

表 14-5 样条曲线 5 的坐标点

点	坐标	点	坐标
点 1	0，−698，−850	点 6	−290，859，−850
点 2	548，−513，−850	点 7	−782，551，−850
点 3	851，−23，−850	点 8	−851，−23，−850
点 4	782，551，−850	点 9	−548，−513，−850
点 5	290，859，−850		

表 14-6 样条曲线 6 的坐标点

点	坐标	点	坐标
点 1	0，−768，−1110	点 6	−337，1013，−1110
点 2	637，−565，−1110	点 7	−905，663，−1110
点 3	985，1，−1110	点 8	−985，1，−1110
点 4	905，663，−1110	点 9	−637，−565，−1110
点 5	337，1013，−1110		

表 14-7 样条曲线 7 的坐标点

点	坐标	点	坐标
点 1	0，−832，−1410	点 6	−391，1305，−1410
点 2	743，−597，−1410	点 7	−1021，848，−1410
点 3	1131，75，−1410	点 8	−1131，75，−1410
点 4	1021，848，−1410	点 9	−743，−597，−1410
点 5	391，1305，−1410		

表 14-8 样条曲线 8 的坐标点

点	坐标	点	坐标
点 1	0，−883，−1710	点 6	−440，1605，−1710
点 2	840，−611，−1710	点 7	−1112，1034，−1710
点 3	1262，161，−1710	点 8	−1262，161，−1710
点 4	1112，1034，−1710	点 9	−840，−611，−1710
点 5	440，1605，−1710		

表 14-9　样条曲线 9 的坐标点

点	坐标	点	坐标
点 1	0，−951，−2210	点 6	−501，1936，−2210
点 2	957，−628，−2210	点 7	−1245，1256，−2210
点 3	1433，260，−2210	点 8	−1433，260，−2210
点 4	1245，1256，−2210	点 9	−957，−628，−2210
点 5	501，1936，−2210		

表 14-10　样条曲线 10 的坐标点

点	坐标	点	坐标
点 1	0，−1033，−3210	点 6	−583，2340，−3210
点 2	1101，−634，−3210	点 7	−1451，1555，−3210
点 3	1655，398，−3210	点 8	−1655，398，−3210
点 4	1451，1555，−3210	点 9	−1101，−634，−3210
点 5	583，2340，−3210		

表 14-11　样条曲线 11 的坐标点

点	坐标	点	坐标
点 1	0，−1067，−4710	点 6	−643，2671，−4710
点 2	1204，−607，−4710	点 7	−1617，1824，−4710
点 3	1804，541，−4710	点 8	−1804，541，−4710
点 4	1617，1824，−4710	点 9	−1204，−607，−4710
点 5	643，2671，−4710		

表 14-12　样条曲线 12 的坐标点

点	坐标	点	坐标
点 1	0，−1065，−7100	点 5	0，2948，−7100
点 2	1364，−464，−7100	点 6	−1372，2352，−7100
点 3	1884，944，−7100	点 7	−1884，944，−7100
点 4	1372，2352，−7100	点 8	−1364，−464，−7100

表 14-13　样条曲线 13 的坐标点

点	坐标	点	坐标
点 1	0，−1169，−35200	点 6	−674，2823，−35200
点 2	1241，−652，−35200	点 7	−1672，1917，−35200
点 3	1841，572，−35200	点 8	−1841，572，−35200
点 4	1672，1917，−35200	点 9	−1241，−652，−35200
点 5	674，2823，−35200		

表 14-14　样条曲线 14 的坐标点

点	坐标	点	坐标
点 1	0，−1020，−36700	点 6	−660，2808，−36700
点 2	1224，−540，−36700	点 7	−1656，1950，−36700
点 3	1833，640，−36700	点 8	−1833，640，−36700
点 4	1656，1950，−36700	点 9	−1224，−540，−36700
点 5	660，2808，−36700		

表 14-15　样条曲线 15 的坐标点

点	坐标	点	坐标
点 1	0，−808，−38200	点 6	−633，2752，−38200
点 2	1189，−390，−38200	点 7	−1612，1966，−38200
点 3	1796，719，−38200	点 8	−1796，719，−38200
点 4	1612，1966，−38200	点 9	−1189，−390，−38200
点 5	633，2752，−38200		

表 14-16　样条曲线 16 的坐标点

点	坐标	点	坐标
点 1	0，−538，−39700	点 6	−590，2661，−39700
点 2	1124，−196，−39700	点 7	−1526，1969，−39700
点 3	1713，815，−39700	点 8	−1713，815，−39700
点 4	1526，1969，−39700	点 9	−1124，−196，−39700
点 5	590，2661，−39700		

表 14-17　样条曲线 17 的坐标点

点	坐标	点	坐标
点 1	0，−225，−41200	点 6	−529，2545，−41200
点 2	1020，41，−41200	点 7	−1388，1957，−41200
点 3	1568，929，−41200	点 8	−1568，929，−41200
点 4	1388，1957，−41200	点 9	−1020，41，−41200
点 5	529，2545，−41200		

表 14-18　样条曲线 18 的坐标点

点	坐标	点	坐标
点 1	0，98，−42700	点 6	−450，2414，−42700
点 2	872，304，−42700	点 7	−1187，1926，−42700
点 3	1343，1053，−42700	点 8	−1343，1053，−42700
点 4	1187，1926，−42700	点 9	−872，304，−42700
点 5	450，2414，−42700		

表 14-19　样条曲线 19 的坐标点

点	坐标	点	坐标
点 1	0，438，−44200	点 6	−350，2276，−44200
点 2	675，605，−44200	点 7	−909，1879，−44200
点 3	1025，1197，−44200	点 8	−1025，1197，−44200
点 4	909，1879，−44200	点 9	−675，605，−44200
点 5	350，2276，−44200		

表 14-20　样条曲线 20 的坐标点

点	坐标	点	坐标
点 1	0，1372，−46965	点 3	0，1534，−46965
点 2	81，1453，−46965	点 4	−81，1453，−46965

结果生成如图 14-5 所示的样条曲线。

图 14-5　绘制样条曲线

4. 创建曲面

（1）选择"菜单"→"插入"→"网格曲面"→"通过曲线组"命令，或单击"曲面"选项卡中"曲面"面板上的"通过曲线组"按钮 ，打开如图 14-6 所示的"通过曲线组"对话框。

（2）选择步骤 2 创建的点 1，单击鼠标中键，然后选择样条曲线 1，单击鼠标中键，选择样条曲线 2，单击鼠标中键，选择样条曲线 3，单击鼠标中键，并保持样条曲线的矢量方向一致，如图 14-7 所示。单击"确定"按钮，完成曲面 1 的创建，如图 14-8 所示。

图 14-6　"通过曲线组"对话框　　　图 14-7　选取截面线　　　图 14-8　创建曲面 1

5. 创建曲面

（1）选择"菜单"→"插入"→"网格曲面"→"通过曲线组"命令，或单击"曲面"选项卡中"曲面"面板上的"通过曲线组"按钮 ，打开"通过曲线组"对话框。

（2）选择样条曲线 4，单击鼠标中键，同上步骤依次选择样条曲线 5，单击鼠标中键，直到样条曲线 20，如图 14-9 所示。

（3）单击"通过曲线组"对话框中的"确定"按钮，完成如图 14-10 所示的实体的创建。

图 14-9　选取截面线　　　　　　　　　　图 14-10　创建机身

6. 隐藏曲线和点

（1）选择"菜单"→"编辑"→"显示和隐藏"→"隐藏"命令，打开如图 14-11 所示的"类选择"对话框。

（2）单击"类型过滤器"按钮 ，打开"按类型选择"对话框，选择"曲线"和"点"选项，如图 14-12 所示，单击"确定"按钮。

（3）返回"类选择"对话框，单击"全选"按钮 ，选中视图中所有的曲线和点，单击"确定"按钮，隐藏曲线和点，结果如图 14-13 所示。

图 14-11　"类选择"对话框　　　图 14-12　"按类型选择"对话框　　　图 14-13　隐藏曲线和点

7. 创建长方体

（1）选择"菜单"→"插入"→"设计特征"→"长方体"命令，或单击"主页"选项卡中"特征"面板上的"长方体"按钮 ，打开"长方体"对话框，选择"两个对角点"类型，如图

14-14 所示。

（2）单击"点对话框"按钮 ⬚，在打开的"点"对话框中输入点 1（1860，-1480，-18829），单击"确定"按钮。输入点 2（-1860，607，-26455），单击"确定"按钮，返回"长方体"对话框。

（3）在"布尔"下拉列表中选择"合并"选项，单击"确定"按钮，完成长方体的创建。

8. 创建拔模

（1）选择"菜单"→"插入"→"细节特征"→"拔模"命令，或单击"主页"选项卡中"特征"面板上的"拔模"按钮 ⬚，打开"拔模"对话框。

（2）选择长方体的底面为固定面，选择"-YC 轴"为拔模方向，选择长方体的前面为要拔模的面，在"角度"文本框中输入 70，如图 14-15 所示。单击"应用"按钮，创建前平面的拔模，结果如图 14-16 所示。

（3）同上步骤，对后平面进行拔模，拔模角度为 75°，结果如图 14-17 所示。

图 14-14 "长方体"对话框

图 14-15 "拔模"对话框

图 14-16 前平面的拔模

图 14-17 创建拔模

图 14-18 "边倒圆"对话框

9. 倒圆角

（1）选择"菜单"→"插入"→"细节特征"→"边倒圆"命令，或单击"主页"选项卡中"特征"面板上的"边倒圆"按钮 ⬚，打开"边倒圆"对话框。

（2）在"半径 1"文本框中输入 800，如图 14-18 所示。选择如图 14-19 所示的两条边，单击"应用"按钮，完成边倒圆操作。

（3）同上步骤，依次选择如图 14-20 所示的圆角边，圆角半径分别为 400 和 1000，单击"确定"按钮，创建圆角，如图 14-21 所示。

图 14-19 选择圆角边

图 14-20　选择圆角边

图 14-21　倒圆角

14.2　机翼

扫码看视频

1. 绘制点

选择"菜单"→"插入"→"基准 / 点"→"点"命令，或单击"主页"选项卡中"特征"面板上的"基准点"按钮十，打开"点"对话框，分别创建如表 14-21 所示的各点。

表 14-21　样条曲线坐标点

点	坐标	点	坐标
点 1	18740，1359，-29015	点 6	18740，1274，-27607
点 2	18740，1319，-28689	点 7	18740，1276，-27471
点 3	18740，1294，-28329	点 8	18740，1303，-27301
点 4	18740，1286，-27990	点 9	18740，1372，-27213
点 5	18740，1275，-27756	点 10	18740，1372，-29015

2. 移动坐标系

选择"菜单"→"格式"→"WCS"→"动态"命令，用鼠标选择点 10 为动态坐标系的原点，单击鼠标中键，完成动态坐标系的设置。

3. 镜像点

（1）选择"菜单"→"编辑"→"变换"命令，打开"变换"对话框。选择点 1 到点 9 各点，单击"确定"按钮。

（2）打开如图14-22所示的"变换"对话框。单击"通过一平面镜像"按钮，打开"平面"对话框，选择"*XC-ZC*平面"类型，如图14-23所示，单击"确定"按钮。

图 14-22 "变换"对话框   图 14-23 "平面"对话框   图 14-24 "变换"对话框

（3）打开如图14-24所示的"变换"对话框，单击"复制"按钮，完成变换操作，生成如图14-25所示点集。

图 14-25 镜像点

4. 绘制样条曲线

（1）选择"菜单"→"插入"→"曲线"→"艺术样条"命令，或单击"曲线"选项卡中"曲线"面板上的"艺术样条"按钮，打开"艺术样条"对话框。

（2）选择"通过点"类型，取消"封闭"复选框的勾选，其他采用默认设置，单击"确定"按钮。

（3）单击"点构造器"按钮，连接图14-25中的所有点，绘制样条曲线。

5. 绘制直线

（1）选择"菜单"→"插入"→"曲线"→"直线"命令，打开如图14-26所示的"直线"对话框。

（2）选择"起点选项"和"终点选项"为"点"，选择点1和其镜像点，单击"确定"按钮，连接直线，形成封闭曲线1，如图14-27所示。

图 14-26 "直线"对话框   图 14-27 创建曲线1

6. 转换坐标系

选择"菜单"→"格式"→"WCS"→"定向"命令，打开如图 14-28 所示的"坐标系"对话框。选择"绝对坐标系"类型，单击"确定"按钮，完成坐标系的转换。

图 14-28 "坐标系"对话框

7. 创建点

选择"菜单"→"插入"→"基准/点"→"点"命令，或单击"主页"选项卡中"特征"面板上的"基准点"按钮 ＋，打开"点"对话框，分别创建如表 14-22 所示的样条曲线坐标点。

表 14-22 样条曲线坐标点

点	坐标	点	坐标
点 1	2300，−172，−26241	点 7	2300，−581，−18863
点 2	2300，−377，−24203	点 8	2300，−531，−18723
点 3	2300，−475，−23272	点 9	2300，−458，−18581
点 4	2300，−586，−22021	点 10	2300，−353，−18434
点 5	2300，−643，−21137	点 11	2300，−159，−18320
点 6	2300，−679，−19836	点 12	2300，−159，−26241

8. 绘制样条曲线

同步骤 4 ～步骤 5，创建曲线 2，如图 14-29 所示。在点的变换过程中，将坐标系移动到点 12 上。

9. 绘制直线

（1）选择"菜单"→"插入"→"曲线"→"直线"命令，打开如图 14-30 所示的"直线"对话框。

（2）输入起点（18740，1372，−27213），输入终点（2300，−159，−18320），连续单击"确定"按钮，完成直线 1 的创建。

图 14-29 创建曲线 2

图 14-30 "直线"对话框

（3）同上步骤，创建起点为（18740，1372，−29015），终点为（7591，429，−26241）的直线 2，以及起点为（7591，429，−26241），终点为（2300，−159，−26241）的直线 3，如图 14-31 所示。

10. 连接曲线

（1）选择"菜单"→"插入"→"派生曲线"→"连接（即将失效）"命令，打开"连接曲线"对话框，各选项的设置如图 14-32 所示。

（2）依次选择曲线 1 中的样条曲线和直线，单击"应用"按钮，完成连接操作。

（3）同上步骤，完成曲线 2 中的样条曲线和直线的连接，完成直线 2 和直线 3 的连接。

图 14-31　绘制直线

图 14-32　"连接曲线"对话框

图 14-33　"通过曲线网格"对话框

11. 创建网格曲面

（1）选择"菜单"→"插入"→"网格曲面"→"通过曲线网格"命令，或单击"曲面"选项卡中"曲面"面板上的"通过曲线网格"按钮，打开"通过曲线网格"对话框，如图 14-33 所示。

（2）选择曲线 1 和曲线 2 组成的连结曲线为主曲线，选择直线 1 以及直线 2 和直线 3 组成的连接曲线为交叉曲线。单击"确定"按钮，完成网格曲面的创建，生成如图 14-34 所示的模型。

图 14-34　创建网格曲面

12. 创建拉伸体

（1）选择"菜单"→"插入"→"设计特征"→"拉伸"命令，或单击"主页"选项卡中"特征"面板上的"拉伸"按钮，打开"拉伸"对话框。

（2）选择曲线 2 为拉伸曲线。

（3）在"指定矢量"下拉列表中选择"–XC 轴"为拉伸方向。

（4）在"开始距离"和"结束距离"数值栏中分别输入 0、600，在"布尔"下拉列表中选择"合并"选项，如图 14-35 所示。单击"确定"按钮，创建拉伸体，结果如图 14-36 所示。

13. 拔模

（1）选择"菜单"→"插入"→"细节特征"→"拔模"命令，或单击"主页"选项卡中"特征"面板上的"拔模"按钮，打开如图 14-37 所示的"拔模"对话框。

图 14-35 "拉伸"对话框　　　　图 14-36 创建拉伸体　　　　图 14-37 "拔模"对话框

（2）选择拉伸体的底面为固定面，选择"XC 轴"为拔模方向，选择拉伸体的侧面为要拔模的面，输入角度为 30，如图 14-38 所示。单击"确定"按钮，创建拔模，如图 14-39 所示。

隐藏创建机翼所使用的点和曲线。

14. 合并操作

（1）选择"菜单"→"插入"→"组合"→"合并"命令，或单击"主页"选项卡中"特征"面板上的"合并"按钮，打开如图 14-40 所示的"合并"对话框。

图 14-38 拔模示意图　　　　图 14-39 创建拔模　　　　图 14-40 "合并"对话框

（2）依次选择机身和机翼，单击"确定"按钮，将机身和机翼进行布尔合并操作。

15. 镜像特征

（1）选择"菜单"→"插入"→"关联复制"→"镜像特征"命令，或单击"主页"选项卡中"特征"面板上的"镜像特征"按钮，打开如图 14-41 所示的"镜像特征"对话框。

（2）选择网格曲面、拉伸体和拔模特征为要镜像的特征。

（3）在"平面"下拉列表中选择"新平面"选项，在"指定平面"下拉列表中选择"*YC-ZC* 平面"。

（4）单击"确定"按钮，完成镜像特征操作，生成如图 14-42 所示的模型。

图 14-41 "镜像特征"对话框

图 14-42 镜像特征

14.3 尾翼

1. 创建点

扫码看视频

（1）隐藏机身和机翼。

（2）选择"菜单"→"插入"→"基准 / 点"→"点"命令，或单击"主页"选项卡中"特征"面板上的"点"按钮，打开"点"对话框，分别创建如表 14-23 所示的各点。

表 14-23 样条曲线坐标点

点	坐标	点	坐标
点 1	7450,2113,−46637	点 8	7450,2062,−45069
点 2	7450,2101,−46495	点 9	7450,2075,−45012
点 3	7450,2061,−45867	点 10	7450,2087,−44966
点 4	7450,2047,−45462	点 11	7450,2105,−44919
点 5	7450,2046,−45207	点 12	7450,2126,−44897
点 6	7450,2048,−45175	点 13	7450,2126,−46637
点 7	7450,2054,−45111		

2. 移动坐标

选择"菜单"→"格式"→"WCS"→"动态"命令，用鼠标选择点 13 为动态坐标系的原点，单击鼠标中键，完成动态坐标系的设置。

3. 镜像点

（1）选择"菜单"→"编辑"→"变换"命令，打开"变换"对话框。选择点 1 到点 12 各点，单击"确定"按钮。

（2）打开如图 14-43 所示的"变换"对话框。单击"通过一平面镜像"按钮，打开"平面"对话框，选择"*XC-ZC* 平面"类型，如图 14-44 所示，单击"确定"按钮。

（3）打开如图 14-45 所示的"变换"对话框，单击"复制"按钮，完成变换操作，生成如图 14-46 所示点集。

图 14-43　"变换"对话框

图 14-44　"平面"对话框

图 14-45　"变换"对话框

图 14-46　镜像点

4. 绘制样条曲线

（1）选择"菜单"→"插入"→"曲线"→"艺术样条"命令，或单击"曲线"选项卡中"曲线"面板上的"艺术样条"按钮，打开"艺术样条"对话框。

（2）选择"通过点"类型，在上边框条中单击"现有点"按钮，连接图 14-46 中的所有点，绘制样条曲线。

5. 绘制直线

（1）选择"菜单"→"插入"→"曲线"→"直线"命令，打开如图 14-47 所示的"直线"对话框。

（2）选择"起点"选项和"终点"选项，为"点"，选择点 1 为起点，选择点 1 的镜像点为终点，单击"确定"按钮，连接直线，形成封闭曲线 1，如图 14-48 所示。

图 14-47　"直线"对话框

图 14-48　创建曲线 1

6. 绘制点

选择"菜单"→"插入"→"基准 / 点"→"点"命令，或单击"主页"选项卡中"特征"面板上的"点"按钮，打开"点"对话框，分别创建如表 14-24 所示的各点。

表 14-24　样条曲线坐标点

点	坐标	点	坐标
点 1	1650,1319,-45186	点 7	1650,1104,-41396
点 2	1650,1233,-44262	点 8	1650,1131,-41263
点 3	1650,1148,-43321	点 9	1650,1184,-41071
点 4	1650,1103,-42671	点 10	1650,1250,-40919
点 5	1650,1077,-41879	点 11	1650,1332,-40870
点 6	1650,1080,-41634	点 12	1650,1332,-45186

同步骤 2～步骤 5，创建曲线 2，以点 12 为坐标原点，如图 14-49 所示。

曲线 2

7. 连接曲线

（1）选择"菜单"→"插入"→"派生曲线"→"连接（即将失效）"命令，打开"连接曲线"对话框。

（2）依次选择组成曲线 1 的样条曲线和直线，在"输入曲线"下拉列表中选择"隐藏"选项，其他选项采用系统默认设置，单击"应用"按钮，完成连接操作。

（3）同上步骤，完成曲线 2 中的样条曲线和直线的连接操作。

曲线 1

图 14-49　创建曲线 2

8. 创建曲面

（1）选择"菜单"→"插入"→"网格曲面"→"通过曲线组"命令，或单击"曲面"选项卡中"曲面"面板上的"通过曲线组"按钮，打开"通过曲线组"对话框。

（2）选择曲线 1，单击鼠标中键，选择曲线 2，单击鼠标中键，单击"确定"按钮，完成曲面实体的创建，如图 14-50 所示。

9. 设置坐标系

（1）选择"菜单"→"格式"→"WCS"→"定向"命令，打开"坐标系"对话框。

（2）选择"绝对坐标系"类型，单击"确定"按钮，将坐标系返回绝对坐标系。

（3）显示机身和机翼，如图 14-51 所示。

图 14-50　创建曲面

图 14-51　显示图形

10. 创建拉伸体

（1）选择"菜单"→"插入"→"设计特征"→"拉伸"命令，或单击"主页"选项卡中"特征"面板上的"拉伸"按钮 🔲，打开如图 14-52 所示的"拉伸"对话框。

（2）选择曲线 2 为拉伸曲线。

（3）单击"矢量对话框"按钮 📐，打开如图 14-53 所示的"矢量"对话框，在"指定出发点"中选择曲线 1 的点 13，在"指定目标点"中选择曲线 2 的点 12，单击"确定"按钮，返回"拉伸"对话框。

（4）在"拉伸"对话框的"结束距离"文本框中输入 1000，单击"确定"按钮，完成拉伸操作，生成拉伸体，如图 14-54 所示。

图 14-52　"拉伸"对话框

图 14-53　"矢量"对话框

图 14-54　创建拉伸体

11. 镜像特征

（1）选择"菜单"→"插入"→"关联复制"→"镜像特征"命令，或单击"主页"选项卡中"特征"面板上的"镜像特征"按钮 🧩，打开"镜像特征"对话框。

（2）选择曲面实体和拉伸体为要镜像的特征。

（3）在"平面"下拉列表中选择"新平面"选项，在"指定平面"下拉列表中选择"YC-ZC平面"，如图14-55所示。单击"确定"按钮，完成镜像特征操作，生成如图14-56所示的模型。

12. 合并操作

（1）选择"菜单"→"插入"→"组合"→"合并"命令，或单击"主页"选项卡中"特征"面板上的"合并"按钮，打开"合并"对话框。

（2）依次选择两尾翼与机身，单击"确定"按钮，将两尾翼与机身进行布尔求和操作。

图 14-55 "镜像特征"对话框

13. 边倒圆

（1）隐藏曲线和点。

（2）选择"菜单"→"插入"→"细节特征"→"边倒圆"命令，或单击"主页"选项卡中"特征"面板上的"边倒圆"按钮，打开"边倒圆"对话框。

（3）设置半径为50，如图14-57所示。选择如图14-58所示的尾翼与机身结合部分进行倒圆。

图 14-56 镜像特征 　　　　　　　图 14-57 "边倒圆"对话框

（4）单击"确定"按钮，创建倒圆角，结果如图14-59所示。

图 14-58 选择圆角边 　　　　　　　图 14-59 倒圆角

14. 创建点

（1）隐藏机身和机翼。

（2）选择"菜单"→"插入"→"基准／点"→"点"命令，或单击"主页"选项卡中"特征"面板上的"点"按钮＋，打开"点"对话框，分别创建如表 14-25 所示的各点。

表 14-25　样条曲线坐标点

点	坐标	点	坐标
点 1	0，10034，−47316	点 6	178，10034，−45432
点 2	46，10034，−47004	点 7	175，10034，−45275
点 3	93，10034，−46691	点 8	163，10034，−45117
点 4	134，10034，−46377	点 9	123，10034，−44965
点 5	162，10034，−46063	点 10	0，10034，−44880

15．移动坐标

选择"菜单"→"格式"→"WCS"→"动态"命令，用鼠标选择点 10 为动态坐标系的原点，单击鼠标中键，完成动态坐标系的设置。

16．镜像点

（1）选择"菜单"→"编辑"→"变换"命令，打开"变换"对话框。选择点 1 到点 9 各点，单击"确定"按钮。

（2）打开如图 14-60 所示的"变换"对话框。单击"通过一平面镜像"按钮，打开"平面"对话框，选择"YC-ZC 平面"类型，如图 14-61 所示，单击"确定"按钮。

（3）打开如图 14-62 所示的"变换"对话框，单击"复制"按钮，完成变换操作。

图 14-60　"变换"对话框　　　图 14-61　"平面"对话框　　　图 14-62　"变换"对话框

17．绘制样条曲线

（1）选择"菜单"→"插入"→"曲线"→"样条曲线"命令，或单击"曲线"选项卡中"曲线"面板上的"艺术样条"按钮，打开"艺术样条"对话框。

（2）选择"通过点"类型，勾选"封闭"复选框，连接所有点，绘制样条曲线 1，如图 14-63 所示。

（3）将坐标系返回绝对坐标系。

图 14-63　创建样条曲线 1

18．绘制点

选择"菜单"→"插入"→"基准／点"→"点"命令，或单击"主页"选项卡中"特征"面板上的"点"按钮＋，打开"点"对话框，分别创建如表 14-26 所示的各点。

表 14-26　样条曲线坐标点

点	坐标	点	坐标
点 1	0，2942，-44567	点 7	200，2942，-38079
点 2	126，2942，-43492	点 8	178，2942，-36860
点 3	203，2942，-42411	点 9	147，2942，-36252
点 4	234，2942，-41328	点 10	97，2942，-36056
点 5	234，2942，-40245	点 11	0，2942，-35973
点 6	219，2942，-39162		

19. 移动坐标

选择"菜单"→"格式"→"WCS"→"动态"命令，用鼠标选择点 11 为动态坐标系的原点，单击鼠标中键，完成动态坐标系的设置。

20. 镜像点

（1）选择"菜单"→"编辑"→"变换"命令，打开"变换"对话框。选择点 1 到点 10 各点，单击"确定"按钮。

（2）打开如图 14-64 所示的"变换"对话框。单击"通过一平面镜像"按钮，打开"平面"对话框，选择"YC-ZC 平面"类型，如图 14-65 所示，单击"确定"按钮。

（3）打开如图 14-66 所示的"变换"对话框，单击"复制"按钮，完成变换操作。

图 14-64　"变换"对话框

图 14-65　"平面"对话框

图 14-66　"变换"对话框

21. 绘制样条曲线

（1）选择"菜单"→"插入"→"曲线"→"艺术样条"命令，或单击"曲线"选项卡中"曲线"面板上的"艺术样条"按钮，打开"艺术样条"对话框。

（2）选择"通过点"类型，勾选"封闭"复选框，连接所有点，绘制样条曲线 2，如图 14-67 所示。

图 14-67　创建样条曲线 2

（3）将坐标系返回绝对坐标系。

22. 创建点

选择"菜单"→"插入"→"基准/点"→"点"命令，或单击"主页"选项卡中"特征"面板上的"点"按钮 ╬，打开"点"对话框，分别创建如表 14-27 所示的各点。

表 14-27 样条曲线坐标点

点	坐标	点	坐标
点 1	0，10034，-44880	点 4	0，3419，-38230
点 2	0，8451，-43314	点 5	0，3149，-37460
点 3	0，3868，-38779	点 6	0，2942，-35973

23. 绘制样条曲线

（1）选择"菜单"→"插入"→"曲线"→"艺术样条"命令，或单击"曲线"选项卡中"曲线"面板上的"艺术样条"按钮 ✲，打开"艺术样条"对话框。

（2）选择"通过点"类型，取消"封闭"复选框的勾选，连接表 14-27 中的各点，绘制样条曲线 3。

24. 绘制直线

（1）选择"菜单"→"插入"→"曲线"→"直线"命令，打开"直线"对话框。

（2）选择"起点选项"和"终点选项"为"点"，输入起点（0，10034，-47316），终点（0，2942，-44567），单击"确定"按钮，创建直线，如图 14-68 所示。

25. 创建网络曲面

（1）选择"菜单"→"插入"→"网格曲面"→"通过曲线网格"命令，或单击"曲面"选项卡中"曲面"面板上的"通过曲线网格"按钮 ▦，打开"通过曲线网格"对话框。

（2）选择样条曲线 1 和样条曲线 2 为主曲线，选择样条曲线 3 和直线为交叉曲线，单击"确定"按钮，创建网格曲面，生成如图 14-69 所示的模型。

图 14-68　创建样条曲线 3 和直线

图 14-69　创建网络曲面

26. 创建拉伸体

（1）选择"菜单"→"插入"→"设计特征"→"拉伸"命令，或单击"主页"选项卡中"特征"面板上的"拉伸"按钮，打开"拉伸"对话框。

（2）选择样条曲线2为拉伸曲线，在"指定矢量"下拉列表中选择"曲线/轴矢量"，选择直线为矢量方向，在"结束距离"文本框中输入1000。

（3）在"布尔"下拉列表中选择"合并"选项，如图14-70所示。单击"确定"按钮，完成拉伸操作。

（4）显示机身和机翼，生成的模型如图14-71所示。

图14-70 "拉伸"对话框

图14-71 创建拉伸体

14.4 发动机

扫码看视频

1. 创建长方体

（1）隐藏曲线和点。

（2）选择"菜单"→"插入"→"设计特征"→"长方体"命令，或单击"主页"选项卡中"特征"面板上的"长方体"按钮，打开"长方体"对话框。

（3）选择"原点和边长"类型，单击"点对话框"按钮，在打开的"点"对话框中输入长方体的起点（6088，-900，-24941），单击"确定"按钮。

（4）返回"长方体"对话框，在"长度""宽度"和"高度"文本框中分别输入433、1200、7839，如图14-72所示。单击"确定"按钮，完成长方体的创建，如图14-73所示。

图14-72 "长方体"对话框

图14-73 创建长方体

2. 创建倒斜角

（1）选择"菜单"→"插入"→"细节特征"→"倒斜角"命令，或单击"主页"选项卡中"特征"面板上的"倒斜角"按钮 📦，打开"倒斜角"对话框。

（2）选择"非对称"横截面，输入"距离1"为850，输入"距离2"为4700，如图 14-74 所示。

（3）选择如图 14-75 所示的长方体的前端面的下边，单击"应用"按钮，完成倒斜角 1 的操作。

图 14-74　"倒斜角"对话框

图 14-75　选择倒斜角边

（4）同上步骤，分别在"距离1"和"距离2"文本框中输入 1200、1000，选择如图 14-76 所示的长方体的后端面的下边，单击"确定"按钮，完成倒斜角 2 的操作，生成的模型如图 14-77 所示。

图 14-76　选择倒斜角边

图 14-77　倒斜角

3. 绘制点

选择"菜单"→"插入"→"基准/点"→"点"命令，或单击"主页"选项卡中"特征"面板上的"点"按钮 ＋，打开"点"对话框，分别创建如表 14-28 所示的各点。

表 14-28　样条曲线坐标点

点	坐标	点	坐标
点 1	6340,−2241,−16631	点 5	6451,−2337,−20277
点 2	6346,−2356,−16818	点 6	6342,−1048,−16699
点 3	6384,−2520,−18066	点 7	6451,−1248,−20277
点 4	6420,−2490,−19256		

4. 绘制样条曲线

（1）选择"菜单"→"插入"→"曲线"→"艺术样条"命令，或单击"曲线"选项卡中"曲线"面板上的"艺术样条"按钮，打开"艺术样条"对话框。

（2）选择"通过点"类型，连接表 14-28 中的点 1 到点 5，绘制样条曲线。

5. 绘制直线

（1）选择"菜单"→"插入"→"曲线"→"直线"命令，打开"直线"对话框。

（2）选择"起点选项"和"终点选项"为"点"，捕捉点 6 和点 7，单击"确定"按钮，创建直线，如图 14-78 所示。

6. 创建旋转体

（1）选择"菜单"→"插入"→"设计特征"→"旋转"命令，或单击"主页"选项卡中"特征"面板上的"旋转"按钮，打开"旋转"对话框，如图 14-79 所示。

图 14-78 绘制样条曲线和直线

（2）选择如图 14-78 所示的样条曲线为截面曲线，选择直线为旋转轴，并在"开始角度"和"结束角度"文本框中分别输入 0、360，单击"确定"按钮，完成旋转操作，生成的模型如图 14-80 所示。

7. 创建凸台

（1）选择"菜单"→"插入"→"设计特征"→"凸台（原有）"命令，打开"支管"对话框。

（2）在"直径"和"高度"文本框中分别输入 1720、2322，如图 14-81 所示。选择上步创建的旋转体的后端面为凸台放置面，单击"确定"按钮。

图 14-79 "旋转"对话框

图 14-80 创建旋转体

图 14-81 "支管"对话框

（3）打开"定位"对话框，单击"点落在点上"按钮。选择放置面的圆弧中心，打开"设置圆弧的位置"对话框，单击"圆弧中心"按钮。单击"确定"按钮，完成凸台的创建，生成如图

14-82 所示的模型。

8. 拔模操作

（1）选择"菜单"→"插入"→"细节特征"→"拔模"命令，或单击"主页"选项卡中"特征"面板上的"拔模"按钮，打开"拔模"对话框，如图 14-83 所示。

（2）在"指定矢量"下拉列表中选择"*ZC*轴"为拔模矢量方向，选择旋转体的底面为固定平面，选择凸台的圆柱面为要拔模的面，输入拔模角度为 12，如图 14-84 所示。

图 14-82　创建凸台

图 14-83　"拔模"对话框

（3）单击"确定"按钮，完成拔模操作，生成的模型如图 14-85 所示。

图14-84　拔模示意图

图 14-85　拔模操作

9. 倒圆角

（1）选择"菜单"→"插入"→"细节特征"→"边倒圆"命令，或单击"主页"选项卡中"特征"面板上的"边倒圆"按钮 ，打开"边倒圆"对话框。

（2）设置半径为500，如图14-86所示，选择如图14-87所示的旋转体两边进行倒圆。

（3）单击"确定"按钮，完成倒圆操作，如图14-88所示。

10. 镜像特征

（1）选择"菜单"→"插入"→"关联复制"→"镜像特征"命令，或单击"主页"选项卡中"特征"面板上"更多"库下的"镜像特征"按钮，打开如图14-89所示的"镜像特征"对话框。

图 14-86 "边倒圆"对话框

图 14-87 选择倒圆边

图 14-88 倒圆角

图 14-89 "镜像特征"对话框

（2）选择长方体、旋转体和凸台为要镜像的特征。

（3）在"指定平面"下拉列表中选择"*YC-ZC*平面"，单击"确定"按钮，完成镜像特征操作，生成如图14-90所示的模型。

图 14-90 镜像特征

11. 渲染处理

（1）按住鼠标右键并保持一会，在屏幕中光标处打开如图14-91所示的工具菜单，单击"艺术外观"按钮，在资源条中显示出"系统艺术外观材料"按钮。

（2）单击该按钮，打开如图14-92所示的"系统艺术外观材料"资源板。

（3）单击"金属"选项，打开如图14-93所示的各种金属材质，单击"铝"按

图 14-91 工具菜单

钮，并拖至飞机机身处，完成机身色彩的渲染。

图 14-92 "系统艺术外观材料"资源板   图 14-93 各种金属材质

（4）单击"不锈钢"按钮，并拖至两个发动机处，完成发动机的色彩渲染。最后生成如图 14-94 所示的模型。

图 14-94 飞机模型

第4篇

工程图设计

第 15 章
工程图

UG 建模功能中创建的零件和装配模型,可以被引用到 UG 制图功能中快速生成二维工程图。UG 制图功能模块建立的工程图是通过三维实体模型投影得到的,因此,二维工程图与三维实体模型完全关联,模型的任何修改都会引起工程图的相应变化。

/ 重点与难点

- ➡ 进入工程图环境
- ➡ 图纸管理
- ➡ 绘制视图
- ➡ 视图编辑

15.1 进入工程图环境

扫码看视频

本节讲解工程图的功能及如何进入工程图环境。

在 UG NX12 中，可以运用"制图"模块，在建模基础上生成平面工程图。由于建立的平面工程图是由三维实体模型投影得到的，因此，平面工程图与三维实体完全相关，实体模型的尺寸、形状和位置的任何改变都会引起平面工程图的相应更新，更新过程可由用户控制。

工程图一般可实现如下功能。

（1）对于任何一个三维模型，可以根据不同的需要，使用不同的投影方法、不同的图幅尺寸、不同的视图比例建立模型视图、局部放大视图、剖视图等各种视图；各种视图能自动对齐；完全相关的各种剖视图能自动生成剖面线并控制隐藏线的显示。

（2）可半自动对平面工程图进行各种标注，且标注对象与基于它们所创建的视图对象相关；当模型变化和视图对象变化时，各种相关的标注都会自动更新。标注的建立与编辑方式基本相同，其过程也是即时反馈的，使得标注更容易和有效。

（3）可在工程图中加入文字说明、标题栏、明细栏等注释。提供了多种绘图模板，也可自定义模板，使标号参数的设置更容易、方便和有效。

（4）可用打印机或绘图仪输出工程图。

（5）拥有更直观和容易使用的图形用户接口，使得图纸的建立更加容易和快捷。

进入工程图环境的步骤如下。

（1）选择"菜单"→"文件"→"新建"命令或单击快速访问工具栏中的"新建"按钮 ，打开如图 15-1 所示的"新建"对话框。

（2）选择"图纸"选项卡，在"关系"下拉列表中选择"全部"选项，在"模板"列表框中选择适当的模板，并输入文件名称和路径。

（3）单击"要创建图纸的部件"中的"打开"按钮 ，打开"选择主模型部件"对话框，如图 15-2 所示。

图 15-1 "新建"对话框

图 15-2 "选择主模型部件"对话框

（4）单击"打开"按钮，打开"部件名"对话框，选择要创建图纸的零部件。单击"OK"
按钮，再连续单击"确定"按钮，进入工程图环境，如图 15-3 所示。

图 15-3　进入工程图环境

15.2　图纸管理

在 UG 中，任何一个三维模型，都可以通过不同的投影方法、
不同的图样尺寸和不同的比例创建灵活多样的二维工程图。本节介
绍新建工程图和编辑工程图的方法。

15.2.1　新建工程图

扫码看视频

【执行方式】

- 菜单：选择"菜单"→"插入"→"图纸页"命令。
- 功能区：单击"主页"选项卡中的"新建图纸页"按钮。

【操作步骤】

（1）执行上述操作后，打开如图 15-4 所示的"工作表"对话框。
（2）选择适当的模板。

图 15-4　"工作表"对话框

（3）单击"确定"按钮，新建工程图。

【选项说明】

1. 大小

（1）使用模板：选择此选项，在该对话框中选择所需的模板即可。

（2）标准尺寸：选择此选项，通过如图15-4所示的对话框设置标准图纸的大小和比例。

（3）定制尺寸：选择此选项，通过此对话框可以自定义图纸的大小和比例。

（4）大小：用于指定图纸的尺寸规格。

（5）比例：用于设置工程图中各类视图的比例大小，系统默认的设置比例为1∶1。

2. 名称

（1）图纸中的图纸页：列出工作部件中的所有图纸页。

（2）图纸页名称：设置默认的图纸页名称。

（3）页号：图纸页编号由初始页号、初始次级编号以及可选的次级页号分隔符组成。

（4）修订：用于简述新图纸页的唯一版次代字。

3. 设置

（1）单位：指定图纸页的单位。

（2）投影：指定第一角投影或第三角投影。

15.2.2 编辑工程图

扫码看视频

在进行视图添加及编辑过程中，有时需要临时添加剖视图和技术要求等，那么新建过程中设置的工程图参数可能无法满足要求（例如比例不适当），这时需要对已有的工程图进行修改编辑。

选择"菜单"→"编辑"→"图纸页"命令，打开如图15-4所示的"工作表"对话框。在该对话框中修改已有工程图的名称、尺寸、比例和单位等参数。完成修改后，系统会按照新的设置对工程图进行更新。需要注意的是，在编辑工程图时，投影角度参数只能在没有产生投影视图的情况下进行修改，否则，需要删除所有的投影视图后执行投影视图的编辑。

15.3 绘制视图

创建完工程图之后，下面就应该在图纸上绘制各种视图来表达三维模型。生成各种视图是工程图最核心的功能。

15.3.1 基本视图

使用此命令可将保存在部件中的任何标准建模或定制视图添加到图纸页中。

扫码看视频

【执行方式】

● 菜单：选择"菜单"→"插入"→"视图"→"基本"命令。

● 功能区：单击"主页"选项卡中"视图"面板上的"基本视图"按钮。

【操作步骤】

（1）执行上述操作后，打开如图 15-5 所示的"基本视图"对话框。

（2）在图形窗口中将光标移动到所需的位置。

（3）在视图中单击放置视图。

（4）单击鼠标中键，关闭"基本视图"对话框。

【选项说明】

1. 部件

（1）已加载的部件：显示所有已加载部件的名称。

（2）最近访问的部件：显示由"基本视图"命令使用的最近加载的部件名称。选择一个部件，以便从该部件加载并添加视图。

（3）打开：用于浏览和打开其他部件，并从这些部件添加视图。

2. 视图原点

（1）指定位置：使用光标来指定一个屏幕位置。

（2）放置：建立视图的位置。

① 方法：用于选择其中一个对齐视图选项。

图 15-5　"基本视图"对话框

② 光标跟踪：打开偏置、*XC* 和 *YC* 跟踪。

3. 模型视图

（1）要使用的模型视图：用于选择一个要用作基本视图的模型视图。

（2）定向视图工具：单击此按钮，打开"定向视图工具"对话框，并且可用于定制基本视图的方位。

4. 比例

在向图纸页添加制图视图之前，为制图视图指定一个特定的比例。

5. 设置

（1）设置：单击此按钮，打开"设置"对话框，可用于设置视图的显示样式。

（2）隐藏的组件：只用于装配图纸。能够控制一个或多个组件在基本视图中的显示。

（3）非剖切：只用于装配图纸。指定一个或多个组件为未切削组件。

15.3.2　投影视图

通过此命令可以从现有基本视图、图纸、正交视图或辅助视图投影视图。

扫码看视频

【执行方式】

● 菜单：选择"菜单"→"插入"→"视图"→"投影"命令。

● 功能区：单击"主页"选项卡中"视图"面板上的"投影视图"按钮。

【操作步骤】

（1）执行上述操作后，打开如图 15-6 所示的"投影视图"对话框。

（2）选择父视图。

（3）生成投影视图，然后将光标放到需要的位置。

（4）单击鼠标放置视图，如图 15-7 所示。

图 15-6 "投影视图"对话框

图 15-7 "投影视图"示意图

 【选项说明】

（1）父视图：该选项用于在绘图工作区选择视图作为基本视图（父视图），并从它投影出其他视图。

（2）"铰链线"选项组。

① 矢量选项：包括"自动判断"和"已定义"两个选项。

a. 自动判断：为视图自动判断铰链线和投影方向。

b. 已定义：允许为视图手工定义铰链线和投影方向。

② 反转投影方向：镜像铰链线的投影箭头。

③ 关联：当铰链线与模型中平的面平行时，将铰链线自动关联该面。

（3）"视图原点"选项组：其设置和"基本视图"对话框中的选项相同，在此就不再介绍。

15.3.3 局部放大图

局部放大图包含一部分现有视图。局部放大图的比例可根据其俯视图单独进行调整，以便更容易地查看在视图中显示的对象并对其进行注释。

扫码看视频

 【执行方式】

● 菜单：选择"菜单"→"插入"→"视图"→"局部放大图"命令。

● 功能区：单击"主页"选项卡中"视图"面板上的"局部放大图"按钮 。

图 15-8 "局部放大图"对话框

【操作步骤】

执行上述操作后，打开如图 15-8 所示的"局部放大图"对话框。

1. 创建圆形边界的局部放大图

（1）在对话框中选择"圆形"类型。

（2）在父视图上选择一个点作为局部放大图中心。

（3）将光标移出中心点，然后单击以定义局部放大图的圆形边界的半径。

（4）将视图拖动到图纸上所需位置，单击放置视图，如图 15-9 所示。

2. 创建"按中心和拐角绘制矩形"的局部放大图

（1）在对话框中选择"按中心和拐角绘制矩形"类型。

（2）在父视图上选择局部放大图的中心。

（3）为局部放大图的边界选择一个拐角点。

（4）将视图拖动到图纸上所需位置，单击放置视图，如图 15-10 所示。

图 15-9 "图形"示意图

图 15-10 "按中心和拐角绘制矩形"示意图

3. 创建"按拐角绘制矩形"的局部放大图

（1）在对话框中选择"按拐角绘制矩形"类型。

（2）在父视图上选择局部边界的第一个拐角。

（3）选择第二个点为第一个拐角的对角。

（4）将视图拖动到图纸上所需位置，单击放置视图，如图 15-11 所示。

图 15-11 "按拐角绘制矩形"示意图

【选项说明】

（1）"类型"下拉列表。

① 圆形：创建有圆形边界的局部放大图。

② 按拐角绘制矩形：通过选择对角线上的两个拐角点创建矩形局部放大图边界。

③ 🔲 按中心和拐角绘制矩形：通过选择一个中心点和一个拐角点创建矩形局部放大图边界。

（2）"边界"选项组。

① 指定拐角点 1：定义矩形边界的第一个拐角点。

② 指定拐角点 2：定义矩形边界的第二个拐角点。

③ 指定中心点：定义圆形边界的中心。

④ 指定边界点：定义圆形边界的半径。

（3）父视图：选择一个父视图。

（4）"原点"选项组。

① 指定位置：指定局部放大图的位置。

② 移动视图：在创建局部放大图的过程中移动现有视图。

（5）比例：指定局部放大图的比例。

（6）标签：提供下列在父视图上放置标签的选项。

① 🗋 无：无边界。

② 🔲 圆：圆形边界，无标签。

③ 🔍 注释：有标签但无指引线的边界。

④ 🔍 标签：有标签和半径指引线的边界。

⑤ 🔍 内嵌：标签内嵌在带有箭头的缝隙内的边界。

⑥ 🔲 边界：显示实际视图边界。

15.3.4　局部剖视图

该命令通过移除部件的某个外部区域来查看其部件内部。

扫码看视频

🔍【执行方式】

● 菜单：选择"菜单"→"插入"→"视图"→"局部剖"命令。

● 功能区：单击"主页"选项卡中"视图"面板上的"局部剖视图"按钮 🔲。

📷【操作步骤】

（1）执行上述操作后，打开如图 15-12 所示的"局部剖"对话框。

（2）选择要剖切的视图。

（3）指定基点和矢量方向。

（4）选择与视图相关的曲线以表示局部剖的边界，如图 15-13 所示。

图 15-12　"局部剖"对话框

图 15-13　"局部剖"示意图

【选项说明】

（1）创建：激活局部剖视图创建步骤。

（2）编辑：修改现有的局部剖视图。

（3）删除：从主视图中移除局部剖视图。

（4）选择视图：用于选择要进行局部剖切的视图。

（5）指出基点：用于确定剖切区域沿拉伸方向开始拉伸的参考点，该点可通过"捕捉点"工具栏指定。

（6）指出拉伸矢量：用于指定拉伸方向，可用矢量构造器指定，必要时可使拉伸反向，或指定为视图法向。

（7）选择曲线：用于定义局部剖切视图剖切边界的封闭曲线。当选择错误时，可单击"取消选择上一个"按钮，取消上一个选择。定义边界曲线的方法是，在进行局部剖切的视图边界上单击鼠标右键，在打开的快捷菜单中选择"扩展成员视图"命令，进入视图成员模型工作状态。用曲线功能在要产生局部剖切的位置创建局部剖切边界线。完成边界线的创建后，在视图边界上单击鼠标右键，再从快捷菜单中选择"扩展成员视图"命令，恢复到工程图界面。这样，就建立了与选择视图相关联的边界线。

（8）修改边界曲线：用于修改剖切边界点，必要时可用于修改剖切区域。

（9）切穿模型：勾选该复选框，则剖切时完全穿透模型。

15.3.5　断开视图

扫码看视频

利用此命令添加多个水平或竖直断开视图。

 【执行方式】

● 菜单：选择"菜单"→"插入"→"视图"→"断开视图"命令。
● 功能区：单击"主页"选项卡中"视图"面板上的"断开视图"按钮。

【操作步骤】

（1）执行上述操作后，打开如图 15-14 所示的"断开视图"对话框。

（2）在"类型"下拉列表中选择"常规"或"单侧"类型。

（3）选择要断开的视图。

（4）指定或调整断开方向。

（5）选择第一条断裂线的锚点，可以拖动偏置手柄来移动第一条断裂线。

（6）选择第二条断裂线的描点，可以拖动偏置手柄来移动第二条断裂线（若选择"单侧"类型不用这一步）。

（7）在"设置"选项组中修改断裂线类型、幅值、延伸、颜色、宽度和其他属性。

（8）单击"确定"按钮，创建断开视图，如图 15-15 所示。

图 15-14　"断开视图"对话框

图 15-15 "断开视图"示意图

【选项说明】

（1）"类型"下拉列表。

① 常规：创建具有两条表示图纸上概念缝隙的断裂线的断开视图。

② 单侧：创建具有一条断裂线的断开视图。

（2）主模型视图：用于当前图纸页中选择要断开的视图。

（3）方向：断开的方向垂直于断裂线。

① 方位：向已包含断开视图的视图中添加断开视图时可用。指定与第一个断开视图相关的其他断开视图的方向。

② 指定矢量：添加第一个断开视图时可用。

（4）"断裂线 1""断裂线 2"选项组。

① 关联：将断开位置锚点与图纸的特征点关联。

② 指定锚点：用于指定断开位置的锚点。

③ 偏置：设置锚点与断裂线之间的距离。

（5）"设置"选项组。

① 间隙：设置两条断裂线之间的距离。

② 样式：指定断裂线的类型。包括简单线、直线、锯齿线、长断裂线、管状线、实心管状线、实心杆状线、拼图线、木纹线、复制曲线和模板曲线。

③ 幅值：设置用作断裂线的曲线的幅值。

④ 延伸 1/延伸 2：设置穿过模型一侧的断裂线的延伸长度。

⑤ 显示断裂线：显示视图中的断裂线。

⑥ 颜色：指定断裂线的颜色。

⑦ 宽度：指定断裂线的宽度。

15.3.6 截面线

【执行方式】

● 菜单：选择"菜单"→"插入"→"视图"→"剖切线"命令。

○ 功能区：单击"主页"选项卡中"视图"面板上的"剖切线"按钮 。

【选项说明】

（1）类型：设置要创建的剖切线类型，包括"独立的"和"派生"两种类型。

① 独立的：创建基于草图的独立剖切线。

② 派生：创建派生自 PMI 切割平面符号的剖切线。

（2）方法：当"类型"设为"独立的"时显示，设置从独立截面线创建的剖视图类型。包括"简单剖 / 阶梯剖"和"半剖"两种方法。

（3）关联到草图：当"类型"设为"独立的"时可用，保持草图和定义剖切线的曲线之间的关联。如果清除该复选框，则您无法重新建立与草图的关联。剖切线变为动态剖切线，并通过剖视图命令进行编辑。

【操作步骤】

（1）执行上述操作后，打开如图 15-16 所示的"截面线"对话框。

（2）在视图中选择要创建截面线的父视图。

（3）单击"绘制截面"按钮 ，进入截面线绘制界面，绘制截面线后，单击"完成"按钮 。也可以直接选择绘制好的草图。

（4）返回"截面线"对话框，选择剖切方法，单击"确定"按钮，完成截面线的创建。

图 15-16　"截面线"对话框

15.3.7　剖视图

【执行方式】

扫码看视频

○ 菜单：选择"菜单"→"插入"→"视图"→"剖视图"命令。

○ 功能区：单击"主页"选项卡中"视图"面板上的"剖视图"按钮 。

【操作步骤】

（1）执行上述操作后，打开如图 15-17 所示的"剖视图"对话框。

（2）在对话框中设置截面线的形式并选择剖视图的创建方法。

（3）在视图几何体上拾取一个点。

（4）将动态截面线移至剖切位置点。

（5）选择一个点放置截面线符号。

（6）移出视图到所需位置，单击放置视图。

【选项说明】

1. 截面线

（1）定义：包括"动态"和"选择现有的"两种。

① 动态：根据创建方法，系统会自动创建截面线，将其放置到适

图 15-17　"剖视图"对话框

当位置即可。

②选择现有的：根据截面线创建剖视图。

（2）方法：在列表中选择创建剖视图的方法，包括"简单剖／阶梯剖""半剖""旋转"和"点到点"4种方法，部分示意图如图15-18所示。

（a）简单剖／阶梯剖　　　　　　（b）半剖　　　　　　（c）旋转剖

图15-18　"剖视图"示意图

2. 铰链线

（1）矢量选项：包括"自动判断"和"已定义"两个选项。

①自动判断：为视图自动判断铰链线和投影方向。

②已定义：允许为视图手工定义铰链线和投影方向。

（2）反转剖切方向：反转剖视图的剖切方向以及剖切线箭头的方向。

3. 设置

（1）非剖切：在视图中选择不剖切的组件或实体，做不剖处理。

（2）隐藏的组件：在视图中选择要隐藏的组件或实体，使其不可见。

15.4　视图编辑

15.4.1　视图编辑菜单

1. 编辑整个视图

选中需要编辑的视图，在其中单击鼠标右键，打开快捷菜单，如图15-19所示，可以更改视图样式、添加各种投影视图等。其主要功能与前面介绍的相同，此处不再介绍了。

2. 视图的详细编辑

视图的详细编辑命令集中在"菜单"→"编辑"→"视图"子菜单下，如图15-20所示。

图 15-19　快捷菜单

图 15-20　"视图"子菜单

15.4.2　视图对齐

一般而言，视图之间应该对齐，但 UG 在自动生成视图时是可以任意放置的，用户可以根据需要进行对齐操作。在 UG 制图中，用户可以拖动视图，系统会自动判断用户意图（包括中心对齐、边对齐多种方式），并显示可能的对齐方式，基本上可以满足用户对于视图放置的要求。

扫码看视频

【执行方式】

● 菜单：选择"菜单"→"编辑"→"视图"→"对齐"命令。
● 功能区：单击"主页"选项卡中"视图"面板上的"视图对齐"按钮🔲。

【操作步骤】

（1）执行上述操作后，打开如图 15-21 所示的"视图对齐"对话框。
（2）选择一个对齐选项。
（3）在视图中选择一个视图或点。
（4）选择要对齐的视图。

【选项说明】

1. 放置方法

（1）🔲叠加：即重合对齐，系统会将视图的基准点进行重合对齐。
（2）🔲水平：系统会将视图的基准点进行水平对齐。
（3）🔲竖直：系统会将视图的基准点进行竖直对齐。
（4）🔲垂直于直线：系统会将视图的基准点垂直于某一直线对齐。
（5）🔲自动判断：系统会根据选择的基准点，判断用户意图，并显示可能的对齐方式。

图 15-21　"视图对齐"对话框

2. 对齐

（1）模型点：使用模型上的点对齐视图。

（2）对齐至视图：使用视图中心点对齐视图。

（3）点到点：移动视图上的一个点到另一个指定点来对齐视图。

3. 列表

在列表框中列出了所有可以进行对齐操作的视图。

15.4.3 视图相关编辑

扫码看视频

 【执行方式】

- 菜单：选择"菜单"→"编辑"→"视图"→"视图相关编辑"命令。
- 功能区：单击"主页"选项卡中"视图"面板上的"视图相关编辑"按钮 。

 【操作步骤】

（1）执行上述操作后，打开如图 15-22 所示的"视图相关编辑"对话框。

（2）选择编辑选项。

（3）在视图中选择要编辑的对象。

（4）单击"确定"按钮。

图 15-22　"视图相关编辑"对话框

【选项说明】

1. 添加编辑

（1）　擦除对象：擦除选择的对象，如曲线、边等，如图 15-23 所示。擦除并不是删除，只是使被擦除的对象不可见而已。

（2）　编辑完整对象：在选定的视图或图纸页中编辑对象的显示方式，包括颜色、线型和线宽，如图 15-24 所示。

图 15-23　擦除剖面线

图 15-24　更改边线为虚线

（3）🔳编辑着色对象：用于控制制图视图中对象的局部着色和透明度。

（4）🔳编辑对象段：编辑部分对象的显示方式，用法与编辑完整对象相似。在选择编辑对象后，可选择一个或两个边界，则只编辑边界内的部分，如图 15-25 所示。

（a）之前　　　　　　　　　　　　　　　　（b）之后

图 15-25　"编辑对象段"示意图

（5）🔳编辑剖视图背景：编辑剖视图背景线。在建立剖视图时，可以有选择地保留背景线。使用该功能，不但可以删除已有的背景线，而且还可添加新的背景线。

2. 删除编辑

（1）🔳删除选定的擦除：恢复被擦除的对象。单击该按钮，将高显已被擦除的对象，选择要恢复显示的对象并确认。

（2）🔳删除选定的编辑：恢复部分编辑对象在原视图中的显示方式。

（3）🔳删除所有编辑：恢复所有编辑对象在原视图中的显示方式。

3. 转换相依性

（1）🔳模型转换到视图：转换模型中单独存在的对象到指定视图中，且对象只出现在该视图中。

（2）🔳视图转换到模型：转换视图中单独存在的对象到模型中。

4. 线框编辑

（1）线条颜色：更改选定对象的颜色。

（2）线型：更改选定对象的线型。

（3）线宽：更改几何对象的线宽。

5. 着色编辑

（1）着色颜色：用于从"颜色"对话框中选择着色颜色。

（2）"局部着色"下拉列表。

① 无更改：有关此选项的所有现有编辑将保持不变。

② 原始：移除有关此选项的所有编辑，将对象恢复到原先的设置。

③ 否：从选定的对象禁用此编辑设置。

④ 是：将局部着色应用到选定的对象。

（3）"透明度"下拉列表。

① 无更改：保留当前视图的透明度。

② 原始：移除有关此选项的所有编辑，将对象恢复到原先的设置。

③ 是：允许使用滑块来定义选定对象的透明度。

扫码看视频

15.4.4 移动 / 复制视图

该命令用于在当前图纸上移动或复制一个或多个选定的视图，或把选定的视图移动或复制到另一张图纸中。

【执行方式】

- 菜单：选择"菜单"→"编辑"→"视图"→"移动 / 复制"命令。
- 功能区：单击"主页"选项卡中"视图"面板上的"移动 / 复制视图"按钮 。

【操作步骤】

（1）执行上述操作后，打开如图 15-26 所示的"移动 / 复制视图"对话框。

（2）选择移动 / 复制类型。

（3）将光标放到要移动的视图上，直到视图边界高亮显示。

（4）按住鼠标左键拖动视图。

（5）视图移动到位时，释放鼠标放置视图。

【选项说明】

（1） 至一点：移动或复制选定的视图到指定点，该点可用光标或坐标指定。

（2） 水平：在水平方向上移动或复制选定的视图。

（3） 竖直：在竖直方向上移动或复制选定的视图。

（4） 垂直于直线：在垂直于指定方向移动或复制视图。

图 15-26 "移动 / 复制视图"对话框

（5） 至另一图纸：移动或复制选定的视图到另一张图纸中。

（6）复制视图：勾选该复选框，用于复制视图，否则移动视图。

（7）视图名：在移动或复制单个视图时，为生成的视图指定名称。

（8）距离：勾选该复选框，用于输入移动或复制后的视图与原视图之间的距离值。若选择多个视图，则以第一个选定的视图作为基准，其他视图将与第一个视图保持指定的距离。若不勾选该复选框，则可移动光标或输入坐标值指定视图位置。

（9）矢量构造器列表：用于选择指定矢量的方法，视图将垂直于该矢量移动或复制。

（10）取消选择视图：清除视图选择。

15.4.5 视图边界

扫码看视频

该命令用于重新定义视图边界，既可以缩小视图边界只显示视图的某一部分，也可以放大视图边界显示所有视图对象。

【执行方式】

- 菜单：选择"菜单"→"编辑"→"视图"→"边界"命令。
- 功能区：单击"主页"选项卡中"视图"面板上的"视图边界"按钮 。

○ 快捷菜单：在要编辑的视图边界上单击鼠标右键，在打开的快捷菜单中选择"边界"命令。

【操作步骤】

执行上述操作后，打开如图 15-27 所示的"视图边界"对话框。

1. 创建自动矩形视图边界

（1）在视图边界类型列表中选择"自动生成矩形"类型。

（2）单击"确定"按钮，创建视图边界。

2. 创建手工矩形视图边界

（1）在视图边界类型列表中选择"手工生成矩形"类型。

（2）选择要重新定义的视图边界。

（3）拖出一个矩形，单击定义新的视图边界。

3. 创建由对象定义边界的视图边界

（1）在视图边界类型列表中选择"由对象定义边界"类型。

（2）选择局部放大视图。

（3）在视图中选择要用于定义视图边界的对象。

（4）在视图中定义要包含在视图边界中的模型点。

（5）单击"确定"按钮，更新视图边界。

图 15-27　"视图边界"对话框

【选项说明】

（1）视图选择列表：显示当前图纸页上可选视图的列表。

（2）边界类型。

① 断裂线 / 局部放大图：定义任意形状的视图边界，使用该选项只显示出被边界包围的视图部分。用此选项定义视图边界，必须先建立与视图相关的边界线。当编辑或移动边界线时，视图边界会随之更新。

② 手工生成矩形：以拖动方式手工定义矩形边界，该矩形边界的大小是由用户定义的，可以包围整个视图，也可以只包围视图中的一部分。该边界方式主要用于在一个特定的视图中隐藏不显示的几何体。

③ 自动生成矩形：自动定义矩形边界，该矩形边界能根据视图中几何对象的大小自动更新，主要用于在一个特定的视图中显示所有的几何对象。

④ 由对象定义边界：由包围对象定义边界，该边界能根据被包围对象的大小自动调整，通常用于大小和形状随模型变化的矩形局部放大视图。

（3）链：用于选择一个现有曲线链来定义视图边界。

（4）取消选择上一个：在定义视图边界时，取消选择上一个选定曲线。

（5）锚点：用于将视图边界固定在视图对象的指定点上，从而使视图边界与视图相关，当模型变化时，视图边界会随之移动。锚点主要用在局部放大视图或用手工定义边界的视图。

（6）边界点：用于指定视图边界要通过的点。该功能可使任意形状的视图边界与模型相关。当模型修改后，视图边界也随之变化，也就是说，当边界内的几何模型的尺寸和位置变化时，该模型始终在视图边界之内。

（7）包含的点：视图边界要包围的点，只用于"由对象定义边界"的方式。

（8）包含的对象：选择视图边界要包围的对象，只用于"由对象定义边界"的方式。

（9）重置：恢复当前更改并重置对话框。

（10）父项上的标签：控制边界曲线在局部放大图的父视图上显示的外观。

15.4.6 更新视图

使用此命令可以手动更新选定的制图视图，以反映自上次更新视图以来模型发生的更改。

扫码看视频

【执行方式】

- 菜单：选择"菜单"→"编辑"→"视图"→"更新"命令。
- 功能区：单击"主页"选项卡中"视图"面板上的"更新视图"按钮 。

【操作步骤】

（1）执行上述操作后，打开如图 15-28 所示的"更新视图"对话框。

（2）在视图或视图列表中选择要更新的视图。

（3）单击"确定"按钮，更新视图。

【选项说明】

（1）选择视图：选择要更新的视图。

（2）视图列表：显示当前图纸中可供选择的视图的名称。

（3）显示图纸中的所有视图：该选项用于控制在列表框中是否列出所有的视图，并自动选择所有过期视图。选中该复选框之后，系统会自动在列表框中选取所有过期视图，否则，需要用户自己更新过期视图。

图 15-28 "更新视图"对话框

（4）选择所有过时视图 ：用于选择当前图纸中的过期视图。

（5）选择所有过时自动更新视图 ：在图纸上选择所有自动过期视图。

15.5 综合实例——创建机盖视图

 制作思路

本例创建机盖视图，如图 15-29 所示。首先创建俯视图，然后创建主视图，为了表达清楚视图上的特征，需创建主视图上的局部剖视图。

绘制步骤

1. 新建工程图

（1）选择"菜单"→"文件"→"新建"命令或单击快速访问工具栏中的"新建"按钮 ，打开"新建"对话框。在"图纸"选项卡中选择"A1- 无视图"模板。

图 15-29　机盖视图

（2）在"要创建图纸的部件"下方单击"打开"按钮 📂，打开如图 15-30 所示的"选择主模型部件"对话框。单击"打开"按钮 📂，打开"部件名"对话框，选择"jigai"部件，单击"OK"按钮，再单击"确定"按钮。

（3）返回"新建"对话框，在"新文件名"下的"名称"文本框中，输入新文件名"jigai_dwg"，如图 15-31 所示，单击"确定"按钮，进入制图界面。

图 15-30　"选择主模型部件"对话框　　　　　图 15-31　"新建"对话框

2. 创建基本视图

（1）选择"菜单"→"插入"→"视图"→"基本"命令，或单击"主页"选项卡中"视图"面板上的"基本视图"按钮，打开"基本视图"对话框。

（2）在"要使用的模型视图"下拉列表中选择"后视图"，设置比例为 1：1，如图 15-32 所示。

（3）单击"定向视图工具"按钮，打开"定向视图工具"对话框和"定向视图"窗口，如图 15-33 所示。

（4）在"法向"选项组的"指定矢量"下拉列表中选择"YC 轴"为旋转法向，在"X 向"选项组的"指定矢量"下拉列表中选择"XC 轴"为指定方向，此时的"定向视图"窗口如图 15-34 所示。

（5）在图纸中适当的地方放置基本视图，如图 15-35 所示。单击"关闭"按钮，关闭"基本视图"对话框。

图 15-32 "基本视图"对话框

图 15-33 "定向视图工具"对话框和"定向视图"窗口

图 15-34 "定向视图"窗口

图 15-35 放置基本视图

图 15-36 "投影视图"对话框

3. 创建投影视图

（1）选择"菜单"→"插入"→"视图"→"投影"命令，或单击"主页"选项卡中"视图"面板上的"投影视图"按钮，打开如图 15-36 所示的"投影视图"对话框。

（2）选择上步创建的基本视图为父视图，选择如图 15-37 所示的投影方向，将投影视图放置在图纸中适当的位置，如图 15-38 所示。

图 15-37　选择投影方向　　　　　　　图 15-38　放置投影视图

4. 创建局部剖视图

（1）选择主视图，单击鼠标右键，在打开的如图 15-39 所示的快捷菜单中选择"活动草图视图"命令。

（2）单击"主页"选项卡中"草图"面板上的"艺术样条"按钮，打开如图 15-40 所示的"艺术样条"对话框，勾选"封闭"复选框，绘制一条封闭曲线，如图 15-41 所示。单击"完成草图"按钮，完成样条曲线的绘制。

图 15-39　快捷菜单　　图 15-40　"艺术样条"对话框　　　　图 15-41　绘制样条曲线

（3）选择"菜单"→"插入"→"视图"→"局部剖"命令，或单击"主页"选项卡中"视图"面板上的"局部剖视图"按钮，打开如图 15-42 所示的"局部剖"对话框。

（4）选择主视图为要剖切的视图。

（5）捕捉如图 15-43 所示的中心点为基点，采用默认矢量方向。

图 15-42 "局部剖"对话框

图 15-43 选择基点

（6）选择如图 15-41 所示的样条曲线为截面范围，单击"应用"按钮，创建局部剖视图 1，如图 15-44 所示。

图 15-44 创建局部剖视图 1

（7）同上步骤，在主视图上绘制如图 15-45 所示的样条曲线，选择如图 15-46 所示的基点，创建局部剖视图 2，如图 15-47 所示。

图 15-45 绘制样条曲线

图 15-46 选择基点

图 15-47　创建局部剖视图 2

（8）同上步骤，在主视图上绘制如图 15-48 所示的样条曲线，选择如图 15-49 所示的基点，创建局部剖视图 3，如图 15-50 所示。

图 15-48　绘制样条曲线

图 15-49　选择基点

图 15-50　创建局部剖视图 3

（9）同上步骤，在主视图上绘制如图 15-51 所示的样条曲线，选择如图 15-52 所示的基点，创建局部剖视图 4，如图 15-53 所示。

图 15-51　绘制样条曲线

图 15-52　选择基点

图 15-53　创建局部剖视图 4

5. 创建半剖视图

（1）选择"菜单"→"插入"→"视图"→"剖视图"命令，或单击"主页"选项卡中"视图"

面板上的"剖视图"按钮 ▦，打开"剖视图"对话框。

（2）将截面线定义为"动态"，方法为"半剖"，如图 15-54 所示。

图 15-54 "剖视图"对话框

（3）选择圆心为铰链线的放置位置，捕捉左侧边线中点为折弯位置，如图 15-55 所示。

（4）将剖视图放置在图纸中适当的位置，创建的半剖视图如图 15-56 所示。

图 15-55 选择剖切位置

图 15-56 创建半剖视图

第 16 章
尺寸标注

　　一张完整的图纸不仅包括视图，还包括中心线、符号和尺寸标注。若是装配图，还需添加零件明细表和零件序号。

/ 重点与难点

- ⟳ 符号
- ⟳ 中心线
- ⟳ 表格
- ⟳ 尺寸

16.1 符号

16.1.1 基准特征符号

扫码看视频

使用此命令创建几何公差基准特征符号，以便在图纸上指明基准特征。

【执行方式】

● 菜单：选择"菜单"→"插入"→"注释"→"基准特征符号"命令。
● 功能区：单击"主页"选项卡中"注释"面板上的"基准特征符号"按钮✍。

【操作步骤】

（1）执行上述操作后，打开如图 16-1 所示的"基准特征符号"对话框。
（2）设置指引线类型和样式。
（3）为指引线选择终止对象。
（4）将符号拖动到合适的位置，单击放置符号，如图 16-2 所示。

图 16-1 "基准特征符号"对话框

图 16-2 放置基准特征符号

【选项说明】

1. 原点

（1）🅰原点工具：使用原点工具查找图纸页上的表格注释。
（2）⌖指定位置：用于为表格注释指定位置。
（3）对齐。
① 自动对齐：用于控制注释的相关性。
a. 关联：将注释关联到对齐对象。对齐行处于活动状态。

b.非关联：注释不与对齐对象关联，但对齐线是活动的。

c.关：定位注释时没有活动对齐线。

② ✕ 层叠注释：用于将注释与现有注释堆叠。

③ 水平或竖直对齐：用于将注释与其他注释对齐。

④ 相对于视图的位置：将任何注释的位置关联到制图视图。

⑤ 相对于几何体的位置：用于将带指引线的注释的位置关联到模型或曲线几何体。

⑥ 捕捉点处的位置：可以将光标置于任何可捕捉的几何体上，然后单击放置注释。

⑦ 锚点：用于设置注释对象中文本的控制点。

2. 指引线

（1）选择终止对象：用于为指引线选择终止对象。

（2）类型：列出指引线类型。

① 普通：创建带短划线的指引线。

② 全圆符号：创建带短划线和全圆符号的指引线。

③ 标志：创建一条从直线的一个端点到几何公差框角的延伸线。

④ 基准：创建可以与面、实体边或实体曲线、文本、几何公差框、短划线、尺寸延伸线以及中心线关联的基准特征指引线。

⑤ 以圆点终止：在延伸线上创建基准特征指引线，该指引线在附着到选定面的点上终止。

3. 基准标识符字母

用于指定分配给基准特征符号的字母。

4. 设置

单击"设置"按钮，打开"基准特征符号设置"对话框，用于指定基准显示实例的样式的选项。

16.1.2 基准目标

使用此命令可在部件上创建基准目标符号，以指明部件上特定于某个基准的点、线或面。基准符号是一个圆，分为上下两部分。下半部分包含基准字母和基准目标编号。对于面积类型的基准目标，可将标示符放在符号的上半部分，以显示目标面积形状和大小。

【执行方式】

● 菜单：选择"菜单"→"插入"→"注释"→"基准目标"命令。

● 功能区：单击"主页"选项卡中"注释"面板上的"基准目标"按钮 ◠。

【操作步骤】

（1）执行上述操作后，打开如图 16-3 所示的"基准目标"对话框。

（2）在"类型"下拉列表中选择一种类型。

（3）在"目标"选项组中输入参数。

（4）单击一个曲面区域并将符号拖到所需位置。

图 16-3 "基准目标"对话框

（5）单击放置符号。

【选项说明】

（1）类型：指定基准目标区域的形状。包括点、直线、矩形、圆形、环形、球形、圆柱形和任意 8 种类型。

（2）"原点"和"指引线"选项参数参考"基准特征符号"中的选项。

（3）"目标"选项组

① 标签：设置基准标识符号。

② 索引：设置索引的编号。

③ 宽度：仅适用于"矩形"类型。指定矩形基准区域的宽度。

④ 高度：仅适用于"矩形"类型。指定矩形基准区域的高度。

⑤ 直径：仅适用于"圆形"和"球形"类型。指定圆形基准区域的直径。

⑥ 外径：仅适用于"环形"类型。指定环形基准区域的外直径。

⑦ 内径：仅适用于"环形"类型。指定环形基准区域的内径。

⑧ 区域大小：仅适用于"任意"类型。指定任意面积大小。

⑨ 端符：指定要放置在指引线端符处的标记类型。

（4）设置：单击此按钮，打开"基准目标设置"对话框，用于指定基准目标符号的样式。

16.1.3 符号标注

使用此命令可在图纸上创建和编辑标识符号。

扫码看视频

【执行方式】

● 菜单：选择"菜单"→"插入"→"注释"→"符号标注"命令。

● 功能区：单击"主页"选项卡中"注释"面板上的"符号标注"按钮。

【操作步骤】

（1）执行上述操作后，打开如图 16-4 所示的"符号标注"对话框。

（2）在"类型"下拉列表中选择一种类型。

（3）输入所需文本。

（4）设置大小。

（5）选择所需的指引线类型，并选择指引线的终点。

（6）单击放置符号。

【选项说明】

（1）类型：指定标示符号类型。包括圆、分割圆、顶角朝下三角形、顶角朝上三角形、正方形、分割正方形、六边形、分割六边形、象限圆、圆角方块和下划线 11 种类型。

（2）"原点"和"指引线"选项参数参考"基准特征符号"中的选项。

图 16-4 "符号标注"对话框

478

（3）文本：将文本添加到符号标注。如果选择分割的符号，则可以将文本添加到上部和下部文本字段。未分割的符号只有一行文本。

（4）选择符号标注：单击以继承现有符号标注的符号大小。

（5）大小：允许更改符号的大小。

16.1.4　特征控制框

扫码看视频

使用该命令可以指定应用到模型特征的几何公差。

【执行方式】

● 菜单：选择"菜单"→"插入"→"注释"→"特征控制框"命令。
● 功能区：单击"主页"选项卡中"注释"面板上的"特征控制框"按钮 。

【操作步骤】

（1）执行上述操作后，打开如图 16-5 所示的"特征控制框"对话框。

（2）在"对齐"选项组中，选中"层叠注释"和"水平或竖直对齐"复选框。

（3）选择特性，选择框样式。

（4）设置公差和基准参考选项并输入相应参数。

（5）拖动和放置符号，如图 16-6 所示。

图 16-5　"特征控制框"对话框

图 16-6　放置特征控制框

【选项说明】

1."原点"和"指引线"选项

参考"基准特征符号"中的选项。

2. 框

（1）特性：指定几何控制符号类型。

（2）框样式：指定样式为单框或复合框。

（3）公差。

① 单位基础值：适用于直线度、平面度、线轮廓度和面轮廓度特性。可以为单位基础面积类型添加值。

② ▼ 形状：可指定公差区域形状的直径、球形或正方形符号。

③ 0.0 ：输入公差值。

④ ▼ 修饰符：用于指定公差材料修饰符。

⑤ 公差修饰符：设置投影、圆 U 和最大值等修饰符的值。

（4）第一基准参考 / 第二基准参考 / 第三基准参考。

① ▼：用于指定主基准参考字母、第二基准参考字母或第三基准参考字母。

② ▼：指定公差修饰符。

③ 自由状态：指定自由状态符号。

④ 复合基准参考：单击此按钮，打开"复合基准参考"对话框，该对话框允许向主基准参考、第二基准参考或第三基准参考单元格添加附加字母、材料状况和自由状态符号。

3. 文本

（1）文本框：用于在特征控制框前面、后面、上面或下面添加文本。

（2）类别：用于从不同类别的符号类型中选择符号。

16.1.5　焊接符号

使用此命令可以在公制和英制部件及图纸中创建各种焊接符号。焊接符号属于关联性符号，在模型发生变化或标记过期时会重新放置。可以编辑焊接符号属性，如文本大小、字体、比例和箭头尺寸。

 【执行方式】

- 菜单：选择"菜单"→"插入"→"注释"→"焊接符号"命令。
- 功能区：单击"主页"选项卡中"注释"面板上的"焊接符号"按钮 ⊾。

 【操作步骤】

（1）执行上述操作后，打开如图 16-7 所示的"焊接符号"对话框。

（2）设置焊接符号和参数。

（3）在部件上单击一次创建一个指引线点，再次单击将指引线添加到符号。

（4）单击将符号放置到图纸上。

图 16-7 "焊接符号"对话框

【选项说明】

1."原点"和"指引线"选项

参考"基准特征符号"中的选项。

2. 其他侧

（1）精加工符号：列出焊接符号的精加工方法。选项的第一个字母会添加到参考线的顶部或底部。

（2）特形焊接符号：列出补充特形焊接符号，以便标识焊接表面的形状或要在参考线顶部和底部进行的焊接。

（3）坡口角度或埋头角度：设置焊接符号的角度值。该值位于参考线的上面或下面，度数符号会自动添加到焊接符号上角度的末尾。

（4）焊接数或焊接的根部间隙或深度：为焊接符号的"焊接数""根部间隙"或"焊接深度"设置一个值。

（5）复合焊：勾选此复选框，将角焊符号添加到平头对接焊、斜角坡口焊、J 形坡口焊或半喇叭形坡口焊的顶部。

3. 接缝

（1）顶缝。

① 选择对象：用于选择顶缝对象。

② 翻转方向：反转顶缝的方向。

（2）侧缝：侧缝轮廓取决于特形焊接符号和焊接符号。受支持的符号有凸、凹和水平轮廓类型。

① 选择对象：用于选择侧缝对象。

② 竖直翻转：翻转侧缝的竖直方向。

③ 水平翻转：翻转侧缝的水平方向。

4. 继承

选择焊接符号：用于选择从中继承焊接信息的现有焊接符号。

5. 设置

（1）设置：单击此按钮，打开"焊接符号设置"对话框，为焊接符号设置样式选项。

（2）焊接间距因子：设置焊接符号的不同组成部分之间的间距。

16.1.6 表面粗糙度符号

使用此命令可以创建符合标准的表面粗糙度符号。

扫码看视频

【执行方式】

- 菜单：选择"菜单"→"插入"→"注释"→"表面粗糙度符号"命令。
- 功能区：单击"主页"选项卡中"注释"面板上的"表面粗糙度符号"按钮 √。

【操作步骤】

（1）执行上述操作后，打开如图 16-8 所示的"表面粗糙度"对话框。

（2）设置原点和指引线参数。

图 16-8 "表面粗糙度"对话框

（3）设置材料移除符号，并输入参数。

（4）单击部件边并拖动符号。

（5）单击放置符号，如图 16-9 所示。

图 16-9　标注表面粗糙度

【选项说明】

1. "原点"和"指引线"选项

参考"基准特征符号"中的选项。

2. 属性

（1）除料：用于指定符号类型。

（2）图例：显示表面粗糙度符号参数的图例。

（3）上部文本：选择一个值以指定表面粗糙度的最大限制。

（4）下部文本：选择一个值以指定表面粗糙度的最小限制。

（5）生产过程：选择一个选项以指定生产方法或涂层。

（6）波纹：选择一个选项以指定波纹。波纹是比粗糙度间距更大的表面不规则性。

（7）放置符号：选择一个选项以指定放置方向。放置方向是由工具标记或表面条纹生成的主导表面图样的方向。

（8）加工：指定材料的最小许可移除量。

（9）切除：指定粗糙度切除。粗糙度切除是表面不规则性的采样长度，用于确定粗糙度的平均高度。

（10）次要粗糙度：指定次要粗糙度值。

（11）加工公差：指定加工公差的类型。

3. 设置

（1）设置：单击此按钮，打开"表面粗糙度设置"对话框，用于指定显示实例的样式的选项。

（2）角度：更改符号的方位。

（3）圆括号：在表面粗糙度符号旁边添加左侧、右侧或两侧。

16.1.7　目标点符号

使用此命令创建 ANSI 标准目标点符号。如果将该符号放在现有的一个对象上，UG 会将该符号放在离所选位置最近的对象中心。

【执行方式】

- 菜单：选择"菜单"→"插入"→"注释"→"目标点符号"命令。
- 功能区：单击"主页"选项卡中"注释"面板上的"目标点符号"按钮╳。

【操作步骤】

（1）执行上述操作后，打开如图 16-10 所示的"目标点符号"对话框。

图 16-10　"目标点符号"对话框

（2）设置尺寸参数。

（3）将光标定位在未选择任何几何体的地方，单击可放置不关联的目标点符号。

（4）单击"关闭"按钮。

【选项说明】

（1）选择位置：选择几何或视图位置。

（2）选择目标点：选择一个目标点以从其继承参数。

（3）高度：设置高度的值。

（4）角度：设置以度为单位的角度值。

（5）样式。

① 颜色：修改目标点的颜色。

② 宽度：修改线宽度。

16.1.8　相交符号

使用此命令创建由拐角上的证示线表示的表观相交符号。通过选择两条现有的曲线来放置相交符号，这些线必须是直线或圆弧。

扫码看视频

【执行方式】

● 菜单：选择"菜单"→"插入"→"注释"→"相交符号"命令。

● 功能区：单击"主页"选项卡中"注释"面板上的"相交符号"按钮 ⌄ 。

【操作步骤】

（1）执行上述操作后，打开如图 16-11 所示的"相交符号"对话框。

（2）选择第一条直线或圆弧。

（3）选择第二条直线或圆弧。

（4）单击"确定"按钮。

【选项说明】

（1）第一组：选择要标注尺寸的第一个点。

（2）第二组：选择要标注尺寸的第二个点。

（3）选择相交符号：选择要继承的原相交符号。

（4）延伸：输入控制相交符号的显示尺寸。

图 16-11　"相交符号"对话框

16.1.9　剖面线

使用该命令可以为指定区域填充剖面线图样。

【执行方式】

● 菜单：选择"菜单"→"插入"→"注释"→"剖面线"命令。

● 功能区：单击"主页"选项卡中"注释"面板上的"剖面线"按钮 。

【操作步骤】

（1）执行上述操作后，打开如图 16-12 所示的"剖面线"对话框。

（2）选择边界模式。

（3）选择填充区域或选择曲线边界。

（4）设置剖面线的相关参数

（5）单击"确定"按钮，填充剖面线。

图 16-12 "剖面线"对话框

【选项说明】

1. 边界

（1）"选择模式"下拉列表。

① 边界曲线：选择一组封闭曲线。

② 区域中的点：选择区域中的点。

（2）选择曲线：选择曲线、实体轮廓线、实体边及截面边来定义边界区域。

（3）指定内部位置：指定要定位剖面线的区域。

（4）忽略内边界：用于设定所选区域内的孔和岛是否填充剖面线，如图 16-13 所示。

2. 要排除的注释

（1）选择注释：选择要从剖面线图样中排除的注释。

（2）单独设置边距：勾选此复选框，将在剖面线边界中任意注释周围添加文本区。

（a）取消"忽略内边界"复选框 （b）勾选"忽略内边界"复选框

图 16-13 "忽略内边界"示意图

3. 设置

（1）断面线定义：显示当前断面线的名称。

（2）图样：列出剖面线文件中包含的剖面线图样。

（3）距离：设置剖面线之间的距离。

（4）角度：设置剖面线的倾斜角度。

（5）颜色：指定剖面线的颜色。

（6）宽度：指定剖面线的宽度。

（7）边界曲线公差：控制剖面线逼近不规则曲线边界的程度。值越小，就越逼近，构造剖面线图样所需的时间就越长。

16.1.10 注释

扫码看视频

使用此命令创建和编辑注释及标签。通过对表达式、部件属性和对象属性的引用来导入文本，文本可包括由控制字符序列构成的符号或用户定义的符号。

图 16-14 "注释"对话框

【执行方式】

○ 菜单：选择"菜单"→"插入"→"注释"→"注释"命令。

○ 功能区：单击"主页"选项卡中"注释"面板上的"注释"按钮 $\boxed{\text{A}}$。

【操作步骤】

（1）执行上述操作后，打开如图 16-14 所示的"注释"对话框。

（2）在文本框中输入文本。

（3）设置文本格式。

（4）将文字拖动到适当位置，单击放置，如图 16-15 所示。

图 16-15 标注文字

 【选项说明】

1. 文本输入

（1）编辑文本。

① 清除：清除所有输入的文字。

② ✂剪切：从编辑窗口中剪切选中的文本。剪切文本后，将从编辑窗口中移除文本并将其复制到剪贴板中。

③ ⎙复制：将选中的文本复制到剪贴板。可以将复制的文本重新粘贴回编辑窗口，或插入到支持剪贴板的任何其他应用程序中。

④ ⎙粘贴：将文本从剪贴板粘贴到编辑窗口中的光标位置。

⑤ ✗ʙ删除文本属性：根据光标的位置移除文本属性标记（由"<>"括起的属性代码）。

⑥ ∅选择下一个符号：从光标位置选择下一个符号或由"<>"括起的属性。

（2）格式设置。

① x²上标：插入上标文本的控制字符。

② x₂下标：插入下标文本的控制字符。

③ 选择字体：用于选择合适的字体。

（3）符号：插入制图符号。

（4）导入 / 导出。

① 插入文件中的文本：将操作系统文本文件中的文本插入当前光标位置。

② 注释另存为文本文件：将文本框中的当前文本另存为 ASCII 文本文件。

2. 继承

选择注释：用于添加与现有注释的文本、样式和对齐设置相同的新注释。还可以用于更改现有注释的内容、外观和定位。

3. 设置

（1）设置：单击此按钮，打开"注释设置"对话框，为当前注释或标签设置文字首选项。

（2）竖直文本：勾选此复选框，在编辑窗口中从左到右输入的文本将从上到下显示。

（3）斜体角度：相应字段中的值将设置斜体文本的倾斜角度。

（4）粗体宽度：设置粗体文本的宽度。

（5）文本对齐：在编辑标签时，可指定指引线短划线与文本和文本下划线对齐。

16.2 中心线

16.2.1 中心标记

使用此命令可以创建通过点或圆弧的中心标记。

扫码看视频

图 16-16 "中心标记"对话框

【执行方式】

○ 菜单：选择"菜单"→"插入"→"中心线"→"中心标记"命令。

○ 功能区：单击"主页"选项卡中"注释"面板上的"中心标记"按钮⊕。

【操作步骤】

（1）执行上述操作后，打开如图 16-16 所示的"中心标记"

对话框。

（2）在对话框中修改参数，并按需要在对话框中设置选项。

（3）选择需要创建中心标记的对象。

（4）单击"确定"按钮，创建中心标记。

 【选项说明】

1. 位置

（1）选择对象：选择有效的几何对象。

（2）创建多个中心标记：对于共线的圆弧，绘制一条穿过圆弧中心的直线。勾选此复选框，创建多个中心标记。

2. 继承

选择中心标记：选择要修改的中心标记。

3. 设置

（1）尺寸。

① 缝隙：为缝隙大小输入值。

② 中心十字：为中心十字的大小输入值。

③ 延伸：为支线延伸的长度输入值。

④ 单独设置延伸：勾选此复选框，关闭"延伸"输入框，分别调整中心线的长度。

⑤ 显示为中心点：勾选此复选框，中心标记符号显示为一个点。

（2）角度。

① 从视图继承角度：当创建一条关联中心线时，从辅助视图继承角度。选中此复选框，系统将忽略中心线角度，并使用铰链线的角度作为辅助视图的中心线。

② 值：指定旋转角度。旋转采用逆时针方向。

（3）样式。

① 颜色：设置中心线的颜色。

② 宽度：设置中心线的宽度。

16.2.2 螺栓圆中心线

使用此命令创建通过点或圆弧的完整或不完整螺栓圆中心线。螺栓圆中心线的半径始终等于从螺栓圆中心到选择的第一个点的距离。

【执行方式】

- 菜单：选择"菜单"→"插入"→"中心线"→"螺栓圆"命令。
- 功能区：单击"主页"选项卡中"注释"面板上的"螺栓圆中心线"按钮。

【操作步骤】

（1）执行上述操作后，打开如图 16-17 所示的"螺栓圆中心

图 16-17 "螺栓圆中心线"对话框

线"对话框。

（2）在"类型"下拉列表中选择类型。

（3）选择圆弧或圆心确立中心线的中心，并选择另一圆弧或圆以定义中心线的位置。

（4）单击"确定"按钮，创建螺栓圆中心线。

 【选项说明】

1. 类型

（1）通过 3 个或多个点：指定中心线通过的 3 个或多个点。

（2）中心点：指定中心线的中心。

2. 放置

（1）选择对象：为完整或不完整螺栓圆中心线选择圆弧。

（2）整圆：勾选此复选框，创建完整螺栓圆中心线。

16.2.3　圆形中心线

使用此命令可以创建通过点或圆弧的完整或不完整圆形中心线。圆形中心线的半径始终等于从圆形中心线中心到选取的第一点的距离。

 【执行方式】

- 菜单：选择"菜单"→"插入"→"中心线"→"圆形"命令。
- 功能区：单击"主页"选项卡中"注释"面板上的"圆形中心线"按钮○。

 【操作步骤】

（1）执行上述操作后，打开如图 16-18 所示的"圆形中心线"对话框。

（2）在"类型"下拉列表中选择类型。

（3）选择一个圆弧中心和一个圆弧。

（4）单击"确定"按钮，创建圆形中心线。

 【选项说明】

1. 类型

（1）通过 3 个或多个点：指定中心线通过的 3 个或多个点。允许创建圆形中心线，而无须指定中心。

（2）中心点：指定中心的位置以及圆形中心线上的关联点。半径由中心和第一点确定。

2. 放置

（1）选择对象：为完整或不完整圆形中心线选择圆弧。

（2）整圆：勾选此复选框，创建完整圆形中心线。

图 16-18　"圆形中心线"对话框

16.2.4 对称中心线

使用此命令可以在图纸上创建对称中心线，以指明几何体中的对称位置。

【执行方式】

- 菜单：选择"菜单"→"插入"→"中心线"→"对称"命令。
- 功能区：单击"主页"选项卡中"注释"面板上的"对称中心线"按钮╫-╫。

【操作步骤】

执行上述操作后，打开如图 16-19 所示的"对称中心线"对话框。

图 16-19 "对称中心线"对话框

1. 使用面创建对称中心线

（1）在"类型"下拉列表中选择"从面"类型。

（2）选择一个面。

（3）单击"确定"按钮，创建对称中心线。

2. 使用点创建对称中心线

（1）在"类型"下拉列表中选择"起点和终点"类型。

（2）选择起始点。

（3）选择终点。

（4）单击"确定"按钮，创建对称中心线。

【选项说明】

（1）"类型"下拉列表。

① 从面：选择放置中心线的圆柱面。

② 起点和终点：指定起点和终点来定义中心线。

（2）面：选择一个圆柱面。

（3）起点/终点：指定中心线的起点/终点。

16.2.5 2D 中心线

使用此命令可以在两条边、两条曲线或两个点之间创建 2D 中心线。可以使用曲线或控制点来限制中心线的长度。

扫码看视频

【执行方式】

- 菜单：选择"菜单"→"插入"→"中心线"→"2D 中心线"命令。
- 功能区：单击"主页"选项卡中"注释"面板上的"2D 中心线"按钮⌐。

【操作步骤】

（1）执行上述操作后，打开如图 16-20 所示的"2D 中心线"对话框。

（2）在"类型"下拉列表中选择类型。

（3）选择一侧曲线或点。

（4）选择另一侧曲线或点。

（5）单击"确定"按钮，创建 2D 中心线，如图 16-21 所示。

图 16-20 "2D 中心线"对话框

图 16-21 创建 2D 中心线

【选项说明】

（1）"类型"下拉列表。

① 从曲线：从选定的曲线创建中心线。

② 根据点：根据选定的点创建中心线。

（2）第 1 侧 / 第 2 侧：选择第一条 / 第二条曲线。

（3）点 1/ 点 2：选择第一点 / 第二点。

16.2.6 3D 中心线

使用此命令可以根据圆柱面或圆锥面的轮廓创建 3D 中心线。面可以是任意形式的非球面或扫掠面，其后紧跟线性或非线性路径。

【执行方式】

- 菜单：选择"菜单"→"插入"→"中心线"→"3D 中心线"命令。
- 功能区：单击"主页"选项卡中"注释"面板上的"3D 中心线"按钮 。

【操作步骤】

（1）执行上述操作后，打开如图 16-22 所示的"3D 中心线"对话框。
（2）在"偏置"选项组中选择一种方法。
（3）选择一个面。
（4）单击"确定"按钮，创建 3D 中心线，如图 16-23 所示。

图 16-22　"3D 中心线"对话框

图 16-23　创建 3D 中心线

【选项说明】

1. 面

（1）选择对象：选择有效的几何对象。
（2）对齐中心线：勾选此复选框，第一条中心线的端点投影到其他面的轴上，并创建对齐的中心线。

2. 方法

（1）无：不偏置中心线。
（2）距离：在与绘制中心线处有指定距离的位置创建圆柱中心线。
（3）对象：在图纸或模型上指定一个偏置位置，在某一偏置距离处创建圆柱中心线。

16.3　表格

16.3.1　表格注释

使用此命令可以在图纸中创建和编辑信息表格。表格注释通常用于定义部件系列中相似部件的尺寸值，还可以将它们用于孔图表和材料列表中。

扫码看视频

【执行方式】

● 菜单：选择"菜单"→"插入"→"表"→"表格注释"命令。

● 功能区：单击"主页"选项卡中"表"面板上的"表格注释"按钮 。

【操作步骤】

（1）执行上述操作后，打开如图 16-24 所示的"表格注释"对话框。

（2）在"表大小"选项组中设置所需的值。

（3）拖动表格到图纸所需的位置。

（4）单击鼠标放置表格注释。

【选项说明】

1. 原点

（1）原点工具 ：使用原点工具查找图纸页上的表格注释。

（2）指定位置 ：用于为表格注释指定位置。

2. 指引线

（1）选择终止对象：用于为指引线选择终止对象。

（2）带折线创建：在指引线中创建折线。

（3）类型：列出指引线类型。

① 普通：创建带短划线的指引线。

② 全圆符号：创建带短划线和全圆符号的指引线。

图 16-24 "表格注释"对话框

3. 表大小

（1）列数：设置竖直列数。

（2）行数：设置水平行数。

（3）列宽：为所有水平列设置统一宽度。

4. 设置

单击此按钮，打开"表格注释设置"对话框，可以设置文字、单元格、表区域等表格注释首选项。

16.3.2 表格标签

表格标签提供了一种方式，使用 XML 表格标签模板一次为一个或多个对象自动创建表格样式的标签。

【执行方式】

● 菜单：选择"菜单"→"插入"→"表"→"表格标签"命令。

● 功能区：单击"主页"选项卡中"表"面板上的"表格标签"按钮 。

【操作步骤】

（1）执行上述操作后，打开如图 16-25 所示的"表格标签"对

图 16-25 "表格标签"对话框

话框。

（2）在"格式"选项组中选择所需的选项。

（3）在视图中选择组件。

（4）单击"确定"按钮，创建表格标签。

【选项说明】

（1）类选择 ⚓：使用全局选择来为表格标签选择对象。

（2）打开格式文件 📂：使用文件选择对话框来打开表格模板文件。

（3）保存格式文件 💾：将模板文件保存到当前文件系统中。

（4）格式：可以展开格式节点的层次结构树列表。

（5）显示文件头：勾选此复选框，在表格的标题行 / 列中显示属性的名称。

（6）显示指引线：勾选此复选框，在表格的标题行 / 列中显示指引线。

（7）"表格式"选项组。

① 列：对齐各个列的属性显示名称。

② 行：沿着行对齐属性显示名称。

（8）属性收集：决定系统如何查询属性事例。

① 单一级别：从当前显示的事例查询属性。

② 遍历装配：先查询当前显示的事例，然后沿着事例树向下遍历直到找到所需的值。

16.3.3　零件明细表

扫码看视频

零件明细表是直接从装配导航器中列出的组件派生而来的，所以可以通过零件明细表为装配创建物料清单。在创建装配过程中的任意时间可以创建一个或多个零件明细表。可以将零件明细表设置为随着装配变化自动更新或将零件明细表限制为按需更新。

【执行方式】

● 菜单：选择"菜单"→"插入"→"表"→"零件明细表"命令。

● 功能区：单击"主页"选项卡中"表"面板上的"零件明细表"按钮 🎫。

【操作步骤】

（1）执行上述操作后，将表格拖动到所需位置。

（2）单击鼠标放置零件明细表，如图 16-26 所示。

7	BENGTI	1
6	TIANLIAOYAGAI	1
5	ZHUSE	1
4	FATI	1
3	XIAFABAN	1
2	SHANGFAGAI	1
1	FAGAI	1
PC NO	PART NAME	QTY

图 16-26　零件明细表

16.3.4　自动符号标注

扫码看视频

使用该命令可以将相关联的零件明细表标注添加到图纸的一个或多个视图中。出现在这些标注中的文本反映零件明细表中的数据。

【执行方式】

- 菜单：选择"菜单"→"插入"→"表"→"自动符号标注"
  命令。
- 功能区：单击"主页"选项卡中"表"面板上的"自动符号
  标注"按钮⑦。

【操作步骤】

（1）执行上述操作后，打开如图 16-27 所示的"零件明细表自动符号标注"对话框。

（2）在视图中选择已创建好的明细表，单击"确定"按钮。

（3）打开如图 16-28 所示的"零件明细表自动符号标注"对话框。

（4）在列表中选择要标注符号的视图。

（5）单击"确定"按钮，创建标注序号，如图 16-29 所示。

图 16-27　"零件明细表自动
符号标注"对话框 1

图 16-28　"零件明细表自动符号标注"对话框 2

图 16-29　标注序号

16.4　尺寸

UG 标注的尺寸是与实体模型匹配的，与工程图的比例无关。在工程图中标注的尺寸是直接引用三维模型的真实尺寸，如果改动了零件中某个尺寸参数，工程图中的标注尺寸也会自动更新。

扫码看视频

【执行方式】

- 菜单：选择"菜单"→"插入"→"尺寸"子菜单中的命令，如图 16-30 所示。
- 功能区：单击"主页"选项卡中"尺寸"面板上的按钮，如图 16-31 所示。

图 16-30　"尺寸"子菜单

图 16-31　"尺寸"面板

【操作步骤】

下面以快速尺寸为例，讲述尺寸的标注步骤。

（1）选择"尺寸"子菜单中的"快速"命令或单击"尺寸"面板上的"快速"按钮 后，打开"快速尺寸"对话框，如图 16-32 所示。

（2）选择要标注的对象。

（3）将尺寸放置到图中适当位置单击，完成尺寸标注。

【选项说明】

（1） 自动判断：由系统自动推断出选用哪种尺寸标注类型来进行尺寸标注。

（2） 水平：用来标注工程图中所选对象间的水平尺寸，如图 16-33 所示。

图 16-32　"快速尺寸"对话框

（3） 竖直：用来标注工程图中所选对象间的竖直尺寸，如图 16-34 所示。

图 16-33　"水平尺寸"示意图

图 16-34　"竖直尺寸"示意图

（4） 平行：用来标注工程图中所选对象间的平行尺寸，如图 16-35 所示。

（5） 垂直：用来标注工程图中所选点到直线（或中心线）的垂直尺寸，如图 16-36 所示。

图 16-35　"平行尺寸"示意图

图 16-36　"垂直尺寸"示意图

（6）　圆柱式：用来标注工程图中所选圆柱对象之间的尺寸，如图 16-37 所示。

（7）　直径：用来标注工程图中所选圆或圆弧的直径尺寸，如图 16-38 所示。

（8）　斜角：用来标注工程图中所选两直线之间的角度。

（9）　径向：用来标注工程图中所选圆或圆弧的半径或直径尺寸，如图 16-39 所示。

图 16-37 "圆柱式尺寸"示意图　　　图 16-38 "直径尺寸"示意图　　　图 16-39 "径向尺寸"示意图

16.5　综合实例——标注机盖尺寸

制作思路

　　本例标注机盖尺寸，如图 16-40 所示。在上一章的基础上首先编辑剖面线，然后创建中心标记和中心线，再标注各种尺寸和符号，最后添加技术要求。

扫码看视频

图 16-40　机盖工程图

绘制步骤

1. 打开文件

选择"菜单"→"文件"→"打开"命令或单击快速访问工具栏中的"打开"按钮 ，打开"打开"对话框。选择"jigai_dwg"文件，单击"OK"按钮，进入工程制图环境。

2. 编辑剖面线

（1）选择"菜单"→"编辑"→"视图"→"视图相关编辑"命令，或单击"主页"选项卡中"视图"面板上的"视图相关编辑"按钮 ，打开如图 16-41 所示的"视图相关编辑"对话框。

（2）选择主视图，对话框中的按钮被激活。单击"擦除对象"按钮 ，打开"类选择"对话框，选择局部剖视图 2 中的剖面线，单击"确定"按钮，删除剖面线，如图 16-42 所示。

（3）选择"菜单"→"插入"→"注释"→"剖面线"命令，或单击"主页"选项卡中"注释"面板上的"剖面线"按钮 ，打开如图 16-43 所示的"剖面线"对话框。

图 16-41 "视图相关编辑"对话框

图 16-42 删除剖面线

图 16-43 "剖面线"对话框

（4）在主视图中选择局部剖视图 2 的填充区域，采用默认参数，单击"确定"按钮，完成剖面线的填充，如图 16-44 所示。

3. 创建中心标记

（1）选择"菜单"→"插入"→"中心线"→"中心标记"命令，或单击"主页"选项卡中"注释"面板上的"中心标记"按钮 ，打开如图 16-45 所示的"中心标记"对话框。

图 16-44 填充剖面线

（2）选择如图 16-46 所示的圆，拖动中心线箭头，调整中心线长度，单击"应用"按钮，完成圆中心标记的创建，如图16-47所示。

图16-45　"中心标记"对话框

图16-46　选择圆

图16-47　创建圆中心线

（3）同上步骤，创建其他圆的中心标记，如图16-48所示。

4. 创建2D中心线

（1）选择"菜单"→"插入"→"中心线"→"2D中心线"命令，或单击"主页"选项卡中"注释"面板上的"2D中心线"按钮，打开如图16-49所示的"2D中心线"对话框。

（2）选择如图16-50所示的两侧边，拖动中心线的长度到适当位置，单击"应用"按钮，创建中心线，如图16-51所示。

图16-48　创建其他圆的中心标记

图16-49　"2D中心线"对话框

图16-50　选择边

图16-51　创建中心线

（3）同上步骤，创建其他中心线，如图 16-52 所示。

图 16-52　创建其他中心线　　　　　　图 16-53　"快速尺寸"对话框

5. 快速标注尺寸

选择"菜单"→"插入"→"尺寸"→"快速"命令，或单击"主页"选项卡中"尺寸"面板上的"快速"按钮，打开如图 16-53 所示的"快速尺寸"对话框。根据需要，选择不同的标注方法，进行合理的尺寸标注，如图 16-54 所示。

图 16-54　尺寸标注

6. 标注偏差尺寸

（1）双击长度为 150 的尺寸，打开如图 16-55 所示的小工具栏。

（2）在"值"下拉列表中选择"等双向公差"选项，输入公差为

图 16-55　小工具栏

0.032，按 Enter 键确定。

（3）同上步骤，创建或修改其他偏差尺寸，如图 16-56 所示。

图 16-56　标注偏差尺寸

7. 标注基准特征符号

（1）选择"菜单"→"插入"→"注释"→"基准特征符号"命令，或单击"主页"选项卡中"注释"面板上的"基准特征符号"按钮，打开如图 16-57 所示的"基准特征符号"对话框。

（2）用光标高亮显示 $\varnothing 80_{-0}^{+0.043}$ 一侧尺寸线，向右拖动鼠标到适当位置，单击放置基准特征符号，如图 16-58 所示。

图 16-57　"基准特征符号"对话框

图 16-58　标注基准特征符号

（3）同上步骤，创建其他基准特征符号，如图 16-59 所示。

图 16-59 标注其他基准特征符号

8. 标注几何公差符号

（1）选择"菜单"→"插入"→"注释"→"特征控制框"命令，或单击"主页"选项卡中"注释"面板上的"特征控制框"按钮，打开"特征控制框"对话框。

（2）在"特性"下拉列表中选择"同轴度"选项，框样式为"单框"，在第一基准参考中选择"A"基准。

（3）选择公差符号为 ϕ，输入公差为 0.025，如图 16-60 所示。选择 $\varnothing\,80^{+0.03}_{0}$ 另一侧尺寸线为终止对象，选择适当位置放置几何公差，如图 16-61 所示。

图 16-60 "特征控制框"对话框

图 16-61 标注几何公差

（4）同上步骤，标注其他几何公差，如图 16-62 所示。

图 16-62　标注其他几何公差

9. 标注表面粗糙度符号

（1）选择"菜单"→"插入"→"注释"→"表面粗糙度符号"命令，或单击"主页"选项卡中"注释"面板上的"表面粗糙度符号"按钮√，打开"表面粗糙度"对话框。

（2）在"除料"下拉列表中选择"需要除料"选项，输入上部文本为 6.3，输入角度为 −18，如图 16-63 所示。

（3）选择主视图的油标孔端面放置表面粗糙度符号，如图 16-64 所示。

（4）同上步骤，标注其他表面粗糙度符号，如图 16-65 所示。

图 16-63　"表面粗糙度"对话框

图 16-64　标注表面粗糙度符号

图 16-65　标注其他表面粗糙度符号

10. 添加技术要求

（1）选择"菜单"→"插入"→"注释"→"注释"命令，或单击"主页"选项卡中"注释"面板上的"注释"按钮 $\boxed{A}$，打开如图 16-66 所示的"注释"对话框。

（2）在文本框中输入如图 16-66 所示的技术要求文本，拖动文本到合适位置处，单击鼠标左键，将文本固定在图样中，效果如图 16-67 所示。

图 16-66　"注释"对话框

技术要求

1. 箱盖铸成后，应清理并进行时效处理；

2. 箱盖和箱体合箱后，边缘应平齐，相互错位每边不大于2；

3. 应仔细检查箱盖与箱体剖分面接触的密合性，用0.05厚的塞尺塞入深度不得大于剖面宽度的1/3；
　用涂色检查接触面积达到每平方厘米内不少于一个接点；

4. 未注的铸造圆角为R3.5；

5. 未注倒角为C2，其粗糙度Ro=12.5μm。

图 16-67　技术要求

第 17 章
手压阀工程图综合实例

本章综合利用前面章节介绍的创建视图、视图管理、符号、尺寸等命令来完成阀体工程图和手压阀装配工程图的创建。

/ 重点与难点

- 阀体工程图
- 手压阀装配工程图

17.1　阀体工程图

制作思路

本例创建阀体工程图，如图 17-1 所示。首先创建工程图基本视图、投影视图、剖视图等视图，最后添加标注，完善工程图。

扫码看视频

图 17-1　阀体工程图

绘制步骤

1. 新建工程图

选择"菜单"→"文件"→"新建"命令或单击快速访问工具栏中的"新建"按钮 ，打开"新建"对话框。在"图纸"选项卡中选择"A3- 无视图"模板。在"要创建图纸的部件"下方单击"打开"按钮，加载"fati"部件，在保存部件的文件目录下，输入新文件名"fati_dwg"，如图 17-2 所示。单击"确定"按钮，进入制图界面。

2. 创建基本视图

（1）选择"菜单"→"插入"→"视图"→"基本"命令，或单击"主页"选项卡中"视图"面板上的"基本视图"按钮 ，打开"基本视图"对话框。

（2）在"要使用的模型视图"下拉列表中选择"俯视图"，设置比例为 1 ：1，如图 17-3 所示。

（3）在图纸中适当的地方放置基本视图，如图 17-4 所示。单击"关闭"按钮，关闭"基本视图"对话框。

图 17-2 "新建"对话框

3. 创建剖视图

（1）选择"菜单"→"插入"→"视图"→"剖视图"命令，或单击"主页"选项卡中"视图"面板上的"剖视图"按钮 ，打开"剖视图"对话框。

（2）选择"动态"定义，设置方法为"简单剖 / 阶梯剖"，如图 17-5 所示。

图 17-3 "基本视图"对话框

图 17-4 放置基本视图

图 17-5 "剖视图"对话框

（3）选择圆心为截面线的放置位置，单击鼠标左键放置截面线，如图 17-6 所示。

（4）单击"设置"选项组中的"设置"按钮 ，打开"剖视图设置"对话框，选择"表区域驱动"下的"设置"选项组，取消"创建剖面线"复选框的勾选，如图 17-7 所示，单击"确定"按钮。

图 17-6 放置截面线

图 17-7　"剖视图设置"对话框

（5）将剖视图放置在图纸中适当的位置，创建的剖视图如图 17-8 所示。

4. 填充剖面线

（1）选择主视图，单击鼠标右键，在打开的快捷菜单中选择"活动草图视图"选项。

（2）单击"主页"选项卡中"草图"面板上的"直线"按钮 ∕，打开"直线"对话框，绘制两条直线，如图 17-9 所示。

图 17-8　创建剖视图

图 17-9　绘制直线

（3）选择"菜单"→"插入"→"注释"→"剖面线"命令，或单击"主页"选项卡中"注释"面板上的"剖面线"按钮 ▨，打开"剖面线"对话框，剖面线的设置如图 17-10 所示。选择填充区域，绘制剖面线，如图 17-11 所示。

图 17-10 "剖面线"对话框

图 17-11 绘制剖面线

5. 创建投影视图

（1）选择"菜单"→"插入"→"视图"→"投影"命令，或单击"主页"选项卡中"视图"面板上的"投影视图"按钮，打开如图 17-12 所示的"投影视图"对话框。

（2）选择前面创建的基本视图为父视图。

（3）将投影视图放置在图纸中适当的位置，如图 17-13 所示。单击"关闭"按钮，关闭"投影视图"对话框。

图 17-12 "投影视图"对话框

图 17-13 创建投影视图

6. 创建局部剖视图

（1）选择左视图，单击鼠标右键，在打开的快捷菜单中选择"活动草图视图"选项。

（2）单击"主页"选项卡中"草图"面板上的"艺术样条"按钮⁓，打开如图 17-14 所示的"艺术样条"对话框，勾选"封闭"复选框，绘制一条封闭曲线，如图 17-15 所示。单击"完成草图"按钮，完成曲线的绘制。

图 17-14　"艺术样条"对话框

图 17-15　绘制曲线

（3）选择"菜单"→"插入"→"视图"→"局部剖"命令，或单击"主页"选项卡中"视图"面板上的"局部剖视图"按钮，打开如图 17-16 所示的"局部剖"对话框。

（4）选择左视图为要剖切的视图。

（5）捕捉如图 17-17 所示的圆心为基点，采用默认矢量方向。

（6）选择如图 17-15 所示的样条曲线为截面范围，单击"确定"按钮，创建局部剖视图，如图 17-18 所示。

图 17-16　"局部剖"对话框

图 17-17　选择基点

图 17-18　创建局部剖视图

7. 创建中心线

（1）选择"菜单"→"插入"→"中心线"→"中心标记"命令，或单击"主页"选项卡中"注释"面板上的"中心标记"按钮⊕，打开如图 17-19 所示的"中心标记"对话框。选择如图 17-20 所示的圆，单击"确定"按钮，创建圆中心线，如图 17-21 所示。

图 17-19 "中心标记"对话框

图 17-20 选择圆

图 17-21 创建圆中心线

（2）选择"菜单"→"插入"→"中心线"→"2D 中心线"命令，或单击"主页"选项卡中"注释"面板上的"2D 中心线"按钮⫿，打开如图 17-22 所示的"2D 中心线"对话框。选择如图 17-23 所示的两侧边，拖动中心线的长度到适当位置，单击"应用"按钮，创建中心线，如图 17-24 所示。

（3）同上步骤，选择如图 17-25 所示的两侧边，拖动中心线的长度到适当位置，单击"确定"按钮，创建中心线，如图 17-26 所示。

图 17-22 "2D 中心线"对话框

图 17-23 选择边

图 17-24 创建中心线

8. 标注尺寸

选择"菜单"→"插入"→"尺寸"→"快速"命令，进行尺寸标注，如图 17-27 所示。

图 17-25　选择边　　　　　　　　　图 17-26　创建中心线

图 17-27　标注尺寸

9. 标注前缀

（1）选择要标注前缀的尺寸，单击鼠标右键，打开如图 17-28 所示的快捷菜单，选择"编辑附加文本"选项。

（2）打开"附加文本"对话框，输入 M，参数设置如图 17-29 所示，单击"关闭"按钮。

图 17-28 快捷菜单

图 17-29 "附加文本"对话框

（3）同上步骤，添加其他螺纹符号，如图 17-30 所示。

10. 添加技术要求

（1）选择"菜单"→"插入"→"注释"→"注释"命令，或单击"主页"选项卡中"注释"面板上的"注释"按钮 A，打开如图 17-31 所示的"注释"对话框。

图 17-30 标注前缀

图 17-31 "注释"对话框

（2）在文本框中输入技术要求文本，拖动文本到合适位置处，单击鼠标左键，将文本固定在图样中，效果如图 17-32 所示。

图 17-32　添加技术要求

17.2　手压阀装配工程图

👉 **制作思路**

本例创建手压阀装配工程图，如图 17-33 所示。首先创建基本视图，然后创建剖视图，再标注尺寸，最后创建零件明细表，根据零件明细表标注零件序号。

图 17-33　手压阀装配工程图

扫码看视频

绘制步骤

1. 新建文件

选择"菜单"→"文件"→"新建"命令，或单击快速访问工具栏中的"新建"按钮 📄，打开"新建"对话框，选择"图纸"选项卡中的"A2- 无视图"模板，在"名称"文本框中输入"shouyafa_dwg1"，单击"要创建图纸的部件"中的"打开"按钮，选择手压阀装配体，单击"确定"按钮，进入制图界面。

2. 创建基本视图

（1）选择"菜单"→"插入"→"视图"→"基本"命令，或单击"主页"选项卡中"视图"面板上的"基本视图"按钮 📷，打开"基本视图"对话框。

（2）在"要使用的模型视图"下拉列表中选择"俯视图"，输入比例为 1：1，如图 17-34 所示。

（3）在图纸中适当的地方放置基本视图，如图 17-35 所示。单击"关闭"按钮，关闭"基本视图"对话框。

图 17-34 "基本视图"对话框　　　　　　　　　图 17-35 创建基本视图

3. 创建剖视图

（1）选择"菜单"→"插入"→"视图"→"剖视图"命令，或单击"主页"选项卡中"视图"面板上的"剖视图"按钮 📷，打开"剖视图"对话框。

（2）选择"动态"定义，设置方法为"简单剖 / 阶梯剖"，如图 17-36 所示。

（3）捕捉圆心，将截面线放置在如图 17-37 所示的位置。

（4）拖动剖视图放置到俯视图上方位置，如图 17-38 所示。

图 17-36 "剖视图"对话框　　　　图 17-37 放置截面线　　　　图 17-38 创建剖视图

4. 编辑剖视图

（1）在部件导航器中选择刚创建的剖视图，单击鼠标右键，在弹出的快捷菜单中选择"编辑"选项，打开"剖视图"对话框。

（2）单击"设置"选项组"非剖切"栏中的"选择对象"按钮，如图 17-39 所示。在剖视图中选择"手把""阀杆""弹簧"和"胶木球"为不剖切零件，如图 17-40 所示。选中的零件将不被剖切，如图 17-41 所示。

图 17-39　"设置"选项组

图 17-40　选择不剖切零件

（3）参照上个实例，添加直线并修改阀体剖面线，如图 17-42 所示。

5. 标注尺寸

选择"菜单"→"插入"→"尺寸"→"快速"命令，标注相应尺寸，如图 17-43 所示。

图 17-41　选择不剖切零件的效果　　图 17-42　绘制直线并修改剖面线　　图 17-43　标注尺寸

6. 插入零件明细表

选择"菜单"→"插入"→"表"→"零件明细表"命令，或单击"主页"选项卡中"表"面板上的"零件明细表"按钮▦，将零件明细表拖动到合适的位置，单击放置零件明细表，如图 17-44 所示。

7. 插入序号

（1）选择"菜单"→"插入"→"表"→"自动符号标注"命令，或单击"主页"选项卡中"表"面板上的"自动符号标注"按钮 🕜 ,打开如图 17-45 所示的"零件明细表自动符号标注"对话框。

10	DIZUO	1
9	JIAODIAN	1
8	TANHUANG	1
7	FATI	1
6	FAGAN	1
5	YAJINLUOMU	1
4	SHOUBA	1
3	XIAOZHOU	1
2	XIAO	1
1	JIAOBUQIU	1
PC NO	PART NAME	QTY

图 17-44　插入零件明细表

图 17-45　"零件明细表自动符号标注"对话框

（2）单击"类型过滤器"按钮 🕂 ,打开如图 17-46 所示的"按类型选择"对话框,选择"表格注释 / 零件明细表"选项,单击"确定"按钮。

（3）返回"零件明细表自动符号标注"对话框,单击"全选"按钮 🔳 ,单击"确定"按钮。

（4）打开如图 17-47 所示的"零件明细表自动符号标注"对话框,选择两个视图,单击"确定"按钮,结果如图 17-48 所示。

图 17-46　"按类型选择"对话框

图 17-47　"零件明细表自动符号标注"对话框

图 17-48　插入序号

第 5 篇

钣金设计

第 18 章
钣金基本特征

NX 钣金包括基本的钣金特征，如突出块、弯边、轮廓弯边、放样弯边、折边弯边和折弯等。在钣金设计中，系统也提供了通用的典型建模特征。

/ 重点与难点

- 进入钣金环境
- 钣金概述
- 钣金基本特征

扫码看视频

18.1 进入钣金环境

（1）启动 UG NX12 后，选择"菜单"→"文件"→"新建"命令或单击快速访问工具栏中的"新建"按钮📄，打开"新建"对话框，如图 18-1 所示。

图 18-1 "新建"对话框

（2）在"模板"列表中选择"NX 钣金"，输入文件名称和文件路径，单击"确定"按钮，进入 UG NX 钣金环境，如图 18-2 所示。它提供了 UG 专门面向钣金件的直接的钣金设计环境。

图 18-2 钣金设计环境

在其他环境中，单击"应用模块"选项卡中"设计"面板上的"钣金"按钮🗐，也可以进入钣金设计环境。

18.2　钣金概述

18.2.1　钣金设计流程

典型的钣金设计流程如下。

（1）设置钣金属性的默认值。

（2）草绘基本特征形状，或选择已有的草图。

（3）创建基本特征。

基本特征是要创建的第一个特征，主要用于定义零件形状。在 NX 钣金设计中，常使用突出块特征来创建基本特征，也可以使用轮廓弯边和放样弯边来创建基本特征。

（4）添加其他特征进一步定义已经成形的钣金零件的基本特征。

在创建了基本特征之后，使用钣金和成形特征命令来完成钣金零件，这些命令有弯边、凹坑、折弯、孔和腔体等。

（5）根据需要采用取消折弯展开折弯区域，在钣金零件上添加孔、除料、压花和百叶窗特征。

（6）重新折弯展开的折弯面来完成钣金零件。

（7）生成零件平板实体，以便于图样绘制和以后的加工。

每当有新特征添加到父特征上时，都将平板实体放在最后，根据更新的父特征来更改。

18.2.2　钣金首选项

扫码看视频

钣金模块提供了材料厚度、弯曲半径和让位槽深度等默认属性设置。

 【执行方式】

● 菜单：选择"菜单"→"首选项"→"钣金"命令。

 【操作步骤】

执行上述操作后，打开如图 18-3 所示的"钣金首选项"对话框。

 【选项说明】

1."部件属性"选项卡

（1）材料厚度：钣金零件默认厚度。

（2）弯曲半径：折弯默认半径（基于折弯时发生断裂的最小极限来定义）。

（3）让位槽深度和宽度：从折弯边开始计算折弯缺口延伸的距离称为折弯深度（D），跨度称为宽度（W），其含义如图 18-4 所示。

（4）折弯定义方法（中性因子值）：中性轴是指折弯外侧拉伸应力等于内侧挤压应力处，中性因子用来表示平面展开处理的折弯需求，它由折弯材料的机械特性决定，用材料厚度的百分比来表示，从内侧折弯半径来测量，默认为 0.33，有效范围为 0 ～ 1。

图 18-3 "钣金首选项"对话框　　　　　图 18-4　让位槽参数含义示意图

2. "展平图样处理"选项卡

在"展平图样处理"选项卡中，可以设置平面展开图处理参数，如图 18-5 所示。

（1）处理选项：对平面展开图的内拐角、外拐角和孔进行倒角和倒圆。在文本框中输入倒角的边长或倒圆的半径。

（2）展平图样简化：对圆柱表面或折弯线上具有裁剪特征的钣金零件进行平面展开时，生成 B 样条曲线，该选项可以将 B 样条曲线转化为简单直线和圆弧。用户可以定义最小圆弧和偏差的公差值。

（3）移除系统生成的折弯止裂口：当创建没有止裂口的封闭拐角时，系统在 3D 模型上生成一个非常小的折弯止裂口。定义平面展开图实体时，可设置是否移除系统生成的折弯止裂口。

3. "展平图样显示"选项卡

在"展平图样显示"选项卡中，可以设置平面展开图显示参数，如图 18-6 所示，包括各种曲

图 18-5 "展平图样处理"选项卡　　　　　图 18-6 "展平图样显示"选项卡

线的显示颜色、线型、线宽和标注。

18.3　钣金基本特征

18.3.1　突出块

"突出块"命令可以使用封闭轮廓创建任意形状的扁平特征。

突出块是在钣金零件上创建平板特征，可以使用该命令来创建基本特征或在已有钣金零件的表面添加材料。

 【执行方式】

- ○ 菜单：选择"菜单"→"插入"→"突出块"命令。
- ○ 功能区：单击"主页"选项卡中"基本"面板上的"突出块"按钮 。

 【操作步骤】

（1）执行上述操作后，打开如图 18-7 所示的"突出块"对话框。

（2）选择已绘制好的截面草图或新建截面草图。

（3）输入厚度值。单击"反向"按钮 ⊠，可以调整厚度方向。

（4）单击"确定"按钮，创建突出块，如图 18-8 所示。

图 18-7　"突出块"对话框

（a）草图　　　　　　　　　　（b）突出块

图 18-8　"突出块"示意图

 【选项说明】

（1）类型—底数：创建一个基本平面特征。

（2）"表区域驱动"选项组。

① 选择曲线 🔓：使用已有的草图来创建平板特征。

② 绘制截面 🔲：可以在参考平面上绘制草图来创建平板特征。

（3）厚度：输入突出块的厚度。单击"反向"按钮 ⊠，可以调整厚度方向。

18.3.2　弯边

使用该命令可以创建简单折弯和弯边区域。弯边区域包括圆柱区域即通常所说的折弯区域和矩形区域即网格区域。

【执行方式】

- 菜单：选择"菜单"→"插入"→"折弯"→"弯边"命令。
- 功能区：单击"主页"选项卡中"折弯"面板上的"弯边"按钮。

【操作步骤】

（1）执行上述操作后，打开如图 18-9 所示的"弯边"对话框。

（2）选择要创建弯边特征的边。

（3）选择宽度选项，并输入参数。

（4）编辑并修改弯边草图轮廓。

（5）可以采用默认折弯参数，也可以修改折弯参数。

（6）选择折弯止裂口和拐角止裂口类型。

（7）单击"确定"按钮，创建弯边特征。

【选项说明】

（1）选择边：选择一直线边缘为弯边创建边。

（2）宽度选项：用来设置定义弯边宽度的测量方式，包括完整、在中心、在端点、从端点和从两端 5 种方式，如图 18-10 所示。

图 18-9　"弯边"对话框

（a）完整　　　　（b）在中心　　　　（c）在端点

（d）从端点　　　　（e）从两端

图 18-10　"宽度选项"示意图

① 完整：指沿着所选择折弯边的边长来创建弯边特征。当选择该选项创建弯边特征时，弯边的主要参数有长度、偏置和角度。

② 在中心：指在所选择的折弯边中部创建弯边特征。可以编辑弯边宽度值和使弯边居中，默认宽度是所选择折弯边长的 1/3。当选择该选项创建弯边特征时，弯边的主要参数有长度、偏置、角度和宽度（两宽度相等）。

③ 在端点：指从所选择的端点开始创建弯边特征。当选择该选项创建弯边特征时，弯边的主要参数有长度、偏置、角度和宽度。

④ 从端点：指从所选折弯边的端点定义距离来创建弯边特征。当选择该选项创建弯边特征时，弯边的主要参数有长度、偏置、角度、距离 1（从所选端点到弯边的距离）和宽度。

⑤ 从两端：指从所选择折弯边的两端定义距离来创建弯边特征，默认宽度是所选择折弯边长的 1/3，当选择该选项创建弯边特征时，弯边的主要参数有长度、偏置、角度、距离 1 和距离 2。

（3）长度：输入弯边的长度。

（4）角度：创建弯边特征的折弯角度，可以在视图区动态更改角度值。

（5）参考长度：用来设置弯边长度的度量方式，包括内侧、外侧和腹板 3 种方式，如图 18-11 所示。

（a）内侧　　　　　　　　　　（b）外侧　　　　　　　　　　（c）腹板

图 18-11　参考长度示意图

① 内侧：指从已有材料的内侧测量弯边长度。

② 外侧：指从已有材料的外侧测量弯边长度。

③ 腹板：指从已有材料的折弯处测量弯边长度。

（6）内嵌：用来表示弯边嵌入基础零件的方式。嵌入方式包括材料内侧、材料外侧和折弯外侧 3 种，如图 18-12 所示。

（a）材料内侧　　　　　　　（b）材料外侧　　　　　　　（c）折弯外侧

图 18-12　内嵌示意图

① 材料内侧：指弯边嵌入基本材料的里面，此时弯边特征的外侧表面与所选的折弯边平齐。

② 材料外侧：同样指弯边嵌入基本材料的里面，但此时弯边特征的内侧表面与所选的折弯边平齐。

③ 折弯外侧：指材料添加到所选中的折弯边上形成弯边。

（7）偏置：用来表示弯边特征与折弯边的距离。

（8）折弯参数：修改默认的弯曲参数。

（9）折弯止裂口：用来定义是否创建折弯止裂口，折弯止裂口类型包括正方形和圆形两种，如图 18-13 所示。

（a）正方形止裂口　　　　　　　　　　　（b）圆形止裂口

图 18-13　折弯止裂口示意图

（10）拐角止裂口：定义是否要对弯边特征所邻接的特征采用拐角止裂口，如图 18-14 所示。

（a）仅折弯　　　　　　　　　（b）折弯/面　　　　　　　　　（c）折弯/面链

图 18-14　拐角止裂口示意图

① 仅折弯：指仅对邻接特征的折弯部分应用拐角止裂口。

② 折弯/面：指对邻接特征的折弯部分和平板部分应用拐角止裂口。

③ 折弯/面链：指对邻接特征的所有折弯部分和平板部分应用拐角止裂口。

18.3.3　轮廓弯边

扫码看视频

"轮廓弯边"命令通过拉伸弯边截面轮廓来创建弯边特征。可以使用"轮廓弯边"命令创建新零件的基本特征或在现有的钣金零件上添加轮廓弯边特征，也可以创建任意角度的多个折弯特征。

【执行方式】

- 菜单：选择"菜单"→"插入"→"折弯"→"轮廓弯边"命令。
- 功能区：单击"主页"选项卡中"折弯"面板上的"轮廓弯边"按钮 。

【操作步骤】

（1）执行上述操作后，打开如图 18-15 所示的"轮廓弯边"对话框。

（2）选择现有草图或新建草图截面。

（3）指定宽度选项，并输入参数值。

（4）指定折弯止裂口和拐角止裂口类型。

（5）设置斜接角。

（6）单击"确定"按钮，创建轮廓弯边。

【选项说明】

（1）类型 - 底数：可以使用"轮廓弯边"命令创建新零件的基本轮廓弯边特征，如图 18-16 所示。

（2）"表区域驱动"选项组。

① 选择曲线：使用已有的草图来创建轮廓弯边特征。

② 绘制截面：可以在参考平面上绘制草图来创建轮廓弯边特征。

（3）宽度选项：包括"有限"和"对称"两个选项，如图 18-17 所示。

图 18-15　"轮廓弯边"对话框

图 18-16　基本轮廓弯边

（a）有限　　　　　　（b）对称

图 18-17　"宽度选项"示意图

① 有限：创建有限宽度的轮廓弯边。

② 对称：用 1/2 的轮廓弯边宽度值来定义轮廓两侧距离。

（4）"折弯参数"和"止裂口"同"弯边"对话框中的选项。

（5）斜接：可以设置轮廓弯边开始端和结束端的斜接选项和参数。

① 斜接角：设置轮廓弯边开始端和结束端的斜接角度。

② 使用法向开孔法进行斜接：用来定义是否采用法向切槽方式斜接。

18.3.4 实例——提手

 制作思路

本例绘制提手，如图 18-18 所示。用"轮廓弯边"命令创建提手主体，再利用"弯边"命令创建细节特征。

扫码看视频

图 18-18 提手

绘制步骤

1. 创建新文件

选择"菜单"→"文件"→"新建"命令或单击快速访问工具栏中的"新建"按钮□，打开"新建"对话框，如图 18-19 所示。在"模板"列表中选择"NX 钣金"，输入名称为"tishou"，单击"确定"按钮，进入 NX 钣金环境。

图 18-19 "新建"对话框

2. 钣金参数预设置

（1）选择"菜单"→"首选项"→"钣金"命令，打开"钣金首选项"对话框。

图 18-20 "钣金首选项"对话框

（2）在"部件属性"选项卡的"全局参数"选项组中，设置"材料厚度"为 0.4，"弯曲半径"为 0.5，在"折弯定义方法"选项组的"方法"下拉列表中选择"公式"选项，在"公式"下拉列表中选择"折弯许用半径"选项，在如图 18-20 所示。

（3）单击"确定"按钮，完成 NX 钣金参数预设置。

3. 背景设置

（1）选择"菜单"→"首选项"→"背景"命令，打开如图 18-21 所示的"编辑背景"对话框。

（2）选中"着色视图"和"线框视图"中的"纯色"单选按钮，单击"普通颜色"右侧的 ▭ 按钮，打开如图 18-22 所示的"颜色"对话框。

（3）选择"白色"为背景颜色，单击"确定"按钮，返回"编辑背景"对话框。

图 18-21 "编辑背景"对话框

图 18-22 "颜色"对话框

（4）单击"确定"按钮，完成背景设置。

4. 创建轮廓弯边特征

（1）选择"菜单"→"插入"→"折弯"→"轮廓弯边"命令，或单击"主页"选项卡中"折弯"面板上的"轮廓弯边"按钮，打开"轮廓弯边"对话框。

（2）设置"类型"为"底数"，单击"表区域驱动"选项组中的"绘制截面"按钮，打开如图 18-23 所示的"创建草图"对话框。

图 18-23 "创建草图"对话框

图 18-24 绘制草图

（3）选择"XC-YC 平面"为草图放置面，设置"水平"面为参考平面，单击"确定"按钮，进入草图绘制环境，绘制如图 18-24 所示的草图。

（4）单击"完成"按钮，草图绘制完毕，返回"轮廓弯边"对话框。

（5）设置"宽度选项"为"有限"，"宽度"为200，"折弯止裂口"和"拐角止裂口"都为"无"，如图 18-25 所示。单击"确定"按钮，创建轮廓弯边特征，如图 18-26 所示。

图 18-25 "轮廓弯边"对话框

图 18-26 创建轮廓弯边特征

5. 创建弯边特征 1 和特征 2

（1）选择"菜单"→"插入"→"折弯"→"弯边"命令，或单击"主页"选项卡中"折弯"面板上的"弯边"按钮，打开"弯边"对话框。

（2）设置"宽度选项"为"完整"，"长度"为2.5，"角度"为90，"参考长度"为"外侧"，"内嵌"为"材料外侧"，"折弯止裂口"为"无"。如图 18-27 所示。

（3）选择弯边，同时在视图区预览所创建的弯边特征，如图 18-28 所示。

图 18-27　"弯边"对话框

图 18-28　选择弯边

（4）单击"应用"按钮，创建弯边特征 1。

（5）选择弯边，同时在视图区预览所创建的弯边特征，如图 18-29 所示。

（6）单击"确定"按钮，创建弯边特征 2，如图 18-30 所示。

图 18-29　选择弯边

图 18-30　创建弯边特征 2

6. 创建弯边特征 3、特征 4、特征 5 和特征 6

（1）选择"菜单"→"插入"→"折弯"→"弯边"命令，或单击"主页"选项卡中"折弯"面板上的"弯边"按钮，打开"弯边"对话框。

（2）设置"宽度选项"为"从端点"，"宽度"为 9，"距离 1"为 1.2，"长度"为 2.5，"角度"为 90，"参考长度"为"外侧"，"内嵌"为"材料外侧"，"折弯止裂口"为"无"，如图 18-31 所示。

（3）选择弯边和端点，同时在视图区预览所创建的弯边特征，如图 18-32 所示。

图 18-31 "弯边"对话框

图 18-32 选择弯边和端点

（4）单击"应用"按钮，创建弯边特征 3，如图 18-33 所示。

（5）选择弯边和端点，同时在视图区预览所创建的弯边特征，如图 18-34 所示。

图 18-33 创建弯边特征 3

图 18-34 选择弯边和端点

（6）单击"应用"按钮，创建弯边特征 4，如图 18-35 所示。

（7）同上步骤，在另一端创建相同参数的两处弯边特征，如图 18-36 所示。

图 18-35 创建弯边特征 4

图 18-36 创建弯边特征 5 和特征 6

18.3.5 放样弯边

"放样弯边"命令提供了在平行参考面上的轮廓或草图之间过渡连接的功能。可以使用该命令创建新零件的基本特征。

【执行方式】

- 菜单：选择"菜单"→"插入"→"折弯"→"放样弯边"命令。
- 功能区：单击"主页"选项卡中"折弯"面板上"更多"库下的"放样弯边"按钮。

【操作步骤】

（1）执行上述操作后，打开如图 18-37 所示的"放样弯边"对话框。

（2）选择现有起始截面或新建起始截面，并选择起始轮廓点。

（3）选择现有终止截面或新建终止截面，并选择终止轮廓点。

（4）采用默认折弯参数或修改折弯参数。

（5）设置折弯止裂口和拐角止裂口类型。

（6）单击"确定"按钮，创建放样弯边，如图 18-38 所示。

图 18-37 "放样弯边"对话框

（a）草图

（b）放样弯边

图 18-38 "放样弯边"示意图

【选项说明】

（1）类型 - 底数：可以使用基部放样弯边选项创建新零件的基本特征。

（2）起始截面：指定现有截面或新绘制截面作为放样弯边特征的起始轮廓，并指定起始轮廓的顶点。

（3）终止截面：指定现有截面或新绘制截面作为放样弯边特征的终止轮廓，并指定终止轮廓的顶点。

（4）折弯段：勾选"使用多段折弯"复选框，折弯段的数目为 1～24，通过滑块来指定折弯段数。

（5）折弯参数和止裂口：在前面已经讲解，此处从略。

18.3.6 折边弯边

扫码看视频

使用此命令在选择的边上创建一个折叠特征。折边弯边通常是创建在基础特征上的二次特征。

 【执行方式】

● 菜单：选择"菜单"→"插入"→"折弯"→"折边弯边"命令。

● 功能区：单击"主页"选项卡中"折弯"面板上"更多"库下的"折边弯边"按钮 。

 【操作步骤】

（1）执行上述操作后，打开如图 18-39 所示的"折边"对话框。

（2）选择折边类型。

（3）选择要折边的边。

（4）选择内嵌类型，设置折弯参数。

（5）设置折弯止裂口类型。

（6）单击"确定"按钮，创建折边弯边。

 【选项说明】

（1）要折边的边：在基础特征上选择要折边的边。

（2）内嵌：用来表示折边嵌入基础零件的方式。内嵌方式包括材料内侧、材料外侧和折弯外侧 3 种。

① 材料内侧：指折边嵌入基本材料的里面，此时折边特征的外侧表面与所选的折边的边平齐。

② 材料外侧：同样指折边嵌入基本材料的里面，但此时折边特征的内侧表面与所选的折边的边平齐。

③ 折弯外侧：指材料添加到所选中的折边的边上形成折边特征。

（3）折弯参数：根据选择的折边类型，设置折弯半径、弯边长度等参数。

图 18-39 "折边"对话框

（4）止裂口：在前面已经讲解，此处从略。

（5）斜接：勾选"斜接折边"复选框，输入斜接角度值创建斜接折边。

18.3.7 实例——基座

制作思路

本例绘制基座，如图 18-40 所示。首先利用"突出块"命令创建基座的本体，然后利用"弯边"命令创建弯边，最后利用"折边弯边"命令完成基座的绘制。

图 18-40　基座

扫码看视频

 绘制步骤

1. 新建文件

选择"菜单"→"文件"→"新建"命令或单击快速访问工具栏中的"新建"按钮，打开"新建"对话框。在"模板"列表中选择"NX 钣金"，输入名称为"jizuo"，单击"确定"按钮，进入 NX 钣金环境。

2. 钣金参数预设置

（1）选择"菜单"→"首选项"→"钣金"命令，打开"钣金首选项"对话框。

（2）在"部件属性"选项卡的"全局参数"选项组中，设置"材料厚度"为 0.4，"弯曲半径"为 2，在"折弯定义方法"选项组的"方法"下拉列表中选择"公式"选项，在"公式"下拉列表中选择"折弯许用半径"选项，如图 18-41 所示。

（3）单击"确定"按钮，完成 NX 钣金参数预设置。

3. 创建突出块特征

（1）选择"菜单"→"插入"→"突出块"命令，或单击"主页"选项卡中"基本"面板上的"突出块"按钮，打开如图 18-42 所示的"突出块"对话框。

（2）在"类型"下拉列表中选择"底数"，单击"绘制截面"按钮，打开如图 18-43 所示的"创

图 18-41　"钣金首选项"对话框

图 18-42　"突出块"对话框　　　　图 18-43　"创建草图"对话框

535

建草图"对话框。设置"*XC-YC* 平面"为参考平面,单击"确定"按钮,进入草图绘制环境,绘制如图 18-44 所示的草图。单击"完成"按钮 ,草图绘制完毕。

（3）单击"确定"按钮,创建突出块特征,如图 18-45 所示。

图 18-44　绘制草图　　　　　　　　　图 18-45　创建突出块特征

4. 创建弯边特征

（1）选择"菜单"→"插入"→"折弯"→"弯边"命令,或单击"主页"选项卡中"折弯"面板上的"弯边"按钮 ,打开"弯边"对话框。

（2）设置"宽度选项"为"完整","长度"为 28,"角度"为 90,"参考长度"为"外侧","内嵌"为"材料外侧","弯曲半径"为 5,"折弯止裂口"为"无",如图 18-46 所示。

（3）选择弯边,同时在视图区预览所创建的弯边特征,如图 18-47 所示。

（4）单击"应用"按钮,创建弯边特征 1,如图 18-48 所示。

图 18-47　选择弯边

图 18-46　"弯边"对话框　　　　　　图 18-48　创建弯边特征 1

（5）选择弯边,同时在视图区预览所创建的弯边特征,如图 18-49 所示。

（6）单击"确定"按钮,创建弯边特征 2,如图 18-50 所示。

5. 创建折边特征

（1）选择"菜单"→"插入"→"折弯"→"折边弯边"命令,或单击"主页"选项卡中"折弯"面板上"更多"库下的"折边弯边"按钮 ,打开"折边"对话框。

图 18-49　选择弯边

图 18-50　创建弯边特征 2

（2）选择"开放"类型，设置"内嵌"为"折弯外侧"，"折弯半径"为 2，"弯边长度"为 2，"折弯止裂口"为"无"，如图 18-51 所示。

（3）在视图区选择要折边的边，如图 18-52 所示。单击"应用"按钮，创建折边特征 1。

图 18-51　"折边"对话框

图 18-52　选择要折边的边

（4）在视图区选择要折边的边，如图 18-53 所示。单击"确定"按钮，创建折边特征 2，如图 18-54 所示。

图 18-53　选择要折边的边

图 18-54　创建折边特征 2

18.3.8　二次折弯

二次折弯功能可以在钣金零件平面上创建两个 90°的折弯特征。二次折弯功能所选的轮廓线必须是一条直线，并且位于放置平面上。

扫码看视频

【执行方式】

● 菜单：选择"菜单"→"插入"→"折弯"→"二次折弯"命令。

● 功能区：单击"主页"选项卡中"折弯"面板上"更多"库下的"二次折弯"按钮 🖾。

 【操作步骤】

（1）执行上述操作后，打开如图 18-55 所示的"二次折弯"对话框。

（2）绘制折弯线或选择已有的折弯线。

（3）设置折弯属性。

（4）选择折弯止裂口和拐角止裂口类型。

（5）单击"确定"按钮，创建二次折弯特征。

 【选项说明】

1. 二次折弯线

选择现有折弯线或新建折弯线。

2. 二次折弯属性

（1）高度：创建二次折弯特征时，可以在视图区中动态更改高度值。

（2）参考高度：包括"内侧"和"外侧"两个选项，如图 18-56 所示。

① 内侧：指定义放置面到二次折弯特征最近表面的高度。

② 外侧：指定义放置面到二次折弯特征最远表面的高度。

图 18-55 "二次折弯"对话框

（a）内侧　　　　　　　　　　　（b）外侧

图 18-56 "参考高度"示意图

（3）内嵌：包括材料内侧、材料外侧和折弯外侧 3 个选项，如图 18-57 所示。

（a）材料内侧　　　　　　（b）材料外侧　　　　　　（c）折弯外侧

图 18-57 "内嵌"示意图

① 材料内侧：指凸凹特征垂直于放置面的部分在轮廓面内侧。

② 材料外侧：指凸凹特征垂直于放置面的部分在轮廓面外侧。

③ 折弯外侧：指凸凹特征垂直于放置面的部分和折弯部分都在轮廓面外侧。

（4）延伸截面：定义是否延伸直线轮廓到零件的边。

18.3.9　折弯

该命令可以在钣金零件的平面区域上创建折弯特征。

扫码看视频

【执行方式】

- 菜单：选择"菜单"→"插入"→"折弯"→"折弯"命令。
- 功能区：单击"主页"选项卡中"折弯"面板上"更多"库下的"折弯"按钮 。

【操作步骤】

（1）执行上述操作后，打开如图 18-58 所示的"折弯"对话框。

（2）选择现有折弯线或绘制折弯线。

（3）设置折弯参数。

（4）选择折弯止裂口和拐角止裂口类型。

（5）单击"确定"按钮，完成折弯操作。

图 18-58　"折弯"对话框

【选项说明】

1. 折弯线

选择已有的折弯线或新建折弯线。

2. 折弯属性

（1）角度：指定折弯角度。

（2）反向：弯曲变化的方向从上往下，单击此按钮，更改弯曲方向。

（3）反侧：单击此按钮，更改折弯的生成方向。

（4）内嵌：包括外模线轮廓、折弯中心线轮廓、内模线轮廓、材料内侧和材料外侧 5 种，如图 18-59 所示。

（a）外模线轮廓　　　　　　（b）折弯中心线轮廓　　　　　　（c）内模线轮廓

（d）材料内侧　　　　（e）材料外侧

图 18-59　"内嵌"示意图

① 外模线轮廓：在展开状态时，轮廓线为平面静止区域和圆柱折弯区域之间连接的直线。
② 折弯中心线轮廓：轮廓线表示折弯中心线，在展开状态时折弯区域均匀分布在轮廓线两侧。
③ 内模线轮廓：在展开状态时，轮廓线为平面腹板区域和圆柱折弯区域之间连接的直线。
④ 材料内侧：在成形状态下，轮廓线在平面区域外侧平面内。
⑤ 材料外侧：在成形状态下，轮廓线在平面区域内侧平面内。
（5）延伸截面：定义是否延伸截面到零件的边，如图 18-60 所示。

　　（a）勾选"延伸截面"选项　　　　　　（b）取消"延伸截面"选项

图 18-60　"延伸截面"示意图

18.3.10　法向开孔

法向开孔是指用一组连续的曲线作为裁剪的轮廓线，沿着钣金零件体表面的法向进行裁剪。

扫码看视频

 【执行方式】

● 菜单：选择"菜单"→"插入"→"切割"→"法向开孔"
　命令。
● 功能区：单击"主页"选项卡中"特征"面板上的"法向开孔"按钮 □。

【操作步骤】

（1）执行上述操作后，打开如图 18-61 所示的"法向开孔"对话框。
（2）在对话框中选择类型。
（3）选择草图或 3D 曲线为截面。
（4）若选择草图，则在"开孔属性"选项组中设置切割方法和限制选项。
（5）单击"确定"按钮，创建法向开孔特征。

图 18-61　"法向开孔"对话框

 【选项说明】

法向开孔有两种类型，分别是"草图"和"3D 曲线"。
（1）草图：选择一个现有草图或在指定平面上绘制草图作为轮廓。
① 切割方法：包括厚度、中位面和最近的面 3 种方法。
a. 厚度：指在钣金零件体放置面沿着厚度方向进行裁剪。
b. 中位面：是在钣金零件体的放置面的中间面向钣金零件体的两侧进行裁剪。

c. 最近的面：是在钣金零件体的放置面的最近的面向钣金零件体的两侧进行裁剪。

② 限制：包括值、所处范围、直至下一个和贯通 4 个选项。

a. 值：是指沿着法向，穿过至少指定一个厚度的深度尺寸的裁剪。

b. 所处范围：指沿着法向从开始面穿过钣金零件的厚度，延伸到指定结束面的裁剪。

c. 直至下一个：指沿着法向穿过钣金零件的厚度，延伸到最近面的裁剪。

d. 贯通：指沿着法向，穿过钣金零件所有面的裁剪。

（2）3D 曲线：选择 3D 曲线作为轮廓。

18.4　综合实例——前后侧板

 制作思路

本例绘制前后侧板，如图 18-62 所示。首先利用"突出块"命令创建钣金件，然后利用"折弯"命令在钣金件上创建折弯，最后利用"法向开孔"命令在钣金件上裁剪槽。

扫码看视频

图 18-62　前后侧板

绘制步骤

1. 新建文件

选择"菜单"→"文件"→"新建"命令或单击快速访问工具栏中的"新建"按钮，打开"新建"对话框。在"模板"列表中选择"NX 钣金"，输入名称为"qianhouban"，单击"确定"按钮，进入 NX 钣金环境。

2. 钣金参数预设置

（1）选择"菜单"→"首选项"→"钣金"命令，打开"钣金首选项"对话框。

（2）在"钣金首选项"对话框中，设置"全局参数"选项组中的"材料厚度"为 0.4，"弯曲半径"为 2，在"折弯定义方法"选项组的"方法"下拉列表中选择"公式"选项，在"公式"下拉列表中选择"折弯许用半径"选项。

（3）单击"确定"按钮，完成 NX 钣金参数预设置。

3. 创建突出块特征

（1）选择"菜单"→"插入"→"突出块"命令，或单击"主页"选项卡中"基本"面板上的"突出块"按钮，打开"突出块"对话框。

（2）在"类型"下拉列表中选择"底数"，单击"绘制截面"按钮，打开"创建草图"对话框。

（3）选择"*XC-YC* 平面"为草图绘制面，设置"水平"面为参考平面，单击"确定"按钮，进入草图绘制环境,绘制如图18-63所示的草图。单击"完成"按钮 ,草图绘制完毕。

(4)单击"确定"按钮,创建突出块特征,如图18-64所示。

图18-63　绘制草图

图18-64　创建突出块特征

4. 创建折弯特征

(1)选择"菜单"→"插入"→"折弯"→"折弯"命令,或单击"主页"选项卡中"折弯"面板上"更多"库下的"折弯"按钮 ,打开"折弯"对话框。

(2)单击"绘制截面"按钮 ,打开"创建草图"对话框,设置"水平"面为参考平面。单击"确定"按钮,进入草图绘制环境,绘制如图18-65所示的折弯线。单击"完成"按钮 ,草图绘制完毕。

图18-65　绘制折弯线

(3)在"折弯"对话框的"角度"文本框中输入90,在"内嵌"下拉列表中选择"折弯中心线轮廓"选项,设置"弯曲半径"为0.05,设置"折弯止裂口"为"无",如图18-66所示。单击"应用"按钮,创建折弯特征1,如图18-67所示。

(4)单击"绘制截面"按钮 ,打开"创建草图"对话框,设置"水平"面为参考平面。单击"确定"按钮,进入草图绘制环境,绘制如图18-68所示的折弯线。单击"完成"按钮 ,草图绘制完毕。

图18-66　"折弯"对话框

图18-67　创建折弯特征1

图18-68　绘制折弯线

（5）在"折弯"对话框的"角度"文本框中输入 90，在"内嵌"下拉列表中选择"折弯中心线轮廓"选项，设置"弯曲半径"为 0.05，设置"折弯止裂口"为"无"。单击"确定"按钮，创建折弯特征 2，如图 18-69 所示。

5. 创建法向开孔特征

（1）选择"菜单"→"插入"→"切割"→"法向开孔"命令，或单击"主页"选项卡中"特征"面板上的"法向开孔"按钮 ，打开"法向开孔"对话框。

（2）在"切割方法"下拉列表中选择"厚度"选项，在"限制"下拉列表中选择"直至下一个"选项，如图 18-70 所示。

图 18-69 创建折弯特征 2　　　　　　　　图 18-70 "法向开孔"对话框

（3）单击"绘制截面"按钮 ，打开"创建草图"对话框，设置"水平"面为参考平面。单击"确定"按钮，进入草图绘制环境，绘制如图 18-71 所示的裁剪轮廓线。单击"完成"按钮 ，草图绘制完毕。

（4）单击"确定"按钮，创建法向开孔特征，如图 18-72 所示。

图 18-71 绘制裁剪轮廓线　　　　　　　　图 18-72 创建法向开孔特征

第 19 章
钣金高级特征

在上一章的基础上，本章将继续讲解钣金的一些高级特征，包括冲压开孔、凹坑、实体冲压、筋、百叶窗、封闭拐角等。

/ 重点与难点

- ➡ 冲压开孔
- ➡ 冲压特征
- ➡ 转换特征
- ➡ 拐角特征
- ➡ 展平实体

19.1　冲压开孔

扫码看视频

冲压开孔是指用一组连续的曲线作为裁剪的轮廓线，沿着钣金零件体表面的法向进行裁剪，同时在轮廓线上建立弯边的过程。

 【执行方式】

- 菜单：选择"菜单"→"插入"→"冲孔"→"冲压开孔"命令。
- 功能区：单击"主页"选项卡中"冲孔"面板上的"冲压开孔"按钮 。

 【操作步骤】

（1）执行上述操作后，打开如图 19-1 所示的"冲压开孔"对话框。
（2）选择现有截面草图或新建截面草图。
（3）在"开孔属性"选项组中设置深度、侧角和侧壁等参数。
（4）在"倒圆"选项组中采用默认值或设置冲模半径和角半径参数。
（5）单击"确定"按钮，创建冲压开孔特征。

 【选项说明】

1. 表区域驱动

选择现有曲线为截面，或绘制截面。

2. 开孔属性

（1）深度：指钣金零件放置面到弯边底部的距离。
（2）反向：单击此按钮，更改切除基础部分的方向。
（3）侧角：指弯边在钣金零件放置面法向倾斜的角度。
（4）侧壁：包括材料内侧和材料外侧两个选项如图 19-2 所示。
① 材料内侧：指冲压开孔特征所生成的弯边位于轮廓线内部。
② 材料外侧：指冲压开孔特征所生成的弯边位于轮廓线外部。

图 19-1　"冲压开孔"对话框

（a）材料内侧

（b）材料外侧

图 19-2　"侧壁"示意图

3. 倒圆

（1）开孔边倒圆：勾选此复选框，设置冲模半径值。
（2）冲模半径：指钣金零件放置面转向折弯部分内侧圆柱面的半径大小。
（3）截面拐角倒圆：勾选此复选框，设置拐角半径值。
（4）角半径：指折弯部分内侧圆柱面的半径大小。

19.2 冲压特征

19.2.1 凹坑

扫码看视频

凹坑是指用一组连续的曲线作为成形面的轮廓线，沿着钣金零件体表面的法向成形，同时在轮廓线上建立成形钣金部件的过程，它和冲压开孔有一定的相似之处，主要不同的是其成形不裁剪由轮廓线生成的平面。

【执行方式】

● 菜单：选择"菜单"→"插入"→"冲孔"→"凹坑"命令。
● 功能区：单击"主页"选项卡中"冲孔"面板上的"凹坑"按钮 ⬢。

【操作步骤】

（1）执行上述操作后，打开如图 19-3 所示的"凹坑"对话框。
（2）绘制凹坑截面或选择已有的截面。
（3）设置凹坑属性参数。
（4）设置倒圆参数。
（5）单击"确定"按钮，创建凹坑特征。

图 19-3 "凹坑"对话框

【选项说明】

1. 表区域驱动
选择现有草图或新建的草图作为凹坑截面。

2. 凹坑属性
（1）深度：指定凹坑的延伸范围。
（2）反向：改变凹坑方向。
（3）侧角：输入凹坑锥角。
（4）参考深度：包括内侧和外侧两个选项，如图 19-4 所示。
① 内侧：指定义放置面到凹坑特征最近表面的深度。
② 外侧：指定义放置面到凹坑特征最远表面的深度。

（a）内侧　　　　　　　　（b）外侧

图 19-4 "参考深度"示意图

（5）侧壁：包括材料内侧和材料外侧两个选项，如图 19-5 所示。

① 材料内侧：指凹坑特征的侧壁建造在轮廓面的内侧。

② 材料外侧：指凹坑特征的侧壁建造在轮廓面的外侧。

（a）材料内侧　　　　　　　　　　（b）材料外侧

图 19-5　"侧壁"示意图

3．倒圆

（1）凹坑边倒圆：勾选此复选框，设置冲压和冲模半径值。

（2）冲压半径：指定凹坑底部的半径值。

（3）冲模半径：指定凹坑基础部分的半径值。

（4）截面拐角倒圆：勾选此复选框，设置拐角半径值。

（5）角半径：指定棱角侧面的圆形拐角半径值。

19.2.2　实例——电饭锅盖

制作思路

　　本例绘制电饭锅盖，如图 19-6 所示。首先利用"突出块"命令创建锅盖基体，然后利用"凹坑"命令创建锅盖形状，再利用"法向开孔"命令创建孔，最后利用"折边弯边"命令创建锅盖边。

图 19-6　电饭锅盖

扫码看视频

绘制步骤

1．创建新文件

　　选择"菜单"→"文件"→"新建"命令或单击快速访问工具栏中的"新建"按钮，打开"新建"对话框。在"模板"列表中选择"NX 钣金"，输入名称为"dianfanguogai"，单击"确定"按钮，进入 NX 钣金环境。

2．钣金参数预设置

（1）选择"菜单"→"首选项"→"钣金"命令，打开"钣金首选项"对话框。

（2）在"部件属性"选项卡的"全局参数"选项组中，设置"材料厚度"为1，"弯曲半径"为2，在"折弯定义方法"选项组的"方法"下拉列表中选择"公式"选项，在"公式"下拉列表中选择"折弯许用半径"选项，如图19-7所示。

（3）单击"确定"按钮，完成钣金参数预设置。

3. 创建突出块特征

（1）选择"菜单"→"插入"→"突出块"命令，或单击"主页"选项卡中"基本"面板上的"突出块"按钮，打开如图19-8所示的"突出块"对话框。

（2）在"类型"下拉列表中选择"底数"。单击"绘制截面"按钮，打开如图19-9所示的"创建草图"对话框。设置"XC-YC平面"为参考平面，单击"确定"按钮，进入草图绘制环境，绘制如图19-10所示的草图。单击"完成"按钮，草图绘制完毕。

图19-7 "钣金首选项"对话框

图19-8 "突出块"对话框

图19-9 "创建草图"对话框

（3）单击"确定"按钮，创建突出块特征，如图19-11所示。

图19-10 绘制草图

图19-11 创建突出块特征

4. 创建凹坑特征 1

（1）选择"菜单"→"插入"→"冲孔"→"凹坑"命令，或单击"主页"选项卡中"冲孔"面板上的"凹坑"按钮⬡，打开"凹坑"对话框。

（2）单击"绘制截面"按钮📐，打开"创建草图"对话框。选择突出块特征的上表面为草图放置面，单击"确定"按钮，进入草图绘制环境，绘制如图 19-12 所示的草图。单击"完成"按钮🏁，草图绘制完毕。

图 19-12　绘制草图

（3）在"深度"文本框中输入 15，在"侧角"文本框中输入 2，设置"参考深度"为"外侧"，"侧壁"为"材料外侧"，勾选"凹坑边倒圆"复选框，在"冲压半径"和"冲模半径"文本框中分别输入 5、0，如图 19-13 所示。单击"确定"按钮，创建凹坑特征 1，如图 19-14 所示。

5. 创建凹坑特征 2

（1）选择"菜单"→"插入"→"冲孔"→"凹坑"命令，或单击"主页"选项卡中"冲孔"面板上的"凹坑"按钮⬡，打开"凹坑"对话框。

（2）单击"绘制截面"按钮📐，打开"创建草图"对话框。选择突出块特征的上表面为草图放置面，单击"确定"按钮，进入草图绘制环境，绘制如图 19-15 所示的草图。单击"完成"按钮🏁，草图绘制完毕。

图 19-13　"凹坑"对话框

图 19-14　创建凹坑特征 1

图 19-15　绘制草图

（3）在"深度"文本框中输入 3，在"侧角"文本框中输入 60，设置"参考深度"为"外侧"，"侧壁"为"材料外侧"，勾选"凹坑边倒圆"复选框，在"冲压半径"和"冲模半径"文本框中分别输入 0.5、0.5，如图 19-16 所示。单击"确定"按钮，创建凹坑特征 2，如图 19-17 所示。

图 19-16 "凹坑"对话框

图 19-17 创建凹坑特征 2

6. 创建法向开孔特征

（1）选择"菜单"→"插入"→"切割"→"法向开孔"命令，或单击"主页"选项卡中"特征"面板上的"法向开孔"按钮，打开"法向开孔"对话框。

（2）设置"切割方法"为"厚度"，"限制"为"直至下一个"，如图 19-18 所示。

（3）单击"绘制截面"按钮，打开"创建草图"对话框。在视图区选择如图 19-17 所示的面 1 为草图绘制面，单击"确定"的按钮，进入草图绘制环境，绘制如图 19-19 所示的草图。单击"完成"按钮，草图绘制完毕。

（4）单击"确定"按钮，创建法向开孔特征，如图 19-20 所示。

7. 创建折边特征

（1）选择"菜单"→"插入"→"折弯"→"折边弯边"命令，或单击"主页"选项卡中"折弯"面板上"更多"库下的"折边弯边"按钮，打开"折边"对话框。

图 19-18 "法向开孔"对话框

图 19-19 绘制草图

图 19-20 创建法向开孔特征

（2）在"类型"下拉列表中选择"开放"类型，设置"内嵌"为"材料外侧"，输入"折弯半径"为 0.3，"弯边长度"为 0.5，设置"折弯止裂口"为"无"，如图 19-21 所示。

（3）在视图区选择弯边，如图 19-22 所示。单击"确定"按钮，创建折边特征，如图 19-23 所示。

图 19-21　"折边"对话框

图 19-22　选择弯边

图 19-23　创建折边特征

19.2.3　实体冲压

使用此命令可以将冲压工具添加到金属板上，形成工具的形状特征。

扫码看视频

 【执行方式】

- 菜单：选择"菜单"→"插入"→"冲孔"→"实体冲压"命令。
- 功能区：单击"主页"选项卡中"冲孔"面板上的"实体冲压"按钮 。

【操作步骤】

（1）执行上述操作后，打开如图 19-24 所示的"实体冲压"对话框。

（2）在"类型"下拉列表中选择冲压类型。

（3）在视图中选择目标面、工具体以及坐标系。

（4）设置实体冲压属性。

（5）单击"确定"按钮，创建实体冲压特征。

图 19-24　"实体冲压"对话框

【选项说明】

1. 类型

（1）冲压：用工具体冲压形成凸起的形状。

（2）冲模：用工具体冲模形成凹陷的形状。

2. 目标

选择面：指定冲压目标面。

3. 工具

（1）选择体：指定要冲压成型的工具体。

（2）要穿透的面：指定冲压要穿透的面。

4. 位置

（1）指定起始坐标系：选择一个坐标系来指定工具体的位置。

（2）指定目标坐标系：选择一个坐标系来指定目标体的位置。

5. 设置

（1）倒圆边：勾选此复选框，设置冲模半径值。

（2）恒定厚度：取消此复选框的勾选，设置冲压半径值。

（3）质心点：勾选此复选框，在冲压体的相交曲线处创建一个质心点。

（4）隐藏工具体：勾选此复选框，冲压后隐藏冲压工具体。

19.2.4 筋

使用该命令可以在钣金零件表面的引导线上添加加强筋。

扫码看视频

【执行方式】

- 菜单：选择"菜单"→"插入"→"冲孔"→"筋"命令。
- 功能区：单击"主页"选项卡中"冲孔"面板上的"筋"按钮 。

【操作步骤】

（1）执行上述操作后，打开如图 19-25 所示的"筋"对话框。

（2）选择现有截面或者新建草图截面。

（3）在"筋属性"选项组中选择横截面形状，并设置筋的各个参数。

（4）单击"确定"按钮，创建筋特征。

【选项说明】

横截面包括圆形、U 形和 V 形 3 种类型。

（1）圆形：创建圆形筋的对话框如图 19-25 所示。

① 深度：是指圆形筋的底面和圆弧顶部之间的高度差值。

② 半径：是指圆形筋的截面圆弧半径。

③ 冲模半径：是指圆形筋的侧面或端盖与底面的倒角半径。

④ 端部条件：是指附着筋的类型，包括成形的、冲裁的和冲压的，如图 19-26 所示。

图 19-25　"筋"对话框

（a）成形的

（b）冲裁的

（c）冲压的

图 19-26　"圆形"示意图

（2）U 形：创建 U 形筋的对话框如图 19-27 所示。

① 深度：是指 U 形筋的底面和顶面之间的高度差值。

② 宽度：是指 U 形筋顶面的宽度。

③ 角度：是指 U 形筋的底面法向和侧面或端盖之间的夹角。

④ 冲模半径：是指 U 形筋的顶面和侧面或端盖的倒角半径。

⑤ 冲压半径：是指 U 形筋的底面和侧面或端盖的倒角半径。

⑥ 端部条件：是指附着筋的类型，包括成形的、冲裁的和冲压的，如图 19-28 所示。

（3）V 形：创建 V 形筋的对话框如图 19-29 所示。

图 19-27　U 形筋的参数

（a）成形的

（b）冲裁的

（c）冲压的

图 19-28　"U 形"示意图

图 19-29　V 形筋的参数

① 深度：是指 V 形筋的底面和顶面之间的高度差值。

② 角度：是指 V 形筋的底面法向和侧面或端盖之间的夹角。

③ 半径：是指 V 形筋的两个侧面或两个端盖之间的倒角半径。

④ 冲模半径：是指 V 形筋的底面和侧面或端盖的倒角半径。

⑤ 端部条件：是指附着筋的类型，包括成形的、冲裁的、冲压的和锥孔，如图 19-30 所示。

（a）成形的　　　　（b）冲裁的　　　　（c）冲压的　　　　（d）锥孔

图 19-30　"V 形"示意图

19.2.5　百叶窗

使用该命令可以在钣金零件平面上创建通风窗。

扫码看视频

【执行方式】

● 菜单：选择"菜单"→"插入"→"冲孔"→"百叶窗"命令。

● 功能区：单击"主页"选项卡中"冲孔"面板上的"百叶窗"按钮 。

【操作步骤】

（1）执行上述操作后，打开如图 19-31 所示的"百叶窗"对话框。

（2）选择现有截面或者新建草图截面。

（3）设置百叶窗的深度、宽度和形状等参数。

（4）单击"确定"按钮，创建百叶窗特征。

【选项说明】

1. 切割线

（1） 曲线：指定已有的单一直线作为百叶窗特征的轮廓线来创建百叶窗特征。

（2） 绘制截面：选择零件平面作为参考平面，绘制直线草图作为百叶窗特征的轮廓线来创建切开端百叶窗特征。

2. 百叶窗属性

（1）深度：百叶窗特征最外侧点距钣金零件表面（百叶窗特征一侧）的距离。

（2）宽度：百叶窗特征在钣金零件表面投影轮廓的宽度。

（3）百叶窗形状：包括成形的和冲裁的两个选项。

图 19-31　"百叶窗"对话框

① 成形的：在结束端形成一个圆形封闭的形状，如图 19-32 所示。

② 冲裁的：在结束端形成一个方形开口形状，如图 19-33 所示。

图 19-32　"成形的"示意图　　　　　　　　图 19-33　"冲裁的"示意图

3. 倒圆

百叶窗边倒圆：勾选此复选框，激活"冲模半径"文本框，可以根据需求设置冲模半径。

19.3　转换特征

19.3.1　撕边

扫码看视频

撕边是指在钣金实体上，沿着草绘截面或钣金零件体已有边缘创建开口或缝隙。

【执行方式】

- 菜单：选择"菜单"→"插入"→"转换"→"撕边"命令。
- 功能区：单击"主页"选项卡中"基本"面板上"转换"
  库下的"撕边"按钮 。

【操作步骤】

（1）执行上述操作后，打开如图 19-34 所示的"撕边"对话框。

（2）选择已有的边缘或截面曲线，或者绘制截面草图。

（3）单击"确定"按钮，创建撕边特征。

图 19-34　"撕边"对话框

【选项说明】

（1）选择边：指定已有的边缘来创建撕边特征。

（2）曲线：指定已有的截面曲线来创建撕边特征。

（3）绘制截面：可以在钣金零件放置面上绘制截面草图，来创建撕边特征。

19.3.2　转换为钣金

扫码看视频

使用该命令可以把非钣金件转换为钣金件，但钣金件必须是等厚度的。

【执行方式】

- 菜单：选择"菜单"→"插入"→"转换"→"转换为钣金"命令。

● 功能区：单击"主页"选项卡中"基本"面板上"转换"库下的"转换为钣金"按钮 。

【操作步骤】

（1）执行上述操作后，打开如图 19-35 所示的"转换为钣金"对话框。

（2）选择要转换为钣金的实体面、边缘等。

（3）设置转换为钣金件后的止裂口形状。

（4）单击"确定"按钮，将实体转换为钣金件。

【选项说明】

（1）全局转换：选择一个基准面来锚定零件。

（2）选择边：选择创建边缘裂口所需的边缘。

（3）选择截面：选择现有截面或新建草图截面。使用这个选项可以将实体沿着角部以外的线性部分撕开。

图 19-35 "转换为钣金"对话框

19.4 拐角特征

19.4.1 封闭拐角

封闭拐角是将两个相邻的折弯边进行接合，创建一定形状拐角的过程。

扫码看视频

【执行方式】

● 菜单：选择"菜单"→"插入"→"拐角"→"封闭拐角"命令。

● 功能区：单击"主页"选项卡中"拐角"面板上的"封闭拐角"按钮 。

【操作步骤】

（1）执行上述操作后，打开如图 19-36 所示的"封闭拐角"对话框。

（2）在"类型"下拉列表中选择封闭拐角类型。

（3）选择相邻的两个折弯面。

（4）在"拐角属性"选项组中设置拐角的处理方法，并设置重叠方式。

（5）单击"确定"按钮，创建封闭拐角。

【选项说明】

（1）处理：包括"打开""封闭""圆形开孔""U 形开孔""V 形开孔"和"矩形开孔"6 种处理方法，如图 19-37 所示。

（2）重叠：有"封闭"和"重叠的"两种方式，如图 19-38 所示。

图 19-36 "封闭拐角"对话框

（a）打开　　　　　　（b）封闭　　　　　　（c）圆形开孔

（d）U 形开孔　　　　（e）V 形开孔　　　　（f）矩形开孔

图 19-37　"处理"示意图

（a）封闭方式　　　　（b）重叠的方式

图 19-38　"重叠"示意图

① 封闭：指对应弯边的内侧边重合。

② 重叠的：指一条弯边叠加在另一条弯边的上面。

（3）缝隙：指两弯边封闭或重叠时铰链之间的最小距离。

19.4.2　倒角

倒角就是对钣金件进行圆或者倒角处理。

扫码看视频

 【执行方式】

● 菜单：选择"菜单"→"插入"→"拐角"→"倒角"命令。
● 功能区：单击"主页"选项卡中"拐角"面板上的"倒角"按钮 。

【操作步骤】

（1）执行上述操作后，打开如图 19-39 所示的"倒角"对话框。
（2）选择要倒角的边。
（3）设置倒角方法为圆角或倒角，并输入半径或距离值。
（4）单击"确定"按钮，完成倒角创建。

 【选项说明】

（1）方法：有"圆角"和"倒斜角"两种方法。
（2）半径／距离：指倒圆的外半径或倒角的偏置尺寸。

图 19-39　"倒角"对话框

19.5　展平实体

扫码看视频

采用"展平实体"命令可以在同一钣金零件文件中创建平面展开图，展平实体特征与成形特征相关联。当采用"展平实体"命令展开钣金零件时，将展平实体特征作为"引用集"在部件导航器中显示。如果钣金零件包含变形特征，这些特征将保持原有的状态；如果钣金模型发生了更改，平面展开图也自动更新并包含了新的特征。

 【执行方式】

● 菜单：选择"菜单"→"插入"→"展平图样"→"展平实体"命令。
● 功能区：单击"主页"选项卡中"展平图样"库下的"展平实体"按钮。

 【操作步骤】

（1）执行上述操作后，打开如图 19-40 所示的"展平实体"对话框。
（2）在视图中选择展平实体的固定面。
（3）采用默认参数设置，或者修改相关参数。
（4）单击"确定"按钮，展平实体。

 【选项说明】

（1）固定面：可以选择钣金零件的平面表面作为展平实体的参考面，在选定参考面后，系统将以该平面为基准将钣金零件展开。

图 19-40　"展平实体"对话框

（2）方位：可以选择钣金零件的边作为平板实体的参考轴 (*X* 轴) 方向并确定原点，在视图区中将显示参考轴方向。在选定参考轴后，系统将以该参考轴和已选择的固定面为基准将钣金零件展开。

19.6 综合实例——投影机底盒

制作思路

本例绘制投影机底盒，如图 19-41 所示。首先绘制草图，通过拉伸创建基体，然后利用"腔"命令创建腔体，利用"撕边"命令和"转换为钣金"命令创建下半部分，再创建突出块特征和法向开孔特征，最后创建弯边和封闭拐角完成上半部分。

扫码看视频

图 19-41　投影机底盒

绘制步骤

1. 新建文件

选择"菜单"→"文件"→"新建"命令或单击快速访问工具栏中的"新建"按钮，打开"新建"对话框。在"模板"列表中选择"模型"，输入名称为"touyingdihe"，单击"确定"按钮，进入建模环境。

2. 绘制草图

（1）选择"菜单"→"插入"→"草图"命令，或单击"主页"选项卡中"直接草图"面板上的"草图"按钮，打开"创建草图"对话框。

（2）设置"水平"面为参考平面，单击"确定"按钮，进入草图绘制环境，绘制如图 19-42 所示的草图。

3. 创建拉伸特征

（1）选择"菜单"→"插入"→"设计特征"→"拉伸"命令，或单击"主页"选项卡中"特征"面板上的"拉伸"按钮，打开"拉伸"对话框。

图 19-42　绘制草图

（2）在视图区中选择如图 19-42 所示的草图曲线。

（3）在"距离"文本框中输入 50，如图 19-43 所示。单击"确定"按钮，创建拉伸特征，如图 19-44 所示。

4. 创建腔体

（1）选择"菜单"→"插入"→"设计特征"→"腔（原有）"命令，打开如图 19-45 所示的"腔"对话框。

图 19-43 "拉伸"对话框

图 19-44 创建拉伸特征

图 19-45 "腔"对话框

（2）单击"矩形"按钮，打开如图 19-46 所示的"矩形腔"对话框。在视图区选择放置面，如图 19-47 所示。

图 19-46 "矩形腔"对话框

图 19-47 选择放置面

（3）打开如图 19-48 所示的"水平参考"对话框。在视图区选择参考平面，如图 19-49 所示。

图 19-48 "水平参考"对话框

图 19-49 选择参考平面

（4）打开如图 19-50 所示的"矩形腔"参数对话框。在"长度""宽度"和"深度"文本框中分别输入 150、80 和 45，单击"确定"按钮。

（5）打开如图 19-51 所示的"定位"对话框，选择"垂直"定位方式，分别选择腔体边线和拉伸体的边线，输入距离为 5。单击"确定"按钮，创建矩形腔体，如图 19-52 所示。

图 19-50　"矩形腔"参数对话框

图 19-51　"定位"对话框

5. 进入钣金设计环境

单击"应用模块"选项卡中"设计"面板上的"钣金"按钮 ，进入钣金设计环境。

6. 创建撕边特征

（1）选择"菜单"→"插入"→"转换"→"撕边"命令，或单击"主页"选项卡中"基本"面板上"转换"库下的"撕边"按钮 ，打开如图 19-53 所示的"撕边"对话框。

图 19-52　创建矩形腔体

图 19-53　"撕边"对话框

（2）在视图区选择边，如图 19-54 所示。

（3）单击"确定"按钮，创建撕边特征，如图 19-55 所示。

图 19-54　选择边

图 19-55　创建撕边特征

7. 将实体转换为钣金

（1）选择"菜单"→"插入"→"转换"→"转换为钣金"命令，或单击"主页"选项卡中"基本"面板上"转换"库下的"转换为钣金"按钮 ，打开如图 19-56 所示的"转换为钣金"

对话框。

（2）在视图区选择转换面，如图 19-57 所示。

（3）单击"确定"按钮，将实体转换为钣金，如图 19-58 所示。

图 19-56　"转换为钣金"对话框

图 19-57　选择转换面

图 19-58　将实体转换为钣金

8. 创建突出块特征

（1）选择"菜单"→"插入"→"突出块"命令，或单击"主页"选项卡中"基本"面板上的"突出块"按钮，打开如图 19-59 所示的"突出块"对话框。

（2）在"类型"下拉列表中选择"底数"，单击"绘制截面"按钮，打开"创建草图"对话框。选择如图 19-60 所示的面 1 为草图工作平面，单击"确定"按钮，进入草图绘制环境，绘制如图 19-61 所示的草图。单击"完成"按钮，草图绘制完毕。

图 19-59　"突出块"对话框

图 19-60　选择草图工作平面

图 19-61　绘制草图

（3）在"厚度"文本框中输入 1。单击"确定"按钮，创建突出块特征。

9. 创建法向开孔特征

（1）选择"菜单"→"插入"→"切割"→"法向开孔"命令，或单击"主页"选项卡中"特征"面板上的"法向开孔"按钮 ⬚，打开"法向开孔"对话框。

（2）设置"切割方法"为"厚度"，"限制"为"直至下一个"，如图 19-62 所示。

（3）单击"绘制截面"按钮 ⬚，打开"创建草图"对话框。在视图区选择如图 19-63 所示的面 2 为草图工作平面，单击"确定"按钮，进入草图绘制环境，绘制如图 19-64 所示的草图。单击"完成"按钮 ⬚，草图绘制完毕。

图 19-62　"法向开孔"对话框

图 19-63　选择草图工作平面

图 19-64　绘制草图

（4）单击"确定"按钮，创建法向开孔特征，如图 19-65 所示。

10. 创建弯边特征

（1）选择"菜单"→"插入"→"折弯"→"弯边"命令，或单击"主页"选项卡中"折弯"面板上的"弯边"按钮 ⬚，打开"弯边"对话框。

图 19-65　创建法向开孔特征

（2）设置"宽度选项"为"完整"，"长度"为 50，"角度"为 90，"参考长度"为"外侧"，"内嵌"为"折弯外侧"，"折弯止裂口"为"无"，如图 19-66 所示。

（3）选择如图 19-67 所示的边，单击"应用"按钮，创建弯边特征 1，如图 19-68 所示。

图 19-66 "弯边"对话框

图 19-67 选择边

图 19-68 创建弯边特征 1

（4）重复上述步骤，在突出块特征的其他 3 边上创建相同参数的弯边特征，结果如图 19-69 所示。

11．创建封闭拐角

（1）选择"菜单"→"插入"→"拐角"→"封闭拐角"命令，或单击"主页"选项卡中"拐角"面板上的"封闭拐角"按钮🧊，打开"封闭拐角"对话框。

（2）在"类型"下拉列表中选择"封闭和止裂口"选项，在"处理"下拉列表中选择"封闭"选项，

图 19-69 创建其他弯边特征

在"重叠"下拉列表中选择"封闭"选项，在"缝隙"文本框中输入 0.1，如图 19-70 所示。

（3）在视图区选择两个相邻弯边，如图 19-71 所示。

图 19-70 "封闭拐角"对话框

图 19-71 选择相邻弯边

（4）单击"应用"按钮，创建封闭拐角 1，如图 19-72 所示。

（5）同上步骤，创建相同参数的其他 3 个封闭拐角，如图 19-73 所示。

图 19-72 创建封闭拐角 1

图 19-73 创建其他封闭拐角

12. 创建止裂口

（1）选择"菜单"→"插入"→"拐角"→"封闭拐角"命令，或单击"主页"选项卡中"拐角"面板上的"封闭拐角"按钮 ，打开"封闭拐角"对话框。

（2）在"类型"下拉列表中选择"止裂口"选项，在"处理"下拉列表中选择"圆形开孔"选项，选择止裂口特征原点为"拐角点"，输入直径为 5，如图 19-74 所示。

（3）在视图区选择两个相邻折弯，如图 19-75 所示。

图 19-74 "封闭拐角"对话框

图 19-75 选择相邻折弯

（4）单击"应用"按钮，创建止裂口 1，如图 19-76 所示。

（5）同上步骤，创建相同参数的其他 3 个止裂口，如图 19-77 所示。

图 19-76 创建止裂口 1

图 19-77 创建其他止裂口

第 20 章
计算机机箱设计
综合实例

本章讲解计算机机箱的创建，主要介绍机箱顶板和机箱左右板的建模方法和设计过程。

/ 重点与难点

- 机箱顶板
- 机箱左右板

20.1　机箱顶板

制作思路

本节绘制机箱顶板，如图 20-1 所示。首先绘制机箱顶板的基体，然后在其上面创建弯边，最后创建造型和孔。

图 20-1　机箱顶板

扫码看视频

绘制步骤

1. 创建新文件

选择"菜单"→"文件"→"新建"命令或单击快速访问工具栏中的"新建"按钮，打开"新建"对话框。在"模板"列表中选择"NX 钣金"，输入名称为"top_cover"，单击"确定"按钮，进入 NX 钣金环境。

2. 钣金参数预设置

（1）选择"菜单"→"首选项"→"钣金"命令，打开"钣金首选项"对话框。

（2）设置"材料厚度"为 1，"弯曲半径"为 2，其他采用默认设置，如图 20-2 所示。单击"确定"按钮，完成 NX 钣金参数预设置。

3. 创建突出块特征

（1）选择"菜单"→"插入"→"突出块"命令，或单击"主页"选项卡中"基本"面板上的"突出块"按钮，打开如图 20-3 所示的"突出块"对话框。

（2）在"类型"下拉列表中选择"底数"，单击"绘制截面"按钮，打开如

图 20-2　"钣金首选项"对话框

图 20-4 所示的"创建草图"对话框。设置"*XC-YC* 平面"为参考平面，单击"确定"按钮，进入草图绘制环境，绘制如图 20-5 所示的草图。单击"完成"按钮，草图绘制完毕。

图 20-3 "突出块"对话框

图 20-4 "创建草图"对话框

（3）单击"确定"按钮，创建突出块特征，如图 20-6 所示。

图 20-5 绘制草图

图 20-6 创建突出块特征

4. 创建弯边特征 1

（1）选择"菜单"→"插入"→"折弯"→"弯边"命令，或单击"主页"选项卡中"折弯"面板上的"弯边"按钮，打开"弯边"对话框。

（2）设置"宽度选项"为"完整"，"长度"为 23，"角度"为 90，"参考长度"为"外侧"，"内嵌"为"折弯外侧"，在"止裂口"选项组的"折弯止裂口"下拉列表中选择"无"选项，如图 20-7 所示。

（3）选择如图 20-8 所示的弯边。单击"确定"按钮，创建弯边特征 1，如图 20-9 所示。

图 20-8 选择弯边

图 20-7 "弯边"对话框

图 20-9 创建弯边特征 1

5. 创建轮廓弯边特征

（1）选择"菜单"→"插入"→"折弯"→"轮廓弯边"命令，或单击"主页"选项卡中"折弯"面板上的"轮廓弯边"按钮 ，打开如图 20-10 所示的"轮廓弯边"对话框。

（2）设置"类型"为"底数"，单击"绘制截面"按钮 ，打开"创建草图"对话框。

（3）在"草图类型"下拉列表中选择"基于路径"选项，选择草图绘制路径，如图 20-11 所示。在"弧长百分比"文本框中输入 50，如图 20-12 所示。单击"确定"按钮，进入草图绘制环境。

（4）绘制如图 20-13 所示的草图，单击"完成"按钮 ，草图绘制完毕，返回"轮廓弯边"对话框。

（5）设置"宽度选项"为"对称"，"宽度"为 360。单击"确定"按钮，创建轮廓弯边特征，如图 20-14 所示。

6. 绘制草图

（1）选择"菜单"→"插入"→"草图"命令，或单击"主页"选项卡中"直接草图"面板上的"草图"按钮 ，打开"创建草图"对话框。

图 20-10　"轮廓弯边"对话框

图 20-11　选择草图绘制路径

图 20-12　"创建草图"对话框

图 20-13　绘制草图

图 20-14　创建轮廓弯边特征

569

（2）在视图区选择如图 20-14 所示的面 1 作为草图工作平面，绘制如图 20-15 所示的草图。

（3）在如图 20-15 所示的草图中，选择所有已经标注的尺寸并单击鼠标右键，打开如图 20-16 所示的快捷菜单。

（4）在快捷菜单中，选择"删除"命令，删除所有选中的尺寸标注，如图 20-17 所示。

图 20-15　绘制草图

图 20-16　快捷菜单

造型2　　造型1

图 20-17　删除尺寸标注后的草图

（5）选择"菜单"→"插入"→"草图曲线"→"阵列曲线"命令，打开"阵列曲线"对话框。

（6）在视图区选择如图 20-17 所示的造型 1 为阵列对象，选择中心线为阵列方向 1。选择"线性"布局，输入数量为 6，节距为 65，如图 20-18 所示。单击"应用"按钮，完成造型 1 的阵列。

（7）重复步骤（6），选择如图 20-17 所示的造型 2 为阵列对象，输入数量为 5，节距为 65。单击"确定"按钮，完成造型 2 的阵列，如图 20-19 所示。

图 20-18　"阵列曲线"对话框

图 20-19　阵列造型后的草图

7. 创建法向开孔特征 1

（1）选择"菜单"→"插入"→"切割"→"法向开孔"命令，或单击"主页"选项卡中"特征"面板上的"法向开孔"按钮 🗂，打开如图 20-20 所示的"法向开孔"对话框。

（2）在视图区选择如图 20-19 所示的草图为切割截面。

（3）设置"切割方法"为"厚度"，"限制"为"贯通"。单击"确定"按钮，创建法向开孔特征 1，如图 20-21 所示。

图 20-20　"法向开孔"对话框

图 20-21　创建法向开孔特征 1

8. 创建弯边特征 2

（1）选择"菜单"→"插入"→"折弯"→"弯边"命令，或单击"主页"选项卡中"折弯"面板上的"弯边"按钮 🗂，打开"弯边"对话框。

（2）设置"宽度选项"为"在中心"，"宽度"为 194，"长度"为 14，"角度"为 90，"参考长度"为"内侧"，"内嵌"为"材料内侧"，在"止裂口"选项组的"折弯止裂口"下拉列表中选择"无"选项，如图 20-22 所示。

（3）选择折弯边，如图 20-23 所示。单击"确定"按钮，创建弯边特征 2，如图 20-24 所示。

图 20-22　"弯边"对话框

图 20-23　选择折弯边

图 20-24　创建弯边特征 2

9. 创建法向开孔特征 2

（1）选择"菜单"→"插入"→"切割"→"法向开孔"命令，或单击"主页"选项卡中"特征"面板上的"法向开孔"按钮，打开如图 20-25 所示的"法向开孔"对话框。

（2）单击"绘制截面"按钮，打开"创建草图"对话框。在视图区选择如图 20-24 所示的面 2 为草图绘制面，单击"确定"按钮，进入草图绘制环境，绘制如图 20-26 所示的草图。单击"完成"按钮，草图绘制完毕。

（3）设置"切割方法"为"厚度"，"限制"为"直至下一个"。单击"确定"按钮，创建法向开孔特征 2，如图 20-27 所示。

10. 创建弯边特征 3

（1）选择"菜单"→"插入"→"折弯"→"弯边"命令，或单击"主页"选项卡中"折弯"面板上的"弯边"按钮，打开"弯边"对话框。

图 20-25 "法向开孔"对话框

图 20-26 绘制草图

图 20-27 创建法向开孔特征 2

（2）设置"宽度选项"为"完整"，"长度"为 14，"角度"为 90，"参考长度"为"内侧"，"内嵌"为"材料外侧"，在"止裂口"选项组的"折弯止裂口"下拉列表中选择"无"选项，如图 20-28 所示。

（3）选择折弯边，如图 20-29 所示。单击"确定"按钮，创建弯边特征 3，如图 20-30 所示。

图 20-28 "弯边"对话框

图 20-29 选择折弯边

图 20-30 创建弯边特征 3

11. 创建法向开孔特征 3

（1）选择"菜单"→"插入"→"切割"→"法向开孔"命令，或单击"主页"选项卡中"特征"面板上的"法向开孔"按钮 ，打开"法向开孔"对话框。

（2）单击"绘制截面"按钮 ，打开"创建草图"对话框。在视图区选择如图 20-30 所示的面 3 为草图工作平面，单击"确定"按钮，进入草图绘制环境，绘制如图 20-31 所示的草图。单击"完成"按钮 ，草图绘制完毕。

（3）设置"切割方法"为"厚度"，"限制"为"直至下一个"。单击"确定"按钮，创建法向开孔特征 3，如图 20-32 所示。

图 20-31　绘制草图　　　　　　　　图 20-32　创建法向开孔特征 3

12. 镜像特征

（1）选择"菜单"→"插入"→"关联复制"→"镜像特征"命令，打开"镜像特征"对话框，如图 20-33 所示。

（2）在模型中选择步骤 4、步骤 5、步骤 7～步骤 11 创建的特征为要镜像的特征。

（3）在"平面"下拉列表中选择"新平面"选项，在"指定平面"下拉列表中选择"XC-ZC 平面"，单击"确定"按钮，创建镜像特征，结果如图 20-34 所示。

图 20-33　"镜像特征"对话框　　　　图 20-34　镜像特征后的钣金件

13. 创建孔特征 1

（1）选择"菜单"→"插入"→"设计特征"→"孔"命令，或单击"主页"选项卡中"特征"面板上"更多"库下的"孔"按钮 ，打开"孔"对话框。

（2）在"直径"和"深度"文本框中都输入5，如图20-35所示。

（3）单击"绘制截面"按钮 📷，打开"创建草图"对话框。在视图区选择如图20-36所示的面4为孔放置面，单击"确定"按钮，进入草图绘制环境，绘制如图20-37所示的点。单击"完成"按钮 🏁，草图绘制完毕。

（4）单击"确定"按钮，创建孔特征1，如图20-38所示。

图 20-35 "孔"对话框

图 20-36 选择放置面

图 20-37 绘制点

图 20-38 创建孔特征1

14. 创建孔特征2

（1）选择"菜单"→"插入"→"设计特征"→"孔"命令，或单击"主页"选项卡中"特征"面板上"更多"库下的"孔"按钮 🛠，打开"孔"对话框。

（2）在"直径"和"深度"文本框中都输入5。

（3）单击"绘制截面"按钮 📷，打开"创建草图"对话框。在视图区选择如图20-39所示的面5为孔放置面，单击"确定"按钮，进入草图绘制环境，绘制如图20-40所示的点。单击"完成"按钮 🏁，草图绘制完毕。

（4）单击"确定"按钮，创建孔特征2，结果如图20-41所示。

图 20-39 选择放置面

图 20-40 绘制点

图 20-41 创建孔特征2后的钣金件

15. 镜像孔特征

（1）选择"菜单"→"插入"→"关联复制"→"镜像特征"命令，打开如图20-42所示的"镜像特征"对话框。

（2）选择上一步所创建的孔特征为要镜像的特征。

（3）在"平面"下拉列表中选择"新平面"选项，在"指定平面"下拉列表中选择"XC-ZC 平面"。

（4）单击"确定"按钮，创建镜像孔特征，结果如图 20-43 所示。

图 20-42 "镜像特征"对话框

图 20-43 钣金件

20.2 机箱左右板

制作思路

本节绘制计算机机箱左右板，如图 20-44 所示。首先利用"突出块"命令创建基体，然后在其上面创建弯边和轮廓弯边，再利用法向开孔和弯边做造型，最后创建凹坑和散热孔。

图 20-44 计算机机箱左右板

扫码看视频

绘制步骤

1．创建新文件

选择"菜单"→"文件"→"新建"命令或单击快速访问工具栏中的"新建"按钮，打开"新建"对话框。在"模板"列表中选择"NX 钣金"，输入名称为"side_cover"，单击"确定"按钮，进入 NX 钣金环境。

2. 钣金参数预设置

（1）选择"菜单"→"首选项"→"钣金"命令，打开"钣金首选项"对话框。

（2）设置"材料厚度"为1,"弯曲半径"为1，其他采用默认设置，如图20-45所示。单击"确定"按钮，完成 NX 钣金参数预设置。

图 20-45 "钣金首选项"对话框

3. 创建突出块特征

（1）选择"菜单"→"插入"→"突出块"命令，或单击"主页"选项卡中"基本"面板上的"突出块"按钮，打开如图20-46所示的"突出块"对话框。

（2）在"类型"下拉列表中选择"底数"。单击"绘制截面"按钮，打开如图20-47所示的"创建草图"对话框。设置"XC-YC 平面"为参考平面，单击"确定"按钮，进入草图绘制环境，绘制如图20-48所示的草图。

图 20-46 "突出块"对话框栏

图 20-47 "创建草图"对话框

（3）单击"确定"按钮，创建突出块特征，如图20-49所示。

4. 创建弯边特征1

（1）选择"菜单"→"插入"→"折弯"→"弯边"命令，或单击"主页"选项卡中"折弯"

面板上的"弯边"按钮🔧，打开"弯边"对话框。

图 20-48　绘制草图

图 20-49　创建突出块特征

（2）设置"宽度选项"为"完整"，"长度"为16，"角度"为90，"参考长度"为"外侧"，"内嵌"为"折弯外侧"，在"止裂口"选项组的"折弯止裂口"下拉列表中选择"无"选项，如图 20-50 所示。

（3）选择如图 20-51 所示的弯边，单击"确定"按钮，创建弯边特征 1，如图 20-52 所示。

图 20-50　"弯边"对话框

图 20-51　选择弯边

图 20-52　创建弯边特征 1

5. 创建轮廓弯边特征 1

（1）选择"菜单"→"插入"→"折弯"→"轮廓弯边"命令，或单击"主页"选项卡中"折弯"面板上的"轮廓弯边"按钮📎，打开如图 20-53 所示的"轮廓弯边"对话框。

（2）在"类型"下拉列表中选择"底数"类型，单击"绘制截面"按钮▣，打开如图 20-54 所示的"创建草图"对话框。

（3）选择草图绘制路径，如图 20-55 所示。在"弧长百分比"文本框中输入 50，单击"确定"按钮，进入草图绘制环境。

（4）绘制如图 20-56 所示的草图，单击"完成"按钮🏁，草图绘制完毕，返回"轮廓弯边"对话框。

图 20-53 "轮廓弯边"对话框

图 20-54 "创建草图"对话框

图 20-55 选择草图绘制路径

图 20-56 绘制草图

（5）设置"宽度选项"为"对称"，"宽度"为379。单击"确定"按钮，创建轮廓弯边特征1，如图20-57所示。

6. 绘制草图

（1）选择"菜单"→"插入"→"草图"命令，或单击"主页"选项卡中"直接草图"面板上的"草图"按钮，打开"创建草图"对话框。

（2）选择如图20-57所示的面1为草图工作平面，单击"确定"按钮，进入草图绘制环境，绘制如图20-58所示的草图。单击"完成"按钮，草图绘制完毕。

图 20-57 创建轮廓弯边特征1

图 20-58 绘制草图

7. 创建法向开孔特征1

（1）选择"菜单"→"插入"→"切割"→"法向开孔"命令，或单击"主页"选项卡中"特征"面板上的"法向开孔"按钮，打开如图 20-59 所示的"法向开孔"对话框。

（2）在视图区选择如图 20-58 所示的草图为切割截面。

（3）设置"切割方法"为"厚度"，"限制"为"直至下一个"。单击"确定"按钮，创建法向开孔特征 1，如图 20-60 所示。

图 20-59 "法向开孔"对话框

图 20-60 创建法向开孔特征 1

8. 绘制草图

（1）选择"菜单"→"插入"→"草图"命令，或单击"主页"选项卡中"直接草图"面板上的"草图"按钮，打开"创建草图"对话框。

（2）选择如图 20-60 所示的面 2 为草图工作平面，单击"确定"按钮，进入草图绘制环境，绘制如图 20-61 所示的草图。单击"完成"按钮，草图绘制完毕。

图 20-61 绘制草图

（3）选择"菜单"→"插入"→"草图曲线"→"阵列曲线"命令，打开如图 20-62 所示的"阵列曲线"对话框。

（4）选择上一步所绘制的矩形为阵列对象，选择 −XC 轴为阵列方向 1。选择"线性"布局，输入数量为 5，节距为 65。单击"确定"按钮，完成矩形的阵列，如图 20-63 所示。

图 20-62 "阵列曲线"对话框

图 20-63 阵列矩形

9. 创建法向开孔特征2

（1）选择"菜单"→"插入"→"切割"→"法向开孔"命令，或单击"主页"选项卡中"特征"面板上的"法向开孔"按钮 🗍，打开如图 20-64 所示的"法向开孔"对话框。

（2）在视图区选择如图 20-63 所示的草图为切割截面。

（3）设置"切割方法"为"厚度"，"限制"为"直至下一个"。单击"确定"按钮，创建法向开孔特征2，如图 20-65 所示。

10. 创建弯边特征

（1）选择"菜单"→"插入"→"折弯"→"弯边"命令，或单击"主页"选项卡中"折弯"面板上的"弯边"按钮 🗗，打开"弯边"对话框。

（2）选择如图 20-66 所示的弯边。设置"宽度选项"为"从端点"，选取如图 20-66 所示的端点为指定点，设置"宽度"为18，"距离1"为7，"长度"为7，"角度"为90，"参考长度"为"内侧"，"内嵌"为"折弯外侧"，在"止裂口"选项组的"折弯止裂口"下拉列表中选择"无"选项，如图 20-67 所示。

（3）单击"应用"按钮，创建弯边特征2，如图 20-68 所示。

图 20-64　"法向开孔"对话框

图 20-65　创建法向开孔特征2

图 20-66　选择弯边和端点

图 20-67　"弯边"对话框

图 20-68　创建弯边特征2

（4）重复上述步骤，在其他法向开孔特征边线上创建相同参数的弯边特征，如图 20-69 所示。

11. 绘制草图

（1）选择"菜单"→"插入"→"草图"命令，或单击"主页"选项卡中"直接草图"面板上的"草图"按钮，打开"创建草图"对话框。

（2）选择如图 20-68 所示的面 3 为草图工作平面，单击"确定"按钮，进入草图绘制环境，绘制如图 20-70 所示的草图。单击"完成"按钮，草图绘制完毕。

图 20-69　创建其他弯边特征

图 20-70　绘制草图

12. 拉伸切除操作

（1）选择"菜单"→"插入"→"设计特征"→"拉伸"命令，或单击"主页"选项卡中"特征"面板上"更多"库下的"拉伸"按钮，打卄"拉伸"对话框。

（2）选择上步绘制的草图为拉伸曲线。

（3）在"指定矢量"下拉列表中选择"YC 轴"为拉伸方向。

（4）在"开始距离"和"结束距离"文本框中分别输入 0、5，在"布尔"下拉列表中选择"减去"选项，如图 20-71 所示。单击"确定"按钮，结果如图 20-72 所示。

图 20-71　"拉伸"对话框

图 20-72　切除材料

13. 阵列拉伸切除特征

（1）选择"菜单"→"插入"→"关联复制→"阵列特征"命令，或单击"主页"选项卡中"特征"面板上的"阵列特征"按钮 💷，打开"阵列特征"对话框。

（2）选择上步绘制的拉伸特征为阵列对象，选择 –XC 轴为阵列方向 1。选择"线性"布局，输入数量为 5，节距为 65，如图 20-73 所示。

（3）单击"确定"按钮，阵列拉伸切除特征，如图 20-74 所示。

14. 创建镜像体特征

（1）选择"菜单"→"插入"→"关联复制"→"镜像体"命令，打开如图 20-75 所示的"镜像体"对话框。

图 20-73 "阵列特征"对话框

图 20-74 阵列拉伸切除特征

图 20-75 "镜像体"对话框

（2）在视图区选择要镜像的体，如图 20-76 所示。

（3）在视图区选择 ZC-XC 平面为镜像平面，单击"确定"按钮，创建镜像体特征，如图 20-77 所示。

图 20-76 选择要镜像的体   图 20-77 创建镜像体特征

15. 合并实体

（1）单击"应用模块"选项卡中"设计"面板上的"建模"按钮 🗐，进入建模环境。

（2）选择"菜单"→"插入"→"组合"→"合并"命令，或单击"主页"选项卡中"特征"面板上的"合并"按钮，打开如图 20-78 所示的"合并"对话框。

（3）在视图区选择目标体和工具体，如图 20-79 所示。

图 20-78　"合并"对话框

图 20-79　选择目标体和工具体

（4）单击"确定"按钮，合并实体。

16. 创建轮廓弯边特征 2

（1）单击"应用模块"选项卡中"设计"面板上的"钣金"按钮，进入钣金环境。

（2）选择"菜单"→"插入"→"折弯"→"轮廓弯边"命令，或单击"主页"选项卡中"折弯"面板上的"轮廓弯边"按钮，打开如图 20-80 所示的"轮廓弯边"对话框。

（3）设置"类型"为"底数"，单击"绘制截面"按钮，打开如图 20-81 所示的"创建草图"对话框。

图 20-80　"轮廓弯边"对话框

图 20-81　"创建草图"对话框

（4）选择草图绘制路径，如图 20-82 所示。在"弧长百分比"文本框中输入 50，单击"确定"按钮，进入草图绘制环境。

（5）绘制如图 20-83 所示的草图，单击"完成"按钮 ✗，草图绘制完毕，返回"轮廓弯边"对话框。

图 20-82　选择草图绘制路径

图 20-83　绘制草图

（6）设置"宽度选项"为"对称"，"宽度"为 355，单击"确定"按钮，创建轮廓弯边特征 2，如图 20-84 所示。

17. 绘制草图

（1）选择"菜单"→"插入"→"草图"命令，或单击"主页"选项卡中"直接草图"面板上的"草图"按钮 ⚁，打开"创建草图"对话框。

（2）选择如图 20-84 所示的面 4 为草图工作平面，单击"确定"按钮，进入草图绘制环境，绘制如图 20-85 所示的草图。单击"完成"按钮 ✗，草图绘制完毕。

图 20-84　创建轮廓弯边特征 2

图 20-85　绘制草图

18. 创建法向开孔特征 3

（1）选择"菜单"→"插入"→"切割"→"法向开孔"命令，或单击"主页"选项卡中"特征"面板上的"法向开孔"按钮 ⬜，打开"法向开孔"对话框。

（2）设置"切割方法"为"厚度"，"限制"为"直至下一个"，如图 20-86 所示。

（3）在视图区选择上一步绘制的草图为切割截面。

（4）单击"确定"按钮，创建法向开孔特征 3，如图 20-87 所示。

图 20-86　"法向开孔"对话框

图 20-87　创建法向开孔特征 3

19. 绘制草图

（1）选择"菜单"→"插入"→"草图"命令，或单击"主页"选项卡中"直接草图"面板上的"草图"按钮，打开"创建草图"对话框。

（2）选择如图 20-84 所示的面 4 为草图工作平面，单击"确定"按钮，进入草图绘制环境，绘制如图 20-88 所示的草图。单击"完成"按钮，草图绘制完毕。

20. 创建百叶窗特征

（1）选择"菜单"→"插入"→"冲孔"→"百叶窗"命令，或单击"主页"选项卡中"冲孔"面板上的"百叶窗"按钮，打开"百叶窗"对话框。

（2）在视图区选择上一步绘制的一条切割线。

（3）在"深度"和"宽度"文本框中分别输入 2 和 9。设置"百叶窗形状"为"冲裁的"，勾选"百叶窗边倒圆"复选框，在"冲模半径"文本框中输入 2，如图 20-89 所示。

图 20-88　绘制草图

图 20-89　"百叶窗"对话框

（4）单击"应用"按钮，创建百叶窗特征，如图 20-90 所示。

（5）同上步骤，创建其他百叶窗，结果如图 20-91 所示。

21. 创建法向开孔特征 4

（1）选择"菜单"→"插入"→"切割"→"法向开孔"命令，或单击"主页"选项卡中"特征"面板上的"法向开孔"按钮，打开"法向开孔"对话框。

图 20-90　创建百叶窗特征

图 20-91　创建百叶窗完毕的钣金件

（2）单击"绘制截面"按钮 🖼，打开"创建草图"对话框。在视图区选择如图 20-84 所示的面 4 为草图工作平面，单击"确定"按钮，进入草图设计环境。

（3）绘制如图 20-92 所示的裁剪轮廓。单击"完成"按钮 🏁，草图绘制完毕。

（4）设置"切割方法"为"厚度"，"限制"为"直至下一个"。单击"确定"按钮，创建法向开孔特征 4，如图 20-93 所示。

图 20-92　绘制草图

图 20-93　创建法向开孔特征 4

22. 创建孔特征

（1）选择"菜单"→"插入"→"设计特征"→"孔"命令，或单击"主页"选项卡中"特征"面板上的"孔"按钮 🔷，打开"孔"对话框。

（2）在"直径"和"深度"文本框中都输入 5，如图 20-94 所示

（3）单击"绘制截面"按钮 🖼，打开"创建草图"对话框。在视图区选择如图 20-95 所示的面 5 为孔放置面，单击"确定"按钮，进入草图绘制环境，绘制如图 20-96 所示的草图。单击"完成"按钮 🏁，草图绘制完毕。

（4）单击"确定"按钮，创建孔特征。

23. 阵列孔特征

（1）选择"菜单"→"插入"→"关联复制→"阵列特征"命令，打开"阵列特征"对话框。

（2）选择上步创建的孔特征为阵列对象，选择 YC 轴为阵列方向 1。选择"线性"布局，输入数量为 3，节距为 125，如图 20-97 所示。

（3）单击"确定"按钮，阵列孔特征，如图 20-98 所示。

24. 绘制草图

（1）选择"菜单"→"插入"→"草图"命令，或单击"主页"选项卡中"直接草图"面板上的"草图"按钮 🖼，打开"创建草图"对话框。

面5

图 20-95　选择孔放置面

图 20-94　"孔"对话框

图 20-96　绘制草图

（2）选择如图 20-99 所示的草图工作平面，单击"确定"按钮，进入草图绘制环境，绘制如图 20-100 所示的草图。单击"完成"按钮，草图绘制完毕。

图 20-97　"阵列特征"对话框

图 20-98　阵列孔特征

图 20-99　选择草图工作平面

25. 创建拉伸特征

（1）隐藏钣金件，选择"菜单"→"插入"→"设计特征→"拉伸"命令，或单击"主页"选项卡中"特征"面板上的"拉伸"按钮⬛，打开"拉伸"对话框。

（2）在视图区选择如图 20-100 所示的草图曲线为拉伸曲线。

（3）在"开始距离"文本框中输入 –10，"结束距离"文本框中输入 10，如图 20-101 所示。单击"确定"按钮，创建拉伸特征，如图 20-102 所示。

图 20-100　绘制草图

图 20-101　"拉伸"对话框

26. 创建基准平面

（1）选择"菜单"→"插入"→"基准/点"→"基准平面"命令，打开"基准平面"对话框。

（2）在"类型"下拉列表中选择"曲线和点"选项，如图 20-103 所示。

（3）在视图区选择曲线和点，如图 20-104 所示。单击"确定"按钮，创建基准平面，如图 20-105 所示。

图 20-102　创建拉伸特征

图 20-103　"基准平面"对话框

图 20-104　选择曲线和点

图 20-105　创建基准平面

27. 修剪体

（1）选择"菜单"→"插入"→"修剪"→"修剪体"命令，打开如图 20-106 所示的"修剪体"对话框。

（2）在视图区选择拉伸体为目标体，选择上步创建的基准平面为工具。单击"确定"按钮，创建修剪体特征，如图 20-107 所示。

图 20-106 "修剪体"对话框

图 20-107 创建修剪体特征

28. 创建实体冲压特征

（1）显示钣金件，选择"菜单"→"插入"→"冲孔"→"实体冲压"命令，或单击"主页"选项卡中"冲孔"面板上的"实体冲压"按钮 🐷，打开如图 20-108 所示的"实体冲压"对话框。

（2）设置"类型"为"冲压"，在视图区选择目标面，如图 20-109 所示。

图 20-108 "实体冲压"对话框

图 20-109 选择目标面

（3）在视图区选择如图 20-110 所示的工具体，单击"确定"按钮，创建实体冲压特征，如图 20-111 所示。

29. 创建孔特征

（1）选择"菜单"→"插入"→"设计特征"→"孔"命令，或单击"主页"选项卡中"特征"面板上的"孔"按钮 🔲，打开"孔"对话框。

（2）在"直径"和"深度"文本框中都输入3，如图20-112所示。

图 20-110　选择工具体

图 20-111　创建实体冲压特征

图 20-112　"孔"对话框

（3）单击"绘制截面"按钮，打开"创建草图"对话框。在视图区选择如图20-111所示的面6为孔放置面，单击"确定"按钮，进入草图绘制环境，绘制如图20-113所示的草图。单击"完成"按钮，草图绘制完毕。

（4）单击"确定"按钮，创建孔特征。

30. 阵列钣金孔

（1）选择"菜单"→"插入"→"关联复制"→"阵列特征"命令，打开"阵列特征"对话框。

（2）选择上步绘制的孔特征为阵列对象，选择"线性"布局。

（3）选择 XC 轴为方向1，输入数量为5，节距为40。

（4）勾选"使用方向2"复选框。选择 YC 轴为方向2，输入数量为5，节距为40。

（5）单击"确定"按钮，阵列钣金孔，如图20-114所示。

图 20-113　绘制草图

图 20-114　阵列钣金孔

第6篇

高级分析

第 **21** 章
建立有限元模型

本章主要讲解建立有限元分析时模块的选择，分析模型的建立，分析环境的设置，如何为模型指定材料属性，添加载荷、约束和划分网格等操作。用户通过对本章的学习，能基本掌握有限元分析的前处理部分。

/ 重点与难点

- 分析模块简介
- 有限元模型和仿真模型的建立
- 求解器和分析类型
- 模型准备
- 材料属性
- 添加载荷
- 边界条件的加载
- 划分网络
- 创建解法

21.1 分析模块简介

在 UG NX 系统的分析模块中，首先将几何模型转换为有限元模型，然后进行前置处理，包括赋予质量属性、施加约束和载荷等，接着提交解算器进行分析求解，最后进行后置处理，采用直接显示资料或采用图形显示等方法来表达求解结果。

该模块是专门针对设计工程师和对几何模型进行专业分析的人员开发的，功能强大，采用图形应用接口，使用方便，具有以下 4 个特点。

（1）图形接口，交互操作简便。

（2）前置处理功能强大：在 UG 系统中建立模型，在分析模块中直接可以转化成有限元模型并可以对模型进行简化，忽略一些不重要的特征；可以添加多种类型载荷，指定多种边界条件，采用网格生成器自动生成网格。

（3）支持多种分析求解器（包括 NX.Nastran、NX 热流、NX 空间系统热、MSC.Nastran、ANSYS 和 ABAQUS 等）及多种分析解算类型（包括结构分析、稳态分析、模态分析、热分析和热-结构分析等）。

（4）后置处理功能强大：后置处理器在一个独立窗口中运行，可以让分析人员同时检查有限元模型和后置处理结果，结果可以以图形的方式直观地显示出来，方便分析人员判断，也可以采用动画形式反映分析过程中对象的变化过程。

21.2 有限元模型和仿真模型的建立

在 UG NX 建模模块中建立的模型称为主模型，它可以被系统中的装配、加工、工程图和分析等模块引用。有限元模型是在引用零件主模型的基础上建立起来的，用户可以根据需要由同一个主模型建立多个包含不同属性的有限元模型。有限元模型主要包括几何模型的信息（如对主模型进行简化后），在前后置处理后还包括材料属性信息、网格信息和分析结果等信息。

有限元模型虽然是从主模型引用而来，但在资料存储上是完全独立的，对该模型进行修改不会对主模型产生影响。

在建模模块中完成需要分析的模型建模后，单击"应用模块"选项卡中"仿真"面板上的"前/后处理"按钮，进入高级仿真模块。单击资源条中的"仿真导航器"按钮，在屏幕左侧打开"仿真导航器"界面，如图 21-1 所示。

在仿真导航器中，右键单击模型名称，在打开的快捷菜单中选择"新建 FEM 和仿真"命令，或单击"主页"选项卡中"关联"面板上的"新建 FEM 和仿真"按钮，打开如图 21-2 所示的"新建 FEM 和仿真"对话框。系统根据模型名称，默认给出有限元

图 21-1　仿真导航器

和仿真模型名称（模型名称 model1.prt，FEM 名称 model1_fem1.fem，仿真名称 model1_sim1.sim），用户根据需要在"求解器"下拉列表和"分析类型"下拉列表中选择合适的求解器和分析类型，单击"确定"按钮，进入"解算方案"对话框，如图 21-3 所示；接受系统设置的各选项值（包括最大作业时间、默认温度等），单击"确定"按钮，完成创建解法的设置。这时，在仿真导航器中，用户可以清楚地看到各模型间的层级关系，如图 21-4 所示。

图 21-2　"新建 FEM 和仿真"对话框

图 21-3　"解算方案"对话框

图 21-4　仿真导航器

21.3　求解器和分析类型

在建立仿真模型的过程中，用户必须了解系统提供的各项求解器和分析类型。各种类型的求解器在各自领域都有很强的优势，用户只有选择合适的求解器和分析类型才能得到最佳的分析结果。

21.3.1 求解器

UG NX 有限元模块支持多种类型的求解器，这里简要说明主要的 3 种。

（1）NX.Nastran 和 MSC.Nastran：Nastran 是美国国家航空航天局为了满足航空航天工业对结构分析的迫切需求而开发的大型应用有限元程序，经过几十年发展，其卓越的性能得到广泛认可。使用该求解器，求解对象的自由度几乎不受数量的限制，在求解各方面都有相当高的精度。这类求解器包括 UGS 公司开发的 NX. Nastran 和 MSC 公司开发的 MSC.Nastran。

（2）ANSYS：ANSYS 求解器是由世界上最大的有限元分析软件公司之一 ANSYS 公司开发的，ANSYS 广泛应用于机械制造、石油化工、航空航天等领域，是集结构、热、流体、电磁和声学于一体的通用型求解器。

（3）ABAQUS：ABAQUS 求解器在非线性求解方面有很高的求解精度，其求解对象也很广泛。

当用户选择了求解器后，分析工作被提交到所选的求解器进行求解，然后在 UG NX 中进行后置处理。

21.3.2 分析类型

UG 的分析模块主要包括以下 5 种分析类型。

（1）结构（线性静态分析）：在进行结构线性静态分析时，可以计算结构的应力、应变和位移等参数；施加的载荷包括力、力矩和温度等，其中温度主要计算热应力；可以进行线性静态轴对称分析。结构线性静态分析是使用最为广泛的分析之一，UG NX 根据不同的模型和用户需求，提供极为丰富的单元类型。

（2）稳态（线性稳态分析）：线性稳态分析主要分析结构失稳时的极限载荷和结构变形，施加的载荷主要是力，不能进行轴对称分析。

（3）模态（标准模态分析）：模态分析主要是对结构进行标准模态分析，分析结构的固有频率、特征参数和各阶模态变形等，对模态施加的激励可以是脉冲、阶跃等。不能进行轴对称分析。

（4）热（稳态热传递分析）：稳态热传递分析主要是分析稳定热载荷对系统的影响，可以计算温度、温度梯度和热流量等参数，也可以进行轴对称分析。

（5）热 - 结构（线性热结构分析）：线性热结构分析可以看成结构分析和热分析的综合，先对模型进行稳态热传递分析，然后对模型进行结构线性静态分析，应用该分析可以计算模型在一定温度条件下施加载荷后的应力和应变等参数。可以进行轴对称分析。

"轴对称分析"表示如果分析模型是一个旋转体，且施加的载荷和边界约束条件仅作用在旋转半径或轴线方向，则在分析时，可采用一半或四分之一的模型进行有限元分析，这样可以大大减少单元数量，提高求解速度，而且对计算精度没有影响。

21.4 模型准备

在 UG NX 高级仿真模块中进行有限元分析，可以直接引用建立的有限元模型，也可以通过高级仿真操作简化模型，经过高级仿真处理过的仿真模型有助于网格划分，提高分析精度，缩短求解时间。其常用命令在"主页"选项卡中，如图 21-5 所示。

图 21-5　"主页"选项卡

21.4.1　理想化几何体

在建立仿真模型的过程中，为模型划分网格是这一过程重要的一步。模型中的一些不重要特征如小孔、圆角等对分析结果的影响并不重要，如果对包含这些不重要特征的整个模型进行自动划分网格，会产生很多数量的单元，虽然得到的精度可能会高些，但在实际的工作中意义不大，而且会影响求解速度。通过简化几何体可将一些不重要的细小特征从模型中去掉，而保留原模型的关键特征和用户认为需要分析的特征，缩短划分网格时间和求解时间。

【执行方式】

- 菜单：选择"菜单"→"插入"→"模型准备"→"理想化"命令。
- 功能区：单击"主页"选项卡中"几何体准备"面板上的"理想化几何体"按钮。

【操作步骤】

（1）执行上述操作后，打开如图 21-6 所示的"理想化几何体"对话框。

（2）选择要简化的模型。

（3）在"自动删除特征"选项组中选择选项。

（4）单击"确定"按钮，简化模型如图 21-7 所示。

图 21-6　"理想化几何体"对话框

（a）原模型　　　　　　　　　　（b）简化后模型

图 21-7　"简化模型"示意图

21.4.2 移除几何特征

用户可以通过移除几何特征直接对模型进行简化。在有限元分析中可以对模型不重要的特征进行移除。

【执行方式】

● 菜单：选择"菜单"→"插入"→"模型准备"→"移除几何特征"命令。
● 功能区：单击"主页"选项卡中"几何体准备"面板上"更多"库下的"移除几何特征"按钮。

【操作步骤】

（1）执行上述操作后，打开如图 21-8 所示的"移除几何特征"对话框。

（2）可以直接在模型中选择单个面，同时也可以选择与之相关的面和区域，如添加与所选面相切的边界、相切的面以及区域。

（3）单击"确定"按钮 ✓，完成移除特征操作，如图 21-9 所示。

（a）原模型　　　（b）移除操作后

图 21-8 "移除几何特征"对话框　　图 21-9 "移除几何特征"示意图

21.5 材料属性

在有限元分析中，实体模型必须赋予一定的材料，指定材料属性就是将材料的各项性能包括物理性能和化学性能赋予模型，然后系统才能对模型进行有限元分析求解。

【执行方式】

● 菜单：选择"菜单"→"工具"→"材料"→"指派材料"命令。
● 功能区：单击"主页"选项卡中"属性"面板上"更多"库下的"指派材料"按钮。

【操作步骤】

（1）执行上述操作后，打开如图 21-10 所示的"指派材料"对话框。

（2）在"类型"和"材料列表"下拉列表中分别选择所需选项，若出现用户所需的材料，即可选中该材料。

（3）若需要对材料进行删除、更名、取消材料赋予的对象或更新材料库等操作，可以单击对话框下部的相关命令按钮。

【选项说明】

在"类型"下拉列表中，材料的类型包括各向同性、各向异性、正交各向异性和流体等。

（1）各向同性：材料在各个方向具有相同的物理特性，大多数金属材料都是各向同性的，在 UG NX 中列出了各向同性材料常用物理参数表格，如图 21-11 所示。

（2）正交各向异性：该材料是用于壳单元的特殊各向异性材料，在模型中包含 3 个正交的材料对称平面，在 UG NX 中列出了正交各向异性材料常用物理参数表格，如图 21-12 所示。

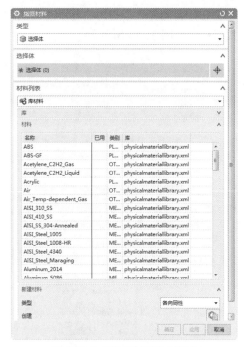

图 21-10 "指派材料"对话框

正交各向异性材料主要的物理参数和各向同性材料相同，但是由于正交各向异性材料在各正交方向的物理参数值不同，为方便计算列出了材料在 3 个正交方向（X，Y，Z）的物理参数值，同时也可根据温度不同给出各参数的温度表值。

图 21-11 各向同性材料常用物理参数表格　　图 21-12 正交各向异性材料常用物理参数表格

（3）各向异性：材料在各个方向的物理特性都不同，在 UG NX 中列出了各向异性材料物理参数表格，如图 21-13 所示。

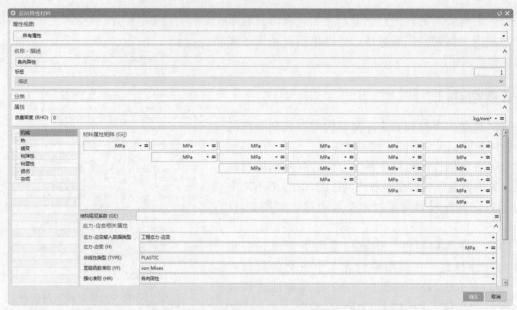

图 21-13　各向异性材料物理参数表格

各向异性材料由于在材料的各个方向具有不同的物理特性，不可能把每个方向的物理参数都详细列出来，用户可以根据分析需要列出材料重要的 6 个方向的物理参数值，同时也可根据温度不同给出各物理参数的温度表值。

（4）流体：在做热分析或流体分析中，会用到材料的流体特性，系统给出了流体材料物理参数表格，如图 21-14 所示。

在 UG NX 中，带有常用材料物理参数的数据库，用户根据需要可以直接从材料库中调出相应的材料，对于材料库中材料缺少某些物理参数时，用户也可以直接给出作为补充。

21.6　添加载荷

图 21-14　流体材料物理参数表格

在 UG NX 的分析模块中，载荷包括力、力矩、重力、压力、节点压力、流体静压力、离心压力等，用户可以将载荷直接添加到几何模型上。载荷与作用的实体模型关联，当修改模型参数时，载荷可自动更新，而不必重新添加。在生成有限元模型时，系统通过映射关系作用到有限元模型的节点上。

21.6.1　载荷类型

载荷类型一般根据分析类型的不同而有所区别，在结构分析中常包括以下类型，如图 21-15 所示。

（1）力：力载荷可以施加到点、曲线、边和面上，符号采用单箭头表示。

（2）节点压力：节点压力载荷是垂直施加在作用对象上的，施加对象包括边界和面两种，符号采用单箭头表示。

（3）重力：重力载荷作用在整个模型上，不需用户指定，符号采用单箭头在坐标原点处表示。

（4）压力：压力载荷可以作用在面、边界和曲线上，和正压力相区别，压力可以在作用对象上指定作用方向，而不一定是垂直于作用对象的，符号采用单箭头表示。

（5）力矩：力矩载荷可以施加在边界、曲线和点上，符号采用双箭头表示。

（6）轴承：应用一个径向轴承载荷，以仿真加载条件，如滚子轴承、齿轮、凸轮和滚轮。

（7）扭矩：对圆柱的法向轴加载扭矩载荷。

（8）流体静压力：应用流体静压力载荷以仿真每个深度静态液体处的压力。

图 21-15　载荷类型

（9）离心压力：离心压力作用在绕回转中心转动的模型上，系统默认坐标系的 Z 轴为回转中心。在添加离心压力载荷时，用户需指定回转中心与坐标系的 Z 轴重合。符号采用双箭头表示。

（10）温度：温度载荷可以施加在面、边界、点、曲线和体上，符号采用单箭头表示。

21.6.2　载荷添加方案

在用户建立一个加载方案的过程中，所有添加的载荷都包含在这个加载方案中。当用户需在不同加载状况下对模型进行求解分析时，系统允许建立多个加载方案，并为每个加载方案提供一个名称，用户也可以自定义加载方案名称。可以对加载方案进行复制、删除操作。

下面以添加轴承载荷为例，说明添加载荷的方法。

【执行方式】

● 功能区：单击"主页"选项卡中"载荷和条件"面板上"载荷类型"下的"轴承"按钮 。

【操作步骤】

（1）执行上述操作后，打开如图 21-16 所示的"轴承"对话框。

（2）选择模型的外圆柱面为载荷施加面。

（3）指定载荷矢量方向。

（4）设置力的大小、力的分布区域角范围及分布方法。

（5）单击"确定"按钮，完成轴承载荷的加载，如图 21-17 所示。

图 21-16 "轴承"对话框

图 21-17 显示轴承载荷

注意：在仿真模型中才能添加载荷，仿真模型系统默认名称为 model1_sim1.sim。

21.7 边界条件的加载

一个独立的分析模型，在不受约束的状况下，存在 3 个移动自由度和 3 个转动自由度，边界条件即是为了限制模型的某些自由度，约束模型的运动。边界条件是 UG NX 系统的参数化对象，与作用的几何对象关联。当模型进行参数化修改时，边界条件自动更新，而不必重新添加。边界条件施加在模型上，由系统映射到有限元单元的节点上，不能直接指定到单独的有限元单元上。

21.7.1 边界条件类型

不同的分析类型有不同的边界条件类型，常用边界条件类型有移动 / 旋转、移动、旋转、固定温度边界、自由传导 5 种，后两者主要用于温度场的分析。

21.7.2 约束类型

在用户为约束对象选择了边界条件类型后，系统为用户提供了标准的约束类型，主要有以下几类，如图 21-18 所示。

（1）用户定义约束：根据用户自身要求设置所选对象的移动和转动自由度，各自由度可以设置成为固定、自由或限定幅值的运动。

（2）强制位移约束：用户可以为 6 个自由度分别设置一个运动幅值。

（3）固定约束：对象的 6 个自由度都被约束。

（4）固定平移约束：3 个移动自由度被约束，而转动副都是自由的。

（5）固定旋转约束：3 个转动自由度被约束，而移动副都是自由的。

（6）简支约束：在选择面的法向自由度被约束，其他自由度处于自由状态。

图 21-18 "约束类型"下拉列表

（7）销住约束：在一个圆柱坐标系中，旋转自由度是自由的，其他自由度被约束。

（8）圆柱形约束：在一个圆柱坐标系中，用户根据需要设置径向长度、旋转角度和轴向高度 3 个值，各值可以分别设置为固定、自由和限定幅值的运动。

（9）滑块约束：在选择平面的一个方向上的自由度是自由的，其他各自由度被约束。

（10）滚子约束：滚子轴的移动和旋转方向是自由的，其他自由度被约束。

（11）对称约束和反对称约束：在关于轴或平面对称的实体中，用户可以提取实体模型的一半或四分之一部分进行分析，在实体模型的分割处施加对称约束或反对称约束。

21.8　划分网格

划分网格是有限元分析的关键一步，网格划分的优劣直接影响最后的结果，甚至会影响求解是否能完成。分析模块为用户提供一种直接在模型上划分网格的工具——网格生成器。使用网格生成器为模型（包括点、曲线、面和实体）建立网格单元，可以快速地建立网格模型，大大减少划分网格的时间。

注意：在有限元模型中才能为模型划分网格，有限元模型系统默认名称为 model1_fem1.fem。

21.8.1　网格类型

UG NX 分析模块包括零维网格、一维网格、二维网格、三维网格和接触网格 5 种类型的网格，每种类型都适用于一定的对象。

（1）零维网格：用于指定产生集中质量单元，这种类型适合在节点处产生质量单元。

（2）一维网格：一维网格单元由两个节点组成，用于对曲线、边的网格划分（如杆、梁等）。

（3）二维网格：二维网格包括三角形单元（由 3 节点或 6 节点组成）和四边形单元（由 4 节点或 8 节点组成），适用于对片体、壳体实体进行网格划分，如图 21-19 所示。注意在使用二维网格划分网格时，应尽量采用四边形单元，这样分析结果就比较精确；如果无法使用正方形网格，则要保证四边形的长宽比小于 10；如果是不规则四边形，则应保证四边形的各角度在 45°～135°之间；在关键区域应避免使用有尖角的单元，且避免产生扭曲单元，因为对于严重的扭曲单元，UG NX 的各解算器可能无法完成求解。在使用三角形单元划分网格时，应尽量使用等边三角形单元。还应尽量避免混合使用三角形单元和四边形单元对模型划分网格。

3 节点	6 节点	4 节点	8 节点
（a）三角形单元		（b）四边形单元	

图 21-19　二维网格

（4）三维网格：三维网格包括四面体单元（由 4 节点或 10 节点组成）和六面体单元（由 8 节点或 20 节点组成），如图 21-20 所示。10 节点四面体单元是应力单元，4 节点四面体单元是应变单元，后者刚性较高，在对模型进行三维网格划分时，使用四面体单元应优先采用 10 节点四面体单元。

4 节点	10 节点	8 节点	20 节点
（a）四面体单元		（b）六面体单元	

图 21-20　三维网格

（5）接触网格：连接单元在两条接触边或接触面上产生点到点的接触单元，适用于有装配关系的模型的有限元分析。系统提供焊接触、边接触、曲面接触和边面接触 4 类接触单元。

21.8.2　零维网格

零维网格用于产生集中质量点，适用于为点、线、面、实体或网格的节点处产生质量单元。

【执行方式】

- 菜单：选择"菜单"→"插入"→"网格"→"0D 网格"命令。
- 功能区：单击"主页"选项卡中"网格"面板上的"0D 网格"按钮。

【操作步骤】

（1）执行上述操作后，打开如图 21-21 所示的"0D 网格"对话框。

（2）选择现有的单元或几何体。

（3）在"单元属性"选项组中选择单元的属性。

（4）通过设置单元大小或数量，将质量集中到用户指定的位置。

图 21-21　"0D 网格"对话框

21.8.3　一维网格

一维网格定义两个节点的单元，是沿直线或曲线定义的网格。

【执行方式】

- 菜单：选择"菜单"→"插入"→"网格"→"1D 网格"命令。
- 功能区：单击"主页"选项卡中"网格"面板上的"1D 网格"按钮。

【操作步骤】

（1）执行上述操作后，打开"1D 网格"对话框，如图 21-22 所示。
（2）选择好符合分析要求的"类型""单元数"和"合并节点公差"等各选项。
（3）选择要创建网格所需的曲线。
（4）单击"确定"按钮，完成创建一维网格操作。

【选项说明】

（1）类型：一维网格包括梁、杆、棒、带阻尼弹簧、两自由度弹簧和刚性件等多种类型。
（2）网格密度选项。
① 数目：表示在所选定的对象上产生的单元个数。
② 大小：在所选定的对象上按指定的大小产生单元。

图 21-22　"1D 网格"对话框

21.8.4　二维网格

对于片体或壳体常采用二维网格划分单元。

【执行方式】

- 菜单：选择"菜单"→"插入"→"网格"→"2D 网格"命令。
- 功能区：单击"主页"选项卡中"网格"面板上的"2D 网格"按钮。

【操作步骤】

（1）执行上述操作后，打开如图21-23所示的"2D 网格"对话框。
（2）设置对话框中的各选项。
（3）选择要划分网格的曲面。
（4）单击"确定"按钮，完成二维网格划分的操作。

【选项说明】

（1）类型：二维网格可以对面、片体进行网格划分以及对二维网格进行再编辑，生成网格的类型包括 3 节点三角形单元、6 节点三角形单元、4 节点四边形单元和 8 节点四边形单元。
（2）网格参数：控制二维网格生成单元的方法和大小，用户根据需要设置大小。单元设置得越小，分析精度在一定范围内就会越高，但解算时间也会增加。
（3）网格质量选项：当在"类型"下拉列表中选择 6 节点三角形单元或 8 节点四边形单元时，"中节点方法"选项被激活。该选项用来定义三角形单元或四边形单元中间节点位置类型，定义中间节点的类型可以是线性的、弯曲的和混合的 3 种，"线性"中间节点如

图 21-23　"2D 网格"对话框

图 21-24 所示,"弯曲"中间节点如图 21-25 所示。两图中片体均采用 4 节点四边形单元划分网格,图 21-24 中所示的中间节点类型为线性的,网格单元边为直线,网格单元中间节点可能不在曲面片体上,图 21-25 中所示的中间节点类型为弯曲的,网格单元边成为分段直线,网格单元中间节点在曲面片体上。对于单元尺寸大小相同的板元,采用中间节点为弯曲的可以更好地为片体划分网格,解算的精度也较高。

图 21-24 "线形"中间节点　　　　图 21-25 "弯曲"中间节点

（4）网格设置：控制滑块，对过渡网格大小进行设置。

（5）模型清理选项：可设置"匹配边"，通过输入匹配边的距离公差，来判定两条边是否匹配。当两条边的中点间距离小于用户设置的距离公差时，系统判定两条边匹配。

21.8.5　三维四面体网格

三维四面体网格常用来划分三维实体模型。不同的解算器能划分不同类型的单元，在 NX.Nastran、MSC.Nastran 和 ANSYS 解算器中都包含 4 节点四面体单元和 10 节点四面体单元，在 ABAQUS 解算器中三维四面体网格包含 tet4 和 tet10 两单元。

【执行方式】

● 菜单：选择"菜单"→"插入"→"网格"→"3D 四面体网格"命令。

● 功能区：单击"主页"选项卡中"网格"面板上的"3D 四面体"按钮。

【操作步骤】

（1）执行上述操作后，打开如图 21-26 所示的"3D 四面体网格"对话框。

（2）设置对话框中的各选项。

（3）选择划分网格对象。

（4）单击"确定"按钮，生成网格单元，如图 21-27 所示。

图 21-26 "3D 四面体网格"对话框

(a) 4 节点划分网格　　　　(b) 10 节点划分网格

图 21-27　划分三维四面体网格

【选项说明】

（1）单元大小：用户可以自定义全局单元尺寸大小，当系统判定用户定义的单元大小不理想时，系统会根据模型判定单元大小自动划分网格。

（2）中节点方法：包含混合、弯曲和线性 3 种选择。

21.8.6　三维扫掠网格

在 UG NX 分析模块中，若实体模型的某个截面在一个方向保持不变或按固定规律变化时，则可采用三维扫掠网格为实体模型划分网格。系统在进行网格扫掠时，先在选择的实体面上划分二维平面单元，再按拓扑关系向各截面映射单元，最后在实体上生成六面体单元。

【执行方式】

- 菜单：选择"菜单"→"插入"→"网格"→"3D 扫掠网格"命令。
- 功能区：单击"主页"选项卡中"网格"面板上的"3D 扫掠网格"按钮。

【操作步骤】

（1）执行上述操作后，打开如图 21-28 所示的"3D 扫掠网格"对话框。

（2）选择扫掠对象的定义面（已产生二维网格的平面）。

（3）设置好对话框各选项。

（4）单击"确定"按钮，生成如图 21-29 所示的网格模型。

图 21-28　"3D 扫掠网格"对话框

（a）二维网格　　　　　（b）网格模型

图 21-29　"3D 扫掠网格"示意图

【选项说明】

3D 扫掠网格有两种网格类型——8 节点六面体单元和 20 节点六面体单元。一般来说，网格单元越密，节点越多，相应的解算精度就越高。用户可以通过"源单元大小"选项自定义指定面上的扫掠单元大小，该尺寸也粗略地决定扫掠实体模型产生的单元层数。

21.8.7 接触网格

接触网格是在两条边上或两条边的一部分上产生点到点的接触。

【执行方式】

- 菜单：选择"菜单"→"插入"→"网格"→"接触网格"命令。
- 功能区：单击"主页"选项卡中"连接"面板上"更多"库下的"接触网格"按钮。

【操作步骤】

（1）执行上述操作后，打开如图 21-30 所示的"接触网格"对话框。
（2）选择接触边。
（3）选择目标边。
（4）取消选中"对齐目标边节点"复选框，分别指定接触边和目标边的起点和终点。
（5）指定接触边和目标边上的起点。
（6）指定接触边和目标边上的终点。
（7）单击"确定"按钮，生成如图 21-31 所示的接触单元。

图 21-30 "接触网格"对话框

图 21-31 生成接触单元

【选项说明】

（1）类型：在不同解算器里有不同的类型单元。在 NX. Nastran 和 MSC.Nastran 解算器中，只有"接触"一种类型；在 ANSYS 解算器中，包含"接触弹簧"和"接触"两种类型，在 ABAQUS 解算器中，包含一种"GAPUNI"单元。

（2）单元数：用户自定义在接触两边中间产生接触单元的个数。

（3）对齐目标边节点：确定目标边上的节点位置。当选中该复选框时，目标边上的节点位置与接触边上的节点对齐，对齐方式有两种，分别是按"最小距离"和"垂直于接触边"方式对齐。

（4）间隙公差：通过间隙公差来判断是否生成接触网格。当两条接触边的距离大于间隙公差时，系统不会产生接触单元；只有小于或等于间隙公差时，才能产生接触单元。

21.8.8　面接触网格

面接触网格常用于装配模型间各零件装配面的网格划分。

【执行方式】

- 菜单：选择"菜单"→"插入"→"网格"→"面接触网格"命令。
- 功能区：单击"主页"选项卡中"连接"面板上"更多"库下的"面接触"按钮 。

【操作步骤】

执行上述操作后，打开如图 21-32 所示的"面接触网格"对话框。

【选项说明】

（1）选择步骤：在生成曲面接触网格时，用户可以通过"选择步骤"选择操作对象。

（2）自动创建接触对：选中该复选框时，由系统根据用户设置的捕捉距离，自动判断各接触面是否进行曲面接触操作。取消选中该复选框时，"选择步骤"选项被激活。

图 21-32　"面接触网格"对话框

21.9　创建解法

解算方案存储在仿真文件中，包含一组载荷、约束和仿真对象。

每种解算方案均包含称为步骤或子工况的其他存储单元，这取决于求解器。

21.9.1　解算方案

进入仿真模型界面后文件名为 *.sim。

【执行方式】

- 菜单：选择"菜单"→"插入"→"解算方案"命令。
- 功能区：单击"主页"选项卡中"解算方案"面板上的"解算方案"按钮。

【操作步骤】

执行上述操作后，打开如图 21-33 所示的"解算方案"对话框。

根据用户需要，选择解算方案的名称、求解器、分析类型和解算类型等。一般根据不同的求解器和分析类型，"解算方案"对话框会有不同的选项。"解算类型"下拉列表中有多种类型，一般由系统自动选择最优算法。在"SOL 101 线性静态 – 全局约束"选项组中可以设置最长作业时间、估算温度等参数。

用户可以选择解算完成后的结果输出选项。

图 21-33　"解算方案"对话框

21.9.2　步骤 – 子工况

用户可以通过该步骤为模型加载多种约束和载荷情况，系统按各子工况分别进行求解，最后对结果进行叠加。

【执行方式】

- 菜单栏：选择"菜单"→"插入"→"步骤 - 子工况"命令。
- 功能区：单击"主页"选项卡中"解算方案"面板上的"步骤 - 子工况"按钮。

【操作步骤】

执行上述操作后，打开如图 21-34 所示的"解算步骤"对话框。

不同的解算类型包括不同的选项，若在仿真导航器中出现子工况名称，激活该项后，便可以在其中装入新的约束和载荷。

图 21-34　"解算步骤"对话框

第 **22** 章
模型编辑与后处理

用户建立完成有限元模型后，若对模型的某一部分感到不满意，可以重新对有限元模型进行编辑，以减少重新建立有限元模型需要花费的大量时间。本章先讲解节点和单元的编辑操作，然后讲解有限元模型的分析和对求解结果的后处理。

/ 重点与难点

- 节点和单元操作
- 节点 / 单元信息
- 分析
- 后处理控制

22.1 节点和单元操作

对于已产生网格单元的模型，如果生成的网格不合适，可以采用节点和单元操作工具对不合适的节点和单元进行编辑，以及对二维网格进行拉伸、旋转等操作。节点和单元操作包括拆分壳、合并三角形、移动节点、删除单元、单元创建、单元复制和平移等。"节点和单元"选项卡如图 22-1 所示。该操作是在有限元模型界面中完成的（文件名称为 *_fem1.fem）。

图 22-1 "节点和单元"选项卡

22.1.1 拆分壳

拆分壳操作将选择的四边形分为多个单元（包括 2 个三角形、3 个三角形、2 个四边形、3 个四边形、4 个四边形和按线分割多种形式）。

【执行方式】

● 菜单：选择"菜单"→"编辑"→"单元"→"拆分壳"命令。
● 功能区：单击"节点和单元"选项卡中"单元"面板上"更多"库下的"拆分壳"按钮◈。

【操作步骤】

（1）执行上述操作后，打开"拆分壳"对话框。
（2）以将四边形分为 2 个三角形为例，在"类型"下拉列表中选择"四边形分为 2 个三角形"选项，如图 22-2 所示，然后选择任意四边形单元，系统自动生成两个三角形单元。单击"翻转分割线"按钮✕，系统将变换对角分割线，生成不同形式的 2 个三角形单元。
（3）单击"确定"按钮，生成如图 22-3 所示的三角形单元。

图 22-2 "拆分壳"对话框

图 22-3 生成三角形单元

22.1.2 合并三角形

合并三角形操作将模型两个相临的三角形单元合并到四边形单元中。

【执行方式】

- 菜单：选择"菜单"→"编辑"→"单元"→"合并三角形"命令。
- 功能区：单击"节点和单元"选项卡中"单元"面板上"更多"库下的"合并三角形"按钮 。

【操作步骤】

（1）执行上述操作后，打开如图 22-4 所示的"合并三角形"对话框。

（2）依次选择两个相邻的三角形单元。

（3）单击"确定"按钮，完成合并三角形操作。

图 22-4 "合并三角形"对话框

22.1.3 移动节点

移动节点操作将单元中一个节点移动到面上或网格的另一节点上。

【执行方式】

- 菜单：选择"菜单"→"编辑"→"节点"→"移动"命令。
- 功能区：单击"节点和单元"选项卡中"节点"面板上"更多"库下的"移动"按钮 。

【操作步骤】

（1）执行上述操作后，打开如图 22-5 所示的"移动节点"对话框。

（2）依次选择"源节点"和"目标节点"。

（3）单击"确定"按钮，完成移动节点操作，如图 22-6 所示。

图 22-5 "移动节点"对话框

源节点　　目标节点

（a）选择节点　　　　　　　　　（b）生成图形

图 22-6 "移动节点"示意图

22.1.4 删除单元

系统对模型划分网格后，在检查网格单元时，可以直接进行删除单元操作，将不满意的单元删除。

【执行方式】

- 菜单：选择"菜单"→"编辑"→"单元"→"删除"命令
- 功能区：单击"节点和单元"选项卡中"单元"面板上的"删除"按钮 。

【操作步骤】

（1）执行上述操作后，打开如图 22-7 所示的"单元删除"对话框。

（2）选择需删除的单元。

（3）单击"确定"按钮，完成删除操作。

图 22-7 "单元删除"对话框

【选项说明】

对于网格中的孤立节点，用户也可以选中对话框中的"删除孤立节点"复选框，一起完成删除操作。

22.1.5 单元创建

单元创建操作可以在模型已有节点的情况下，生成零维、一维、二维或三维单元。

【执行方式】

- 菜单：选择"菜单"→"插入"→"单元"→"创建"命令。
- 功能区：单击"节点和单元"选项卡中"单元"面板上的"单元创建"按钮 。

【操作步骤】

（1）执行上述操作后，打开如图 22-8 所示的"单元创建"对话框。

（2）在"单元族"下拉列表中选择要生成的单元族，依次选择各节点，系统自动生成规定单元。

（3）单击"关闭"按钮，完成单元创建操作。

图 22-8 "单元创建"对话框

22.1.6 单元拉伸

单元拉伸操作可对面单元或线单元进行拉伸，从而创建新的三维单元或二维单元。

【执行方式】

- 菜单：选择"菜单"→"插入"→"单元"→"拉伸"命令。
- 功能区：单击"节点和单元"选项卡中"单元"面板上的"拉伸"按钮 。

（1）执行上述操作后，打开如图 22-9 所示的"单元拉伸"对话框。

（2）在"类型"下拉列表中选择"单元边"或"单元面"选项，选择屏幕中任意一维、二维单元，在"副本数"文本框中输入需要创建的拉伸单元数量；在"方向"下拉列表中选择拉伸的方向。

（3）在"距离"选项组中选择"每个副本"或"总数"单选按钮，输入距离值。

（4）扭曲角表示拉伸的单元按指定的点扭转一定的角度，"指定点"选择扭转中心点，在"角度"文本框内输入数值。

（5）单击"确定"按钮，完成单元拉伸操作，如图 22-10 所示。

两个拉伸单元，单个拉伸高度20mm，并按扭转中心点扭转15°

扭转中心点

图 22-9 "单元拉伸"对话框

图 22-10 拉伸单元

【选项说明】

（1）每个副本：表示单个副本的拉伸长度。

（2）总数：表示所有副本的总拉伸距离。

22.1.7 单元旋转

单元旋转操作将面或线单元绕某一矢量旋转一定角度，形成新的三维单元或二维单元。

【执行方式】

● 菜单：选择"菜单"→"插入"→"单元"→"旋转"命令。

● 功能区：单击"节点和单元"选项卡中"单元"面板上的"旋转"按钮 。

【操作步骤】

（1）执行上述操作后，打开如图 22-11 所示的"单元旋转"对话框。

（2）选择"单元边"或"单元面"类型，选择屏幕中任意一个一维、二维单元，在"副本数"

文本框中输入需要创建的旋转单元数量；指定矢量，选择旋转轴位置点。

（3）在"角度"选项组中选择"每个副本"或"总数"单选按钮，输入角度值。

（4）单击"确定"按钮，完成单元旋转操作，如图 22-12 所示。

22.1.8　单元复制和平移

单元复制和平移操作完成对零维、一维、二维和三维单元的复制和平移。

【执行方式】

● 菜单：选择"菜单"→"插入"→"单元"→"复制和平移"命令。
● 功能区：单击"节点和单元"选项卡中"单元"面板上"更多"库下的"平移"按钮⊞。

【操作步骤】

（1）执行上述操作后，打开如图 22-13 所示的"单元复制和平移"对话框。

4 个旋转单元，每个旋转单元的旋转角度为30°

旋转轴原点

图 22-11　"单元旋转"对话框　　图 22-12　旋转单元　　图 22-13　"单元复制和平移"对话框

（2）设置对话框中的各选项。

（3）单击"确定"按钮，完成单元复制和平移操作。

22.1.9　单元复制和投影

单元复制和投影操作完成对一维或二维单元在指定曲面的投影操作，并在投影面生成新的单元。

【执行方式】

- ● 菜单：选择"菜单"→"插入"→"单元"→"复制和投影"命令。
- ● 功能区：单击"节点和单元"选项卡中"单元"面板上"更多"库下的"投影"按钮 ⊿。

【操作步骤】

（1）执行上述操作后，打开如图 22-14 所示的"单元复制和投影"对话框。
（2）设置对话框中的各选项。
（3）单击"确定"按钮，完成单元复制和投影操作，如图 22-15 所示。

图 22-14　"单元复制和投影"对话框

图 22-15　"复制"投影示意图

【选项说明】

曲面的偏置百分比：将指定的单元复制投影到新的位置的距离与原单元和目标面之间距离的比值。

22.1.10　单元复制和反射

通过单元复制和反射操作可完成对零维、一维、二维和三维单元的复制反射，操作过程与上述复制和投影相似，用户可自行完成操作。

22.2　节点 / 单元信息

节点 / 单元信息操作可以将模型中的节点或单元的相关信息显示出来。

【执行方式】

- 菜单：选择"菜单"→"信息"→"前/后处理"→"节点/单元"命令。
- 功能区：单击"节点和单元"选项卡中"检查和信息"面板上的"节点/单元"按钮 。

【操作步骤】

（1）执行上述操作后，打开如图 22-16 所示的"节点/单元信息"对话框。

（2）设置各选项。

（3）选择节点或单元对象。

（4）单击"确定"按钮，在打开的"信息"对话框中显示所选节点或单元的相关信息。

【选项说明】

（1）类型：包含单元和节点两种类型。列出信息包括选择的节点或单元的类型、节点坐标系、网格 ID、网格收集器 ID、与之相邻的节点或单元等。

（2）格式：以表格的形式或一般列表的形式显示信息。选择"单元"类型后，显示该选项。

图 22-16 "节点/单元信息"对话框

22.3 分析

在完成有限元模型和仿真模型的建立后，在仿真模型中（*_sim1.sim）用户就可以进入分析求解阶段。

22.3.1 求解

【执行方式】

- 菜单：选择"菜单"→"分析"→"求解"命令。
- 功能区：单击"主页"选项卡中"解算方案"面板上的"求解"按钮 。

【操作步骤】

执行上述操作后，打开如图 22-17 所示的"求解"对话框。

【选项说明】

（1）提交：包括"求解""写入求解器输入文件""求解输入文件""写入、编辑并求解输入文件"4 个选项。在有限元模

图 22-17 "求解"对话框

型前置处理完成后一般直接选择"求解"选项。

（2）编辑解算方案属性：单击该按钮，打开如图 22-18 所示的"解算方案"对话框，该对话框包含常规、文件管理和执行控制等 5 个选项卡。

（3）编辑求解器参数：单击该按钮，打开如图 22-19 所示的"求解器参数"对话框。该对话框为当前求解器建立一个临时目录。设置各选项后，直接单击"确定"按钮，程序开始求解。

图 22-18　"解算方案"对话框

图 22-19　"求解器参数"对话框

22.3.2　分析作业监视

使用"分析作业监视"命令可以在分析完成后查看分析任务信息和检查分析质量。

【执行方式】

○ 菜单：选择"菜单"→"分析"→"分析作业监视"命令。
○ 功能区：单击"主页"选项卡中"解算方案"面板上的"分析作业监视"按钮 。

【操作步骤】

执行上述操作后，打开如图 22-20 所示的"分析作业监视"对话框。

【选项说明】

（1）分析作业信息：在如图 22-20 所示的对话框中选中列表中的完成项，单击"分析作业信息"

按钮，打开如图 22-21 所示的"信息"对话框。

在"信息"对话框中列出有关分析模型的各种信息，包括日期、信息列表创建者、节点名，若采用适应性求解，会给出自适应有关参数等信息。

（2）检查分析质量：对分析结果进行综合评定，给出整个模型的求解置信水平，根据情况还会推荐用户对模型进行更加精细的网格划分。

图 22-20 "分析作业监视"对话框

图 22-21 "信息"对话框

22.4 后处理控制

后处理控制对有限元分析来说是重要的一步，当求解完成后，得到的数据非常多，如何从中选出对用户有用的数据，数据以何种形式表达出来，都需要对数据进行合理的后处理。

UG NX 分析模块可提供较完整的后处理方式，其"结果"选项卡如图 22-22 所示。

图 22-22 "结果"选项卡

在求解完成后，选择后处理选项，就可以激活后处理控制各操作。在后处理导航器中，可以看见在"已导入的结果"选项下激活了各种求解结果，如图 22-23 所示。选择不同的选项，在屏幕中会出现不同的结果。

22.4.1 后处理视图

视图是最直观的数据表达形式，在 UG NX 分析模块中一般通过不同形式的视图表达结果。通过视图，用户能很容易识别最大变形量、最大应变、应力等在图形的具体位置。

图 22-23 后处理导航器

【执行方式】

● 功能区：单击"结果"选项卡中"后处理视图"面板上的"编辑后处理视图"按钮▓。

【操作步骤】

执行上述操作后，打开如图 22-24 所示的"后处理视图"对话框。

【选项说明】

（1）颜色显示：系统为分析模型提供了 9 种类型的显示方式，即光顺、分段、等值线、等值曲面、箭头、球体、立方体、流线、张量。图 22-25 所示为用例图形式分别表示常见的 7 种模型分析结果图形的显示方式。

（2）变形：选择是否用变形的模型视图来表达结果。

（3）显示于：有 3 种方式，分别为切割平面、自由面和空间体。

"切割平面"选项定义一个平面对模型进行切削，用户通过该选项可以查看模型内部切割平面处的数据结果。单击后面的"选项"按钮，打开"切割平面"对话框，如图 22-26 所示。该对话框各选项含义如下。

图 22-24　"后处理视图"对话框

图 22-25　7 种显示方式

① 剪切侧：包括"正的""负的""两者"3 个选项。

a. 正的：表示显示切割平面上部分模型。

b. 负的：表示显示切割平面下部分模型。

c. 两者：表示显示切割平面与模型接触平面的模型。

② 切割平面：选择将不同坐标系下的各基准面定义为切割平面或偏移各基准平面来定义切割平面。

如图 22-27 所示，"颜色显示"选择"光顺"方式，并定义切割平面为 *XC-YC* 面偏移 60，且以"两者"的方式显示视图。

图 22-26 "切割平面"对话框   图 22-27 定义 *XC-YC* 为切割平面

22.4.2 标识

通过标识操作，可以直接在模型视图中选择感兴趣的节点，得到相应的结果信息。

系统提供以下 5 种选取目标节点或单元的方式。

（1）直接在模型中选择。

（2）输入节点或单元号。

（3）通过用户输入结果值范围，系统自动给出范围内各节点或单元。

（4）列出 *N* 个最大结果值节点或单元。

（5）列出 *N* 个最小结果值节点或单元。

【执行方式】

● 菜单：选择"菜单"→"工具"→"结果"→"标识"命令。

● 功能区：单击"结果"选项卡中"工具"面板上的"标示结果"按钮 。

【操作步骤】

（1）执行上述操作后，打开如图 22-28 所示的"标识"对话框。

（2）在"节点结果"下拉列表中选择"从模型中选取"，在模型中选择感兴趣的区域节点，当选中多个节点时，系统就自动判定所选择的多个节点结果的最大值和最小值，并做总和与平均计算，显示最大值和最小值的 ID 号。

（3）单击"在信息窗口中列出选择内容"按钮 ，打开"信息"对话框，详细显示各被选中节点信息，如图 22-29 所示。

图 22-28　"标识"对话框

图 22-29　"信息"对话框

22.4.3　动画

动画操作模拟模型受力变形的情况，通过放大变形量使用户清
楚地了解模型发生的变化。

【执行方式】

○ 功能区：单击"结果"选项卡中"动画"面板上的"动画"
按钮。

【操作步骤】

执行上述操作后，打开如图 22-30 所示的"动画"对话框。

图 22-30　"动画"对话框

【选项说明】

动画依据不同的分析类型，可以模拟不同的变化过程，在结构分析中可以模拟变形过程。用
户可以通过设置较多的帧数来描述变化过程。设置完成后，可以单击"播放"按钮▶，此时屏幕
中的模型动画显示为变形过程。用户还可以通过单步播放、后退、暂停和停止等操作对动画进行
控制。

22.5　综合实例——柱塞有限元分析

👉 **制作思路**

本实例进行柱塞的有限元分析，柱塞如图 22-31 所示。可以直接打开已经建立好的模型，然后
为模型指定材料，进行网格的划分，之后再为柱塞添加约束和作用力就可以进行求解的操作了。求
解之后进行后处理操作，导出分析的报告。

图 22-31　柱塞

 分析步骤

1. 打开模型

（1）启动 UG NX 系统后，单击快速访问工具栏中的"打开"按钮 📂 或选择"菜单"→"文件"→"打开"命令，打开如图 22-32 所示的"打开"对话框。

图 22-32　"打开"对话框

（2）在"打开"对话框中，选择目标实体目录路径和模型名称：/22/zhusai.prt。单击"OK"按钮，在 UG NX 系统中打开目标模型。

2. 进入高级仿真界面

（1）单击"应用模块"选项卡中"仿真"面板上的"前/后处理"按钮 🔛，进入高级仿真界面。

（2）单击资源条中的"仿真导航器"按钮，进入仿真导航器界面并选中模型名称，单击鼠标右键，在打开的快捷菜单中选择"新建 FEM 和仿真"命令，打开"新建 FEM 和仿真"对话框，如图 22-33 所示。接受系统各选项设置，单击"确定"按钮，打开如图 22-34 所示的"解算方案"对话框。采用默认设置，单击"确定"按钮。

图 22-33　"新建 FEM 和仿真"对话框

图 22-34　"解算方案"对话框

（3）在仿真导航器中选中"zhusai_fem1"，单击鼠标右键，在打开的快捷菜单中选择"设为显示部件"命令，进入编辑有限元模型界面。

3. 指派材料

（1）选择"菜单"→"工具"→"材料"→"指派材料"命令，或单击"主页"选项卡中"属性"面板上"更多"库下的"指派材料"按钮，打开如图 22-35 所示的"指派材料"对话框。

（2）在屏幕上选择柱塞模型，将图 22-35 中选择的材料赋予该模型，单击"确定"按钮，完成材料设置。

4. 创建 3D 四面体网格

（1）选择"菜单"→"插入"→"网格"→"3D 四面体网格"命令，或单击"主页"选项卡中"网格"面板上的"3D 四面体"按钮，打开"3D 四面体网格"对话框。

（2）选择屏幕中需划分网格的柱塞模型，选择单元属性类型为"CTETRA（10）"，输入"单元大小"为 10，"雅可比"为 20，其他采用默认设置，如图 22-36 所示。

（3）单击"确定"按钮，开始划分网格，生成如图 22-37 所示的有限元模型。

5. 施加约束

（1）在仿真导航器中选中"zhusai_sim1"，单击鼠标右键，在打开的快捷菜单中选择"设为显示部件"命令，进入仿真模型界面。

（2）单击"主页"选项卡中"载荷和条件"面板上"约束类型"下拉菜单中的"固定约束"按钮，打开如图 22-38 所示的"固定约束"对话框。

（3）在屏幕中选择需要施加约束的模型面，如图 22-39 所示，单击"确定"按钮，完成约束的设置。

图 22-35 "指派材料"对话框

图 22-36 "3D 四面体网格"对话框

图 22-37 有限元模型

图 22-38 "固定约束"对话框

图 22-39 选择施加约束的面

施加约束面

6. 添加载荷

（1）单击"主页"选项卡中"载荷和条件"面板上"载荷类型"下拉菜单中的"压力"按钮，打开"压力"对话框。

（2）在屏幕中选择模型面施加压力载荷，如图 22-40 所示。

载荷施加面

图 22-40　选择模型面

图 22-41　"压力"对话框

（3）在"压力"对话框中，将"类型"设置为"2D 单元或 3D 单元面上的法向压力"，在"压力"文本框中输入 0.8，如图 22-41 所示。

（4）单击"确定"按钮，完成载荷的设置。

7. 求解

（1）单击"主页"选项卡中"解算方案"面板上的"求解"按钮 ，或选择"菜单"→"分析"→"求解"命令，打开如图 22-42 所示的"求解"对话框。

（2）单击"确定"按钮，打开"分析作业监视"对话框，如图 22-43 所示。

（3）单击"取消"按钮，完成求解过程。

8. 后处理

（1）单击资源条中的"后处理导航器"按钮，在打开的后处理导航器中选择"已导入的结果"，单击鼠标右键，选择"导入结果"选项，系统打开"导入结果"对话框，如图 22-44 所示，在用户硬盘中选择结果文件，单击"确定"按钮，系统激活后处理工具。

图 22-42　"求解"对话框

图 22-43　"分析作业监视"对话框

图 22-44　"导入结果"对话框

（2）在后处理导航器中，选择"已导入的结果"下的"位移 - 节点"选项，单击鼠标右键，选择"绘图"选项，云图显示有限元模型的变形情况，如图 22-45 所示。

（3）在后处理导航器中，选择"已导入的结果"下的"应力 - 单元的 -Von Mises"选项，单击鼠标右键，选择"绘图"选项，云图显示有限元模型的应力情况，如图 22-46 所示。

图 22-45 变形云图   图 22-46 应力云图

（4）单击"主页"选项卡中"解算方案"面板上的"创建报告"按钮，或选择"菜单"→"工具"→"创建报告"命令，打开"在站点中显示模板文件"对话框，选择其中的一个模板，单击"OK"按钮，系统根据整个分析过程，创建一份完整的分析报告。

（5）在仿真导航器中选中报告，单击鼠标右键，在打开的快捷菜单中选择"发布报告"命令，打开"指定新的报告文档名称"对话框，输入文件名称，单击"OK"按钮进行报告文档的保存，系统显示上述创建的报告，如图 22-47 所示。至此整个分析过程结束。

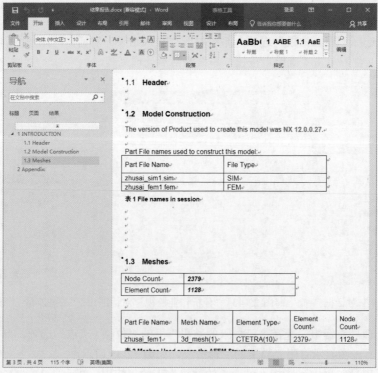

图 22-47 结构报告

第 **23** 章
机构分析基础

本章首先简要说明机构分析的基本概念，如构件、机构自由度、运动副等，然后介绍机构分析的一般步骤和机构参数预设置的方法，最后对机构分析中构件、运动副和载荷的创建与添加进行讲解。

/ 重点与难点

- 机构分析的基本概念
- 仿真模型
- 机构分析的一般步骤
- 运动分析首选项
- 连杆及运动副
- 连接器和载荷

23.1　机构分析的基本概念

机构分析是 UG 里的一个特殊分析功能模块，对应该功能涉及很多特殊的概念和定义，本节将简要讲解。

23.1.1　机构的组成

1. 构件

任何机器都是由许多零件组合而成的。这些零件中，有的是作为一个独立的运动单元体而运动的，有的由于结构和工艺上的需要，而与其他零件刚性地连接在一起，作为一个整体而运动，这些刚性连接在一起的各个零件共同组成了一个独立的运动单元体。机器中每一个独立的运动单元体称为一个构件。

2. 运动副

由构件组成机构时，需要以一定的方式把各个构件彼此连接起来，这种连接不是刚性连接，而是能产生某些相对运动。这种由两个构件组成的可动连接称为运动副，把两个构件上能够参加接触而构成运动副的表面称为运动副元素。

3. 自由度和约束

设有任意两构件，它们在没有构成运动副之前，两者之间有 6 个相对自由度（在直角坐标系中有 3 个移动自由度和 3 个转动自由度）。若将两者以某种方式连接而构成运动副，则两者间的相对运动便受到一定的约束。

运动副常根据两构件的接触情况进行分类，两构件通过点或线接触而构成运动副统称高副，通过面接触而构成运动副的称为低副，另外也有按移动方式分类的，如移动副、转动副、螺旋副、球面副等，对应的运动方式分别为移动、转动、螺旋运动和球面运动。

23.1.2　机构自由度的计算

在机构创建过程中，每个自由构件将引入 6 个自由度，同时运动副又给机构运动带来约束，常用运动副的约束数如表 23-1 所示。

表 23-1　常用运动副的约束数

运动副类型	转动副	移动副	圆柱副	螺旋副	球面副	平面副
约束数	5	5	4	1	3	3
运动副类型	齿轮副	齿轮齿条副	缆绳副	万向联轴器	点线接触高副	曲线间接触高副
约束数	1	1	1	4	2	2

机构自由度总数可用以下计算式进行计算：

机构自由度总数 = 活动构件数 ×6 − 约束总数 − 原动件独立输入运动数

23.2　仿真模型

同结构分析相似，仿真模型是在主模型的基础上创建的，两者间存在密切联系。

单击"应用模块"选项卡中"仿真"面板上的"运动"按钮，进入运动分析模块。

单击资源条中的"运动导航器"按钮，打开运动导航器，如图 23-1 所示。

用鼠标右键单击运动导航器中的主模型名称，在弹出的快捷菜单中选择"新建仿真"命令，打开"新建仿真"对话框，单击"确定"按钮，弹出如图 23-2 所示的"环境"对话框。

图 23-1　运动导航器

图 23-2　"环境"对话框

设置"环境"对话框中的选项后，单击"确定"按钮，弹出如图 23-3 所示的"机构运动副向导"对话框。单击"取消"按钮，创建默认名为"motion_1"的运动仿真文件。

图 23-3　"机构运动副向导"对话框

右键单击该文件名，弹出如图 23-4 所示的快捷菜单，用户可以对仿真模型进行多项操作，各选项含义如下。

（1）新建连杆：在模型中创建连杆，通过"连杆"对话框可以为连杆赋予质量特性、转动惯量等。

（2）新建运动副：在模型中定义运动副，包括旋转副、移动副、球面副等。

（3）新建载荷：为机构定义力学对象，包括标量力、力矩、矢量力、阻尼等。

（4）新建标记：通过产生标记点，可方便地生成该点的接触力、位移、速度等分析结果。

（5）新建约束：为模型定义高副和低副，包括点在线上副、线在线上副和点在面上副。

（6）环境：为运动分析定义解算器，包括运动学和动态两种解算器。

（7）信息：供用户查看仿真模型中的信息，包括运动连接信息。

（8）导出：该选项用于输出机构分析结果，以供其他系统调用。

（9）运动分析：对设置好的仿真模型进行求解分析。

（10）求解器：选择分析求解的运算器，包括 Simcenter Motion、NX

图 23-4　快捷菜单

Motion、Recurdyn 和 Adams。

23.3　机构分析的一般步骤

机构分析的一般步骤如下。

（1）打开主模型文件。

（2）进入运动分析模块，创建一个运动仿真机构分析环境。

（3）赋予机构中各构件相应的质量特性（若不进行动力学分析，此项可略）。

（4）创建各机构对象，包括构件、运动副、标记等。

（5）指定分析结果类型，对机构进行求解分析。

（6）输出分析结果。

23.4　运动分析首选项

运动分析首选项控制运动分析中的各种显示参数、分析文件和后处理参数，设置运动分析首选项是进行机构分析前的重要准备工作。

 【执行方式】

● 菜单：选择"菜单"→"首选项"→"运动"命令。

 【操作步骤】

执行上述操作后，弹出如图 23-5 所示的"运动首选项"对话框。

 【选项说明】

（1）运动对象参数：控制显示何种运动分析对象，以及显示形式。

① 名称显示：该选项控制在仿真模型中运动对象的名称是否显示。

② 图标比例：该选项控制运动对象按钮的显示比例，修改此参数会改变当前和以后创建的按钮的显示比例。

③ 角度单位：确定角度单位是弧度还是度，默认选项为"度"。

④ 列出单位：单击该按钮，会弹出"信息"对话框，如图 23-6 所示，显示当前运动分析中的单位制。

（2）分析文件的参数：控制对象的质量属性和重力常数两个参数。

① 质量属性：该选项控制解算器在求解时是否采用构件的质量特性。

② 重力常数：该选项控制重力常数 G 的大小，单击该按钮，

图 23-5　"运动首选项"对话框

弹出"全局重力系数"对话框。在采用 mm 的单位中,重力加速度为 -9806.65mm/s²(负号表示垂直向下方向)。

(3)求解器参数:控制运动分析中的积分和微分方程的求解精度。求解精度越高,意味着对计算机的性能要求越高,耗费的时间也越长。这时就需要用户合理选择求解精度。单击此按钮,打开如图 23-7 所示的"求解器参数"对话框。

图 23-6 "信息"对话框

图 23-7 "求解器参数"对话框

① 步长:控制积分和微分方程的 dX 因子大小,dX 越小,求解的精度越高。

② 解算公差:控制求解结果和求解方程间的误差,误差越小,解算精度越高。

③ 最大准迭代次数:控制解算器的最大迭代次数,当解算器达到最大迭代次数,即使迭代结果不收敛,解算器也停止迭代。

(4)3D 接触方法:有以下两种方式定义构件间的接触方法。

① 小平面:构件间以平面接触形式表现,可以通过下方的滑块控制接触精度。

② 精确:精确模拟构件间的接触情况。

(5)后处理参数。

对主模型进行追踪 / 爆炸:选中此复选框,表示将在运动分析方案中创建的追踪或爆炸的对象输出到主模型中。

23.5 连杆及运动副

在运动分析中,连杆和运动副是组成构件最基本的要素,没有这两部分机构就不可能运动。

23.5.1 连杆

在通常的机构学中，固定的部分称为机架；而在运动仿真分析模块中，固定的零件和发生运动的零件都统称为连杆。在创建连杆时，用户应注意一个几何对象只能创建一个连杆，而不能创建多个连杆。

【执行方式】

- 菜单：选择"菜单"→"插入"→"连杆"命令。
- 功能区：单击"主页"选项卡中"机构"面板上的"连杆"按钮 。

【操作步骤】

执行上述操作后，打开如图 23-8 所示的"连杆"对话框。

【选项说明】

（1）连杆对象：选择几何体为连杆。

（2）质量与力矩：当在"质量属性选项"下拉列表中选择"用户定义"选项时，此选项组可以为定义的杆件赋予质量并可使用点构造器定义杆件质心。

在定义惯性矩和惯性积前，必须先编辑坐标方向，也可以采用系统默认的坐标方向。惯性矩表达式为 $I_{XX}=\int_A X^2 dA$，$I_{YY}=\int_A Y^2 dA$，$I_{ZZ}=\int_A Z^2 dA$；惯性积表达式为 $I_{XY}=\int_A XY dA$，$I_{XZ}=\int_A XZ dA$，$I_{YZ}=\int_A YZ dA$

图 23-8 "连杆"对话框

（3）初始平移速度：为连杆定义一个初始平移速度。

① 指定方向：为初始速度定义速度方向。

② 平移速度：用于重新设定构件的初始平移速度。

（4）初始旋转速度：为连杆定义一个初始转动速度。

① 幅值：它通过设定一个矢量作为角速度的旋转轴，然后在"旋转速度"文本框中输入角速度大小。

② 分量：它是通过输入初始角速度的各坐标分量大小来设定连杆的初始角速度大小。

（5）无运动副固定连杆：勾选此复选框，选择目标零件为固定连杆。

注意：若仅对机构进行运动分析，可不必为连杆赋予质量和惯性矩、惯性积参数。

23.5.2 运动副

运动副为连杆间定义相对运动方式。不同运动副的创建对话框大致相同。

【执行方式】

- 菜单：选择"菜单"→"插入"→"接头"命令。
- 功能区：单击"主页"选项卡中"机构"面板上的"接头"按钮 。

【操作步骤】

执行上述操作后，打开如图 23-9 所示的"运动副"对话框。

【选项说明】

（1）旋转副。

① 啮合连杆：控制由不连接杆件组成的运动副在调用机构分析解算器时产生关联关系。

② 极限：控制旋转副的相对转动范围，该选项只在基于位移的动态仿真中有效。注意"上限"和"下限"的值应是旋转副的旋转范围内的数值。

③ 摩擦：为运动副提供摩擦选项，如图 23-10 所示。

④ 驱动：控制旋转副是否为原动运动副，系统为原动运动副提供了"多项式""谐波""函数""铰接运动""控制"和"曲线 2D"6 种驱动运动规律。

图 23-9　"运动副"对话框

图 23-10　"摩擦"选项卡

a．"多项式"运动规律表达式为 $x+vt+at^2/2$，x、v、a、t 分别表示位移、速度、加速度和时间。选择驱动类型为"多项式"，其参数设置对话框如图 23-11 所示。

b．"谐波"运动规律表达式为 $A\sin(\omega t+\phi)+B$，A、ω、ϕ、B、t 分别表示幅值、角频率、相位角、角位移和时间。选择驱动类型为"谐波"，其参数设置对话框如图 23-12 所示。

图 23-11　"多项式"参数设置对话框

图 23-12　"谐波"参数设置对话框

c. "函数"驱动类型允许用户通过函数编辑器自定义一个运动规律表达式,其参数设置对话框如图 23-13 所示。

单击如图 23-13 所示对话框中的"函数管理器"按钮 $f(x)$,弹出"XY 函数管理器"对话框,如图 23-14 所示。

图 23-13 "函数"参数设置对话框   图 23-14 "XY 函数管理器"对话框

d. "铰接运动"驱动类型用于设置基于位移的动态仿真,该运动规律选项设定旋转副具有独立时间的运动。

(2)滑块:"滑块"的设置对话框和"旋转副"的设置对话框基本相同,各选项的意义也相似,这里就不再详述。

(3)柱面副:柱面副包括沿某一轴的移动副和旋转副两种传动形式,其操作对话框与旋转副的基本相同。

(4)螺旋副:组成螺旋副的两杆件沿某轴作相对移动和相对转动运动,两者间只有一个独立运动参数,但实际上不可能依靠该副单独为两连杆生成 5 个约束,因此要达到施加 5 个约束的效果,应将螺旋副和圆柱副结合起来使用。首先为两连杆定义一个圆柱副,然后再定义一个螺旋副,两者结合起来,才能为组成螺旋副的两连杆定义 5 个约束。在螺旋副中,螺旋模数比表示输入螺旋副的螺距,其单位与主模型文件所采用的单位相同。若定义螺距为正,则第一个连杆相对于第二个连杆正向移动;若定义螺距为负,则反之。

(5)万向节:用于将轴线不重合的两个旋转构件连接起来,其对话框如图 23-15 所示。万向节的创建模型如图 23-16 所示。

(6)球面副:组成球面副的两连杆具有 3 个分别绕 X、Y、Z 轴相对旋转的自由度。组成球面副的两连杆的坐标系原点必重合。球面副的创建模型如图 23-17 所示。

(7)平面副:用于创建两连杆的平面相对运动,包括在平面内沿两轴向的相对移动和相对平面法向的相对转动。平面副创建模型如图 23-18 所示,平面矢量 Z 轴垂直于相对移动和旋转平面。

图 23-15 "万向节"对话框

（8）固定副：在连杆间创建一个固定连接副，相当于刚性连接两连杆，两连杆间无相对运动。

图 23-16　万向节的创建模型

图 23-17　球面副的创建模型

图 23-18　平面副的创建模型

23.5.3　齿轮齿条副

齿轮齿条副模拟齿轮与齿条间的啮合运动，在该副中齿轮相对于齿条作相对移动和相对转动运动。创建齿轮齿条副之前，应先定义一个滑动副和一个旋转副。

【执行方式】

- 菜单：选择"菜单"→"插入"→"耦合副"→"齿轮齿条副"命令。
- 功能区：单击"主页"选项卡中"耦合副"面板上的"齿轮齿条副"按钮 。

【操作步骤】

（1）执行上述操作后，弹出如图 23-19 所示的"齿轮齿条副"对话框。

（2）选择已创建的滑动副、旋转副和接触点。

（3）系统能自动给定比率参数，用户也可以直接设定比率值，然后由系统给出接触点位置。

（4）单击"确定"按钮，创建齿轮齿条副。图 23-20 所示的齿轮齿条副由一个与机架连接的滑动副和一个与机架连接的具有驱动能力的旋转副组成。

图 23-19　"齿轮齿条副"对话框

图 23-20　齿轮齿条副

比率（销半径）：该参数等效于齿轮的节圆半径，即齿轮中心到接触点间距离。

23.5.4 齿轮耦合副

齿轮耦合副用来模拟一对齿轮的啮合传动。在创建齿轮耦合副之前，应先定义两个旋转副。可以通过为旋转副定义驱动或极限来设定齿轮耦合副的驱动或运动极限范围。

- 菜单：选择"菜单"→"插入"→"耦合副"→"齿轮耦合副"命令。
- 功能区：单击"主页"选项卡中"耦合副"面板上的"齿轮耦合副"按钮。

（1）执行上述操作后，弹出如图 23-21 所示的"齿轮耦合副"对话框。

（2）选择已创建的两个旋转副和接触点。

（3）系统由接触点自动给出显示比例，用户也可以先设定显示比例，然后由系统给出接触点位置。

（4）单击"确定"按钮，创建齿轮耦合副。图 23-22 所示为一带驱动旋转副和一普通旋转副组成的齿轮耦合副。

图 23-21 "齿轮耦合副"对话框

图 23-22 齿轮耦合副

"显示比例"为两齿轮节圆半径比值。

23.5.5 线缆副

线缆副使两个滑动副产生关联关系。在创建线缆副之前，应先定义两个滑动副。可以通过定义其中一个滑动副的驱动或极限来设定线缆副的驱动或运动极限范围。

【执行方式】

- 菜单：选择"菜单"→"插入"→"耦合副"→"线缆副"命令。
- 工具栏：单击"主页"选项卡中"耦合副"面板上的"线缆副"按钮 。

【操作步骤】

（1）执行上述操作后，弹出如图 23-23 所示的"线缆副"对话框。

（2）选择已创建的两个滑动副。

（3）系统能自动给定比率参数，用户也可以直接设定比率值。

（4）单击"确定"按钮，创建线缆副。图 23-24 所示为两滑动副组成的线缆副。

图 23-23　"线缆副"对话框

图 23-24　线缆副

【选项说明】

"比率"表示第一个滑动副相对于第二个滑动副的传动比，正值表示两滑动副滑动方向相同，负值表示两滑动副滑动方向相反。

23.5.6　点在线上副

点在线上副允许在两连杆间具有 4 个运动自由度。

【执行方式】

- 菜单：选择"菜单"→"插入"→"约束"→"点在线上副"命令。
- 功能区：单击"主页"选项卡中"约束"面板上的"点在线上副"按钮 。

【操作步骤】

（1）执行上述操作后，打开如图 23-25 所示的"点在线上副"对话框。

（2）首先选择连杆，然后选择接触点。

（3）选择曲线，接受系统默认的显示比例和名称。

（4）单击"确定"按钮，生成如图 23-26 所示的点在线上副。

图 23-25 "点在线上副"对话框　　　　图 23-26　点在线上副

23.5.7　线在线上副

线在线上副常用来模拟凸轮运动关系。线在线上副的两构件共有 4 个自由度。接触副中两曲线不但要保持接触，还要保持相切。

【执行方式】

- 菜单：选择"菜单"→"插入"→"约束"→"线在线上副"命令。
- 功能区：单击"主页"选项卡中"约束"面板上的"线在线上副"按钮 。

【操作步骤】

（1）执行上述操作后，打开如图 23-27 所示的"线在线上副"对话框。
（2）选择线，接受系统默认的显示比例和名称。
（3）单击"确定"按钮，生成如图 23-28 所示的线在线上副。

图 23-27　"线在线上副"对话框　　　图 23-28　线在线上副

23.5.8　点在面上副

点在面上副允许两构件间有 5 个自由度（点在面上的两个移动自由度和绕自身轴的 3 个旋转自由度）。

【执行方式】

- 菜单：选择"菜单"→"插入"→"约束"→"点在面上副"命令。
- 功能区：单击"主页"选项卡中"约束"面板上的"点在面上副"按钮 。

【操作步骤】

（1）执行上述操作后，打开如图 23-29 所示的"曲面上的点"对话框。

（2）选择连杆，然后选择点和面。

（3）接受系统默认的显示比例和名称。

（4）单击"确定"按钮，生成如图 23-30 所示的点在面上副。

图 23-29　"曲面上的点"对话框

图 23-30　点在面上副

23.6　连接器和载荷

在机构分析中可以为两个连杆间添加载荷，用于模拟构件间的弹簧、阻尼、力或力矩等。在连杆间添加的载荷不会影响机构的运动分析，仅用于动力学分析中的求解作用力和反作用力。在系统中常用载荷包括弹簧、阻尼、力、力矩、弹性衬套和接触副等。

23.6.1　弹簧

弹簧力是位移和刚度的函数。弹簧在自由长度时，处于完全松弛状态，弹簧力为零；当弹簧伸长或缩短后，产生一个正比于位移的力。

【执行方式】

- 菜单：选择"菜单"→"插入"→"连接器"→"弹簧"命令。
- 功能区：单击"主页"选项卡中"连接器"面板上的"弹簧"按钮 。

【操作步骤】

（1）执行上述操作后，打开如图 23-31 所示的"弹簧"对话框。
（2）依次在屏幕中选择连杆一、原点一、连杆二和原点二、如果弹簧与机架连接，则可不选连杆二。
（3）根据需要设置好弹簧参数及弹簧名称，系统默认弹簧名称为 S001。
（4）单击"确定"按钮，完成弹簧的创建。

23.6.2　阻尼

阻尼是一个耗能组件，阻尼力是运动物体速度的函数，作用方向与物体的运动方向相反，对物体的运动起反作用。阻尼一般将连杆的机械能转化为热能或其他形式能量。阻尼提供拉伸阻尼和扭转阻尼两种形式的元件。阻尼元件可添加在两连杆间或运动副中。

【执行方式】

● 菜单：选择"菜单"→"插入"→"连接器"→"阻尼器"命令。
● 功能区：单击"主页"选项卡中"连接器"面板上的"阻尼器"按钮。

【操作步骤】

执行上述操作后，打开如图 23-32 所示的"阻尼器"对话框。
添加阻尼的操作步骤和弹簧相似。用户根据需要设置阻尼系数及阻尼名称。

图 23-31　"弹簧"对话框

图 23-32　"阻尼器"对话框

23.6.3　标量力

标量力是一种施加在两连杆间的已知力，标量力的作用方向是从连杆一的一指定点指向连杆二的一点。由此可知标量力的方向与相应的连杆相关联，当连杆运动时，标量力的方向也不断变化。标量力的大小可以根据用户需要设定为常数，也可以给出一函数表达式。

【执行方式】

- 菜单：选择"菜单"→"插入"→"载荷"→"标量力"命令。
- 功能区：单击"主页"选项卡中"加载"面板上的"标量力"按钮 。

【操作步骤】

执行上述操作后，弹出如图 23-33 所示的"标量力"对话框。

（1）依据选择步骤在屏幕中选择第一连杆。

（2）选择标量力原点，选择第二连杆，选择标量力终点（标量力方向由起点指向终点）。

（3）设置"幅值"参数。

（4）单击"确定"按钮，完成标量力的创建。

图 23-33　"标量力"对话框

23.6.4　矢量力

矢量力与标量力的不同之处在于，其方向在用户选定的一个坐标系中保持不变。

【执行方式】

- 菜单：选择"菜单"→"插入"→"载荷"→"矢量力"命令。
- 功能区：单击"主页"选项卡中"加载"面板上的"矢量力"按钮 。

【操作步骤】

（1）执行上述操作后，打开如图 23-34 所示的"矢量力"对话框。

（2）用户根据需要可以为矢量力定义不同的力坐标系。在绝对坐标系中用户应分别给定 3 个力分量，可以是给定常值，也可以给定函数值。在用户坐标系中，用户需给定力方向。

（3）设置显示比例和名称，系统给定默认矢量力名称为 G001。

（4）单击"确定"按钮，完成矢量力的创建。

图 23-34　"矢量力"对话框

23.6.5 标量扭矩

标量扭矩只能添加在已存在的旋转副上,大小可以是常数或一函数值,正扭矩表示绕旋转轴正 Z 轴旋转,负扭矩与之相反。

【执行方式】

- 菜单:选择"菜单"→"插入"→"载荷"→"标量扭矩"命令。
- 功能区:单击"主页"选项卡中"加载"面板上的"标量扭矩"按钮 $\mathbb{C}$ 。

【操作步骤】

(1)执行上述操作后,打开如图23-35所示的"标量扭矩"对话框。
(2)选择运动副。
(3)设置"幅值"参数。
(4)设置应用类型和名称,系统默认的标量扭矩名称为 T001。
(5)单击"确定"按钮,完成标量扭矩的创建。

图 23-35 "标量扭矩"对话框

23.6.6 矢量扭矩

矢量扭矩与标量扭矩主要区别是旋转轴的定义,标量扭矩必须施加在旋转副上,而矢量扭矩则是施加在连杆上,其旋转轴可以是用户自定义坐标系的 Z 轴或绝对坐标系的一个或多个轴线。

【执行方式】

- 菜单:选择"菜单"→"插入"→"载荷"→"矢量扭矩"命令。
- 功能区:单击"主页"选项卡中"加载"面板上的"矢量扭矩"按钮 $\mathbb{C}$ 。

【操作步骤】

(1)执行上述操作后,弹出如图23-36所示的"矢量扭矩"对话框。
(2)选择连杆,选择原点。
(3)单击"指定矢量"按钮,选择合适的方位。
(4)设置"幅值"参数。
(5)设置显示比例和名称,系统默认的矢量扭矩名称为 G001。
(6)单击"确定"按钮,创建矢量扭矩。

23.6.7 弹性衬套

弹性衬套用来定义两个连杆之间的弹性关系。有 3 种类型的弹

图 23-36 "矢量扭矩"对话框

性衬套供用户选择，即柱面副弹性衬套、球面副弹性衬套和常规弹性衬套。柱面副弹性衬套需对径向、纵向、锥向和扭转 4 种不同运动类型分别定义刚度、阻尼和执行器参数，常用于由对称和均质材料构成的弹性衬套。

球面副弹性衬套需对径向和锥向两种不同运动类型分别定义刚度、阻尼和执行器参数。

常规弹性衬套需对 6 个不同的自由度（3 个平动自由度和 3 个旋转自由度）分别定义刚度、阻尼和执行器参数。

【执行方式】

● 菜单：选择"菜单"→"插入"→"连接器"→"衬套"命令。
● 功能区：单击"主页"选项卡中"连接器"面板上的"衬套"按钮 。

【操作步骤】

（1）执行上述操作后，弹出如图 23-37 所示的"衬套"对话框。

（2）在"类型"下拉列表中选择弹性衬套的类型。然后依次选择第一连杆、第一原点、第一方位、第二连杆、第二原点、第二方位。

图 23-37 "衬套"对话框

（3）完成以上设置后，分别在"刚度""阻尼"和"执行器"选项卡中设置参数选项，如图 23-38、图 23-39、图 23-40 所示，用户可以直接输入参数。

图 23-38 "刚度"选项卡

图 23-39 "阻尼"选项卡

图 23-40 "执行器"选项卡

（4）单击"确定"按钮，创建弹性衬套，如图 23-41 所示，系统默认弹性衬套名称为 G001。

图 23-41　弹性衬套

23.6.8　3D 接触

3D 接触通常用来建立连杆之间的接触类型，可描述连杆间的碰撞或连杆间的支撑状况。

 【执行方式】

● 菜单：选择"菜单"→"插入"→"接触"→"3D 接触"命令。
● 功能区：单击"主页"选项卡中"接触"面板上的"3D 接触"按钮 ⬚。

 【操作步骤】

（1）执行上述操作后，弹出如图 23-42 所示的"3D 接触"对话框。

（2）根据选择步骤依次选择第一体和第二体。

（3）设置各参数选项，单击"确定"按钮，完成创建过程。

 【选项说明】

（1）刚度：刚度用来描述材料抵抗变形的能力，不同材料具有不同的刚度。

（2）力指数：定义输入变形特征指数，当接触变硬时选择大于 1，变软时选择小于 1。对于钢通常选择 1 ～ 8.3。

（3）材料阻尼：定义材料最大的黏性阻尼，根据材料的不同定义不同的取值，通常取值范围为 1 ～ 1000，一般可取刚度的 0.1%。

（4）最大穿透深度：输入碰撞表面的陷入深度，该取值一般较小。一般为保持求解的连续性，必须设置该选项。

对于有相对摩擦的杆件，根据两者间是否有相对运动，分别设置以下参数。

（5）静摩擦系数：取值范围为 0 ～ 1，对于钢与钢之间取 0.08 左右。

（6）静摩擦速度：与静摩擦系数相关的滑动速度，该值一般取 0.1 左右。

（7）动摩擦：取值范围为 0 ～ 1，对于钢与钢之间取 0.05 左右。

图 23-42　"3D 接触"对话框

（8）动摩擦速度：与动摩擦系数相关的滑动速度。

对于不考虑摩擦的运动分析情况，可在"库仑摩擦"选项中设置为"关"。3D 接触副的默认名称为 G001。

23.6.9 2D 接触

2D 接触是二维平面中的接触命令，定义曲线与曲线之间的接触，通常用来表达两杆件之间的弹性或非弹性冲击。

【执行方式】

● 菜单：选择"菜单"→"插入"→"接触"→"2D 接触"命令。

【操作步骤】

（1）执行上述操作后，弹出如图 23-43 所示的"2D 接触"对话框。

（2）根据选择步骤依次选择第一平面曲线、第二平面曲线。

（3）设置各参数选项，单击"确定"按钮，完成创建过程。

【选项说明】

在选择平面曲线的过程中，若选择曲线为封闭曲线，则激活反向材料侧选项，该选项用来确定实体在曲线外侧或内侧。

在"2D 接触"对话框中大部分参数同 3D 接触中的参数相同，最多接触点数表示两接触曲线最大点数目，取值范围为 1 ～ 32，当取值为 1 时，系统定义曲线接触区域的中点为接触点。

图 23-43 "2D 接触"对话框

第 **24** 章
模型准备与运动分析

在用户创建运动分析对象后，若对创建的对象感到不满意，可以在模型准备中对模型进行重新编辑和其他操作。模型准备阶段的操作主要包括对模型尺寸的编辑，运动对象的编辑，标记点和智能点的创建，封装和解算方案的建立几部分。

完成模型准备后，可以利用运动分析模块对模型进行全面的运动分析。

/ 重点与难点

- ➡ 模型编辑
- ➡ 标记和智能点
- ➡ 封装
- ➡ 解算方案的创建和求解
- ➡ 运动分析

24.1　模型编辑

24.1.1　主模型尺寸编辑

主模型和运动仿真模型之间具有关联性，用户对主模型进行的修改会直接影响运动仿真模型。但用户对运动仿真模型进行修改不能直接影响到主模型，需进行输出表达式操作才能达到编辑主模型的目的。

【执行方式】

- 菜单：选择"菜单"→"编辑"→"主模型尺寸"命令。
- 功能区：单击"主页"选项卡中"设置"面板上的"主模型尺寸"按钮🖱。

【操作步骤】

（1）执行上述操作后，打开如图 24-1 所示的"编辑尺寸"对话框。
（2）在列表框中选择需编辑的特征，在"特征表达式"中选择"表达式"或"描述"选项。
（3）设置新的尺寸。
（4）单击"用于何处"按钮，弹出如图 24-2 所示的"信息"对话框。
（5）按回车键，返回"编辑尺寸"对话框，单击"确定"按钮，完成对模型尺寸的编辑操作。

图 24-1　"编辑尺寸"对话框

图 24-2　"信息"对话框

【选项说明】

图 24-1 所示的"编辑尺寸"对话框上半部分列出了模型包含的各项特征，中间部分通过尺寸

描述特征，有两种表达方式，一是通过表达式，分别给出特征名称、尺寸代号和尺寸大小；二是通过描述，直接给出尺寸形式和大小，后者更直观，而前者给出的内容比较详细。

24.1.2 编辑运动对象

该命令可以对已创建的机构对象进行编辑，如对连杆、运动副、力类对象、标记和约束进行编辑。

【执行方式】

- 菜单：选择"菜单"→"编辑"→"运动对象"命令。
- 功能区：单击"主页"选项卡中"机构"面板上的"编辑运动对象"按钮。

【操作步骤】

（1）执行上述操作后，打开如图 24-3 所示的"类选择"对话框。

（2）用户可以直接在屏幕中选择需要编辑的对象。

（3）选择需编辑的对象后，打开原来生成该对象的操作对话框。

（4）用户可以根据需要重新对其进行编辑操作。

图 24-3 "类选择"对话框

24.2 标记和智能点

标记和智能点一般与运动机构分析结果相联系，例如，在机构模型中希望得到一点的运动位移、速度等分析结果，则在进行分析解算前通过标记或智能点确定用户关心的点，分析解算后可获取标记或智能点所在位置的机构分析结果。

24.2.1 标记

与智能点相比，标记点功能更加强大。在创建标记点时，应当注意标记点始终是与连杆相关的，且必须为其定义方向。标记的方向特性在复杂的动力学分析中特别有用，如分析一些与杆件相关的矢量结果问题——角速度、角加速度等。标记的系统默认名称是A001。

【执行方式】

- 菜单：选择"菜单"→"插入"→"标记"命令。
- 功能区：单击"主页"选项卡中"机构"面板上的"标记"按钮。

图 24-4 "标记"对话框

【操作步骤】

（1）执行上述操作后，打开如图 24-4 所示的"标记"对话框。

（2）用户可以直接在屏幕中选择连杆对象，或在"点"对话框中输入坐标生成标记点。

（3）在后续的指定方位步骤中，根据需要调整标记点的坐标方位，完成标记点方向的定义。

（4）单击"确定"按钮，完成标记创建操作。

24.2.2　智能点

智能点是没有方向的点，只作为空间的一个点且不与连杆相关联，这是与标记最大的区别。智能点的系统默认名称是 Me001。

【执行方式】

● 菜单：选择"菜单"→"插入"→"智能点"命令。

● 功能区：单击"主页"选项卡中"机构"面板上的"智能点"按钮 +⁺。

【操作步骤】

（1）执行上述操作后，打开"点"对话框，如图 24-5 所示。

（2）在屏幕中选择用户需要的点（可以连续选择多个点）。

（3）单击"确定"按钮，完成智能点的创建。

图 24-5　"点"对话框

24.3　封装

封装是用来收集用户感兴趣的对象信息的一组工具。封装有 3 项功能，即测量、追踪和干涉，分别可以用来测量机构中目标对象间的距离关系；追踪机构中目标对象的运动；确定机构中目标对象是否发生干涉。

24.3.1　测量

测量功能用来测量机构中目标对象的距离或角度，并可以建立安全区域，若测量结果与定义的安全区域有冲突，则系统会发出警告。

【执行方式】

● 菜单：选择"菜单"→"工具"→"封装"→"测量"命令。

● 功能区：单击"分析"选项卡中"运动"面板上的"测量"按钮 。

【操作步骤】

执行上述操作后，弹出如图 24-6 所示的"测量"对话框。

图 24-6　"测量"对话框

【选项说明】

（1）阈值：设定两连杆间的距离。系统每做一步运动都会比较测量距离和设定的距离，若与测量条件相矛盾，则系统会给出提示信息。

（2）测量条件：包括小于、大于和目标 3 个选项。

24.3.2 追踪

追踪功能用来生成每一分析步骤处目标对象的一个复制对象。

【执行方式】

- 菜单：选择"菜单"→"工具"→"封装"→"追踪"命令。
- 功能区：单击"分析"选项卡中"运动"面板上的"追踪"按钮。

【操作步骤】

执行上述操作后，弹出如图 24-7 所示的"追踪"对话框。

图 24-7 "追踪"对话框

【选项说明】

（1）目标层：用来指定放置复制对象的层。

（2）参考框：用来指定追踪对象的参考框架。在绝对参考框架中，表示被追踪对象作为机构正常运动范围的一部分进行定位和复制；在相对参考框架中，系统会生成相对于参考对象的追踪对象。

24.3.3 干涉

干涉主要比较在机构运动过程中是否发生重叠现象。

【执行方式】

- 菜单：选择"菜单"→"工具"→"封装"→"干涉"命令。
- 功能区：单击"分析"选项卡中"运动"面板上的"干涉"按钮。

【操作步骤】

执行上述操作后，打开如图 24-8 所示的"干涉"对话框。

图 24-8 "干涉"对话框

【选项说明】

（1）类型：当机构发生干涉时，系统根据用户选择可以产生高亮显示、创建实体和显示相交曲线 3 种类型。选择"高亮显示"类型，若发生干涉，则会高亮显示干涉连杆，同时在状态行也会给出提示信息。选择"创建实体"类型，若发生干涉，系统会生成一个相交实体，描述干涉发生的体积。选择"显示相交曲线"类型，若发生干涉，系统会显示相交曲线，描述干涉发生的位置。

（2）参考框：当选择"创建实体"类型时，显示"参考框"选项组，在其"指定参考"下拉列表中，包括绝对、相对于组 1、相对于组 2、相对于两个组和相对于选定的 5 个选项。当选择绝对参考帧时，重叠体定位于干涉发生处；当选择相对参考帧时，重叠体定位于干涉连杆上。用户可以通过相对参考帧将重叠体和连杆作布尔减操作，达到消除干涉现象的目的。

24.4　解算方案的创建和求解

当用户完成连杆、运动副和驱动等条件的设立后，即可以进入解算方案的创建和求解步骤，进行运动的仿真分析。

24.4.1　解算方案的创建

解算方案包括定义分析类型、解算方案类型以及特定的传动副驱动类型等。用户可以根据需求对同一组连杆、运动副定义不同的解算方案。

【执行方式】

- 菜单：选择"菜单"→"插入"→"解算方案"命令。
- 功能区：单击"主页"选项卡中"解算方案"面板上的"解算方案"按钮。

【操作步骤】

执行上述操作后，弹出如图 24-9 所示的"解算方案"对话框。

【选项说明】

（1）常规驱动：这种解算方案包括动力学分析和静力平衡分析，通过用户设定时间和步数，在此范围内进行仿真分析解算。

（2）铰链运动驱动：在求解的后续阶段，通过用户设定的传动副及定义步长进行仿真分析。

（3）电子表格驱动：用户通过 Excel 电子表格列出传动副的运动关系，系统根据输入的电子表格进行运动仿真分析。

与求解器相关的参数基本保持默认设置即可，解算方案默认名称为 Solution_1。

图 24-9　"解算方案"对话框

24.4.2　求解

完成解算方案的设置后，进入系统求解阶段。对于不同的解算方案，求解方式不同。常规驱动的解算方案，系统直接完成求解，用户在运动分析的工具条中完成运动仿真分析的后置处理。

铰链运动驱动和电子表格驱动方案，需要用户设置传动副、定义步长和输入电子表格完成仿真分析。

24.5 运动分析

运动分析模块可用多种方式输出机构分析结果,如基于时间的动态仿真,基于位移的动态仿真,输出动态仿真的图像文件,输出机构分析结果的数据文件,用线图表示机构分析结果以及用电子表格输出机构分析结果等。在每种输出方式中,可以输出各类数据。例如,用线图输出位移图、速度或加速度图等,输出构件上标记的运动规律图,输出运动副上的作用力图。利用机构模块还可以计算构件的支承反力,动态仿真构件的受力情况。

本节主要对运动分析模块各功能进行比较详细的介绍。

24.5.1 动画

动画是基于时间的机构动态仿真,包括静力平衡分析和静力 / 动力分析两类仿真分析。静力平衡分析将模型移动到平衡位置,并输出运动副上的反作用力。

 【执行方式】

- 菜单:选择"菜单"→"分析"→"运动"→"动画"命令。
- 功能区:单击"分析"选项卡中"运动"面板上的"动画"按钮 。

 【操作步骤】

执行上述操作后,打开如图 24-10 所示的"动画"对话框。

【选项说明】

(1)滑动模式:包括"时间"和"步数"两个选项,"时间"表示动画以时间为单位进行播放,"步数"表示动画以步数为单位一步一步进行连续播放。

(2)动画延时:当动画播放速度过快时,可以设置动画每帧之间间隔时间,每帧间最长延迟时间是一秒。

(3)播放模式:系统提供播放一次、循环播放和往返播放3 种播放模式。

(4) 设计位置:表示机构各连杆在进入仿真分析前所处在的位置。

(5) 装配位置:表示机构各连杆按运动副设置的连接关系所处在的位置。

(6)封装选项:如果用户在封装操作中设置了测量、追踪或干涉时,则激活该选项。

图 24-10 "动画"对话框

① 测量:勾选此复选框,则在动态仿真时,根据"测量"对话框中所做的最小距离或角度设置,计算所选对象在各帧位置的最小距离。

② 追踪：勾选此复选框，在动态仿真时，根据"追踪"对话框所做的追踪设置，对所选构件或整个机构进行运动追踪。

③ 干涉：勾选此复选框，根据"干涉"对话框所做的干涉设置，对所选的连杆进行干涉检查。

④ 事件发生时停止：勾选此复选框，表示在进行分析和仿真时，如果发生测量的最小距离小于安全距离或发生干涉现象，则系统停止分析和仿真，并弹出提示信息。

（7）追踪整个机构和爆炸机构：该选项根据封装设置，对整个机构或其中某连杆进行追踪。包括追踪当前位置，追踪整个机构和机构爆炸图。追踪当前位置将封装设置中选择的对象复制到当前位置；追踪整个机构将整个机构所有连杆的运动复制到当前位置；爆炸视图用来创建、保存做铰链运动时的各个任意位置的爆炸视图。

24.5.2　*XY* 结果视图

通过前面的动画或铰链运动对模型进行仿真分析后，用户还可以采用生成 *XY* 结果视图的方式输出机构的分析结果。

【执行方式】

- 菜单：选择"菜单"→"分析"→"运动"→"*XY* 结果"命令。
- 功能区：单击"分析"选项卡中"运动"面板上的"*XY* 结果"按钮。

图 24-11　"XY 结果视图"面板

【操作步骤】

执行上述操作后，打开如图 24-11 所示的"*XY* 结果视图"面板。

【选项说明】

"*XY* 结果视图"面板中显示出关于运动部件的绝对和相对的位移、速度、加速度、力。根据需要选择位移、速度、加速度、力的分量后，单击鼠标右键，弹出如图 24-12 所示的快捷菜单。

（1）绘图：绘制分量结果视图。

（2）叠加：在已绘制好的结果视图中绘制同轴类分量的结果视图。

（3）设为 *X* 轴：将选择的分量设置为 *X* 轴。

选择"绘图"命令，弹出"查看窗口"对话框，如图 24-13 所示，接着选择绘图区域，得出结果视图。

图 24-12　快捷菜单

图 24-13　"查看窗口"对话框

24.5.3　运行电子表格

当机构进行动画仿真或铰链传动时，若用户选择电子表格输出数据，则可通过运行电子表格中的数据来驱动机构，进行仿真分析。具体操作过程将在下一章的实例中介绍。

24.5.4 载荷传递

载荷传递是系统根据对某特定连杆的反作用力来定义加载方案，该反作用力是通过对特定构件进行动态平衡计算得来的。用户可以根据需要将该加载方案由机构分析模块输出到有限元分析模块，或对构件的受力情况进行动态仿真。

 【执行方式】

- 菜单：选择"菜单"→"分析"→"运动"→"载荷传递"命令。
- 功能区：单击"分析"选项卡中"运动"面板上的"载荷传递"按钮。

 【操作步骤】

（1）执行上述操作后，打开如图 24-14 所示的"载荷传递"对话框。

（2）单击"选择连杆"按钮，在屏幕中选择受载连杆。

（3）单击"播放"按钮，系统生成反映仿真中每步对应的载荷数据的电子表格，如图 24-15 所示。

通过电子表格，用户可以查看连杆在每一步的受力情况，也可以使用电子表格中的图表功能编辑连杆在整个仿真过程中的受力曲线。

图 24-14 "载荷传递"对话框

图 24-15 电子表格

（4）在"载荷传递"对话框中，用户可以根据自身需要创建连杆加载方案。

第 **25** 章
运动分析实例

本章为运动分析的实例部分，通过 5 个实例来学习运动分析的过程，分别为三连杆运动机构、活塞、汽车发动机气门、剪式千斤顶及球摆。通过大量的实例可以综合掌握运动分析的一般过程及各个实例独特的部分。

/ 重点与难点

- 三连杆运动机构
- 活塞
- 汽车发动机气门
- 剪式千斤顶
- 球摆

25.1 三连杆运动机构

本节将使用 3 个连杆创建 3 个旋转副组成三连杆运动机构，如图 25-1 所示。主运动设置在最短连杆的旋转副内，创建机构时重点在连杆的啮合功能，完成后观察三连杆运动的情况。

扫码看视频

图 25-1　三连杆运动机构

25.1.1 创建连杆

本节的连杆运动机构一共由 4 个部件组成，其中底部连杆是固定不动的，因此底部连杆可以定义为固定连杆，也可以不定义为固定连杆。

1. 进入运动仿真环境

（1）打开 yuanwenjian/25/25.1/LINK_LINK_ASSEM.prt，此模型为三连杆运动机构，如图 25-1 所示。

（2）单击"应用模块"选项卡中"仿真"面板上的"运动"按钮，进入运动仿真环境。

2. 新建仿真

（1）在资源条中选择运动导航器，右击"LINK_LINK_ASSEM"模型，在弹出的快捷菜单中选择"新建仿真"选项，如图 25-2 所示。

（2）执行上述操作后，打开"新建仿真"对话框，单击"确定"按钮，打开"环境"对话框，如图 25-3 所示。保持默认参数设置，单击"确定"按钮，系统弹出"机构运动副向导"对话框，如图 25-4 所示。单击"取消"按钮，自动转换运动副。

图 25-2　运动导航器

图 25-3　"环境"对话框

图 25-4　"机构运动副向导"对话框

3. 创建连杆

（1）单击"主页"选项卡中"机构"面板上的"连杆"按钮，打开"连杆"对话框，如图 25-5 所示。

（2）在视图区选择连杆 L001，如图 25-6 所示。单击"应用"按钮，完成连杆 L001 的创建。

图 25-5　"连杆"对话框

图 25-6　选择连杆

（3）在视图区选择连杆 L002，单击"应用"按钮，完成连杆 L002 的创建。

（4）在视图区选择连杆 L003，单击"应用"按钮，完成连杆 L003 的创建。

（5）在视图区选择连杆 L004，在"设置"选项组勾选"无运动副固定连杆"复选框，如图 25-7 所示，使连杆 L004 固定。

（6）单击"确定"按钮，完成 L004 的创建。

图 25-7　"设置"选项组

25.1.2　创建运动副

完成三连杆运动机构的连杆创建后，需要定义旋转副。本节一共需要定义 4 个旋转副，其中 2 个旋转副需要开启啮合功能。

（1）单击"主页"选项卡中"机构"面板上的"接头"按钮，打开"运动副"对话框，在"类型"下拉列表中选择"旋转副"选项，如图 25-8 所示。

（2）在视图区选择连杆 L001。

（3）单击"指定原点"按钮，在视图区选择连杆 L001 下端圆心点为原点，如图 25-9 所示。

（4）单击"指定矢量"按钮，选择如图 25-10 所示的面。

图 25-8 "运动副"对话框

原点

图 25-9 指定原点

（5）单击"驱动"标签，打开"驱动"选项卡，如图 25-11 所示。

（6）单击"旋转"下拉列表框，选择"多项式"类型，在"速度"文本框中输入 55，如图 25-12 所示。

（7）单击"运动副"对话框中的"应用"按钮，完成第一个旋转副的创建。

说明：本小节当中连杆 L001、连杆 L002 之间的运动副可以在它们任意一个连杆中创建，连杆 L002、连杆 L003 之间的运动副也是一样。

（8）在视图区选择连杆 L002。

选择面

图 25-10 指定矢量

图 25-11 "驱动"选项卡

图 25-12 设置驱动选项

（9）单击"指定原点"按钮，在视图区选择连杆 L002 左端圆心点为原点，如图 25-13 所示。

（10）单击"指定矢量"按钮，选择如图 25-14 所示的面。

图 25-13 指定原点

选择面

图 25-14 指定矢量

（11）在"底数"选项组中勾选"啮合连杆"复选框，如图 25-15 所示。

（12）单击"选择连杆"按钮，在视图区选择连杆 L001，如图 25-16 所示。

图 25-15　"底数"选项组　　　　　　　　　图 25-16　选择连杆

（13）单击"指定原点"按钮，在视图区选择连杆 L001 的上端圆心点，使它和连杆 L002 的原点重合，如图 25-17 所示。

（14）单击"指定矢量"按钮，选择如图 25-18 所示的面，使它和连杆 L002 的矢量相同。

图 25-17　指定原点　　　　　　　　　　　图 25-18　指定矢量

（15）单击"运动副"对话框中的"应用"按钮，完成 L001 与 L002 啮合连杆的创建。

（16）在视图区选择连杆 L003。

（17）单击"指定原点"按钮，在视图区选择连杆 L003 的左端圆心点为原点，如图 25-19 所示。

（18）单击"指定矢量"按钮，选择如图 25-20 所示的面。

图 25-19　指定原点　　　　　　　　　　　图 25-20　指定矢量

（19）在"底数"选项组中勾选"啮合连杆"复选框，如图 25-21 所示。

（20）单击"选择连杆"按钮，在视图区选择连杆 L002，如图 25-22 所示。

图 25-21　"底数"选项组

图 25-22　选择连杆

（21）单击"指定原点"按钮，在视图区选择连杆 L002 的上端圆心点，如图 25-23 所示。

（22）单击"指定矢量"按钮，选择如图 25-24 所示的面。

图 25-23　指定原点

图 25-24　指定矢量

（23）单击"运动副"对话框中的"应用"按钮，完成 L002 与 L003 啮合连杆的创建。

（24）在视图区选择连杆 L003。

（25）单击"指定原点"按钮，在视图区选择连杆 L003 的右端圆心点为原点，如图 25-25 所示。

（26）单击"指定矢量"按钮，选择系统提示的坐标系 Y 轴，如图 25-26 所示。

图 25-25　指定原点

图 25-26　指定矢量

（27）单击"运动副"对话框中的"确定"按钮，完成旋转副的创建。

25.1.3 动画分析

完成连杆和运动副的创建后，对三连杆运动机构的运动进行
动画分析。

图 25-27 "解算方案"对话框

1. 创建解算方案

（1）单击"主页"选项卡中"解算方案"面板上的"解算方案"
按钮，打开"解算方案"对话框，如图 25-27 所示。

（2）在"解算方案选项"选项组的文本框中，输入时间为 8，
步数为 800，如图 25-28 所示。

（3）单击"确定"按钮，完成解算方案的创建。

2. 求解

单击"主页"选项卡中"解算方案"面板上的"求解"按钮
，求解出当前解算方案的结果。

图 25-28 "解算方案选项"选项组

3. 动画

① 单击"结果"选项卡中"动画"面板上的"播放"按钮
，观察三连杆机构的运动，如图 25-29 所示。

图 25-29 动画结果（1 秒、2 秒、3 秒、5 秒）

② 单击"结果"选项卡中"动画"面板上的"完成"按钮 🏁，完成当前三连杆运动机构的动画分析。

25.2 活塞

本小节将使用 3 个连杆，创建 4 个运动副组成活塞模型，如图 25-30 所示。主运动设置为旋转运动，从运动为周期性的线性运动，使用 1 个滑动副和 3 个旋转副获得。

扫码看视频

图 25-30 活塞模型

25.2.1 创建连杆

1. 进入运动仿真环境

（1）打开 yuanwenjian/25/25.2/fdj.prt，显示如图 25-30 所示的活塞运动机构模型。

（2）单击"应用模块"选项卡中"仿真"面板上的"运动"按钮 🔷，进入运动仿真环境。

2. 新建仿真

（1）在资源条中选择运动导航器，用鼠标右键单击"fdj"模型，在弹出的快捷菜单中选择"新建仿真"选项。

（2）执行上述操作后，打开"新建仿真"对话框，单击"确定"按钮，打开"环境"对话框，如图 25-31 所示。保持默认参数设置，单击"确定"按钮。弹出"机构运动副向导"对话框，单击"取消"按钮。

3. 创建连杆

（1）单击"主页"选项卡中"机构"面板上的"连杆"按钮 🖋，打开"连杆"对话框，如图 25-32 所示。

（2）在视图区选择转轮为连杆 L001，单击"应用"按钮，完成连杆 L001 的创建。

（3）按照相同的步骤完成连杆 L002、连杆 L003（活塞和轴）的创建，如图 25-33 所示。

图 25-31 "环境"对话框

图 25-32 "连杆"对话框

图 25-33 创建连杆

25.2.2 创建运动副

活塞模型需要创建 3 个旋转副、1 个滑动副，其中转盘的旋转副需要驱动。

（1）单击"主页"选项卡中"机构"面板上的"接头"按钮，打开"运动副"对话框，如图 25-34 所示。

（2）在视图区选择转轮连杆 L001。

（3）单击"指定原点"按钮，在视图区选择转轮圆心点为原点，如图 25-35 所示。

（4）单击"指定矢量"按钮，选择转轮端面，如图 25-36 所示。

图 25-34 "运动副"对话框

图 25-35 指定原点

图 25-36 指定矢量

（5）单击"驱动"标签，打开"驱动"选项卡，如图 25-37 所示。

（6）单击"旋转"下拉列表框，选择"多项式"类型，在"速度"文本框中输入 1800，如图 25-38 所示。单击"应用"按钮，完成转轮旋转副的创建。

（7）在视图区选择连杆 L002。

（8）单击"指定原点"按钮，在视图区选择转轮圆心点为原点，如图 25-39 所示。

（9）单击"指定矢量"按钮，选择连杆 L002 的侧面，如图 25-40 所示。

图 25-37 "驱动"选项卡

图 25-38 设置驱动项

图 25-39 指定原点

图 25-40 指定矢量

（10）在"底数"选项组中勾选"啮合连杆"复选框，如图 25-41 所示。

（11）单击"选择连杆"按钮，在视图区选择连杆 L001，如图 25-42 所示。

（12）单击"指定原点"按钮，在视图区选择转轮凸台圆心点为原点。

（13）单击"指定矢量"按钮，选择如图 25-43 所示的面。单击"应用"按钮，完成 L001 和 L002 啮合连杆的创建。

图 25-41 "底数"选项组

图 25-42 选择连杆

图 25-43 指定原点、矢量

（14）在视图区选择连杆 L002。

（15）单击"指定原点"按钮，在视图区选择连杆 L002 上端圆心点为原点，如图 25-44 所示。

（16）单击"指定矢量"按钮，选择系统提示的坐标系 Y 轴，如图 25-45 所示。

图 25-44 指定原点　　　　　　　图 25-45 指定矢量

（17）在"底数"选项组中勾选"啮合连杆"复选框，如图 25-46 所示。

（18）单击"选择连杆"按钮，在视图区选择连杆 L003，如图 25-47 所示。

（19）单击"指定原点"按钮，在视图区选择连杆 L003 右端圆心点为原点。

图 25-46 "底数"选项组

（20）单击"指定矢量"按钮，选择系统提示的坐标系 Y 轴，如图 25-48 所示。

图 25-47 选择连杆　　　　　　　图 25-48 指定矢量

（21）单击"运动副"对话框中的"应用"按钮，完成 L002 和 L003 啮合连杆的创建。

（22）在视图区选择活塞连杆 L003。

（23）在"类型"下拉列表中选择"滑块"类型。

（24）单击"指定原点"按钮，在视图区选择活塞任意一点为原点，如图 25-49 所示。

（25）单击"指定矢量"按钮，选择系统提示的坐标系 Z 轴，如图 25-50 所示。单击"确定"按钮，完成滑动副创建。

图 25-49　指定原点

图 25-50　指定矢量

25.2.3　动画分析

1. 创建解算方案

（1）单击"主页"选项卡中"解算方案"面板上的"解算方案"按钮 ，打开"解算方案"对话框，如图 25-51 所示。

（2）在"解算方案选项"选项组的文本框中，输入时间为 10，步数为 1000，勾选"按'确定'进行求解"复选框，如图 25-52 所示。

（3）单击"确定"按钮，完成解算方案的创建，并求解出当前解算方案的结果。

2. 动画

（1）单击"结果"选项卡中"动画"面板上的"播放"按钮 ，观察活塞的运动，如图 25-53 所示。

（2）单击"结果"选项卡中"动画"面板上的"完成"按钮 ，完成当前活塞模型的动画分析。

图 25-51　"解算方案"对话框

图 25-52　"解算方案选项"选项组

图 25-53　动画结果（1 秒、1.5 秒、2.3 秒）

25.3　汽车发动机气门

扫码看视频

制作思路

在本节将讲解汽车发动机气门模型的运动仿真。通过曲轴的旋转运动得到气门的周期性滑动，进气门和出气门形式上基本一致，只是在运动相位角上相差了 120°。汽车发动机气门模型如图 25-54 所示。

图 25-54　汽车发动机气门模型

25.3.1　创建连杆

汽车发动机气门模型需要创建 7 个连杆。为了简化模型，有些部件会合为一个连杆，底座没有算为连杆。

1.　进入运动仿真环境

（1）打开汽车发动机气门模型文件 yuanwenjian/ 25/25.3/qiqm.prt。

（2）单击"应用模块"选项卡中"仿真"面板上的"运动"按钮，进入运动仿真环境。

2.　新建仿真

（1）在资源条中选择运动导航器，用鼠标右键单击"qiqm"模型，在弹出的快捷菜单中选择"新建仿真"命令，打开"新建仿真"对话框。

（2）单击"确定"按钮，打开"环境"对话框。保持默认参数设置，单击"确定"按钮。弹出"机构运动副向导"对话框，单击"取消"按钮。

3.　创建连杆

（1）单击"主页"选项卡中"机构"面板上的"连杆"按钮，打开"连杆"对话框，如图 25-55 所示。

（2）在视图区选择曲轴及曲轴上的 8 条线为连杆 L001。单击"应用"按钮，完成连杆 L001 的创建，如图 25-56 所示。

图 25-55　"连杆"对话框

图 25-56　创建连杆 L001

（3）在视图区选择与曲轴配合的左侧滑轮及滑轮上的线为连杆 L002，单击"应用"按钮，完成连杆 L002 的创建，如图 25-57 所示。

（4）采用同样的方式，选择右侧滑轮及滑轮上的线，单击"应用"按钮，完成连杆 L003 的创建。

（5）在视图区选择左侧拔叉及曲线为连杆 L004。单击"应用"按钮，完成连杆 L004 的创建，如图 25-58 所示。

（6）按照创建连杆 L004 的步骤，完成连杆 L005 的创建。

（7）在视图区选择左侧气门杆及曲线为连杆 L006，单击"应用"按钮，完成连杆 L006 的创建，如图 25-59 所示。

图 25-57　创建连杆 L002

图 25-58　创建连杆 L004

图 25-59　创建连杆 L006

（8）在视图区选择右侧气门杆为连杆 L007，单击"确定"按钮，完成连杆 L007 的创建。

25.3.2　创建运动副

（1）单击"主页"选项卡中"机构"面板上的"接头"按钮，打开"运动副"对话框，如图 25-60 所示。

（2）在视图区选择连杆 L001。

（3）单击"指定原点"按钮，在视图区选择连杆 L001 的圆心点为原点，如图 25-61 所示。

（4）单击"指定矢量"按钮，选择如图 25-62 所示的面。

图 25-60　"运动副"对话框

（5）单击"驱动"标签，打开"驱动"选项卡，如图 25-63 所示。

（6）在"旋转"下拉列表中选择"多项式"类型，在"速度"文本框中输入 1800，如图 25-64 所示。单击"应用"按钮，完成第一个旋转副的创建。

图 25-61　指定原点

图 25-62　指定矢量

图 25-63　"驱动"选项卡

图 25-64　设置驱动选项

（7）在视图区选择连杆 L002。

（8）单击"指定原点"按钮，在视图区选择连杆 L002 左端圆心点为原点，如图 25-65 所示。

（9）单击"指定矢量"按钮，选择如图 25-66 所示的面。

图 25-65　指定原点

图 25-66　指定矢量

（10）在"底数"选项组中勾选"啮合连杆"复选框，如图 25-67 所示。

（11）单击"选择连杆"按钮，在视图区选择连杆 L004，如图 25-68 所示。

（12）单击"指定原点"按钮，在视图区选择连杆 L004 上端圆心点，使它和连杆 L002 的原点重合。

（13）单击"指定矢量"按钮，选择如图 25-66 所示的面，和连杆 L002 矢量相同。单击"应用"按钮，完成啮合连杆的创建。

图 25-67 "底数"选项组

图 25-68 选择连杆

（14）在视图区选择连杆 L004。

（15）单击"指定原点"按钮，在视图区选择连杆 L004 左端圆心点为原点。

（16）单击"指定矢量"按钮，选择如图 25-69 所示的面。单击"确定"按钮，完成旋转副的创建。

（17）单击"主页"选项卡中"机构"面板上的"接头"按钮，打开"运动副"对话框。

（18）在视图区选择左侧气门杆 L006。

（19）在"类型"下拉列表中选择"柱面副"类型，如图 25-70 所示。

（20）单击"指定原点"按钮，在视图区选择连杆 L006 中任一点为原点。

图 25-69 指定原点和矢量

（21）单击"指定矢量"按钮，选择左侧气门杆的柱面，使临时坐标系的 Z 轴指向轴心，如图 25-71 所示。单击"确定"按钮，完成柱面副的创建。

（22）采用同样的方式创建右侧的 3 个运动副，分别为 J005、J006 及 J007，完成后的所有运动副如图 25-72 所示。

图 25-70 "运动副"对话框

图 25-71 指定矢量

图 25-72 运动副

25.3.3 创建约束

汽车发动机气门模型需要创建 4 个约束，两个为点在线上副，另两个为线在线上副。

1. 创建线在线上副

（1）选择"菜单"→"插入"→"约束"→"线在线上副"命令，或单击"主页"选项卡中"约束"面板上的"线在线上副"按钮，打开"线在线上副"对话框，如图 25-73 所示。

（2）选择左侧滑轮上的曲线为第一曲线集，如图 25-74 所示。

图 25-73 "线在线上副"对话框

图 25-74 选择曲线

（3）选择连杆 L001 上的 4 条曲线为第二曲线集，如图 25-74 所示。单击"确定"按钮，完成线在线上副的创建。

2. 创建点在线上副

（1）选择"菜单"→"插入"→"约束"→"点在线上副"命令，或单击"主页"选项卡中"约束"面板上的"点在线上副"按钮，打开"点在线上副"对话框，如图 25-75 所示。

（2）选择连杆 L006，然后指定点，选择左侧气门杆上线段的中点，如图 25-76 所示。

图 25-75 "点在线上副"对话框

图 25-76 指定点

（3）在视图区选择连杆 L004 的 2 条曲线，如图 25-77 所示。单击"确定"按钮，完成点在线上副的创建。

3. 创建右侧的两个约束

采用同样的方式完成右侧两个约束的创建，创建完成后的运动导航器如图 25-78 所示。

图 25-77　选择曲线

图 25-78　运动导航器

25.3.4　创建汽车发动机气门动画

完成连杆、运动副和约束的创建后，对模型进行动画分析。

1. 创建解算方案

（1）单击"主页"选项卡中"解算方案"面板上的"解算方案"按钮，打开"解算方案"对话框，如图 25-79 所示。

（2）在"解算方案选项"选项组的文本框中，输入时间为 4，步数为 1000，如图 25-80 所示。单击"确定"按钮，完成解算方案的创建。

图 25-79　"解算方案"对话框

图 25-80　"解算方案选项"选项组

2．求解

单击"主页"选项卡中"解算方案"面板上的"求解"按钮 ，求解出当前解算方案的结果。

3．动画

（1）单击"结果"选项卡中"动画"面板上的"播放"按钮 ，观察汽车发动机气门的运动，如图 25-81 所示。

（2）单击"结果"选项卡中"动画"面板上的"完成"按钮 ，完成汽车发动机气门动画分析。

图 25-81　动画结果（1 秒、1.5 秒）

25.4　剪式千斤顶

🖙 **制作思路**

剪式千斤顶可以通过手柄的旋转顶起重物，如图 25-82 所示。剪式千斤顶和一般的千斤顶相比没有油路系统，因此它有结构简单、携带方便的特点，深受小型汽车用户的喜欢。

图 25-82　剪式千斤顶

扫码看视频

25.4.1　运动要求及分析思路

剪式千斤顶通过手柄的旋转顶起重物，结构分为螺杆机构和剪式机构两大部分。剪式千斤顶运动仿真的要求如下。

（1）螺杆的转速为每秒 1 ~ 3 转，比率值为 3。

（2）检查剪式千斤顶模型是否存在干涉。

（3）创建螺杆转速图和顶起速度图。

（4）测量剪式千斤顶的最大顶起高度。

了解剪式千斤顶相关的参数和运动仿真要求后，对模型进行分析，具体的思路如下。

1. 连杆的划分

在整个剪式千斤顶模型内找出参与运动的部件，并划分为连杆，一共是 8 个，如图 25-83 所示。底座为非连杆机构，当然也可以创建为固定连杆。

2. 运动副的划分

通过从简入难的规律，在先不加螺杆机构的情况下创建运动副。

图 25-83　划分连杆

（1）L001、L002、L004 和 L005 组成剪式机构，运动的类型是旋转副，且需要啮合连杆。

（2）L003 沿顶起的方向运动为滑动副。

（3）L006 是主运动，既可以旋转，又可以移动，运动的类型为螺旋副。由于螺旋副没有驱动，还需要在 L006 上创建旋转副。

（4）L007、L008 要随着其他连杆移动，还要保持水平，运动的类型为旋转副。

3. 运动的传递

本例中没有任何齿轮、线缆、3D 接触等，纯粹通过旋转副来完成，主要经过了二次力的转化。

（1）螺杆的旋转减少 L007、L008 之间的距离。

（2）由平行四边形法则推断 L001、L002 之间的角度增加，L002、L005 之间的角度减小，从而推动 L003 向上运动。

25.4.2　创建连杆

剪式千斤顶模型需要创建 8 个连杆。为了简化模型，螺杆和手柄合为一个连杆，底座没有算为连杆。

1. 进入运动仿真环境

（1）启动 UG NX12，打开剪式千斤顶模型文件 yuanwenjian/ 25/25.4/qjd.prt。

（2）单击"应用模块"选项卡中"仿真"面板上的"运动"按钮，进入运动仿真环境。

2. 新建仿真

（1）在资源条中选择运动导航器，用鼠标右键单击" qjd "模型，在弹出的快捷菜单中选择"新建仿真"命令，打开"新建仿真"对话框。

（2）单击"确定"按钮，打开"环境"对话框，保持默认参数设置，单击"确定"按钮。弹出"机构运动副向导"对话框，单击"取消"按钮。

3. 创建连杆

（1）单击"主页"选项卡中"机构"面板上的"连杆"按钮，打开"连杆"对话框，如图 25-84 所示。

（2）在视图区选择左下角运动杆为连杆 L001，单击"应用"按钮，完成连杆 L001 的创建。

图 25-84 "连杆"对话框

图 25-85 创建连杆 L001、L002

（3）在视图区选择左上角运动杆为连杆 L002，单击"应用"按钮，完成连杆 L002 的创建，如图 25-85 所示。

（4）在视图区选择顶部顶块为连杆 L003，单击"应用"按钮，完成连杆 L003 的创建，如图 25-86 所示。

（5）按照同样的方式完成连杆 L004、连杆 L005 的创建。

说明：从连杆 L001 到 L005 组成了剪式千斤顶的剪式结构，也就是平行四边形机构。连杆 L006 到 L008 组成了控制剪式结构角度的螺杆机构。

图 25-86 创建连杆 L003

（6）在视图区选择螺杆和手柄为连杆 L006，单击"应用"按钮，完成连杆 L006 的创建，如图 25-87 所示。

图 25-87 创建连杆 L006

（7）在视图区选择靠近手柄一侧的小方块为连杆 L007，单击"应用"按钮，完成连杆 L007 的创建。L007 和 L008 的区别在于 L007 带有螺纹。

（8）在视图区选择另一侧的小方块为连杆 L008，单击"确定"按钮，完成连杆 L008 的创建。

25.4.3 创建剪式机构运动副

由于剪式千斤顶的运动副较多，为了避免出错，首先创建剪式机构的运动副，如图 25-88 所示，经过解算合格后再进行螺杆机构运动副的创建，具体的步骤如下。

图 25-88　划分运动副

（1）单击"主页"选项卡中"机构"面板上的"接头"按钮🔧，打开"运动副"对话框，如图 25-89 所示。

（2）在视图区选择连杆 L001。

（3）单击"指定原点"按钮，在视图区选择 L001 下端转轴的圆心，如图 25-90 所示。

图 25-89　"运动副"对话框

图 25-90　指定原点和矢量

（4）单击"指定矢量"按钮，选择 L001 的端面使 z 方向平行于轴心，如图 25-90 所示。单击"应用"按钮，完成旋转副 J001 的创建。

（5）在视图区选择连杆 L001。

（6）单击"指定原点"按钮，在视图区选择连杆 L001 上端转轴的圆心，如图 25-91 所示。

（7）单击"指定矢量"按钮，选择 L001 的端面使 Z 方向平行于轴心。

（8）在"底数"选项组中勾选"啮合连杆"复选框。

（9）单击"选择连杆"按钮，在视图区选择连杆 L002，如图

图 25-91　指定原点

25-92 所示。单击"应用"按钮，完成旋转副 J002 的创建。

（10）在视图区选择连杆 L002。

（11）单击"指定原点"按钮，在视图区选择连杆 L002 上方的圆心点为原点，如图 25-93 所示。

（12）单击"指定矢量"按钮，选择连杆 L003 上的柱面，使 Z 方向指向轴心，如图 25-94 所示。

图 25-92　选择连杆　　　　图 25-93　指定原点　　　　图 25-94　指定矢量

（13）展开"底数"选项组，如图 25-95 所示。

（14）单击"选择连杆"按钮，在视图区选择连杆 L003，如图 25-96 所示。单击"应用"按钮，完成旋转副 J003 的创建。

图 25-95　"运动副"对话框　　　　图 25-96　选择连杆

（15）在视图区选择连杆 L003。

（16）在"类型"下拉列表中选择"滑块"类型，如图 25-97 所示。

（17）单击"指定原点"按钮，在视图区选择连杆 L003 中任一点为原点。

（18）单击"指定矢量"按钮，选择连杆 L003 上表面，如图 25-98 所示。单击"应用"按钮，完成滑动副 J004 的创建。

图 25-97 "运动副"对话框

图 25-98 指定矢量

（19）按照前面的步骤，创建另一边的 3 个旋转副，并解算验证剪式机构的运动是否正确。

25.4.4 创建螺杆机构运动副

螺杆机构的运动原理是运动块 1 相对螺杆可以滑动，运动块 2 则固定在螺杆的一端。螺杆旋转时，两运动块的距离减少，从而顶起重物。它一共需要创建 4 个运动副，如图 25-99 所示，具体的步骤如下。

说明：J008、J009 为旋转副，需要啮合对应的连杆；J010 为螺旋副，需要啮合运动块 1；J011 为旋转副，需要啮合运动块 2 且为主运动。

图 25-99 划分运动副

（1）单击"主页"选项卡中"机构"面板上的"接头"按钮，打开"运动副"对话框。在视图区选择连杆 L007。

（2）单击"指定原点"按钮，在视图区选择连杆 L005 上的圆心点为原点，如图 25-100 所示。

（3）单击"指定矢量"按钮，选择连杆 L004 上表面，使 Z 方向指向轴心，如图 25-101 所示。

图 25-100 指定原点

图 25-101 指定矢量

（4）展开"底数"选项组，如图 25-102 所示。

（5）单击"选择连杆"按钮，在视图区选择连杆 L005，如图 25-103 所示。单击"应用"按钮，完成旋转副 J008 的创建。

图 25-102　"运动副"对话框

图 25-103　选择连杆

（6）在视图区选择连杆 L008。

（7）单击"指定原点"按钮，在视图区选择连杆 L002 上的圆心点为原点，如图 25-104 所示。

（8）单击"指定矢量"按钮，选择系统提示的 Z 方向，如图 25-105 所示。

图 25-104　指定原点

图 25-105　指定矢量

（9）在"底数"选项组中勾选"啮合连杆"复选框，如图 25-106 所示。

（10）单击"选择连杆"按钮，在视图区选择连杆 L002，如图 25-107 所示。

（11）单击"确定"按钮，完成旋转副 J009 的创建。

（12）单击"主页"选项卡中"机构"面板上的"接头"按钮，打开"运动副"对话框。

图 25-106　"底数"选项组　　　　　　　图 25-107　选择连杆

（13）在"类型"下拉列表中选择"螺旋副"类型，如图 25-108 所示。

（14）在视图区选择螺杆 L006。

（15）单击"指定原点"按钮，在视图区选择 L006 的圆心，如图 25-109 所示。

图 25-108　"运动副"对话框　　　　　　　图 25-109　指定原点

（16）单击"指定矢量"按钮，选择 L006 的柱面。

（17）展开"底数"选项组。

（18）单击"选择连杆"按钮，选择连杆 L007，如图 25-110 所示。

（19）展开"方法"选项组。

（20）在"方法"下拉列表中选择"比率"，在"值"文本框中输入 3，如图 25-111 所示。单击"应用"按钮，完成螺旋副 J010 的创建。

图 25-110　选择连杆　　　　　　　图 25-111　"方法"选项组

（21）在视图区选择连杆 L006，在"类型"下拉列表中选择"旋转副"类型。

（22）单击"指定原点"按钮，在视图区选择连杆 L008 上的圆心点为原点。

（23）单击"指定矢量"按钮，选择连杆 L006 上的柱面，使 Z 方向指向轴心。

（24）展开"底数"选项组，如图 25-112 所示。

（25）单击"选择连杆"按钮，在视图区选择连杆 L008，如图 25-113 所示。

（26）单击"驱动"标签，打开"驱动"选项卡，在"旋转"下拉列表中选择"多项式"类型，在"速度"文本框中输入 800，如图 25-114 所示。

（27）单击"确定"按钮，完成旋转副 J011 的创建。

图 25-112　"底数"选项组

图 25-113　指定原点、矢量和选择连杆

图 25-114　"驱动"选项卡

25.4.5　干涉检查

剪式千斤顶一共有 8 个连杆，全面的干涉检查比较花费时间。本例将对比较重要的 3 个连接点进行干涉检查，如运动块、顶块等，具体的操作步骤如下。

1．干涉设置

（1）选择"菜单"→"工具"→"封装"→"干涉"命令，或单击"分析"选项卡中"运动"面板上的"干涉"按钮，打开"干涉"对话框。

（2）在"类型"下拉列表中选择"创建实体"类型，如图 25-115 所示。

（3）在"设置"选项组中勾选"事件发生时停止"和"激活"复选框，如图 25-116 所示。

（4）在视图区选择运动块 2 作为第一组对象。

（5）在视图区选择连杆 L001、L002 和 L006 作为第二组对象，如图 25-117 所示。单击"确定"按钮，完成运动块 2 处的干涉设置。

（6）按照相同的步骤完成运动块 1 处的干涉设置。

（7）分别选择第一组和第二组对象，完成顶块和连接杆的干涉设置，如图 25-118 所示。

图 25-115　"干涉"对话框

图 25-116　"设置"选项组

图 25-117　选择对象　　　　　　　　　图 25-118　选择对象

2. 创建解算方案

（1）单击"主页"选项卡中"解算方案"面板上的"解算方案"按钮，打开"解算方案"对话框。

（2）在"解算方案选项"选项组的文本框中，输入时间为 10，步数为 1000，如图 25-119 所示。单击"确定"按钮，完成解算方案的创建。

3. 求解

单击"主页"选项卡中"解算方案"面板上的"求解"按钮，求解出当前解算方案的结果。

4. 动画

（1）单击"分析"选项卡中"运动"面板上的"动画"按钮，打开"动画"对话框。

图 25-119　"解算方案"对话框　　　　　图 25-120　"动画"对话框

（2）勾选"事件发生时停止"和"干涉"复选框，如图 25-120 所示。

（3）单击"播放"按钮，运动仿真动画开始。

（4）当运动仿真动画开始后，顶块与运动杆发生碰撞，如图 25-121 所示。

图 25-121　动画结果（右为创建的干涉体）

说明：一旦发生干涉，软件在每一步都需要创建干涉体，速度相当慢，因此要暂停或结束动画分析。

（5）单击"列出干涉"按钮，打开"信息"对话框，如图 25-122 所示，显示 In001 和 In002 干涉。

（6）单击"动画"对话框的"关闭"按钮，完成干涉检查。顶块与运动杆有明显的干涉，需要进行修整。

图 25-122 "信息"对话框

25.4.6 创建螺杆转速图和顶起速度图

创建剪式千斤顶螺杆转速和顶起速度图，具体操作步骤如下。

（1）单击"分析"选项卡中"运动"面板上的"XY 结果"按钮，打开"XY 结果视图"面板。

（2）在运动导航器中选择螺旋副 J010 作为运动对象。

（3）在"XY 结果视图"面板中，选择"相对"类型中的"速度"类型。

（4）在"速度"下选择"角度幅值"类型，如图 25-123 所示。

（5）右键单击选中的"角度幅值"，在打开的快捷菜单中选择"绘图"命令，打开"查看窗口"对话框，如图 25-124 所示。单击"新建窗口"按钮，打开"图形窗口 1"对话框，如图 25-125 所示，完成剪式千斤顶螺杆转速图的创建。

图 25-123 "XY 结果视图"面板

图 25-124 "查看窗口"对话框

图 25-125　螺杆转速图

（6）在运动导航器中选择滑动副 J004 作为运动对象。

（7）在"*XY* 结果视图"面板中，选择"相对"类型中的"速度"类型。

（8）在"速度"下选择"幅值"类型，如图 25-126 所示。

（9）右键单击选中的"幅值"，在打开的快捷菜单中选择"绘图"命令，打开"查看窗口"对话框，如图 25-127 所示。单击"新建窗口"按钮 ，打开"图形窗口 2"对话框，如图 25-128 所示，完成剪式千斤顶顶起速度图的创建。

说明：由于本模型是在理想的状态下建立的，没有考虑到摩擦和偏心等因素，因此螺杆转速跳动比较大，实际上应该为一直线。

图 25-126　"*XY* 结果视图"面板　　　　图 25-127　"查看窗口"对话框

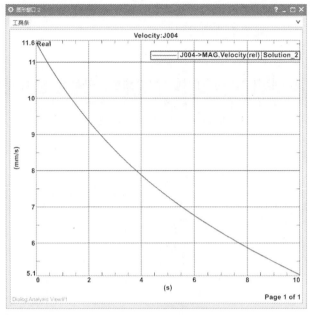

图 25-128　顶起速度图

25.4.7　测量最大顶起高度

剪式千斤顶的理论最大顶起高度在两运动块相接触时测量得出。测量时先需要定义两个运动块的干涉，再使用"测量"命令定义底座和顶块的距离。具体步骤如下。

1. 干涉检查

（1）选择"菜单"→"工具"→"封装"→"干涉"命令，或单击"分析"选项卡中"运动"面板上的"干涉"按钮，打开"干涉"对话框。

（2）在"类型"下拉列表中选择"创建实体"类型。

（3）在"设置"选项组中勾选"事件发生时停止"复选框和"激活"复选框，如图 25-129 所示。

（4）在视图区选择运动块 2 作为第一组对象，选择运动块 1 作为第二组对象，如图 25-130 所示。

图 25-129　"干涉"对话框

图 25-130　选择对象

说明：为了避免原来创建的干涉体的干扰，要删除之前创建的3个干涉体。

（5）单击"确定"按钮，完成干涉的设置。

2．设置测量条件

（1）单击"分析"选项卡中"运动"面板上的"测量"按钮▭▭，打开"测量"对话框。

（2）在"类型"下拉列表中选择"最小距离"类型，如图25-131所示。

（3）在视图区选择底座作为第一组对象，选择顶块作为第二组对象，如图25-132所示。

图25-131 "测量"对话框

图25-132 选择对象

图25-133 "设置"选项组

（4）在"设置"选项组的"测量条件"下拉列表中选择"目标"选项，勾选"激活"复选框，如图25-133所示。单击"确定"按钮，完成测量条件的设置。

3．创建解算方案

（1）单击"主页"选项卡中"解算方案"面板上的"解算方案"按钮📷，打开"解算方案"对话框。

（2）在"解算方案选项"选项组的文本框中，输入时间为50，步数为1000，如图25-134所示。单击"确定"按钮，完成解算方案的创建。

4．求解

单击"主页"选项卡中"解算方案"面板上的"求解"按钮▤，求解出当前解算方案的结果。

5．动画

（1）单击"分析"选项卡中"运动"面板上的"动画"按钮🐾，打开"动画"对话框。

（2）勾选"事件发生时停止""干涉"和"测量"复选框，如图25-135所示。

（3）单击"播放"按钮，运动仿真动画开始播放。

（4）当运动仿真动画播放到第36秒时，模型发生干涉，动画停止播放，如图25-136所示，并打开"动画事件"对话框，如图25-137所示。

（5）单击"动画事件"对话框中的"确定"按钮，取消暂停，此时绘图区显示距离为306.5573。

（6）单击"动画"对话框中的"关闭"按钮，求得剪式千斤顶的理论最大顶起高度为306.5573。

图 25-134 "解算方案"对话框

图 25-135 "动画"对话框

图 25-136 动画结果

图 25-137 "动画事件"对话框

25.5 球摆

制作思路

本实例为球摆的综合分析实例,分为运动分析和结构分析。首先运用在运动分析中学到的知识进行运动分析,得到球摆在运动时所受到的载荷,然后进行有限元网格的划分,之后进行求解及后处理操作,得到结构分析结果。

25.5.1 运动分析

1. 进入运动仿真环境

(1)打开 yuanwenjian/25/25.5/asm.prt 文件,图 25-138 所示为球摆机构模型。

扫码看视频

图 25-138　球摆机构模型

（2）单击"应用模块"选项卡中"仿真"面板上的"运动"按钮，进入运动仿真模块。

2. 新建仿真

（1）在资源条中选择运动导航器，选择"asm"项并单击鼠标右键，在弹出的快捷菜单中选择"新建仿真"命令，打开"新建仿真"对话框。

（2）单击"确定"按钮打开"环境"对话框，选中"动力学"单选按钮和"基于组件的仿真"复选框。单击"确定"按钮，完成环境的创建，弹出如图 25-139 所示的"机构运动副向导"对话框。

图 25-139　"机构运动副向导"对话框

（3）单击"取消"按钮，由用户自定义各连杆和运动副。

3. 创建连杆

（1）单击"主页"选项卡中"机构"面板上的"连杆"按钮，打开"连杆"对话框。

（2）在视图区选择球摆，单击"应用"按钮，完成连杆 L001 的创建。

（3）在视图区选择支架，勾选"无运动副固定连杆"复选框。单击"确定"按钮，完成连杆 L002 的创建。

4. 创建运动副

（1）单击"主页"选项卡中"机构"面板上的"接头"按钮，打开"运动副"对话框，如图 25-140 所示。

（2）在视图区选择连杆 L001。

图 25-140　"运动副"对话框

（3）单击"指定原点"按钮，在视图区选择连杆 L001 上端的圆心点为原点，如图 25-141 所示。

（4）单击"指定矢量"按钮，选择如图 25-142 所示的圆柱面。

图 25-141　指定原点

图 25-142　指定矢量

（5）单击"驱动"标签，打开"驱动"选项卡。在"旋转"下拉列表中选择"多项式"选项，在"速度"和"加速度"文本框中分别输入 10 和 5，单击"确定"按钮，完成运动副的创建。

5．创建解算方案

（1）单击"主页"选项卡中"解算方案"面板上的"解算方案"按钮，弹出"解算方案"对话框。

（2）解算类型选择"常规驱动"，分析类型选择"运动学 / 动力学"，分别设置时间和步数为 6 和 200，如图 25-143 所示。单击"确定"按钮，完成解算方案的创建。

6．求解

单击"主页"选项卡中"解算方案"面板上的"求解"按钮，系统自动进行求解。

7．动画

（1）单击"结果"选项卡中"动画"面板上的"播放"按钮，用户通过屏幕观察模型运动情况。曲臂绕支架一端逆时针旋转。

（2）单击"结果"选项卡中"动画"面板上的"完成"按钮。

图 25-143　"解算方案"对话框

8．载荷传递

（1）单击"分析"选项卡中"运动"面板上的"载荷传递"按钮，打开如图 25-144 所示的"载荷传递"对话框。

（2）用户根据电子表格可以选择一组最大作用力作为进行结构分析的添加载荷，如图 25-145 所示。考虑球摆做圆周运动，所以忽略 Z 向作用力。

图 25-144 "载荷传递"对话框

图 25-145 电子表格

25.5.2 结构分析

1. 进入仿真环境

（1）在系统中打开球摆机构模型。

（2）单击"应用模块"选项卡中"仿真"面板上的"前/后处理"按钮 ，进入高级仿真模块。

2. 新建仿真

（1）在仿真导航器中右键单击部件名称，选择"创建新的 FEM 和仿真"命令，打开"新建 FEM 和仿真"对话框，单击"确定"按钮，打开"解算方案"对话框，如图 25-146 所示。按对话框所示依次设置各选项，单击"确定"按钮，完成结构分析解算方案的创建。

（2）在仿真导航器中选择"zhijia_sim1"并单击鼠标右键，弹出快捷菜单，选择"设为工作部件"命令，返回高级仿真界面。

3. 添加约束和载荷

（1）在仿真导航器中右键单击"约束"选项，打开如图 25-147 所示的快捷菜单。

图 25-146 "解算方案"对话框

（2）单击"新建约束"→"固定约束"选项，打开如图 25-148 所示的"固定约束"对话框，选择支架一直角边平面为固定约束，单击"确定"按钮。

图 25-147 快捷菜单

图 25-148 "固定约束"对话框

（3）在仿真导航器中右键单击"载荷"选项，在打开的快捷菜单中选择"新建载荷"→"力"选项，打开如图 25-149 所示的"力"对话框。在"类型"下拉列表中选择"分量"类型，根据运动分析中受力情况的电子表格，选择支架圆柱面为受力面，设定各受力分量，单击"确定"按钮。

4. 指定材料

（1）在仿真导航器中选择"zhijia_fem1"并单击鼠标右键，在弹出的快捷菜单中选择"设为显示部件"命令。

（2）单击"主页"选项卡中"属性"面板上"更多"库下的"指派材料"按钮，弹出"指派材料"对话框。用户根据需要在材料列表中选择材料，单击"确定"按钮。

5. 创建网格

（1）单击"主页"选项卡中"网格"面板上的"3D 四面体"按钮，弹出如图 25-150 所示的"3D 四面体网格"对话框。

（2）选择屏幕中需划分网格的模型，设置各选项，单击"确定"按钮，开始划分网格，结果生成如图 12-151 所示的有限元模型。

图 25-149 "力"对话框

6. 求解

（1）在仿真导航器中选择"zhijia_fem1"并单击鼠标右键，弹出快捷菜单，在"显示仿真"子菜单中选择"zhijia_sim1.sim"，返回高级仿真界面。

（2）单击"主页"选项卡中"解算方案"面板上的"求解"按钮，打开"求解"对话框，如图 25-152 所示。单击"确定"按钮，完成结构分析的解算。

图 25-150 "3D 四面体网格"对话框

图 25-151 网格划分结果

7. 显示云图

（1）进入后处理导航器中，右键单击"已导入的结果"选项，在打开的快捷菜单中选择"导入结果"选项，弹出"导入结果"对话框。选择分析完成后的结果文件，单击"确定"按钮，在后处理导航器中出现结果对应项，如图 25-153 所示。

图 25-152 "求解"对话框

图 25-153 后处理导航器

（2）在后处理导航器中，右键单击"位移 - 节点"选项，在弹出的快捷菜单中选择"绘图"命令，生成位移云图，如图 25-154 所示。采用同样的方法生成应力云图，如图 25-155 所示。

图 25-154 位移云图

图 25-155 应力云图